新时期小城镇规划建设管理指南丛书

小城镇建筑节能设计指南

孙邦丽　主编

U0217831

天津大学出版社
TIANJIN UNIVERSITY PRESS

图书在版编目(CIP)数据

小城镇建筑节能设计指南/孙邦丽主编. 一天津：
天津大学出版社,2014.6
(新时期小城镇规划建设管理指南丛书)
ISBN 978 - 7 - 5618 - 5099 - 2

Ⅰ. ①小… Ⅱ. ①孙… Ⅲ. ①小城镇－建筑设计－节
能设计－指南 Ⅳ. ①TU984 - 62

中国版本图书馆 CIP 数据核字(2014)第 134532 号

出版发行	天津大学出版社
出 版 人	杨欢
地　　址	天津市卫津路 92 号天津大学内(邮编:300072)
电　　话	发行部:022 - 27403647
网　　址	publish. tju. edu. cn
印　　刷	北京紫瑞利印刷有限公司
经　　销	全国各地新华书店
开　　本	140mm×203mm
印　　张	15
字　　数	376 千
版　　次	2014 年 7 月第 1 版
印　　次	2014 年 7 月第 1 次
定　　价	35.00 元

小城镇建筑节能设计指南

编 委 会

主　　编：孙邦丽

副主编：梁金钊

编　　委：张　娜　　孟秋菊　　梁金钊　　刘伟娜

　　　　　张微笑　　张蓬蓬　　吴　薇　　相夏楠

　　　　　桓发义　　聂广军　　李　丹

内 容 提 要

本书根据《国家新型城镇化规划（2014—2020 年）》及中央城镇化工作会议精神，针对我国的地域环境和建筑特点，并注重国际上先进的建筑节能理念，重点介绍了小城镇建筑节能设计的原理和途径，并提供了有效的节能设计依据和方法。全书主要内容包括概论、建筑节能基础知识、建筑规划节能设计、建筑围护结构节能设计、采暖供热系统节能设计、通风空调系统节能设计、建筑采光与照明节能设计、监测与控制节能设计、可再生能源利用、既有建筑节能改造设计、建筑节能设计综合评价等。

本书内容丰富、涉及面广，而且集系统性、先进性、实用性于一体，既可供从事小城镇规划、建设、管理的相关技术人员以及建制镇与乡镇领导干部学习工作时参考使用，也可作为高等院校相关专业师生的学习参考资料。

（前）（言）

　　城镇是国民经济的主要载体，城镇化道路是决定我国经济社会能否健康、持续、稳定发展的一项重要内容。发展小城镇是推进我国城镇化建设的重要途径，是带动农村经济和社会发展的一大战略，对于从根本上解决我国长期存在的一些深层次矛盾和问题，促进经济社会全面发展，将产生长远而又深刻的积极影响。

　　我国现在已进入全面建成小康社会的决定性阶段，正处于经济转型升级、加快推进社会主义现代化的重要时期，也处于城镇化深入发展的关键时期，必须深刻认识城镇化对经济社会发展的重大意义，牢牢把握城镇化蕴含的巨大机遇，准确研判城镇化发展的新趋势新特点，妥善应对城镇化面临的风险挑战。

　　改革开放以来，伴随着工业化进程加速，我国城镇化经历了一个起点低、速度快的发展过程。1978—2013 年，城镇常住人口从1.7 亿人增加到 7.3 亿人，城镇化率从 17.9％提升到 53.7％，年均提高 1.02 个百分点；城市数量从 193 个增加到 658 个，建制镇数量从 2 173 个增加到 20 113 个。京津冀、长江三角洲、珠江三角洲三大城市群，以 2.8％的国土面积集聚了 18％的人口，创造了 36％的国内生产总值，成为带动我国经济快速增长和参与国际经济合作与竞争的主要平台。城市水、电、路、气、信息网络等基础设施显著改善，教育、医疗、文化体育、社会保障等公共服务水平明显提高，人均住宅、公园绿地面积大幅增加。城镇化的快速推进，吸纳了大量农村劳动力转移就业，提高了城乡生产要素配置效率，推动了国民经济持续快速发展，带来了社会结构深刻变革，促进了城乡居民生活水平全面提升，取得的成就举世瞩目。

根据世界城镇化发展普遍规律，我国仍处于城镇化率 30%～70% 的快速发展区间，但延续过去传统粗放的城镇化模式，会带来产业升级缓慢、资源环境恶化、社会矛盾增多等诸多风险，可能落入"中等收入陷阱"，进而影响现代化进程。随着内外部环境和条件的深刻变化，城镇化必须进入以提升质量为主的转型发展新阶段。另外，由于我国城镇化是在人口多、资源相对短缺、生态环境比较脆弱、城乡区域发展不平衡的背景下推进的，这决定了我国必须从社会主义初级阶段这个最大实际出发，遵循城镇化发展规律，走中国特色新型城镇化道路。

面对小城镇规划建设工作所面临的新形势，如何使城镇化水平和质量稳步提升、城镇化格局更加优化、城市发展模式更加科学合理、城镇化体制机制更加完善，已成为当前小城镇建设过程中所面临的重要课题。为此，我们特组织相关专家学者以《国家新型城镇化规划（2014—2020 年)》、《中共中央关于全面深化改革若干重大问题的决定》、中央城镇化工作会议精神、《中华人民共和国国民经济和社会发展第十二个五年规划纲要》和《全国主体功能区规划》为主要依据，编写了"新时期小城镇规划建设管理指南丛书"。

本套丛书的编写紧紧围绕全面提高城镇化质量，加快转变城镇化发展方式，以人的城镇化为核心，有序推进农业转移人口市民化，努力体现小城镇建设"以人为本，公平共享""四化同步，统筹城乡""优化布局，集约高效""生态文明，绿色低碳""文化传承，彰显特色""市场主导，政府引导""统筹规划，分类指导"等原则，促进经济转型升级和社会和谐进步。本套丛书从小城镇建设政策法规、发展与规划、基础设施规划、住区规划与住宅设计、街道与广场设计、水资源利用与保护、园林景观设计、实用施工技术、生态建设与环境保护设计、建筑节能设计、给水厂设计与运行管理、污水处理厂设计与运行管理等方面对小城镇规划建设管理进行了全面系统的论述，内容丰富，资料翔实，集理论与实践于一体，具有很强的实用价值。

本套丛书涉及专业面较广，限于编者学识，书中难免存在纰漏及不当之处，敬请相关专家及广大读者指正，以便修订时完善。

目 录

第一章 概 论

第一节 小城镇建设概述

一、小城镇的定义及特点

1. 小城镇的定义

小城镇是区别于大中型城市和农村村庄的、具有一定规模的、主要从事非农业生产活动的人类所聚居的社区。现阶段我国对小城镇的定义尚未形成统一的概念。从城镇化的角度来说,小城镇可以定义为是一种正在从乡村性的社会向着多种产业并存的现代城市转变的过渡性社区。广义的小城镇包括 20 万人口以下的小城市、县政府所在地镇、国家批准的建制镇、尚未设镇建制的乡政府所在地的集镇(乡集镇)和纯属集市贸易的集镇。狭义的小城镇包括县城及以下的建制镇和集镇。

小城镇作为农村区域中心,在推进农村经济社会现代化中起着重要作用。实现农村城镇化是我国城市化的基础形式,将有利于"三农"问题的解决。小城镇是城市与乡村的接合部,它既可以推进人口城镇化,又可以带动农村工作方式和生活方式的城市化。

2. 小城镇的特点

我国小城镇具有以下特点:

(1)连接城乡,环境好。小城镇介于城市与乡村之间,是城市的缓冲带,具有上接城市,下引乡村、促进区域经济和社会全面进步的综合功能。小城镇既是城市体系的最基本本单元,同城市有着很多关联,同时又是周围乡村地域的中心,比城市保留着更多的"乡村性"。小城镇具备着介于城市和乡村之间的自然环境、地理特征以及独特的乡土文化和民情风俗,形成了小城镇独特的二元化复合的自然因素和外在形态。

（2）规模小，功能复合。小城镇是城乡接合部的社会综合体，虽然小城镇的人口规模及其用地规模不能与城市相比，但一般大、中型城市拥有的功能，在小城镇中都有出现，而各种功能又不能像大、中型城市中那样界定较为分明，独立性较强，往往表现为各种功能的集中、交叉和互补互存。

（3）区域差异性明显。长期以来，由于经济发展水平东高西低，经济实力东强西弱，乡村产业化进程和乡村市场经济发展东快西慢，乡镇企业发展东多西少，我国小城镇的发展存在明显的空间差异：从东到西小城镇建设水平和经济实力逐步递减。

二、小城镇的基本类型

小城镇的基本类型主要是以其职能的主要特征为依据划分的，见表1-1。

表 1-1　小城镇的基本类型

序号	类型	说　明
1	行政中心小城镇	行政中心小城镇是一定区域的政治、经济、文化中心，如县政府所在地的县城镇、镇政府所在地的建制镇、乡政府所在地的乡集镇（将来能升为建制镇）。城镇内的行政机构和文化设施比较齐全
2	工业型小城镇	小城镇的产业结构以工业为主，在农村社会总产值中工业产值占的比重大，从事工业生产的劳动力占劳动力总数的比重大。乡镇工业有一定的规模，生产设备和生产技术有一定的水平，产品质量、品种能占领市场。工厂设备、仓储库房、交通设施比较完善
3	农工型小城镇	小城镇的产业结构，以第一产业为基础，多数是我国商品粮、经济作物、禽畜等生产基地，并有为其服务的产前、产中、产后的社会服务体系，如有饲料加工、冷藏、运输、科技咨询、金融信贷等机构为周围地域农业发展提供服务，并以周围农村生产的原料为基础发展乡镇的工业或手工业

续表

序号	类型	说　明
4	渔业型小城镇	沿江河、湖海的小城镇,以捕捞、养殖、水产品加工、储藏等为主导产业。多建有加工厂、冷冻库、运输站等
5	牧业型小城镇	在我国的草原地带和部分山区的小城镇,以保护野生动物、饲养、放牧、畜产品加工(肉禽、毛皮加工等)为主导产业,又是牧区的生产、生活、流通服务的中心
6	林业型小城镇	在江河中上游的山区林带,过去是开发森林、木材加工的基地,根据生态保护、防灾减灾的要求,林区开发将转化为育林和生态保护区,森林保护、培育及木材综合利用为其主要产业,将成为林区生产、生活、流通服务的中心
7	工矿型小城镇	随着矿产资源的开采与加工而逐渐形成的小城镇,或原有的小城镇随着矿产开发而服务职能不断增强,基础设施建设比较完善,为其服务的商业、运输业、建筑业、服务业等也随之得到发展
8	旅游型小城镇	具有名胜古迹或自然资源,以发展旅游业及为其服务的第三产业或无污染的第二产业为主的小城镇。这些小城镇的交通运输、旅馆服务、饮食业等都比较发达
9	交通型小城镇	这类小城镇都具有位置优势,多位于公路、铁路、水运、海运的交通中心,能形成一定区域内的客流、物流的中心
10	流通型小城镇	以商品流通为主的小城镇,其运输业和服务行业比较发达,设有贸易市场或专业市场、转运站、客栈、仓库等
11	口岸型小城镇	位于沿海、沿江河的岸口口岸的小城镇,以发展对外商品流通为主,也包括那些与邻国有互贸资源和互贸条件的边境口岸的小城镇。这些城镇多以陆路或界河的水上交通为主。设有海关、动植物检疫站、货物储运站等
12	历史文化古镇	历史文化古镇指具有一些有代表性的、典型民族风格的或鲜明的地域特点的建筑群,即有历史价值、艺术价值和科学价值的文物的小城镇,可发展为旅游型小城镇

三、小城镇建设的意义

小城镇建设是小城镇的各种要素的创立或组合以及一定区域内小城镇体系的设置、改造和发展的过程。我国发展小城镇建设主要有以下意义：

（1）小城镇建设是我党在深刻分析当前国内外形势、全面把握我国经济社会发展阶段性特征的基础上，从我国经济社会事业发展的全局出发确定的一项重大历史任务。

（2）小城镇建设是落实科学发展观，实施城乡统筹协调发展方略，解决"三农"问题，让广大人民群众共享经济发展成果，如期实现全面建设小康社会和社会主义现代化宏伟目标的重大战略决策。

（3）小城镇建设是加快农村经济发展，增加农民收入，改善农村消费环境，使亿万农民的潜在购买意愿转化为巨大的现实消费需求，进而拉动国民经济持续健康发展的重要条件。

（4）小城镇建设是顺应经济社会发展趋势，实行工业反哺农业、城市支持农村的方针，缩小城乡差别，构建和谐社会的重要基础。

（5）小城镇建设是逐步消除城乡二元体制结构，形成工农之间和城乡之间良性互动，实现城乡社会经济协调发展的重要举措，有着非常鲜明的时代背景和重大的历史、现实意义。

四、小城镇建设与建筑节能

能源是社会发展的重要物质基础，是提高人民生活水平的先决条件。和许多先进国家相比，我国的能源利用率还远远低于先进国家，单位面积的建筑能耗也大大高于先进国家，其中建筑能耗约占我国总能耗的 1/4。在我国广大农村和小城镇，能源严重短缺，而且在能源结构中，秸秆、粪便以及生物能占 60%～70%，加剧了农业生态的恶化。

当前我国正处于快速城镇化阶段，居民消费结构不断升级，建筑的能源消耗急剧增加。但近年来，在煤和石油等自然资源的可开采量日渐见低和生态环境日益恶化这两大危机的夹击下，降低建筑能耗不仅意味着节约能源、保护环境，更有利于子孙后代的可持续发展。建筑节能早已成为建筑学界的研究热点。

小城镇建设是中国特色城镇体系中的重要环节。近年来，随着城乡经济的快速发展和城镇化战略的实施，我国小城镇发展较快，推动了区域协调发展。但是，当前我国小城镇建设中仍存在着资源利用粗放、基础设施和公共服务设施不完善、人居生态环境治理滞后等突出问题。小城镇建设和建筑节能工作事关全市社会经济发展大局，是一项利国利民、造福子孙、功在当代、利在千秋的事业，责任重大，任务艰巨。

第二节　建筑节能基础知识

一、建筑节能的含义及其意义

1. 建筑节能的含义

能源是人类赖以生存和发展的基本条件。自1973年第一次世界性能源危机以来，节能问题开始引起人们的广泛重视。目前，建筑用能要消耗全球大约1/3的能源。在发达国家，建筑节能的含义经历了三个阶段：第一阶段，称为在建筑中节约能源（energy saving in buildings）；第二阶段，称为在建筑中保持能源（energy conservation in buildings），意为在建筑中减少能源的散失；第三阶段，称为在建筑中提高能源利用率（energy efficiency in buildings），意为不是消极意义上的节省，而是积极意义上的提高能源利用效率。

《中华人民共和国节约能源法》对"节能"定义的法律规定为：节能"是指加强用能管理，采取技术上可行、经济上合理以及环境和社会可以承受的措施，从能源生产到消费的各个环节，降低消耗、减少损失和污染物排放、制止浪费，有效、合理地利用能源"。这也是国际能源委员会的节能概念。

建筑节能是指在建筑物的规划、设计、建造和使用过程中，依据建筑节能标准和施工质量验收规程，合理设计建筑围护结构的热工性能，采用低能耗建筑材料、设备与系统，提高采暖、制冷、配电与照明、给水排水和通风系统的运行效率,加强建筑物用能设备的运行管理,以及利用可再生能源,在保证建筑物使用功能和室内热环境质量的前提下,降低建筑能耗,合理、有效地利用能源。

2. 建筑节能的意义

(1)建筑节能是改善大气环境的重要途径。我国建筑采暖能源以煤炭为主,约占采暖能源总量的 75%。目前,我国采暖燃煤每年排放的二氧化碳约 1.9 亿吨,排放二氧化硫近 300 万吨,烟尘约 300 万吨,采暖期城市大气污染指标普遍超过标准,造成严重大气环境污染。二氧化碳造成的地球大气外层的"温室效应",严重危害人类生存环境;烟尘、二氧化硫和氮氧化物也是呼吸道疾病、肺癌等许多疾病的根源,环境酸化、酸雨也是破坏森林、损坏建筑物的罪魁祸首。显然,降低建筑能耗,提高建筑节能效果是改善大气环境的重要途径。

(2)建筑节能是改善室内热环境的需要。适宜的室内热环境,可使人体易于保持平衡,从而使人产生舒适感。节能建筑则可改善室内环境,做到冬暖夏凉。对符合节能要求的采暖居住建筑,屋顶保温能力为一般非节能建筑的 1.5～2.6 倍,外墙的保温能力为非节能建筑的 2.0～3.0 倍,窗户为 1.3～1.6 倍。节能建筑的采暖能耗仅为非节能建筑的一半左右,且冬季室内温度可保持在 18℃左右,并使围护结构内表面保持较高的温度,从而避免其结露、长霉,显著改善冬季室内热环境。由于节能建筑围护结构绝缘系数较大,对夏季隔热也极为有利。

(3)建筑节能是发展国民经济的需要。我国的能源形势严峻。能源是发展国民经济,改善人民生活水平的重要物质基础。据测,我国年需各种能源共 17 亿吨标准煤,但生产的能源仅有 13.7 亿吨标准煤,远低于世界平均水平(所谓标准煤,是指 1 kg 煤炭的发热量为 8.14 kW·h 的煤量。市场供应的普通煤,1 kg 发热量 5.8～6.4 kW·h,经换算,1 kg 普通煤为 0.712～0.786 kg 标准煤,或 1 kg 标准煤为 1.27～1.40 kg 普通煤。为了比较和统计方便,其他能源也可按发热量换算成标准煤)。

目前,我国建筑用能已超过全国能源消费总量的 1/4,并随着人民生活水平的不断提高将逐步增加到 1/3 以上,建筑业已成为新的耗能大户,如果大量建造高耗能建筑,不搞建筑节能,将长期大大加重我国的能源负担,不利于我国经济的可持续发展。

(4)建筑节能是提高经济效益的重要措施。建筑节能需要投入一定的资金,但投入少、产出多。实践证明,只要选择适合当地条件的节能技术,可使用4%～7%的建筑造价,达到30%的节能指标。建筑节能的回收期一般为3～6年,与建筑物使用周期60～100年相比,其经济效益是非常突出的。可见,节能建筑在一次投资后,可在短期内回收,并能长期受益。

二、我国建筑节能的发展现状与潜力

(一)我国建筑能耗的现状

1. 建筑能耗的影响因素

建筑能耗是指在建筑使用过程中的能量消耗,主要包括建筑采暖、空调、热水供应、炊事、照明、电梯等方面的能耗。其中通过建筑围护结构(包括外墙、窗户、屋顶、地面)散失的能量和供热、制冷系统损失的能量,又占据了整个建筑能耗的绝大部分。

建筑能耗的影响因素见表1-2。

表1-2　建筑能耗的影响因素

序号	类型	说　　明
1	室外热环境的影响	建筑物室外热环境,即各种气候因素,通过建筑的围护结构、外门窗及各类开口直接影响室内的气候条件。与建筑物密切相关的气候因素为太阳辐射、空气温度、空气湿度、风及降水等
2	采暖区和采暖期度日数	采暖区是指一年内日平均气温稳定低于5 ℃的时间超过90 d的地区。采暖区与非采暖区的界线大体为陇海线东、中段略偏南,西延至西安附近后向西南延伸。 采暖期度日数是指室内基准温度18 ℃与采暖期室外平均温度之间的温差,乘以采暖天数的数值,单位为℃·d
3	太阳辐射强度	冬季晴天多,日照时间长,太阳入射角低,太阳辐射度大,南向窗户阳光射入深度大,可达到提高室内温度、节约采暖用能的效果

序号	类型	说　明
4	建筑物的保温隔热和气密性	建筑围护结构的保温隔热性能和门窗的气密性是影响建筑能耗的主要内在因素。围护结构的传热热损失占 70%～80%；门窗缝隙空气渗透的热损失占 20%～30%。 加强围护结构的保温，特别是加强窗户（包括阳台门）的保温性和气密性，是节约采暖能耗的关键环节
5	采暖供热系统热效率	采暖供热系统是由热源热网和热用户组成的系统。采暖供热系统热效率包括锅炉运行效率和管网运送效率。锅炉运行效率是指锅炉产生的可供有效利用的热量与其燃烧煤炭所含热量的比值。在不同条件下，又可分为锅炉铭牌效率（又称额定效率）和锅炉运行效率。室外管网输送效率是指管网输出总热量与管网输入总热量之比值。 锅炉在运行过程中，一般只能将燃料所含热量的 55%～70% 转化为可供利用的有效热量，即锅炉的运行效率为 55%～70%。室外管网的输送效率为 85%～90%，即锅炉输入管网的有效热量，又在沿途损失 10%～15%，剩余的热量供给建筑物，成为采暖供热量

2. 我国建筑能耗与能效状况

随着我国城市化进程的加快和人民生活水平的不断提高，建筑能耗占总能耗的比重也越来越大，建筑耗能已逐渐增长至与工业耗能、交通耗能并列，成为我国能源消耗的三大"耗能大户"。

我国建筑节能工作是从 20 世纪 80 年代初期开始的，起步较晚。现有建筑不仅耗能高，而且能源利用效率很低，单位建筑能耗比同等气候条件下的发达国家高出 2～3 倍。因此，当时在战略上采取了先易后难、先城市后农村、先新建后改造、先住宅后公共建筑，从北向南逐步推进的原则。

当前我国建筑能耗与能效的状况主要表现为：

（1）能耗高。我国的建筑能耗约占社会总能耗的 1/3，建筑能耗的总量仍在逐年上升。据有关部门统计，建筑能耗在能源总消费量中所占的比例，已从 20 世纪 70 年代末的 10%，上升到 27.45%。随着城市化进程的加快和人民生活质量的改善，我国建筑能耗比例最终还将进一步上升,有可能超过国际上发达国家的建筑能耗水平。

(2)能效低。我国建筑能耗50%~60%的部分是供热和空调。北方城市集中供热的热源主要以燃煤锅炉为主。锅炉的单台热功率普遍较小,热效率低,污染严重;供热输配管网保温隔热性能差;整个供热系统的综合效率仅为35%~55%,远低于发达国家80%左右的水平,而且整个系统的电耗、水耗也极高。公共建筑中央空调系统综合效率较低。

(3)围护结构的保温隔热性能差。我国的建筑围护结构隔热性能普遍较差,外墙和窗户的传热系数为同纬度发达国家的3~4倍。以多层住宅为例:外墙的单位面积能耗是发达国家4~5倍,屋顶是2.5~5.5倍,外窗是1.5~2.2倍,门窗空气渗透率是3~6倍。

(二)我国建筑节能的潜力

随着我国建筑总量的不断攀升和居住舒适度的提升,建筑能耗呈急剧上涨趋势。目前我国每年建成的房屋面积高达16亿~20亿 m²,超过所有发达国家年建成建筑面积的总和,预计到2020年,全国房屋建筑面积将接近2000年数量的两倍。因此,我国建筑节能存在着巨大的发展潜力,主要表现为以下几个方面。

1. 实施建筑节能设计标准的节能潜力

我国城乡建筑围护结构保温隔热和气密性能差,采暖空调系统能源效率低下,与发达国家不断提高的建筑节能要求相比,差距越拉越大。我国已经编制的居住建筑与公共建筑节能设计标准,都是在原有能耗基础上,通过改善建筑围护结构保温隔热性能,以及提高设备和系统能源利用效率,做到节能50%的目标。

按照发达国家当前节能标准,还会有再节能50%甚至更多的潜力,这当然是以后的目标。在2020年以前,只能首先把节能50%贯彻执行好,新建建筑全部按节能标准建造,既有建筑有计划地每年按节能标准改造一批,逐步增加到每年能改造3亿~4亿 m²。这样累积的结果,其效益将极为显著。如果工作进展良好,能在2010年以后逐步实施节能65%,那么节能成果就更大了。

2. 建筑节能技术潜力

与发达国家相比,我国节能技术的发展潜力巨大。建筑节能技术涉及建筑设计、建筑材料、用能设备和器具、控制系统以及可再生能源利用,已商业化的技术及节能潜力见表 1-3。

表 1-3　建筑节能技术及节能潜力

终端用途		节能技术	节能潜力
围护结构	门窗	低导热系数框材,高性能密封,多层或中空玻璃,热反射和低发射率镀膜玻璃,保温隔热窗帘	50%~80%
	外墙和屋面	复合保温隔热结构,采用加气混凝土、多孔砖、空心砌块;聚苯乙烯、聚氨酯泡沫塑料、胶粉、聚苯颗粒、膨胀珍珠岩、岩棉、玻璃棉等	
采暖空调	采暖	高效燃煤链条炉、燃用洗选煤	23%
		锅炉房、风机变频调速	35%
		单管系统加旁通管,双管系统和调控装置,热表到户,计量收费	30%
	房间空调器	改进隔热,加大热交换面积,提高供热系数,变频压缩机,模糊控制	30%
	热电冷联供	小型燃气热电冷联供	35%
烹调、热水	电饭煲	涡流加热替代电阻加热,模糊控制	20%
	电磁炉	高效低污染型柴炉	30%
	热水器	高效燃气和电热水器	15%
		热泵热水器替代电阻热水器	50%

续表

终端用途		节能技术		节能潜力
照明	电光源	紧凑型荧光灯替代白炽灯		70%
		细管荧光灯替代粗管荧光灯		10%
	照明控制	电子镇流器替代电感镇流器		50%
		光电管控制		10%
洗衣机		节电节水工作程序,高效专用电机,变频调速,模糊控制		30%
建筑能源控制系统		采暖、通风、空调、照明计算机控制系统		10%以上
可再生能源利用	小水电	农村居民家庭炊事、电器用电		电炊与传统烧柴灶相比,每户每年节柴2 t
	沼气	农村居民家庭炊事、照明用气		一个 8 m^3 户用沼气池年产气 290 m^3,可代煤0.6 t
	微、小型风力机	牧民等散居家庭照明、收音机、电视机用电		一台 100 W 微型风力机年发电 260 kW·h,可代煤油 18 kg,干电池 30 副,蜡烛730支
	地热	地热供暖	住宅地热水供暖	一个采暖季节煤 20~40 kg/m^2 以上
		地源热泵	采暖空调	
	日光照明	日光集光和分配照明系统		50%
	热水	太阳热水器		年节能 120 kgce/m^2 集热面积
	太阳房	被动太阳房		一个采暖季节节能 30 kgce/m^2
	先进太阳能建筑	高性能保温隔热材料、蓄热材料和窗玻璃,光伏电池发电系统,热泵,控制系统		85%

注:2002 年中国与建筑用能有关的可再生能源利用如下:小水电:装机容量 31.0 GW,发电量103.7 TW·h,为 3 亿农村人口提供生活用电。沼气:户用沼气池实际使用1 110 万座,产气 $37×10^8$ m^3;大中型沼气工程 1 300 多处,年产气 10^9 m^3。微、小型风力机:12 万台,功率 33 MW,发电量 34 GW·h,9.3 万户。地热供暖:建筑面积 10^7 m^2。太阳热水器:集热面积 $4×10^6$ m^2。被动太阳房:建筑面积 $22.6×10^6$ m^2。

3. 住宅家电电器节能潜力

随着人均收入的增加和住房面积的扩大,我国城乡居民家庭家用电器拥有量大幅增加,种类增多。家用电器的能源效率与国际先进水平相比仍有明显差距,节能潜力很大。目前,我国正在研究制定新的家用电器能效标准,新标准以节能技术为基础,规定各类家电产品的最低能效限定值,由此可测算出实施新标准的节能率和节能量。

三、建筑节能工作的目标和内容

1. 我国 2020 年的建筑节能目标

为提高建筑利用能源的效率,改善居住热舒适条件,促进城乡建设、国民经济和生态环境的协调发展,住房和城乡建设部提出制定了2020 年建筑节能的发展目标。

2010—2020 年间,在全国范围内有步骤地实施节能率为 65％的建筑节能标准,2015 年后,部分城市率先实施节能率为 75％的建筑节能标准。2015 年前,供热体制改革在采暖地区全面完成,集中供热的建筑均按热表计量收费。集中供热的供热厂、热力站和锅炉房设备及系统基本完成技术改造,与建筑采暖系统技术改造相适应。

大中城市基本完成既有高耗能建筑和热环境差建筑的节能改造。小城市完成既有高耗能建筑和热环境差建筑改造任务的 50％,农村建筑广泛开展节能改造。累计建成太阳能建筑 1.5 亿 m^2,其中采用光伏发电的 500 万 m^2,并累计建成利用其他可再生能源建筑 2 000 万 m^2。

建立健全的建筑节能标准体系,编制出覆盖全国范围的配套的建筑节能设计、施工、运行和检测标准,以及与之相适应的建筑材料、设备及系统标准,用于新建和改造居住和公共建筑,包括采暖、空调、照明、热水及家用电器等能耗在内;所有建筑节能标准得到全面实施。

2. 建筑节能工作内容

建筑节能工作包括建筑围护结构节能和采暖供热系统节能两方面。

（1）改善建筑围护结构的热工性能。这项工作可以使供给建筑物的热能在建筑物内部得到有效利用，不至于通过其围护结构很快散失，从而达到减小能源消耗的目的。实现围护结构的节能，提高门窗和墙体的密闭性能，以减小传热损失和空气渗透耗热量。

（2）采暖供热系统节能。采暖供热系统包括热源、热网和户内采暖设施三大部分。要提高锅炉运行效率和管网输送效率，而不至于使热能在转换和输送过程中过多地损失。因此，必须改善供热系统的设备性能，提高设计和施工安装水平，改进运行管理技术。在户内采暖设施部分，应采用双管入户、分户计量、分室控温等技术措施，实行采暖计量收费制度，使住户既是能源的消费者，又是能源的节约者，调动人们主动节能的积极性，充分实现建筑节能应有的效益。

3. 建筑节能工作重点

建筑节能工作的重点是降低建筑物的建造和使用能耗，提高能源的有效利用率。

对于新建建筑来讲，应注重节能设计，使用低能耗建筑材料、设备和系统，绿色施工节能减排，提高采暖、制冷、照明、给水排水和通风系统的运行效率，加强建筑物用能设备的运行管理，以及最大可能地利用可再生能源。

对于既有建筑，建筑节能的重点是降低采暖空调通风能耗，加强建筑物用能设备的运行管理，并提高全民节能意识，重视采用节能型的照明、炊事和家用电器，减少能耗。既有建筑中节能建筑的重点是提高采暖、制冷、照明、给水排水和通风系统的运行效率，加强建筑物用能设备的运行管理；非节能建筑的重点是要进行节能改造，提高建筑围护结构的保温隔热性能、选用节能型的用能设备和提高采暖、制冷、照明、给水排水和通风系统的运行效率，加强建筑物用能设备的运行管理。

第三节　建筑节能的途径与手段

一、建筑节能的途径

1. 降低采暖建筑能耗

当采暖建筑的总得热量和总失热量达到平衡时,室温才得以保持。为此需要对引起采暖建筑失热量的因素采取应对措施,以降低采暖供热系统的耗能量。可供采取的节能途径主要有。

(1)充分利用太阳辐射得热。

(2)选择合理的体形系数与平面形式。

(3)提高围护结构的保温性能。

(4)提高门窗的气密性,减少冷风渗透。

(5)使房间具有与使用性质相适应的热特性。

(6)因地制宜地选用适合本地区的、能效比高的采暖系统和合理的运行制式;加强供热管路的保温,加强热网供热的调控能力;合理利用可再生能源(如利用太阳集热供暖、供热水;结合地区气候特点,冬夏合理利用地源热泵技术进行采暖空调)。

(7)对采暖排风系统能量进行回收(如采用各种类型的热能回收装置)。

2. 降低空调建筑能耗的途径

降低空调建筑能耗冷量的方式按照原理主要可分为以下两类。

(1)减少得热,例如通过对夏季室外"热岛"效应的有效控制,改善建筑物周边的微气候环境;或对太阳辐射(直接或间接)得热采取控制措施。

(2)通过蓄能技术调节得热模式,达到降低建筑耗冷量的目的,这其中还可包括应用间歇自然通风、通风墙(屋顶)、蒸发冷却、辐射制冷等手段。

可供采取的节能途径主要有:

(1)合理地选择建筑物的朝向、间距、体形及进行建筑群的布局,减小日晒面积。

(2)对围护结构外表面应采用浅色装饰以减小对太阳辐射热的吸收系数(但应注意不要引起反射眩光),以降低室外综合温度。

(3)对外围护结构要进行隔热和散热处理,特别是对屋顶和外墙要进行隔热和散热处理,使之达到节能标准规定的限值要求。

(4)合理组织房间的自然通风。

(5)选择合适的窗墙面积比,设置窗口(屋顶和西、东墙面)遮阳。

(6)夏热冬冷和夏热冬暖地区的外门,也应采取保温隔热节能措施(如设置双层门、低辐射中空玻璃门、门内侧或外侧设置活动门帘及设置风幕等)。

(7)在夏热冬冷及夏热冬暖地区,当空调系统间歇运行时,或者是利用深夜间自然通风降温并蓄存室外冷量时,应作具体的技术、经济分析,并与冬季统筹考虑,以使房间和围护结构具有与使用性质相适应的热工特性。

(8)合理利用自然能源和可再生能源。

(9)尽量减少室内余热。

二、实现建筑节能的技术手段

1. 选择适当可靠的技术措施

认真考虑工程的具体条件,包括气候条件、建筑体系、采暖系统、施工时间、地方习惯和业主意图等因素,经设计方案比较,做出正确选择,这些技术措施要经过工程试点,证明成熟可靠,方可推广采用。

2. 优先选用投资少、节能效率高的技术

采用新技术所增加的资金,必须适应当时当地的社会经济条件。在开展节能的前期,宜广泛采用门窗密封等简易技术;安装散热器恒温阀,采用屋顶保温,应用高效锅炉,节能效果也很明显。

3. 建筑中太阳能的利用

经过良好设计,达到优化利用太阳能的建筑称为"太阳能建筑"。

第四节　建筑节能设计标准要点

一、居住建筑节能设计标准

1.《严寒和寒冷地区居住建筑节能设计标准》(JGJ 26—2010)要点

(1)适用范围及施行时间。该标准适用于严寒和寒冷地区新建、改建和扩建居住建筑的节能设计。

根据原建设部《关于印发〈2005年度工程建设国家标准制订、修订计划〉的通知》(建标函〔2005〕84号)的要求,标准编制组经广泛调查研究,认真总结实践经验,参考有关国际标准和国外先进标准,并在广泛征求意见的基础上,对《民用建筑节能设计标准(采暖居住建筑部分)》(JGJ 26—1995)进行了修订,并更名为《严寒和寒冷地区居住建筑节能设计标准》,于2010年8月1日起施行。

(2)主要内容。该标准包括以下主要技术内容。

1)总则。

2)术语和符号。

3)严寒和寒冷地区气候子区和室内热环境计算参数。

4)建筑与围护结构热工设计。

5)采暖、通风和空气调节节能设计。

附录A　主要城市的气候区属、气象参数、耗热量指标。

附录B　平均传热系数和热桥线传热系数计算。

附录C　地面传热系数计算。

附录D　外遮阳系数的简化计算。

附录E　围护结构传热系数的修正系数 ε 和封闭阳台温差修正系数 ξ。

附录F　关于面积和体积的计算。

附录G　采暖管道最小保温层厚度(δ_{min})。

2.《夏热冬冷地区居住建筑节能设计标准》(JGJ 134—2010)要点

(1)适用范围及施行时间。该标准适用于夏热冬冷地区新建、改建和扩建居住建筑的建筑节能设计。

中华人民共和国住房和城乡建设部于 2010 年 8 月 1 日批准施行《夏热冬冷地区居住建筑节能设计标准》(JGJ 134—2010),原《夏热冬冷地区居住建筑节能设计标准》(JGJ 134—2001)同时废止。

(2)主要内容。该标准包括以下主要技术内容。

1)总则。

2)术语。

3)室内热环境设计计算指标。

4)建筑和围护结构热工设计。

5)建筑围护结构热工性能的综合判断。

6)采暖、空调和通风节能设计。

附录 A　面积和体积的计算。

附录 B　外墙平均传热系数的计算。

附录 C　外遮阳系数的简化计算。

3.《夏热冬暖地区居住建筑节能设计标准》(JGJ 75—2012)要点

(1)适用范围及施行时间。该标准适用于夏热冬暖地区新建、扩建和改建居住建筑的建筑节能设计。

该标准于 2013 年 14 月 1 日起施行,主要是为了改善夏热冬暖地区居住建筑热环境,提高空调和采暖系统的能源利用效率而制定的标准。夏热冬暖地区位于我国南部,在北纬 27°以南,东经 97°以东,包括海南全境,广东、广西大部,福建南部,云南小部分以及我国香港、澳门与台湾地区。该标准将夏热冬暖地区划分为南北两个区。北区内建筑节能设计应主要考虑夏季空调,兼顾冬季采暖。南区内建筑节能设计应考虑夏季空调,可不考虑冬季采暖。

(2)主要内容。该标准包括以下主要技术内容。

1)总则。

2)术语。

3)建筑节能设计计算指标。夏季空调室内设计计算指标:居住空间室内设计计算温度为 26 ℃,换气次数为 1.0 次/h。北区冬季采暖室内设计计算指标:居住空间室内设计计算温度为 16℃,换气次数为 1.0 次/h。

4)建筑和建筑热工节能设计。对北区住宅的体形系数作了建议性规定,规定了建筑各朝向的窗墙面积比,同时针对外墙的不同传热系数和热惰性指标,规定了外窗的平均窗墙面积比与传热系数的对应关系。

5)建筑节能设计的综合评价。

6)空调采暖和通风节能设计。

附录A　建筑外遮阳系数的计算方法。

附录B　反射隔热饰面太阳辐射吸收系数的修正系数。

附录C　建筑物空调采暖年耗电指数的简化计算方法。

二、公共建筑节能设计标准

《公共建筑节能设计标准》(GB 50189—2005)要点如下。

1. 适用范围及施行时间

该标准适用于新建、改建和扩建的公共建筑节能设计。

该标准是为贯彻国家有关法律法规和方针政策,改善公共建筑的室内环境、提高能源利用效率而制定的。该标准自2005年7月1日起施行。公共建筑的节能设计,除应符合该标准的规定外,尚应符合国家现行有关标准的规定。

2. 主要内容

该标准包括以下主要技术内容。

(1)总则。

(2)术语。

(3)室内环境节能设计计算参数。

(4)建筑与建筑热工设计。

(5)采暖、通风和空气调节节能设计。

附录A　建筑外遮阳系数计算方法。

附录B　围护结构热工性能的权衡计算。

附录C　建筑物内空气调节冷、热水管的经济绝热厚度。

第二章 建筑节能基础知识

第一节 节能建筑热工性能要求

一、我国建筑节能设计气候分区的划分

建筑热工设计分区是为使民用建筑热工设计与地区气候相适应，保证室内基本的热环境要求。

我国建筑热工设计分区是根据建筑热工设计的要求进行气候分区。所依据的气候要素是空气温度。以我国最冷月（即 1 月）和最热月（即 7 月）平均温度作为分区主要指标，以累年日平均温度不大于 5 ℃和不小于 25 ℃的天数作为辅助指标，将全国划分为 5 个区，即：严寒、寒冷、夏热冬冷、夏热冬暖和温和地区。

二、我国不同气候地区的代表性城市

我国不同气候地区的代表性城市见表 2-1。

表 2-1 我国不同气候地区的代表性城市

气候分区		代表性城市
严寒地区Ⅰ	A	图里河、海拉尔、博克图、新巴尔虎右旗、阿尔山、那仁宝拉格、漠河、呼玛、黑河、孙吴、嫩江、伊春、色达、狮泉河、改则、那曲、班戈、申扎、帕里、乌鞘岭、刚察、玛多、河南（青海）、托托河、曲麻莱、达日、杂多
	B	东乌珠穆沁旗、西乌珠穆沁旗、阿巴嘎旗、锡林浩特、二连浩特、林西、多伦、化德、敦化、桦甸、长白、哈尔滨、克山、海伦、齐齐哈尔、富锦、泰来、安达、宝清、通河、虎林、鸡西、尚志、牡丹江、绥芬河、若尔盖、理塘、索县、丁青、合作、冷湖、大柴旦、都兰、同德、玉树、阿勒泰、富蕴、和布克赛尔、北塔山

续表

气候分区		代表性城市
严寒地区Ⅰ	C	围场、丰宁、蔚县、大同、河曲、呼和浩特、扎鲁特旗、巴林左旗、林西、通辽、满都拉、朱日和、赤峰、额济纳旗、达尔罕联合旗、乌拉特后旗、海力素、集宁、巴音毛道、东胜、鄂托克旗、沈阳、彰武、清原、本溪、宽甸、长春、前郭尔罗斯、长岭、四平、延吉、临江、集安、松潘、德格、甘孜、康定、稻城、德钦、日喀则、隆子、酒泉、张掖、岷县、西宁、德令哈、格尔木、乌鲁木齐、哈巴河、塔城、克拉玛依、精河、奇台、巴伦台、阿合奇
寒冷地区Ⅱ	A	承德、张家口、怀来、袤龙、唐山、乐亭、太原、原平、离石、榆社、介休、阳城、运城、临河、吉兰太、朝阳、锦州、营口、丹东、大连、赣榆、长岛、龙口、成山头、潍坊、海阳、沂源、青岛、日照、菏泽、费县、临沂、孟津、卢氏、马尔康、巴塘、毕节、威宁、昭通、拉萨、昌都、林芝、榆林、延安、宝鸡、兰州、敦煌、民勤、西峰镇、平凉、天水、成县、银川、盐池、中宁、伊宁、库车、阿拉尔、巴楚、喀什、莎车、安德河、皮山、和田
	B	北京、天津、石家庄、保定、沧州、泊头、弄台、徐州、射阳、亳州、济南、惠民县、德州、陵县、兖州、定陶、安阳、郑州、西华、西安、吐鲁番、哈密、库尔勒、铁干里克、若羌
夏热冬冷地区		南京、蚌埠、合肥、九江、武汉、上海、杭州、宁波、宜昌、长沙、南昌韶关、桂林、重庆、成都、遵义、衡阳
夏热冬暖地区		福州、泉州、厦门、广州、深圳、湛江、汕头、海口、南宁、北海、梧州
温和地区		昆明、贵阳、西昌、大理

注:摘自《民用建筑热工设计规范》(GB 50176—1993)和《严寒和寒冷地区居住建筑节能设计标准》(JGJ 26—2010)。

三、不同气候区对建筑热工性能的设计要求

不同气候区对建筑热工性能的设计要求见表 2-2。

表 2-2　不同气候区对建筑热工性能的设计要求

分区名称	分区指标		设计要求
	主要指标	辅助指标	
严寒地区	最冷月平均温度 ≤−10 ℃	日平均温度≤5 ℃的天数≥145 d	必须充分满足冬季保温要求,一般可不考虑夏季防热

续表

分区名称	分区指标		设计要求
	主要指标	辅助指标	
寒冷地区	最冷月平均温度 0~−10 ℃	日平均温度≤5 ℃的天数90~145 d	应满足冬季保温要求,部分地区兼顾夏季防热
夏热冬冷地区	最冷月平均温度 0~10 ℃,最热月平均温度 25~30 ℃	日平均温度≤50 ℃的天数 0~90 d,日平均温度≥25 ℃的天数 40~110 d	必须满足夏季防热要求,适当兼顾冬季保温
夏热冬暖地区	最冷月平均温度 >10 ℃,最热月平均温度 25~29 ℃	日平均温度≥25 ℃的天数 100~200 d	必须充分满足夏季防热要求,一般可不考虑冬季保温
温和地区	最冷月平均温度 0~13 ℃,最热月平均温度 18~25 ℃	日平均温度≤5 ℃的天数 0~90 d	部分地区应考虑冬季保温,一般可不考虑夏季防热

四、建筑热工设计基本规定

根据《民用建筑热工设计规范》(GB 50176—1993)的规定,建筑热工设计应符合表 2-3 的基本规定。

表 2-3　建筑热工设计基本规定

序号	类型	说　　明
1	冬季保温设计要求	(1)建筑物宜设在避风和向阳的地段。 (2)建筑物的体形设计宜减少外表面积,其平、立面的凹凸面不宜过多。 (3)居住建筑,在严寒地区不应设开敞式楼梯间和开敞式外廊;在寒冷地区不宜设开敞式楼梯间和开敞式外廊。公共建筑,在严寒地区出入口处应设门斗或热风幕等避风设施;在寒冷地区出入口处宜设门斗或热风幕等避风设施。 (4)建筑物外部窗户面积不宜过大,应减少窗户缝隙长度,并采取密闭措施

序号	类型	说　明
1	冬 季 保 温 设 计 要求	(5)外墙、屋顶、直接接触室外空气的楼板和不采暖楼梯间的隔墙等围护结构，应进行保温验算，其传热阻应大于或等于建筑物所在地区要求的最小传热阻。 (6)当有散热器、管道、壁龛等嵌入外墙时，该处外墙的传热阻应大于或等于建筑物所在地区要求的最小传热阻。 (7)围护结构中的热桥部位应进行保温验算，并采取保温措施。 (8)严寒地区居住建筑的底层地面，在其周边一定范围内应采取保温措施。 (9)围护结构的构造设计应考虑防潮要求
2	夏 季 防 热 设 计 要求	(1)建筑物的夏季防热应采取自然通风、窗户遮阳、围护结构隔热和环境绿化等综合性措施。 (2)建筑物的总体布置，单体的平、剖面设计和门窗的设置，应有利于自然通风，并尽量避免主要房间受东、西向的日晒。 (3)建筑物的向阳面，特别是东、西向窗户，应采取有效的遮阳措施。在建筑设计中，宜结合外廊、阳台、挑檐等处理方法达到遮阳目的。 (4)屋顶和东、西向外墙的内表面温度，应满足隔热设计标准的要求。 (5)为防止潮霉季节湿空气在地面冷凝泛潮，居室、托幼园所等场所的地面下部宜采取保温措施或架空做法，地面面层宜采用微孔吸湿材料
3	空 调 建 筑 热 工 设 计 要求	(1)空调建筑或空调房间应尽量避免东西朝向和东西向窗户。 (2)空调房间应集中布置、上下对齐；温湿度要求相近的空调房间宜相邻布置。 (3)空调房间应避免布置在有两面相邻外墙的转角处和有伸缩缝处。 (4)空调房间应避免布置在顶层；当必须布置在顶层时，屋顶应有良好的隔热措施。在满足使用要求的前提下，空调房间的净高尺寸宜适当减小。 (5)空调建筑的外表面积宜减少，外表面宜采用浅色饰面。 (6)建筑物外部窗户当采用单层窗时，窗墙面积比不宜超过 0.30；当采用双层窗或双层玻璃时，窗墙面积比不宜超过 0.40

序号	类型	说　明
3	空调建筑热工设计要求	（7）向阳面，特别是东西向窗户，应采取热反射玻璃、反射阳光涂膜、各种固定式和活动式遮阳等有效的遮阳措施。 （8）建筑物外部窗户的气密性等级不应低于现行国家标准《建筑外门窗气密、水密、抗风压性能分级及检测方法》（GB/T 7106—2008）规定的Ⅲ级水平。 （9）建筑物外部窗户的部分窗扇应能开启；当有频繁开启的外门时，应设置门斗或空气幕等防渗透措施。 （10）围护结构的传热系数应符合现行国家标准《采暖通风与空气调节设计规范》（GB 50019—2003）规定的要求。间歇使用的空调建筑，其外围护结构内侧和内围护结构宜采用轻质材料；连续使用的空调建筑，其外围护结构内侧和内围护结构宜采用重质材料。围护结构的构造设计应考虑防潮要求

第二节　室内热环境设计指标

室内热环境是指影响人体冷热感觉的环境因素。这些因素主要包括室内空气温度、空气湿度、气流速度以及人体与周围环境之间的辐射换热。在节能建筑中，为了节约采暖和空调能耗，加强了围护结构的保温和隔热性能，提高了门窗的气密性，起到了隔热保温作用，因此，在冬季可以防止室内热量的散失，在夏季起到隔热作用，从而保证室内冬暖夏凉，明显改善室内热环境。

一、居住建筑室内热环境设计指标

1. 严寒和寒冷地区室内热环境计算参数

《严寒和寒冷地区居住建筑节能设计标准》（JGJ 26—2010）规定，严寒和寒冷地区气候子区与室内热环境计算参数如下。

（1）依据不同的采暖度日数（HDD18）和空调度日数（CDD26）范围，可将严寒和寒冷地区进一步划分成表 2-4 所示的 5 个气候子区。

表 2-4　严寒和寒冷地区居住建筑节能设计气候子区

气候子区		分区依据
严寒地区 （Ⅰ区）	严寒(A)区	HDD18≥6 000
	严寒(B)区	5 000≤HDD18<6 000
	严寒(C)区	3 800≤HDD18<6 000
寒冷地区 （Ⅱ区）	寒冷(A)区	2 000≤HDD18<3 800,CDD26≤90
	寒冷(B)区	2 000≤HDD18<3 800,CDD26>90

(2)室内热环境计算参数的选取应符合下列规定。

1)冬季采暖室内计算温度应取 18 ℃；

2)冬季采暖计算换气次数应取 0.5 次/h。

2. 夏热冬冷地区室内热环境设计计算指标

《夏热冬冷地区居住建筑节能设计标准》(JGJ 134—2010)规定，严寒和寒冷地区室内热环境设计计算指标应符合以下要求。

(1)冬季采暖室内热环境设计计算指标应符合下列规定。

1)卧室、起居室室内设计温度应取 18 ℃；

2)换气次数应取 1.0 次/h。

(2)夏季空调室内热环境设计计算指标应符合下列规定。

1)卧室、起居室室内设计温度应取 26 ℃；

2)换气次数应取 1.0 次/h。

3. 夏热冬暖地区室内热环境和建筑节能设计指标

《夏热冬暖地区居住建筑节能设计标准》(JGJ 75—2012)规定，夏热冬暖地区室内热环境和建筑节能设计指标应符合以下要求。

(1)夏热冬暖地区可划分为南、北两个区。北区内建筑节能设计应主要考虑夏季空调，兼顾冬季采暖。南区内建筑节能设计应考虑夏季空调，可不考虑冬季采暖。

(2)夏季空调室内设计计算指标应按下列规定取值。

1)居住空间室内设计计算温度 26 ℃；

2)计算换气次数 1.0 次/h。

（3）北区冬季采暖室内设计计算指标应按下列规定取值。

1）居住空间室内设计计算温度 16 ℃；

2）计算换气次数 1.0 次/h。

（4）居住建筑通过采用合理节能建筑设计，增强建筑围护结构隔热、保温性能和提高空调、采暖设备能效比的节能措施，在保证相同的室内热环境的前提下，与未采取节能措施前相比，全年空调和采暖总能耗应减少 50%。

二、公共建筑室内环境节能设计指标

《公共建筑节能设计标准》（GB 50189—2005）规定，室内环境节能设计计算参数应符合以下要求。

（1）集中采暖系统室内计算温度不宜高于表 2-5 的规定；空气调节系统室内计算参数不宜高于表 2-6 的规定。

表 2-5　集中采暖系统室内计算温度

序　号	建筑类型及房间名称		室内温度（℃）
1	办公楼		
		门厅、楼（电梯）	16
		办公室	20
		会议室、接待室、多功能厅	18
		走道、洗手间、公共食堂	16
		车库	5
2	餐饮		
		餐厅、饮食、小吃、办公	18
		洗碗间	16
		制作间、洗手间、配餐会	16
		厨房、热加工间	10
		干菜、饮料库	8
3	影剧院		
		门厅、走道	14
		观众厅、放映室、洗手间	16
		休息厅、吸烟室	18
		化妆间	20

序　号	建筑类型及房间名称	室内温度(℃)
4	交通	
	民航候机厅、办公室	20
	候车厅、售票厅	16
	公共洗手间	16
5	银行	
	营业大厅	18
	走道、洗手间	16
	办公室	20
	楼(电梯间)	14
6	体育	
	比赛厅(不含体操)、练习厅	16
	休息厅	18
	运动员、教练员更衣、休息	20
	游泳馆	26
7	商业	
	营业厅(百货、书籍)	18
	鱼肉、蔬菜营业厅	14
	副食(油、盐、杂货)、洗手间	16
	办公	20
	米面贮藏	5
	百货仓库	10
8	旅馆	
	大厅、接待	16
	客房、办公室	20
	餐厅、会议室	18
	走道、楼(电)梯间	16
	公共浴室	25
	公共洗手间	16

续表

序　号	建筑类型及房间名称	室内温度(℃)
9	图书馆	
	大厅	16
	洗手间	16
	办公室、阅览	20
	报告厅、会议室	18
	特藏、胶卷、书库	14

表 2-6　空气调节系统室内计算参数

参　　数		冬　季	夏　季
温度(℃)	一般房间	20	25
	大堂、过厅	18	室内外温差≤10
风速 v(m/s)		$0.10≤v≤0.20$	$0.15≤v≤0.30$
相对湿度(%)		30~60	40~65

(2)公共建筑主要空间的设计新风量,应符合表 2-7 的规定。

表 2-7　公共建筑主要空间的设计新风量

建筑类型与房间名称			新风量[m³/(h·p)]
旅游旅馆	客　房	5 星级	50
		4 星级	40
		3 星级	30
	餐厅、宴会厅、多功能厅	5 星级	30
		4 星级	25
		3 星级	20
		2 星级	15
	大堂、四季厅	4~5 星级	10
	商业、服务	4~5 星级	20
		2~3 星级	10
	美容、理发、康乐设施		30
旅店	客　房	1~3 级	30
		4 级	20

建筑类型与房间名称		新风量[m³/(h·p)]
文化娱乐	影剧院、音乐厅、录像厅	20
	游艺厅、舞厅(包括卡拉 OK 歌厅)	30
	酒吧、茶座、咖啡厅	10
体　育　馆		20
商场(店)、书店		20
饭馆(餐厅)		20
办　　公		30
学　　校	教　室　小学	11
	初中	14
	高中	17

第三节　建筑室外计算参数

一、围护结构冬季室外计算温度的确定

(1)冬季通风室外计算温度,应采用累年最冷月平均温度。

(2)冬季空气调节室外计算温度,应采用历年平均不保证 1 d 的日平均温度。

(3)冬季空气调节室外计算相对湿度,应采用累年最冷月平均相对湿度。

(4)冬季室外平均风速,应采用累年最冷 3 个月各月平均风速的平均值。冬季室外最多风向的平均风速,应采用累年最冷 3 个月最多风向(静风除外)的各月平均风速的平均值。

(5)冬季最多风向及其频率,应采用累年最冷的 3 个月的最多风向及其平均频率。

(6)冬季室外大气压力,应采用累年最冷 3 个月各月平均大气压力的平均值。

围护结构根据其热惰性指标(D 值)分成四种类型,其冬季室外计

算温度 t_e 应按表 2-8 的规定取值。

表 2-8　围护结构冬季室外计算温度 t_e　　　　（单位：℃）

类　型	热惰性指标 D 值	t_e 的取值
I	>6.0	$t_e = t_w$
II	4.1～6.0	$t_e = 0.6t_w + 0.4t_{e \cdot min}$
III	1.6～4.0	$t_e = 0.3t_w + 0.7t_{e \cdot min}$
IV	≤1.5	$t_e = t_{e \cdot min}$

注:1. 热惰性指标 D 值应按本书附录一中的规定计算;

　2. t_w 和 $t_{e \cdot min}$ 分别为采暖室外计算温度和累年最低一个日平均温度;

　3. 冬季室外计算温度 t_e 应取整数值;

　4. 全国主要城市四种类型围护结构冬季室外计算温度 t_e 值,可按《民用建筑热工设计规范》(GB 50176—1993)中附录三附表 3.1 采用。

二、围护结构夏季室外计算温度的确定

(1)夏季通风室外计算温度,应采用历年最热月 14 时的月平均温度的平均值。

(2)夏季通风室外计算相对湿度,应采用历年最热月 14 时的月平均相对湿度的平均值。

(3)夏季空气调节室外计算干球温度,应采用历年平均不保证 50 h 的干球温度。

(4)夏季空气调节室外计算湿球温度,应采用历年平均不保证 50 h 的湿球温度。

注:统计干湿球温度时,宜采用当地气象台站每天 4 次的定时温度记录,并以每次记录值代表 6 h 的温度值核算。

(5)夏季空气调节室外计算日平均温度,应采用历年平均不保证 5 d 的日平均温度。

(6)夏季空气调节室外计算逐时温度,可按下式确定。

$$t_{sh} = t_{wp} + \beta \Delta t_r$$

式中　t_{sh}——室外计算逐时温度(℃);

　　　t_{wp}——夏季空气调节室外计算日平均温度(℃),按上述"(5)"采用。

　　　　β——室外温度逐时变化系数,按表 2-9 采用;

　　　　Δt_r——夏季室外计算平均日较差,应按下式计算。

$$\Delta t_r = \frac{t_{wg} - t_{wp}}{0.52}$$

式中　　t_{wg}——夏季空气调节室外计算干球温度(℃),按上述"(3)"的规定采用。

表 2-9　室外温度逐时变化系数

时　　刻	1	2	3	4	5	6
β	−0.35	−0.38	−0.42	−0.45	−0.47	−0.41
时　　刻	7	8	9	10	11	12
β	−0.28	−0.12	−0.03	0.16	0.29	0.40
时　　刻	13	14	15	16	17	18
β	0.48	0.52	0.51	0.43	0.39	0.28
时　　刻	19	20	21	22	23	24
β	0.14	0.0	−0.10	−0.17	−0.23	−0.26

　　(7)夏季室外平均风速,应采用累年最热 3 个月各月平均风速的平均值。

　　(8)夏季最多风向及其频率,应采用累年最热 3 个月的最多风向及其平均频率。

　　(9)夏季室外大气压力,应采用累年最热 3 个月各月平均大气压力的平均值。

三、夏季太阳辐射照度的取值

　　(1)夏季太阳辐射照度(表 2-10),应根据当地的地理纬度、大气透明度和大气压力,按 7 月 21 日的太阳赤纬计算确定。

　　(2)建筑物各朝向垂直面与水平面的太阳总辐射照度,可按《采暖通风与空气调节设计规范》(GB 50019—2003)附录 A 采用。

　　(3)透过建筑物各朝向垂直面与水平面标准窗玻璃的太阳直接辐射照度和散射辐射照度,可按《采暖通风与空气调节设计规范》(GB 50019—2003)附录 B 采用。

　　(4)采用《采暖通风与空气调节设计规范》(GB 50019—2003)附录 A 和附录 B 时,当地的大气透明度等级,应根据夏季空气调节大气透明度分布及夏季大气压力,按表 2-11 确定。

表 2-10　全国主要城市夏季太阳辐射照度　　　(单位:W/m²)

城市名称	朝向	地方太阳时													月总量	昼夜平均
		6	7	8	9	10	11	12	13	14	15	16	17	18		
南宁	S	17	60	98	129	150	182	196	182	150	129	98	60	17	1 468	61.2
	W(E)	17	60	98	129	150	162	166	352	502	591	594	483	255	3 559	148.3
	N	100	168	186	176	157	162	166	162	157	176	186	168	100	2 064	86.0
	H	60	251	473	678	838	942	976	942	838	678	473	251	60	7 462	310.9
广州	S	15	53	89	118	138	175	189	175	138	118	89	53	15	1 365	56.9
	W(E)	15	53	89	118	138	151	154	341	494	586	591	487	265	3 482	145.1
	N	101	163	176	162	173	151	154	151	143	162	176	163	101	1 946	81.1
	H	58	244	462	664	824	926	962	926	824	664	462	244	58	7 318	304.9
福州	S	16	52	86	112	163	211	227	211	163	112	86	52	16	1 507	62.8
	W(E)	16	52	86	112	131	143	146	344	508	609	624	528	305	3 604	150.2
	N	113	162	159	131	131	143	146	143	131	131	159	162	113	1 824	76.0
	H	70	261	481	685	845	949	983	949	845	685	481	261	70	7 565	315.2
贵阳	S	20	67	110	145	205	255	273	255	205	145	110	67	20	1 877	78.2
	W(E)	20	67	110	145	169	184	189	375	524	608	603	489	267	3 750	156.3
	N	103	163	174	158	169	184	189	184	169	158	174	163	103	2 091	87.1
	H	73	269	496	708	876	983	1 021	983	876	708	496	269	73	7 831	326.3
长沙	S	16	48	79	106	184	236	254	236	184	106	79	48	16	1 592	66.3
	W(E)	16	48	79	104	123	134	138	345	518	629	651	561	341	3 687	153.6
	N	124	159	141	104	123	134	138	134	123	104	141	159	124	1 708	71.2
	H	77	272	493	697	860	964	1 000	964	860	697	493	272	77	7 726	321.9

续表

城市名称	朝向	地方太阳时													月总量	昼夜平均
		6	7	8	9	10	11	12	13	14	15	16	17	18		
北京	S	30	65	116	245	352	423	447	423	352	245	116	65	30	2 909	121.2
	W(E)	30	65	95	118	136	147	151	364	543	662	697	629	441	4 078	169.9
	N	148	137	95	118	136	147	151	147	136	118	95	137	148	1 713	71.4
	H	139	336	543	730	878	972	1 003	972	878	730	543	336	139	8 199	341.6
郑州	S	20	53	83	172	261	319	340	319	261	172	83	53	20	2 156	89.8
	W(E)	20	53	83	109	126	138	141	333	491	590	609	528	338	3 559	148.3
	N	118	132	98	109	126	138	141	138	126	109	98	132	118	1 583	66.0
	H	95	275	475	661	808	902	935	902	808	661	475	275	95	7 367	307.0
上海	S	18	50	79	134	217	273	291	273	217	134	79	50	18	1 833	76.4
	W(E)	18	50	79	102	119	130	133	336	505	615	640	558	353	3 638	151.6
	N	125	148	118	102	119	130	133	130	119	102	118	148	125	1 617	67.4
	H	88	276	487	681	836	933	967	933	836	681	487	276	88	7 569	315.4
武汉	S	17	47	76	125	207	261	280	2 691	207	125	76	47	17	1 746	72.8
	W(E)	17	47	76	100	117	127	131	332	501	609	633	551	345	3 586	149.4
	N	123	147	120	100	117	127	131	127	117	100	120	147	123	1 599	66.6
	H	83	269	480	675	829	928	961	928	829	675	480	269	83	7 489	312.0
西安	S	24	60	94	180	267	325	345	325	267	180	94	60	24	2 245	93.5
	W(E)	24	60	94	122	141	153	157	344	496	591	607	523	332	3 644	151.8
	N	119	139	111	122	141	153	157	153	141	122	111	139	119	1 727	72.0
	H	98	282	486	672	819	914	945	914	819	672	486	282	98	7487	312.0
重庆	S	16	47	79	119	200	252	270	252	200	119	79	47	16	1 696	70.7
	W(E)	16	47	79	104	122	133	138	340	509	617	640	555	345	3 645	151.9
	N	124	153	131	104	122	133	138	133	122	104	131	153	124	1 572	69.7
	H	81	270	487	686	844	945	980	945	944	686	487	270	81	7 606	316.9

续表

城市名称	朝向	地方太阳时												月总量	昼夜平均
		6	7	8	9	10	11	12	13	14	15	16	17	18		
杭州	S	18	53	84	131	209	261	279	261	209	131	84	53	18	1 791	74.6
	W(E)	18	53	84	109	127	138	143	333	490	590	608	521	318	3 532	147.2
	N	116	147	127	109	127	138	143	138	127	109	127	147	116	1 671	69.6
	H	82	266	473	664	815	910	944	910	815	664	473	266	82	7 364	306.8
南京	S	18	51	82	148	237	296	316	296	237	148	82	51	18	1 980	82.5
	W(E)	18	51	82	108	126	138	141	350	521	629	650	560	350	3 724	155.1
	N	124	146	117	108	126	138	141	138	126	108	117	146	124	1 659	69.1
	H	89	281	497	700	860	964	999	964	860	700	497	281	89	7 781	324.2
南昌	S	15	46	76	108	189	244	262	244	189	108	76	46	15	1 618	67.4
	W(E)	15	46	76	101	118	132	133	350	530	647	676	589	366	3 779	157.4
	N	131	161	138	101	118	130	133	130	118	101	138	161	131	1 691	70.5
	H	82	280	505	714	879	985	1 021	985	879	714	505	280	82	7 911	329.6
合肥	S	18	21	82	150	241	302	324	302	241	150	81	51	18	2 010	83.8
	W(E)	18	51	81	106	125	137	141	361	544	660	687	597	377	3 884	161.8
	N	133	153	119	106	125	137	141	137	125	106	119	153	133	1 687	70.3
	H	94	294	521	730	897	1 004	1 040	1 004	897	730	521	294	94	8 120	338.3

表 2-11　大气透明度等级

GB 50019—2003 附录 C 标定的大气透明度等级	下列大气压力(hPa)时的透明度等级							
	650	700	750	800	850	900	950	1 000
1	1	1	1	1	1	1	1	1
2	1	1	1	1	1	2	2	2
3	1	2	2	2	2	3	3	3
4	2	2	3	3	3	4	4	4
5	3	3	4	4	4	4	5	5
6	4	4	4	5	5	5	6	6

第四节　我国气候因素

一、太阳辐射

太阳辐射热是地表大气热过程的主要能源,也是室外热湿环境各参数中对建筑物影响较大的因素。日照和遮阳是建筑设计必须关注的因素。在太阳辐射方面,我国占有一定优势,如北方寒冷的冬季晴天较多,日照时间普遍较长,太阳辐射强度较大。如1月份北京的日照时数为204.7 h,总辐射为283.4 MJ/m²;兰州日照时数为188.9 h,总辐射为253.5 MJ/m²。

1. 地球上太阳辐射年总量

太阳辐射为地球接收到的一种自然能源。太阳光线的正交面上的辐射强度约为1.44 W/m²。地球地表受到太阳的短波与长波年辐射量,如图2-1所示。

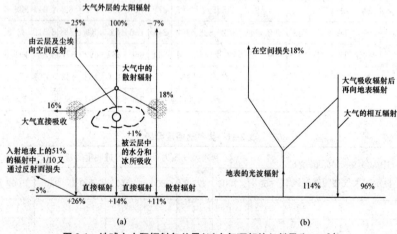

图2-1　地球上太阳辐射年总量(以大气顶部的入射量为100%)

(a)太阳的短波辐射;(b)太阳的长波辐射

2. 太阳常数与太阳辐射电磁波

太阳是一个直径相当于地球109倍的灼热气团,在地球大气层外,太阳与地球的平均距离处,与太阳光线垂直的地球大气层上界表面上的辐射强度 I_0 约为 1 353 W/m^2,被称为太阳常数。

在太阳辐射未进入大气层之前,其波谱如图 2-2 所示,在不同波长的辐射中,能转化为热能的主要是可见光和红外线。太阳辐射中约有 46% 来自波长为 380~780 nm 的可见光,其次是波长为 780~3 000 nm 的近红外线。

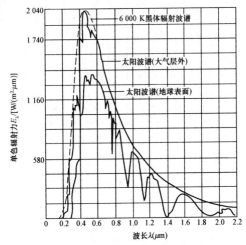

图 2-2 太阳辐射的波谱

3. 大气层对太阳辐射的吸收

太阳辐射能进入地球大气层后,由于大气层内各种气体分子和其他微粒的存在,极大地削弱了太阳辐射照度。太阳辐射遇到云层时要反射出一部分;大气层中各种气体分子的折射也减弱了太阳辐射能;大气层中的氧、臭氧、二氧化碳和水蒸汽又吸收了一部分太阳辐射能;大气中尘埃对太阳辐射能的吸收也是不可忽视的。由于反射、折射和吸收的共同作用,使得太阳辐射到达地面时被极大地削弱了。太阳辐射到达地面后,一部分被地面吸收,另一部分则由地面向天空反射。地面吸收的太阳辐射热量使地面的水蒸发,极小一部分以对流、传导的方式散发热量。因此,太阳辐射能量对于地面的热交换是一个复杂的过程。图 2-3 所示为夏季中午太阳辐射热交换示意图。

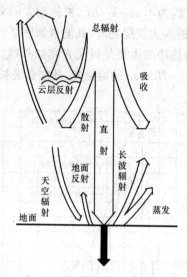

图 2-3　夏季中午太阳辐射热交换示意图

二、温度

我国北方地区不但冬天气温较低,而且持续时间也较长。即使在东部平原地区,一年内寒冷持续的时间也相当漫长。一年内日平均温度小于等于 5 ℃的天数,哈尔滨达 176 d,沈阳达 152 d,北京达 125 d;即使是在长江中下游的武汉、合肥和南京,也分别有 58 d、70 d 和 75 d。这是由于这些地方冬季常有寒潮滞留的缘故。至于西部的青藏高原和北部的内蒙古高原,由于地势关系,寒冷天数比同纬度的平原地区还要多得多。

夏季,我国北方与南方的温差,较冬季小得多。这是因为北方太阳高度角虽然较低,但接受辐射热的总量差得并不多。然而,和世界同纬度的其他地区相比,除了沙漠干旱地带以外,我国又是夏季最暖热的国家之一。只有华南沿海一带和同纬度的平均温度接近,其他地区都要比世界各地同纬度的平均温度高一些,一般高 1.3～2.5 ℃。我国夏天气候还有一个特点,即极端最高气温很高,从华北平原到江南地区以至甘肃、新疆等地区,极端最高气温都超过 40 ℃。

　　由于引起空气温度变化的太阳辐射是周期性的,所以空气温度的年变化、日变化也是周期性的。气温可以根据气象台站的观测资料,按变化周期进行谐量分析,即将气温表示成傅里叶(Fourier)级数形式(数学函数的一种表示):

$$t_e = \overline{t} + \sum_{k=1}^{\infty} \Theta_k \cos K\omega(\tau - \tau_k) \tag{3-1}$$

式中　$\overline{t}$——周期中的温度平均值;

　　　　Θ_k——每 k 级谐量振幅;

　　　　ω——圆频率($\omega = 2\pi/T$),T 为周期,对于日变化,以日为周期,$T=24\mathrm{h}$;对于年变化,以年为周期,$T=365\ \mathrm{d}$。此时,研究日变化是按定时观察值,而研究年变化则是按一年里每天的平均值。

　　　　K——传热系数。

三、湿度

　　空气湿度是指空气中水蒸汽的含量。空气中的水蒸汽来自于地表水分的蒸发,包括江河湖海、森林草原、田野耕地等,一般以绝对湿度和相对湿度来表示。绝对湿度的日变化受地面性质、水陆分布、季节寒暑、天气阴晴等因素的影响,一般是大陆低于海面,夏季低于冬季,晴天低于阴天。相对湿度日变化趋势与气温日变化趋势相反。

　　我国的气候特点,除西部和西北地区全年都相当干燥之外,整个东部经济发达地区最热月平均相对湿度均较高,可达到 $75\% \sim 81\%$。这些地区到了最冷月,在华北地区北部相对湿度较低,而长江流域一带仍保持较高相对湿度,达到 $73\% \sim 83\%$。由此可见,相对湿度过高,伴随着冬冷夏热的气候条件,会使人感到更加不适。在湿热天气里,人体排汗不易散发,使人感到闷热;而在湿冷的天气里,人体皮肤接触到较多寒凉水汽,使人感到阴冷。因此,改善我国建筑物室内热环境成为一个迫切需要解决的问题。

　　表 2-12 给出的是标准大气压下的饱和水蒸汽压力和绝对湿度的

数值,各值均为空气温度的函数。

表 2-12　标准大气压下饱和水蒸汽压力和绝对湿度

空气温度 (℃)	水蒸汽压力 (mmHg)	绝对湿度 (g/m³)	空气温度 (℃)	水蒸汽压力 (mmHg)	绝对湿度 (g/m³)
−20	0.96	0.66	25	23.76	20.17
−10	2.15	1.64	30	31.82	27.33
0	4.58	3.77	35	42.18	36.76
5	6.54	5.41	40	55.32	49.14
10	9.21	7.53	45	71.79	65.41
15	12.79	10.46	50	92.51	86.86
20	17.54	14.35	—	—	—

第三章 建筑规划节能设计

建筑规划设计是从分析建筑物所在地区的气候条件、地理条件出发，将节能设计与建筑设计和能源的有效利用相结合，使建筑在冬季最大限度地利用自然能来取暖，多获得热量和减少热损失；夏季最大限度地减少得热和利用自然能来降温冷却。

建筑规划节能设计是建筑节能设计的重要内容之一。居住建筑及公用建筑规划设计中的节能设计主要是对建筑的总平面布置、建筑单体构造形式、太阳辐射、自然通风等气候参数以及对建筑室内外环境绿化进行设计。具体需要从建筑的规划布局、建筑单体节能形式的处理、太阳辐射的控制、自然通风等建筑气候环境和建筑绿化环境上进行优化设计。

第一节 建筑选址

在进行建筑节能设计时，应先开展建筑选址的节能设计工作，需要全面了解建筑所在位置的气候条件、地形地貌、地质水文资料等。设计人员应着重分析以上各种因素，综合不同资料作为建筑节能设计的前期准备工作。

一、气候条件对建筑选址的影响

建筑所在地域性的气候条件在节能规划设计中所起着十分重要的作用。建筑节能设计必须了解当地太阳辐射强度、冬季日照率、降水、冬夏两季最冷月和最热月平均温度、极端最低温度、极端最高温度、空气湿度，冬夏两季主导风向频率等。同时还应该了解建筑所在地小区域环境的微气候条件，城市热岛效应对居住区的影响，是否受周围建筑群高度、人口的疏密程度、交通组织、环境植被、水域等因素的影响。

二、地形地貌对建筑能耗的影响

进行建筑选址设计时,建筑所在位置的地形地貌,如是否位于平地或坡地、山谷或山顶、江河湖泊水系,都将直接影响建筑室内外热环境和建筑能耗的大小。

山谷风是山区经常出现的现象,只要周围气压场比较弱,这种局地热力环流就表现得十分明显。冬季冷气流容易在凹地聚集,形成对建筑物的"霜洞"效应,从而使位于凹地底层或半地下室层面的建筑若保持所需的室内温度的采暖能耗将会增加。如图 3-1 所示。因此,在严寒或寒冷地区,建筑宜布置在向阳、避风的地域,不宜布置在山谷、洼地、沟、底等凹形地域。但是,对于夏季炎热地区而言,建筑布置在上述地方却是相对有利的,因为这些地方往往容易实现自然通风,尤其是晚上,高处凉爽气流会"自然"地流向凹地,把室内热量带走,在降低通风、空调能耗的同时还改善了室内热环境。

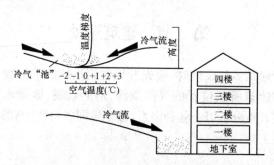

图 3-1　低洼地区对建筑物的"霜洞"效应

对于江河湖泊地区,因地表水陆分布,地势起伏,表面覆盖材料等不同,在白天太阳辐射作用和地表长波辐射的影响下,产生水陆风而形成气流的流动。在进行建筑设计时,应充分利用水陆风以取得建筑穿堂风的效果,以改善夏季热环境,节约空调能耗。

三、地表环境对建筑能耗的影响

建筑物室外地面的覆盖层会影响小气候环境,表面植被或水泥地面都直接影响建筑采暖和空调能耗的大小。

由于建筑物和铺砌的坚实路面大多为不透水层(部分建筑材料能够吸收一定量的降水,亦可变成蒸发面,但为数不多),降雨后雨水很快流失,地面水分在高温下蒸发到空气中。因此,居住小区规划节能设计时,应有足够的绿地和水面,严格控制建筑密度,尽量减少水泥地面,并且要求合理分布,利用植被和水域减弱热岛效应,改善居住区热湿环境。

第二节 建筑体形与建筑朝向

一、建筑体形

建筑体形的变化直接影响建筑采暖空调的能耗大小。在夏热冬冷地区夏季白天要防止太阳辐射,夜间希望建筑有利于自然通风、散热。因此,与北方寒冷地区节能建筑相比,在体形系数上不是很严格,而且建筑形态也非常丰富。但从节能的角度讲,单位面积对应的外表面积越小,外围护结构的热损失越小,从降低建筑能耗的角度出发,应该将体形系数控制在一个较低的水平。

1. 建筑物体形系数

建筑物体形系数是指建筑物与室外大气接触的外表面积 $F_0(\mathrm{m}^2)$ 和与其所包围的(包括地面)体积 $V_0(\mathrm{m}^3)$ 之比值。在进行住宅建筑中的体形系数计算时,外表面积 F_0 不包括地面和楼梯间墙及分户门的面积。随着建筑体形系数的增加,建筑物的累计耗热量也相应增加,一般来说,建筑物体形系数每增加 0.1,建筑物的累计耗热量增加 10%~20%。

如图 3-2 所示,同体积不同形体建筑会有不同的体形系数(表 3-1),其中以立方体的"表面积/体积"比值为最小。

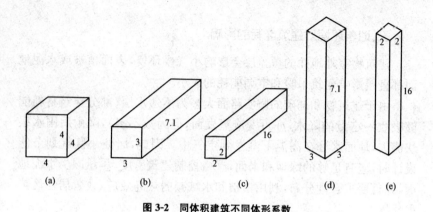

图3-2　同体积建筑不同体形系数

表3-1　不同体形会有不同的体形系数

立体的体形	表面积(五个表面)	体积	"表面积/体积"
图3-2(a)	80	64	1.25
图3-2(b)	81.9	64	1.28
图3-2(c)	104	64	1.63
图3-2(d)	94.2	64	1.47
图3-2(e)	132	64	2.06

体形系数不只是影响建筑物耗能量,它还与建筑层数、体量、建筑造型、平面布局、采光通风等密切相关。因此,从降低建筑能耗的角度出发,在满足建筑使用功能、优化建筑平面布局、美化建筑造型的前提下,应尽可能将建筑物体形系数控制在一个较小的范围内。

2. 最佳节能体形

建筑物作为一个整体,其最佳节能体形与室外空气温度、太阳辐射照度、风向、风速、围护结构构造及其热工特性等各方面因素有关。从理论上讲,当建筑物各朝向围护结构的平均有效传热系数不同时,对同样体积的建筑物,其各朝向围护结构的平均有效传热系数与其面积的乘积都相等的体形是最佳节能体形(图3-3),即:

$$lh\overline{K}_{f3}=ld\overline{K}_{f1}=dh\overline{K}_{f2}$$

当建筑物各朝向围护结构的平均有效传热系数相同时,同样体积的建筑物,体形系数最小的体形,是最佳节能体形。

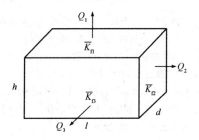

图 3-3 最佳节能体形计算

3. 建筑物体形系数的控制

根据建筑节能检测表明,一般建筑物的体形系数宜控制在 0.30 以下,若体形系数大于 0.30,则屋顶和外墙应加强保温,以便将建筑物耗热量指标控制在规定水平,总体上实现节能 50% 的目标。

控制体形系数的一般方法,见表 3-2。

表 3-2 控制体形系数的一般方法

序号	项目	内 容
1	减小建筑面宽,加大建筑幢深	对体量 1 000~8 000 m² 的建筑,当幢深从 8 m 增至 12 m 时,各类型建筑的耗热指标都有大幅度的降低,但幢深在 14 m 以上再继续增加,则耗热指标降低很少,在建筑面积较小(约 2 000 m² 以下)和层数较多(6 层以上)时,指标还可能回升。加大幢深由 8 m 增大到 14 m,可使建筑耗热指标降低 11%~33%(总建筑面积越大,层数越多耗热指标降低越大),其中尤以幢深从 8 m 增至 12 m 时指标降低的比例最大。因此,对于体量 1 000~8 000 m² 的南向住宅建筑幢深设计为 12~14 m,对建筑节能是比较适宜的。尤其是严寒、寒冷和部分夏热冬冷地区,建筑物的耗热量指标随体形系数的增加近乎直线上升。因此,低层和少单元住宅对节能不利,即体量较小的建筑物不利于节能。对于高层建筑,在建筑面积相近的条件下,高层塔式住宅耗热量指标比高层板式住宅高 10%~14%。

序号	项目	内　　容
2	合理增加建筑物的层数	低层住宅对节能不利,体积较小的建筑物,其外围护结构的热损失要占建筑物总热损失的绝大部分。增加建筑物层数对减少建筑能耗有利,当建筑面积在 2 000 m² 以下时,层数以 3～5 层为宜,层数过多则底面积太小,对减少热耗不利;当建筑面积为 3 000～5 000 m² 时,层数以 5～6 层为宜,当建筑面积为 5 000～8 000 m² 时,层数以 6～8 层为宜。6 层以上建筑耗热指标还会继续降低,但降低幅度不大。
3	建筑体形不宜变化过多	严寒地区节能型住宅的平面形式应追求平整、简洁,如直线形、折线形和曲线形。在节能规划中,对住宅形式的选择不宜大规模采用单元式住宅错位拼接,不宜采用点式住宅或点式住宅拼接。这是因为错位拼接和点式住宅都会形成较长的外墙临空长度,不利于节能。

4. 设计有利避风的建筑形态

从节能的角度考虑,应创造有利的建筑形态,减小风流、减小风压、减小耗能热损失。建筑物越长、越高,进深越小,其背风面产生的涡流区越大,流场越紊乱,对减小风速、风压有利。如图 3-4～图 3-6 所示。

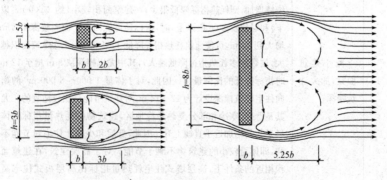

图 3-4　建筑物长度变化对气流的影响

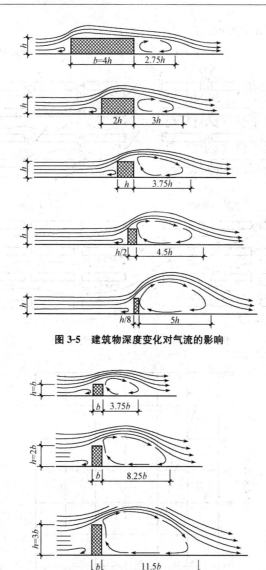

图 3-5 建筑物深度变化对气流的影响

图 3-6 建筑物高度变化对气流的影响

从避免冬季季风对建筑的侵入来考虑,应减小风向与建筑物长边的入射角度,如图 3-7 所示。风向相同间距不同时迎风面风速百分率的比较,如图 3-8 所示。

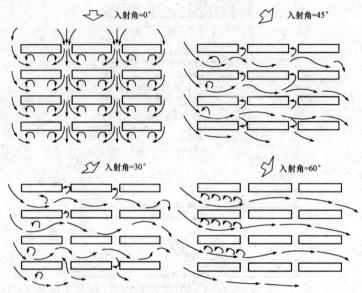

图 3-7　不同入射角影响下的气流示意图

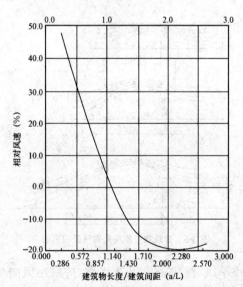

图 3-8　风向相同间距不同时迎风面风速百分率(绝对值)的比较

分析不同形式建筑物形成的风环境,可以有以下结果。

(1)风在条形建筑背面边缘形成涡流。建筑物高度越高,深度越小;长度越大时,背面涡流区越大,如图 3-9 所示。

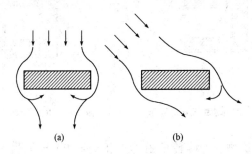

图 3-9　条形建筑风环境平面

(2)风在"L"形建筑中,如图 3-10(b)所示布局对防风有利。

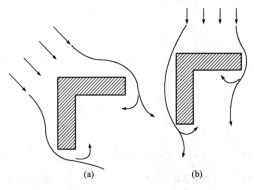

图 3-10　"L"形建筑风环境平面

(3)"凵"形建筑形成半封闭的院落空间,如图 3-11 中的布局对防寒风十分有利。

(4)全封闭形建筑当有开口时,其开口不宜朝向冬季主导风向和冬季最不利风向,而且开口不宜过大,如图 3-12 所示。

(5)将迎冬季季风面做成一系列台阶式的高层建筑,有利缓冲下行风,如图 3-13 所示。

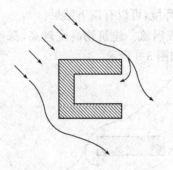 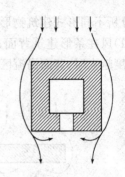

图 3-11 "凵"形建筑风环境平面   图 3-12 "囗"形建筑风环境平面

(6)将建筑物的外墙转角由垂直相交成 90°直角改为圆角有利于消除风涡流,如图 3-14 所示。

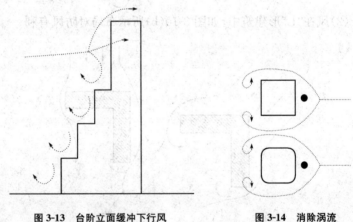

图 3-13 台阶立面缓冲下行风   图 3-14 消除涡流

(7)低矮的圆屋顶形式,有利于防止冬季季风的干扰。

(8)屋顶面层为粗糙表面可以使冷风分解成无数小的涡流,既可以减小风速也可以多获得太阳能。

(9)低层建筑或带有上部退层的多、高层建筑,将用地布满对节能有利。

(10)建筑物高度是对风速产生影响的重要因素。当风遇到建筑物垂直的表面时,便产生下冲气流形成下行风,其风速不变,和地面附近水平方向的风一道在建筑物附近产生高速风和涡流。据英国的一项研究表明,在 5 层楼底部,风速增加 20%;在 16 层楼底部,风速增加 50%;在 35 层楼底部,风速增加 120%。所以建筑物高度的选择应与风环境条件有机结合。

(11)不同的平面形体在不同的日期内建筑阴影位置和面积也不同,节能建筑应选择相互日照遮挡少的建筑形体,以利减少因日照遮挡影响太阳辐射得热,如图 3-15 所示。

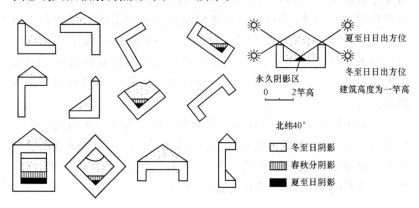

图 3-15　不同平面形体在不同日期的房屋阴影

二、建筑朝向

建筑物朝向是指建筑物主立面(或正面)的方位角,一般由建筑与周围道路之间的关系确定。建筑朝向的不同对室内温度环境有重要的影响。

1. 建筑朝向选择原则

建筑朝向选择的原则是冬季能获得足够的日照,主要房间宜避开冬季主导风向,但同时必须考虑夏季防止太阳辐射与暴风雨的袭击。

2. 建筑朝向选择考虑因素

选择建筑朝向时,需要考虑以下几个方面的因素。

(1)冬季要有适量并具有较好的阳光射入室内。

(2)炎热季节尽量减少太阳辐射通过窗口直射室内和建筑外墙面。

(3)夏季应有良好的通风,冬季避免冷风侵袭。

(4)充分利用地形并注意节约用地。

(5)照顾居住建筑和其他公共建筑组合的需要。

3. 朝向对建筑日照及接收太阳辐射量的影响

处于不同地区和冬夏气候条件下,同一朝向的居住和公共建筑的日照时数和日照面积也不同。由于冬季和夏季太阳方位角、高度角变化的幅度较大,各个朝向墙面所获得的日照时间、太阳辐射照度相差很大。因此,要对不同朝向墙面在不同季节的日照时数进行统计,求出日照时数的平均值,作为综合分析朝向的依据。分析室内日照条件和朝向的关系,应选择在最冷月的有较长的日照时间和较大日照面积,而在最热月有较少的日照时间和较小的日照面积的朝向。

太阳辐射包括直射辐射和散射辐射。地球表面物体所接受的太阳辐射强度,除了受物体所在地的纬度影响外,还与物体表面的朝向有关。如图 3-16 给出了北纬 40°全年各月水平表面,东、西、南、北向垂直表面所接受的平均太阳总辐射强度。

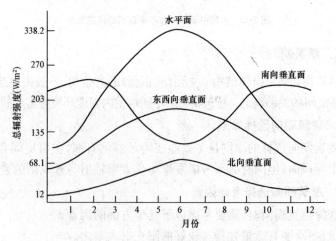

图 3-16   北纬 40°的太阳总辐射

对于太阳辐射作用,在这里只考虑太阳直接辐射作用。设计参数依据一般选用最冷月和最热月的太阳累计辐射强度。

太阳辐射中,紫外线所占比例是随太阳高度角增加而增加的,一般正午前后紫外线最多,日出及日落时段最少(图3-17)。其中紫外线量与太阳高度角成正比(表3-3)。实践证明,冬季以南向、东南和西南居室内接受紫外线较多,而东、西向较少,大约为南向的一半,东北、西北和北向居室最少,约为南向的1/3左右。因此,选择朝向对居室所获得的紫外线量是应予以重视的,它是评价一个居室卫生条件的必要因素。

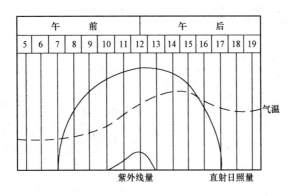

图3-17　日照量与紫外线的时间变化

表3-3　不同高度角时太阳光线的成分

太阳高度角	紫外线	可视线	红外线
90°	4%	46%	50%
30°	3%	44%	53%
0.5°	0	28%	72%

另外,还要考虑主导风向对建筑物冬季热损耗和夏季自然通风的影响。表3-4是综合考虑以上几方面因素后,给出我国部分地区建筑朝向的建议,作为设计时朝向选择的参考。

表 3-4　全国部分地区建议建筑朝向表

地　　区	最佳朝向	适宜朝向	不宜朝向
北京	南偏东 30°以内 南偏西 30°以内	南偏东 45°范围内 南偏西 45°范围内	北偏西 30°～60°
上海	南至南偏东 15°	南偏东 30° 南偏西 15°	北、西北
石家庄	南偏东 15°	南至南偏东 30°	西
太原	南偏东 15°	南偏东至东	西北
呼和浩特	南至南偏东 南至南偏西	东南、西南	北、西北
哈尔滨	南偏东 15°～20°	南至南偏东 20° 南至南偏西 15°	西北、北
长春	南偏东 30° 南偏西 10°	南偏东 45° 南偏西 45°	北、东北、西北
沈阳	南、南偏东 20°	南偏东至东 南偏西至西	东北东至西北西
济南	南、南偏东 10°～15°	南偏东 30°	西偏北 5°～10°
南京	南偏东 15°	南偏东 25° 南偏西 10°	西、北
合肥	南偏东 5°～15°	南偏东 15° 南偏西 5°	西
杭州	南偏东 10°～15°	南、南偏东 30°	北、西
福州	南、南偏东 5°～10°	南偏东 20°以内	西
郑州	南偏东 15°	南偏东 25°	西北
武汉	南偏西 15°	南偏东 15°	西、西北
长沙	南偏东 9°左右	南	西、西北
广州	南偏东 15° 南偏西 5°	南偏东 22°30′ 南偏西 5°至西	

续表

地　区	最佳朝向	适宜朝向	不宜朝向
南宁	南、南偏东 15°	南偏东 15°～25° 南偏西 5°	东、西
西安	南偏东 10°	南、南偏西	西、西北
银川	南至南偏东 23°	南偏东 34° 南偏西 20°	西、北
西宁	南至南偏西 30°	南偏东 30°至南 偏西 30°	北、西北

　　从冬季的保暖和夏季降温考虑,在选择住宅朝向时,当地的主导风向因素不容忽视。另外,从住宅群的气流流场可知,住宅长轴垂直主导风向时,由于各幢住宅之间产生涡流,从而影响了自然通风效果。因此,应避免住宅长轴垂直于夏季主导风向(即风向入射角为零度),从而减少前排房屋对后排房屋通风的不利影响。

　　在实际运用中,当根据日照和太阳辐射已将住宅的基本朝向范围确定后,再进一步核对季节主导风时,会出现主导风向与日照朝向形成夹角的情况。从单幢住宅的通风条件来看,房屋与主导风向垂直效果最好。但是,从整个住宅群来看,这种情况并不完全有利,而往往希望形成一个角度,以便各排房屋都能获得比较满意的通风条件。

第三节　建筑日照间距

　　在建筑规划设计时,确定好建筑朝向后,还必须在建筑物之间留出一定的距离,以保证阳光不受遮挡,直接照射到建筑室内。这个间距就是建筑物的日照间距。建筑物的日照间距是由日照标准,当地的地理纬度,建筑朝向,建筑物的高度、长度以及建筑用地的地形等因素决定的。在建筑节能设计时,应该结合节约用地原则,综合考虑各种因素来确定建筑的日照间距。

一、居住建筑的日照标准

居住建筑的日照标准一般由日照时间和日照质量来进行衡量。具体要求见表 3-5。

表 3-5　居住建筑的日照标准

序号	项目	内　　容
1	日照时间	我国地处北半球温带地区,居住及公共建筑总希望在夏季能够避免较强的日照,而冬季又希望能够获得充分的直接阳光照射,以满足室内卫生、建筑采光及辅助得热的需要。居住建筑的常规布置为行列式,考虑到前排建筑物对后排房屋的遮挡,为了使居室能得到最低限度的日照,一般以底层居室获得的日照为标准。北半球太阳高度角在全年最小值为冬至日。因此,选择居住建筑日照标准时,通常将冬至日或大寒日定为日照标准日,每套住宅至少应有一个居住空间能获得日照,且日照时间标准应符合表 3-6 中的规定。老年人住宅不应低于冬至日日照 2 h 的要求,旧区改建的项目内新建住宅日照标准可酌情降低,但不应低于大寒日日照 1 h 的要求
2	日照质量	居住建筑的日照质量是通过日照时间内、室内日照面积的累计而达到的。根据各地的具体测定,在日照时间内居室内每小时地面上阳光投射面积的积累来进行计算。日照面积对于北方居住建筑和公共建筑冬季提高室内温度具有重要作用,所以,在朝阳面设置适宜的窗型、开窗面积、窗户位置等,这既是采光和通风的需要,更是确保日照质量的需要

表 3-6　住宅建筑的日照时间标准

建筑气候区别	Ⅰ、Ⅱ、Ⅲ、Ⅶ气候区		Ⅳ气候区		Ⅴ、Ⅵ气候区
	大城市	中小城市	大城市	中小城市	
日照标准日	大寒日				冬至日
日照时数(h)	≥2	≥3			≥1
有效日照时间带(h) (当地真太阳时)	8～16				9～15
日照时间计算起点	底层窗台面				

二、日照间距的计算

日照间距的计算通常以冬至日正午正南向太阳照至后栋建筑底层窗台高度为计算点。具体计算方法见表 3-7。

表 3-7　日照间距的计算方法

序号	项目	内　　容
1	平地日照间距的计算	平地日照间距的计算公式，如图 3-18 所示。由 $$\tan h_s = \frac{H-H_2}{D}$$ 可导出： $$D = \frac{H_1}{\tan h_s}$$ 式中　H——建筑总高；　　H_2——底层窗台高；$H_1 = H - H_2$；　　h_s——冬至日正午太阳高度角。 在实际应用中，常将 D 值换算成与 H 的比值。间距值 D 可根据不同的房屋高度计算出。这样，可根据不同纬度城市的冬至日正午太阳高度角计算出建筑物高度与间距的比值
2	坡地日照间距的计算	在坡地上布置住宅时，其间距因坡度的朝向而异，向阳坡上的房屋间距可以缩短，背阳坡则需加大。同时又因建筑物的方位与坡向变化，都会分别影响到建筑物之间的间距。一般来讲，当建筑方向与等高线关系一定时，向阳坡的建筑以东南或西南向间距最小，南向次之，东西向最大，北坡则以建筑南北向布置时间距最大（见图 2-19） 向阳坡间距计算公式［图 3-19(a)］： $$D = \frac{[H-(d+d')\sin\alpha\tan\gamma - W]\cos\omega}{\tan\gamma + \sin\alpha\tan\gamma\cos\omega}$$ 背阳坡间距计算公式［图 3-19(b)］： $$D = \frac{[H+(d+d')\sin\alpha\tan\gamma - W]\cos\omega}{\tan\gamma + \sin\alpha\tan\gamma\cos\omega}$$

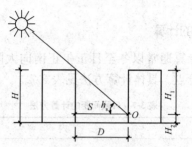

图 3-18　平地日照间距的计算

注:O 点为底层窗台高度。

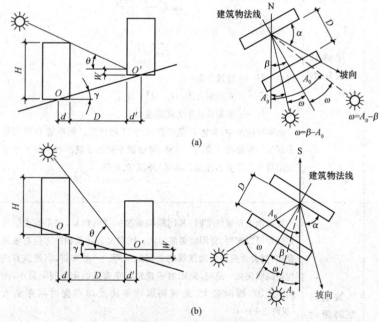

(a)

(b)

图 3-19　坡地日照间距关系

(a)向阳坡;(b)背阳坡

D—两建筑物的日照间距(m);H—前面建筑物的高度(m);

W—后面建筑物底层窗台离设计基准点(或室外地面)高差;

θ—建筑物法线面的太阳投射角;γ—建筑物法线面的地面坡度角;

o,o'—分别为前后建筑物地面设计基准标准高点;β—建筑方位角;h_s—太阳高度角;

d,d'—分别为前后建筑物地面设计基准标高点外墙距离(m);A_0—太阳方位角;

ω—建筑方位与太阳方位差角,$\omega=\beta-A_0$(或 $A_0-\beta$);α—地形坡向与墙面的夹角

第四节 窗墙面积比

一、窗墙面积比限值

建筑窗墙面积比是影响建筑节能效果的一个重要指标。

我国的《严寒和寒冷地区居住建筑节能设计标准》(JGJ 26—2010)规定:严寒和寒冷地区居住建筑的窗墙面积比不应大于表 3-8 规定的限值。当窗墙面积比大于表 3-8 规定的限值时,必须按照要求进行围护结构热工性能的权衡判断,并且在进行权衡判断时,各朝向的窗墙面积比最大也只能比表 3-8 中的对应值大 0.1。

表 3-8 严寒和寒冷地区居住建筑的窗墙面积比限值

朝向	窗墙面积比	
	严寒地区	寒冷地区
北	0.25	0.30
东、西	0.30	0.35
南	0.45	0.50

注:1. 敞开式阳台的阳台门上部透明部分应计入窗户面积,下部不透明部分不应计入窗户面积。

2. 表中的窗墙面积比应按开间计算。表中的"北"代表从北偏东小于 60°至北偏西小于 60°的范围;"东、西"代表从东或西偏北小于等于 30°至偏南小于 60°的范围;"南"代表从南偏东小于等于 30°至偏西小于等于 30°的范围。

我国的《夏热冬冷地区居住建筑节能设计标准》(JGJ 134—2010)规定:不同朝向外窗(包括阳台门的透明部分)的窗墙面积比不应大于表 3-9 规定的限值;不同朝向、不同窗墙面积比的外窗传热系数不应大于表 3-10 规定的限值;综合遮阳系数应符合表 3-10 的规定。当外窗为凸窗时,凸窗的传热系数限值应比表 3-10 规定的限值小 10%;计算窗墙面积比时,凸窗的面积应按洞口面积计算。

表 3-9　不同朝向外窗的窗墙面积比限值

朝　　向	窗墙面积比
北	0.40
东、西	0.35
南	0.45
每套房间允许一个房间(不分朝向)	0.60

表 3-10　不同朝向、不同窗墙面积比的外窗传热系数和综合遮阳系数限值

建　　筑	窗墙面积比	传热系数 K [W/(m²·K)]	外窗综合遮阳系数 SC_w (东、西向/南向)
体形系数 ≤0.40	窗墙面积比≤0.20	4.7	—
	0.20<窗墙面积比≤0.30	4.0	—
	0.30<窗墙面积比≤0.40	3.2	夏季≤0.40/夏季≤0.45
	0.40<窗墙面积比≤0.45	2.8	夏季≤0.35/夏季≤0.40
	0.45<窗墙面积比≤0.60	2.5	东、西、南向设置外遮阳 夏季≤0.25/冬季≥0.60
体形系数 >0.40	窗墙面积比≤0.20	4.0	
	0.20<窗墙面积比≤0.30	3.2	
	0.30<窗墙面积比≤0.40	2.8	夏季≤0.40/夏季≤0.45
	0.40<窗墙面积比≤0.45	2.5	夏季≤0.35/夏季≤0.40
	0.45<窗墙面积比≤0.60	2.3	东、西、南向设置外遮阳 夏季≤0.25/冬季≥0.60

注:1. 表中的"东、西"代表从东或西偏北 30°(含 30°)至偏南 60°(含 60°)的范围;"南"代表从南偏东 30°至偏西 30°的范围。

　　2. 楼梯间、外走廊的窗不按本表规定执行。

二、窗墙面积比计算

窗墙面积比应按建筑开间(轴距离)计算,窗的综合遮阳系数应按下式计算:

$$SC = SC_C \times SD = SC_B \times (1 - F_K/F_C) \times SD$$

式中 SC——窗的综合遮阳系数；

SC_C——窗本身的遮阳系数；

SC_B——玻璃的遮阳系数；

F_K/F_C——窗框面积比，其中 F_K 为窗框的面积，F_C 为窗的面积，PVC 塑钢窗或木窗窗框面积比可取 0.30，铝合金窗窗框面积比可取 0.20，其他框材的窗按相近原则取值；

SD——外遮阳的遮阳系数，应按规定计算。

东偏北 30°至东偏南 60°、西偏北 30°至西偏南 60°范围内的外窗应设置挡板式遮阳或可以遮住窗户正面的活动外遮阳。南向的外窗宜设置水平遮阳或可以遮住窗户正面的活动外遮阳。各朝向的窗户，当设置了可以完全遮住正面的活动外遮阳时，应认定满足表 3-10 对外窗遮阳的要求。

第四章　建筑围护结构节能设计

第一节　建筑围护结构节能设计要求

一、建筑围护结构保温设计

1. 围护结构最小传热阻的确定

(1)设置集中采暖的建筑物,其围护结构的传热阻应根据技术经济比较确定,且应符合国家有关节能标准的要求,其最小传热阻应按下式计算确定:

$$R_{o \cdot min} = \frac{(t_i - t_e)n}{[\Delta t]} R_i$$

式中　$R_{o \cdot min}$——围护结构最小传热阻($m^2 \cdot K/W$);

t_i——冬季室内计算温度(℃),一般居住建筑,取 18℃,高级居住建筑,医疗、托幼建筑,取 20℃;

t_e——围护结构冬季室外计算温度(℃),按表 4-1 的规定采用;

n——温差修正系数,应按表 4-2 采用;

R_i——围护结构内表面换热阻($m^2 \cdot K/W$),应按本书附录中附表 2 采用;

$[\Delta t]$——室内空气与围护结构内表面之间的允许温差(℃),应按表 2-20 采用。

表 4-1　围护结构冬季室外计算温度 t_e　　　　(单位:℃)

类　型	热惰性指标 D 值	t_e 的取值
I	>6.0	$t_e = t_w$
II	4.1~6.0	$t_e = 0.6t_w + 0.4t_{e \cdot min}$
III	1.6~4.0	$t_e = 0.3t_w + 0.7t_{e \cdot min}$
IV	≤1.5	$t_e = t_{e \cdot min}$

注:1. t_w 和 $t_{e \cdot min}$ 分别为采暖室外计算温度和累年最低一个日平均温度。

2. 冬季室外计算温度 t_e 应取整数值。

表 4-2　温差修正系数 n 值

围护结构及其所处情况	温差修正系数 n 值
外墙、平屋顶及与室外空气直接接触的楼板等	1.00
带通风间层的平屋顶、坡屋顶顶棚及与室外空气相通的不采暖地下室上面的楼板等	0.90
与有外门窗的不采暖楼梯间相邻的隔墙： 1～6 层建筑 7～30 层建筑	0.60 0.50
不采暖地下室上面的楼板： 外墙上有窗户时 外墙上无窗户且位于室外地坪以上时 外墙上无窗户且位于室外地坪以下时	0.75 0.60 0.40
与有外门窗的不采暖房间相邻的隔墙 与无外门窗的不采暖房间相邻的隔墙	0.70 0.40
伸缩缝、沉降缝墙 抗震缝墙	0.30 0.70

表 4-3　室内空气与围护结构内表面之间的允许温差 $[\Delta t]$　（单位：℃）

建筑物和房间类型	外　墙	平屋顶和坡屋顶顶棚
居住建筑、医院和幼儿园等	6.0	4.0
办公楼、学校和门诊部等	6.0	4.5
礼堂、食堂和体育馆等	7.0	5.5
室内空气潮湿的公共建筑： 允许外墙和顶棚内表面结露时 允许外墙内表面结露，但不允许顶棚内表面结露时	$t_i \sim t_d$ 7.0	$0.8(t_i \sim t_d)$ $0.9(t_i \sim t_d)$

注：1. 潮湿房间系指室内温度为 13～24 ℃，相对湿度大于 75%，或室内温度高于 24 ℃，相对湿度大于 60% 的房间。

2. 表中 t_i、t_d 分别为室内空气温度和露点温度（℃）。

3. 对于直接接触室外空气的横板和不采暖地下室上面的楼板，当有人长期停留时，取允许温差 $[\Delta t]$ 等于 2.5 ℃；当无人长期停留时，取允许温差 $[\Delta t]$ 等于 5.0 ℃。

(2)当居住建筑、医院、幼儿园、办公楼、学校和门诊部等建筑物的外墙为轻质材料或内侧为复合轻质材料时,外墙的最小传热阻应在计算结果的基础上进行附加,其附加值应按表 4-4 的规定采用。

表 4-4　轻质外墙最小传热阻的附加值(%)

外墙材料与构造	当建筑物处在连续供热热网中时	当建筑物处在间歇供热热网中时
密度为 800~1 200 kg/m³ 的轻骨料混凝土单一材料墙体	15~20	30~40
密度为 500~800 kg/m³ 的轻混凝土单一材料墙体;外侧为砖或混凝土、内侧为复合轻混凝土的墙体	20~30	40~60
平均密度小于 500 kg/m³ 的轻质复合墙体;外侧为砖或混凝土、内侧为复合轻质材料(如岩棉、矿棉、石膏板等)墙体	30~40	60~80

(3)处在寒冷和夏热冬冷地区,且设置集中采暖的居住建筑和医院、幼儿园、办公楼、学校、门诊部等公共建筑,当采用Ⅲ型和Ⅳ型围护结构时,应对其屋顶和东、西外墙进行夏季隔热验算。如按夏季隔热要求的传热阻大于按冬季保温要求的最小传热阻,应按夏季隔热要求采用。

2. 围护结构传热系数限值

《严寒和寒冷地区居住建筑节能设计标准》(JGJ 26－2010)规定,根据建筑物所处城市的气候分区区属不同,建筑围护结构的传热系数不应大于表 4-5~表 4-9 规定的限值,周边地面和地下室外墙的保温材料层热阻不应小于表 4-5~表 4-9 规定的限值,寒冷(B)区外窗综合遮阳系数不应大于表 4-10 规定的限值。

表 4-5　严寒(A)区围护结构热工性能参数限值

围护结构部位		传热系数 $K[W/(m^2 \cdot K)]$		
		≤3 层建筑	4～8 层的建筑	≥9 层建筑
屋面		0.20	0.25	0.25
外墙		0.25	0.40	0.50
架空或外挑楼板		0.30	0.40	0.40
非采暖地下室顶板		0.35	0.45	0.45
分隔采暖与非采暖空间的隔墙		1.2	1.2	1.2
分隔采暖与非采暖空间的户门		1.5	1.5	1.5
阳台门下部门芯板		1.2	1.2	1.2
外窗	窗墙面积比≤0.2	2.0	2.5	2.5
	0.2＜窗墙面积比≤0.3	1.8	2.0	2.2
	0.3＜窗墙面积比≤0.4	1.6	1.8	2.0
	0.4＜窗墙面积比≤0.45	1.5	1.6	1.8
围护结构部分		保温材料层热阻 $R[(m^2 \cdot K)/W]$		
周边地面		1.70	1.40	1.10
地下室外墙(与土壤接触的外墙)		1.80	1.50	1.20

表 4-6　严寒(B)区围护结构热工性能参数限值

围护结构部位	传热系数 $K[W/(m^2 \cdot K)]$		
	≤3 层建筑	4～8 层的建筑	≥9 层建筑
屋　面	0.25	0.30	0.30
外　墙	0.30	0.45	0.55
架空或外挑楼板	0.30	0.45	0.45
非采暖地下室顶板	0.35	0.50	0.50
分隔采暖与非采暖空间的隔墙	1.2	1.2	1.2
分隔采暖与非采暖空间的户门	1.5	1.5	1.5
阳台门下部门芯板	1.2	1.2	1.2

续表

围护结构部位		传热系数 $K[W/(m^2 \cdot K)]$		
		≤3 层建筑	4～8 层的建筑	≥9 层建筑
外窗	窗墙面积比≤0.2	2.0	2.5	2.5
	0.2<窗墙面积比≤0.3	1.8	2.2	2.2
	0.3<窗墙面积比≤0.4	1.6	1.9	2.0
	0.4<窗墙面积比≤0.45	1.5	1.7	1.8
围护结构部分		保温材料层热阻 $R(m^2 \cdot K/W)$		
周边地面		1.40	1.10	0.83
地下室外墙（与土壤接触的外墙）		1.50	1.20	0.91

表 4-7　严寒(C)区围护结构热工性能参数限值

围护结构部位		传热系数 $K[W/(m^2 \cdot K)]$		
		≤3 层建筑	4～8 层的建筑	≥9 层建筑
屋　面		0.30	0.40	0.40
外　墙		0.35	0.50	0.60
架空或外挑楼板		0.35	0.50	0.50
非采暖地下室顶板		0.50	0.60	0.60
分隔采暖与非采暖空间的隔墙		1.5	1.5	1.5
分隔采暖与非采暖空间的户门		1.5	1.5	1.5
阳台门下部门芯板		1.2	1.2	1.2
外窗	窗墙面积比≤0.2	2.0	2.5	2.5
	0.2<窗墙面积比≤0.3	1.8	2.2	2.2
	0.3<窗墙面积比≤0.4	1.6	2.0	2.0
	0.4<窗墙面积比≤0.45	1.5	1.8	1.8
围护结构部分		保温材料层热阻 $R(m^2 \cdot K/W)$		
周边地面		1.10	0.83	0.56
地下室外墙（与土壤接触的外墙）		1.20	0.91	0.61

表 4-8 寒冷(A)区围护结构热工性能参数限值

围护结构部位		传热系数 $K[W/(m^2 \cdot K)]$		
		≤3 层建筑	4～8 层的建筑	≥9 层建筑
屋　面		0.35	0.45	0.45
外　墙		0.45	0.60	0.70
架空或外挑楼板		0.45	0.60	0.60
非采暖地下室顶板		0.50	0.65	0.65
分隔采暖与非采暖空间的隔墙		1.5	1.5	1.5
分隔采暖与非采暖空间的户门		2.0	2.0	2.0
阳台门下部门芯板		1.7	1.7	1.7
外窗	窗墙面积比≤0.2	2.8	3.1	3.1
	0.2＜窗墙面积比≤0.3	2.5	2.8	2.8
	0.3＜窗墙面积比≤0.4	2.0	2.5	2.5
	0.4＜窗墙面积比≤0.5	1.8	2.0	2.3
围护结构部分		保温材料层热阻 $R(m^2 \cdot K/W)$		
周边地面		0.83	0.56	—
地下室外墙(与土壤接触的外墙)		0.91	0.61	—

表 4-9 寒冷(B)区围护结构热工性能参数限值

围护结构部位	传热系数 $K[W/(m^2 \cdot K)]$		
	≤3 层建筑	4～8 层的建筑	≥9 层建筑
屋　面	0.35	0.45	0.45
外　墙	0.45	0.60	0.70
架空或外挑楼板	0.45	0.60	0.60
非采暖地下室顶板	0.50	0.65	0.65
分隔采暖与非采暖空间的隔墙	1.5	1.5	1.5
分隔采暖与非采暖空间的户门	2.0	2.0	2.0
阳台门下部门芯板	1.7	1.7	1.7

续表

围护结构部位		传热系数 $K[\mathrm{W}/(\mathrm{m}^2 \cdot \mathrm{K})]$		
		≤3 层建筑	4～8 层的建筑	≥9 层建筑
外窗	窗墙面积比≤0.2	2.8	3.1	3.1
	0.2<窗墙面积比≤0.3	2.5	2.8	2.8
	0.3<窗墙面积比≤0.4	2.0	2.5	2.5
	0.4<窗墙面积比≤0.5	1.8	2.0	2.3
围护结构部分		保温材料层热阻 $R(\mathrm{m}^2 \cdot \mathrm{K/W})$		
周边地面		0.83	0.56	—
地下室外墙（与土壤接触的外墙）		0.91	0.61	—

注：周边地面和地下室外墙的保温材料层不包括土壤和混凝土地面。

表 4-10　寒冷(B)区外窗综合遮阳系数限值

围护结构部位		遮阳系数 SC(东、西向/南、北向)		
		≤3 层建筑	4～8 层的建筑	≥9 层建筑
外窗	窗墙面积比≤0.2	—	—	—
	0.2<窗墙面积比≤0.3	—	—	—
	0.3<窗墙面积比≤0.4	0.45/—	0.45/—	0.45/—
	0.4<窗墙面积比≤0.5	0.35/—	0.35/—	0.35/—

2. 围护结构保护措施要求

围护结构保护措施应符合表 4-11 中规定的要求。

表 4-11　围护结构保护措施要求

序号	项目	内　　容
1	提高围护结构热阻值的措施	(1)采用轻质高效保温材料与砖、混凝土或钢筋混凝土等材料组成的复合结构。 (2)采用密度为 500～800 kg/m³ 的轻混凝土和密度为 800～1 200 kg/m³ 的轻骨料混凝土作为单一材料墙体。 (3)采用多孔黏土空心砖或多排孔轻骨料混凝土空心砌块墙体。 (4)采用封闭空气间层或带有铝箔的空气间层

续表

序号	项目	内　容
2	提高围护结构热稳定性的措施	(1)采用复合结构时,内外侧宜采用砖、混凝土或钢筋混凝土等重质材料,中间为复合轻质保温材料。 (2)采用加气混凝土、泡沫混凝土等轻混凝土单一材料墙体时,内外侧宜做水泥砂浆抹面层或其他重质材料饰面层

3. 热桥部位内表面温度验算

围护结构热桥部位的内表面温度不应低于室内空气露点温度。在确定室内空气露点温度时,居住建筑和公共建筑的室内空气相对湿度均应按 60% 采用。

围护结构中常见五种形式热桥见图 4-1,其内表面温度应按下列规定验算。

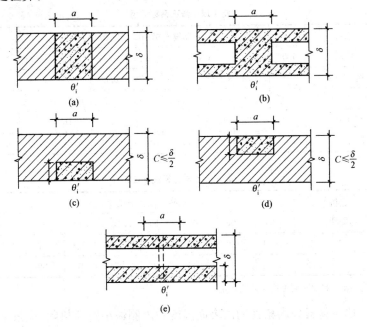

图4-1　常见五种形式热桥

（1）当肋宽与结构厚度比 a/δ 小于或等于 1.5 时，

$$\theta'_i = t_i - \frac{R'_o + \eta(R_o - R'_o)}{R'_o \cdot R_o} R_i(t_1 - t_e)$$

式中　θ'_i——热桥部位内表面温度（℃）；

　　　t_i——室内计算温度（℃）；

　　　t_e——室外计算温度（℃），应按 I 型围护结构的室外计算温度采用；

　　　R_o——非热桥部位的传热阻（$m^2 \cdot K/W$）；

　　　R'_o——热桥部位的传热阻（$m^2 \cdot K/W$）；

　　　R_i——内表面换热阻，取 $0.11 m^2 \cdot K/W$；

　　　η——修正系数，应根据比值 a/δ，按表 4-12 或表 4-13 采用。

（2）当肋宽与结构厚度比 a/δ 大于 1.5 时，

$$\theta'_i = t_i - \frac{t_i - t_e}{R_0} R_i$$

表 4-12　修正系数 η 值

热桥形式	肋宽与结构厚度比 a/δ								
	0.02	0.06	0.10	0.20	0.40	0.60	0.80	1.00	1.50
图 4-1(a)	0.12	0.24	0.38	0.55	0.74	0.83	0.87	0.90	0.95
图 4-1(b)	0.07	0.15	0.26	0.42	0.62	0.73	0.81	0.85	0.94
图 4-1(c)	0.25	0.50	0.96	1.26	1.27	1.21	1.16	1.10	1.00
图 4-1(d)	0.04	0.10	0.17	0.32	0.50	0.62	0.71	0.77	0.89

表 4-13　修正系数 η 值

热桥形式		肋宽与结构厚度比 a/δ							
		0.04	0.06	0.08	0.10	0.12	0.14	0.16	0.18
图 4-1(e)	0.50	0.011	0.025	0.044	0.071	0.102	0.136	0.170	0.205
	0.25	0.006	0.014	0.025	0.040	0.054	0.074	0.092	0.112

注：a/δ 的中间值可用内插法确定。

单一材料外墙角处的内表面温度和内侧最小附加热阻，应按下列公式计算：

$$\theta_i' = t_i - \frac{t_i - t_e}{R_0} \cdot R_i \zeta$$

$$R_{ad,min} = (t_i - t_e)(\frac{1}{t_i - t_d} - \frac{1}{t_i - \theta_i'})R_i$$

式中　θ_i'——外墙角处内表面温度(℃);

$R_{ad,min}$——内侧最小附加热阻(m² · K/W);

t_i——室内计算温度(℃);

t_e——室外计算温度(℃),按I型围护结构的室外计算温度采用;

t_d——室内空气露点温度(℃);

R_i——外墙角处内表面换热阻,取 0.11 m² · K/W;

R_o——外墙传热阻(m² · K/W);

ζ——比例系数,根据外墙热阻 R 值,按表 4-14 采用。

表 4-14　比例系数 ζ 值

外墙热阻 R(m² · K/W)	比例系数 ζ
0.10～0.40	1.42
0.41～0.49	1.72
0.50～1.50	1.73

除图 4-1 中常见五种形式热桥外,其他形式热桥的内表面温度应进行温度场验算。

4. 采暖建筑地面热工要求

(1)采暖建筑地面的热工性能,应根据地面的吸热指数 B 值,按表 4-15的规定,划分成三个类别。

表 4-15　采暖建筑地面热工性能类别

地面热工性能类别	B 值[W/(m² · h⁻¹ᐟ² · K)]
I	<17
II	17～23
III	>23

注:地面吸热指数 B 值应按本书附录中"三"的规定计算。

(2)不同类型采暖建筑对地面热工性能的要求,应符合表 4-16 的规定。

表 4-16　不同类型采暖建筑对地面热工性能的要求

采暖建筑类型	对地面热工性能的要求
高级居住建筑、幼儿园、托儿所、疗养院等	宜采用Ⅰ类地面
一般居住建筑、办公楼、学校等	可采用Ⅱ类地面
临时逗留用房及室温高于 23 ℃的采暖房间	可采用Ⅲ类地面

(3)严寒地区采暖建筑的底层地面,当建筑物周边无采暖管沟时,在外墙内侧 0.5～1.0 m 范围内应铺设保温层,其热阻不应小于外墙的热阻。

二、建筑围护结构绝热设计

建筑物的能耗主要是由其围护结构的热传导和冷风渗透两方面造成的。在建筑实体墙部分,采用围护结构的内、外绝热技术,在冬季采暖期间可减少通过外围护结构流向室外的热量,降低热损失;在夏季空调期间可减少通过外围护结构流向室内的热量,降低冷损失;在非采暖空调的过渡季节则充分利用自然通风,调节室内热环境的舒适度。

1. 围护结构绝热设计要求

在房间自然通风情况下,建筑物的屋顶和东、西外墙的内表面最高温度,应满足下式要求:

$$\theta_{i \cdot max} \leqslant t_{e \cdot max}$$

式中　$\theta_{i \cdot max}$——围护结构内表面最高温度(℃);

　　　$t_{e \cdot max}$——夏季室外计算温度最高值(℃),应按表 4-17 采用。

表 4-17　夏季室外计算温度最高值　　　　　　(单位:℃)

城市名称	夏季室外计算温度		
	平均值 $\bar{t}_e$	最高值 $t_{e \cdot max}$	波幅值 A_{te}
西安	32.3	38.4	6.1
汉中	29.5	35.8	6.3

续表

城市名称	夏季室外计算温度		
	平均值 $\bar{t}_e$	最高值 $t_{e \cdot max}$	波幅值 A_{te}
北京	30.2	36.3	6.1
天津	30.4	35.4	5.0
石家庄	31.7	38.3	6.6
济南	33.0	37.3	4.3
青岛	28.1	31.1	3.0
上海	31.2	36.1	4.9
南京	32.0	37.1	5.1
常州	32.3	36.4	4.1
徐州	31.5	36.7	5.2
东台	31.1	35.8	4.7
合肥	32.3	36.8	4.5
芜湖	32.5	36.9	4.4
阜阳	32.1	37.1	5.2
杭州	32.1	37.2	5.1
衡县	32.1	37.6	5.5
温州	30.3	35.7	5.4
南昌	32.9	37.8	4.9
赣州	32.2	37.8	5.6
九江	32.8	37.4	4.6
景德镇	31.6	37.2	5.6
福州	30.9	37.2	6.3
建阳	30.5	37.3	6.8
南平	30.8	37.4	6.6
永安	30.8	37.3	6.5
漳州	31.3	37.1	5.8
厦门	30.8	35.5	4.7

续表

城市名称	夏季室外计算温度		
	平均值 t_e	最高值 $t_{e \cdot max}$	波幅值 A_{te}
郑州	32.5	38.8	6.3
信阳	31.9	36.6	4.7
武汉	32.4	36.9	4.5
宜昌	32.0	38.2	6.2
黄石	33.0	37.9	4.9
长沙	32.7	37.9	5.2
藏江	30.4	36.3	5.9
岳阳	32.5	35.9	3.4
株洲	34.4	39.9	5.5
衡阳	32.8	38.3	5.5
广州	31.1	35.6	4.5
海口	30.7	36.3	5.6
汕头	30.6	35.2	4.6
韶关	31.5	30.3	4.8
德庆	31.2	36.6	5.4
湛江	30.9	35.5	4.6
南宁	31.0	36.7	5.7
桂林	30.9	36.2	5.3
百色	31.8	37.6	5.8
梧州	30.9	37.0	6.1
柳州	32.9	38.8	5.9
桂平	32.4	37.5	5.1
成都	29.2	34.4	5.2
重庆	33.2	38.9	5.7
达县	33.2	38.6	5.4

城市名称	夏季室外计算温度		
	平均值 $\bar{t}_e$	最高值 $t_{e \cdot max}$	波幅值 A_{te}
南充	34.0	39.3	5.3
贵阳	26.9	32.7	5.8
铜仁	31.2	37.8	6.6
遵义	28.5	34.1	5.6
思南	31.4	36.8	5.4
昆明	23.3	29.3	6.0
元江	33.7	40.3	6.6

2. 围护结构隔热措施

围护结构隔热措施主要如下。

(1)外表面做浅色饰面,如浅色粉刷、涂层和面砖等。

(2)设置通风间层,如通风屋顶、通风墙等。通风屋顶的风道长度不宜大于 10 m。间层高度以 20 cm 左右为宜。基层上面应有 6 cm 左右的隔热层。夏季多风地区,檐口处宜采用兜风构造。

(3)采用双排或三排孔混凝土或轻骨料混凝土空心砌块墙体。

(4)复合墙体的内侧宜采用厚度为 10 cm 左右的砖或混凝土等重质材料。

(5)设置带铝箔的封闭空气间层。当为单面铝箔空气间层时,铝箔宜设在温度较高的一侧。

(6)蓄水屋顶。水面宜有水浮莲等浮生植物或白色漂浮物。水深宜为 15~20 cm。

(7)采用有土和无土植被屋顶以及墙面垂直绿化等。

三、建筑围护结构防潮设计

建筑围护结构的防潮设计是建筑结构设计的重要内容,在进行围护结构的设计中,既要注意改善其热状况,又要注意改善其湿状况。

一般在节能建筑设计中主要应考虑通过围护结构的蒸汽渗透传湿和外保温层因雨水渗透所引起的传湿问题的防护措施。

1. 围护结构内部冷凝受潮验算

(1)外侧有卷材或其他密闭防水层的平屋顶结构以及保温层外侧有密实保护层的多层墙体结构,当内侧结构层为加气混凝土和砖等多孔材料时,应进行内部冷凝受潮验算。

(2)采暖期间,围护结构中保温材料因内部冷凝受潮而增加的质量湿度允许增量,应符合表 4-18 的规定。

表 4-18　采暖期间保温材料质量湿度的允许增量[Δw]

保温材料总称	质量湿度允许增量 $[\Delta w]$(%)
多孔混凝土(泡沫混凝土、加气混凝土等),$\rho_0=500\sim700$ kg/m³	4
水泥膨胀珍珠岩和水泥膨胀蛭石等,$\rho_0=300\sim500$ kg/m³	6
沥青膨胀珍珠岩和沥青膨胀蛭石等,$\rho_0=300\sim400$ kg/m³	7
水泥纤维板	5
矿棉、岩棉、玻璃棉及其制品(板或毡)	3
聚苯乙烯泡沫塑料	15
矿渣和炉渣填料	2

(3)根据采暖期间围护结构中保温材料质量湿度的允许增量,冷凝计算界面内侧所需的蒸汽渗透阻应按下式计算。

$$H_{o \cdot i} = \frac{P_i - P_{s \cdot c}}{\dfrac{10\rho_o \delta_i [\Delta w]}{24Z} + \dfrac{P_{s \cdot c} - P_e}{H_{o \cdot e}}}$$

式中　$H_{o \cdot i}$——冷凝计算界面内侧所需的蒸汽渗透阻(m²·h·Pa/g);

　　　$H_{o \cdot e}$——冷凝计算界面至围护结构外表面之间的蒸汽渗透阻(m²·h·Pa/g);

　　　P_i——室内空气水蒸汽分压力(Pa),根据室内计算温度和相对湿度确定;

　　　P_e——室外空气水蒸汽分压力(Pa),根据《民用建筑热工设

计规范》(GB 50176—1993)附录三附表 3.1 查得的采
暖期室外平均温度和平均相对湿度确定；

$P_{s \cdot c}$——冷凝计算界面处与界面温度 θ_c 对应的饱和水蒸汽分
压力(Pa)；

Z——采暖期天数，应符合《民用建筑热工设计规范》(GB
50176—1993)附录三附表 3.1 的规定；

$[\Delta w]$——采暖期间保温材料质量湿度的允许增量(%)，应按
表 4-18 中的数值直接采用；

ρ_o——保温材料的干密度(kg/m³)；

δ_i——保温材料厚度(m)。

$$\theta_c = t_i - \frac{t_i - \bar{t}_e}{R_o}(R_i + R_{o \cdot i})$$

式中　θ_c——冷凝计算界面温度(℃)；

t_i——室内计算温度(℃)；

$\bar{t}_e$——采暖期室外平均温度(℃)，应符合《民用建筑热工设计规
范》(GB 50176—1993)附录三附表 3.1 的规定；

R_o、R_i——分别为围护结构传热阻和内表面换热阻(m²·K/W)；

$R_{o \cdot i}$——冷凝计算界面至围护结构内表面之间的热阻(m²·K/W)。

(4)冷凝计算界面的位置，应取保温层与外侧密实材料层的交界
处(图 4-2)。

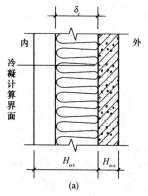

(a)

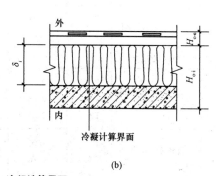

(b)

图 4-2　冷凝计算界面

(5)对于不设通风口的坡屋顶,其顶棚部分的蒸汽渗透阻应符合下式要求。

$$H_{o \cdot i} > 1.2(P_i - P_e)$$

式中　$H_{o \cdot i}$——顶棚部分的蒸汽渗透阻($m^2 \cdot h \cdot Pa/g$);

　　　P_i、P_e——分别为室内和室外空气水蒸汽分压力(Pa)。

(6)围护结构材料层的蒸汽渗透阻应按下式计算。

$$H = \delta / \mu$$

式中　H——材料层的蒸汽渗透阻($m^2 \cdot h \cdot Pa/g$);

　　　δ——材料层的厚度(m);

　　　μ——材料的蒸汽渗透系数[$g/(m \cdot h \cdot Pa)$],应按表4-19采用。

注:1. 多层结构的蒸汽渗透阻应按各层蒸汽渗透阻之和确定。

　　2. 封闭空气间层的蒸汽渗透阻取零。

　　3. 某些薄片材料和涂层的蒸汽渗透阻应按表4-20采用。

表 4-19　建筑材料热物理性能计算参数

序号	材料名称	干密度 ρ_0 (kg/m^3)	计算参数			
			导热系数 λ [$W/(m \cdot K)$]	蓄热系数 S (周期 24h) [$W/(m^2 \cdot K)$]	比热容 C [$kJ/(kg \cdot K)$]	蒸汽渗透系数 μ [$g/(m \cdot h \cdot Pa)$]
1	混凝土					
1.1	普通混凝土					
	钢筋混凝土	2 500	1.74	17.20	0.92	0.000 015 8*
	碎石、卵石混凝土	2 300	1.51	15.36	0.92	0.000 017 3*
		2 100	1.28	13.50	0.92	0.000 017 3*
1.2	轻骨料混凝土					
	膨胀矿渣珠混凝土	2 000	0.77	10.49	0.96	
		1 800	0.63	9.05	0.96	
		1 600	0.53	7.87	0.96	
	自然煤矸石、炉渣混凝土	1 700	1.00	11.68	1.05	0.000 054 8*
		1 500	0.76	9.54	1.05	0.000 090 0
		1 300	0.56	7.63	1.05	0.000 105 0

续表

序号	材料名称	干密度 ρ_0 (kg/m³)	计算参数			
			导热系数 λ [W/(m・K)]	蓄热系数 S (周期 24h) [W/(m²・K)]	比热容 C [kJ/(kg・K)]	蒸汽渗透系数 μ [g/(m・h・Pa)]
	粉煤灰陶粒混凝土	1 700	0.95	11.40	1.05	0.000 018 8
		1 500	0.70	9.16	1.05	0.000 097 5
		1 300	0.57	7.78	1.05	0.000 105 0
		1 100	0.44	6.30	1.05	0.000 135 0
	黏土陶粒混凝土	1 600	0.84	10.36	1.05	0.000 031 5*
		1 400	0.70	8.93	1.05	0.000 039 0*
		1 200	0.53	7.25	1.05	0.000 040 5*
	页岩渣、石灰、水泥混凝土,页岩陶粒混凝土	1 300	0.52	7.39	0.98	0.000 085 5*
		1 500	0.77	9.65	1.05	0.000 031 5*
		1 300	0.63	8.16	1.05	0.000 039 0*
		1 100	0.50	6.70	1.05	0.000 043 5*
	火山灰渣、砂、水泥混凝土	1 700	0.57	6.30	0.57	0.000 039 5*
	浮石混凝土	1 500	0.67	9.09	1.05	
		1 300	0.53	7.54	1.05	0.000 018 8*
		1 100	0.42	6.13	1.05	0.000 035 3*
1.3	轻混凝土					
	加气混凝土、泡沫混凝土	700	0.22	3.59	1.05	0.000 099 8*
		500	0.19	2.81	1.05	0.000 111 0*
2	砂浆和砌体					
2.1	砂浆					
	水泥砂浆	1 800	0.93	11.37	1.05	0.000 021 0*
	石灰、水泥、轻砂浆	1 700	0.87	10.75	1.05	0.000 097 5*
	石灰、砂砂浆	1 600	0.81	10.07	1.05	0.000 044 3*
	石灰、石膏、砂砂浆	1 500	0.76	9.44	1.05	
	保温砂浆	800	0.29	4.44	1.05	

序号	材料名称	干密度 ρ_0 (kg/m³)	计算参数			
			导热系数 λ [W/(m·K)]	蓄热系数 S （周期 24h） [W/(m²·K)]	比热容 C [kJ/(kg·K)]	蒸汽渗透系数 μ [g/(m·h·Pa)]
2.2	砌体					
	重砂浆砌筑黏土砖砌体	1 800	0.81	10.63	1.05	0.000 105 0*
	轻砂浆砌筑黏土砖砌体	1 700	0.76	9.96	1.05	0.000 120 0
	灰砂砖砌体	1 900	1.10	12.72	1.05	0.000 105 0
	硅酸盐砖砌体	1 800	0.87	11.11	1.05	0.000 105 0
	炉渣砖砌体	1 700	0.81	10.43	1.05	0.000 105 0
	重砂浆砌筑 26、33 及 36 孔黏土空心砖砌体	1 400	0.58	7.92	1.05	0.000 015 8
3	热绝缘材料					
3.1	纤维材料					
	矿棉、岩棉、玻璃棉板	80 以下 80~200	0.050 0.045	0.59 0.75	1.22	0.000 488 0
	矿棉、岩棉、玻璃棉毡	70 以下 70~200	0.050 0.045	0.58 0.77	1.22 1.34	0.000 488 0
	矿棉、岩棉、玻璃棉松散料	70 以下 70~120	0.050 0.045	0.46 0.51	0.84 0.84	0.000 488 0
	麻刀	150	0.070	1.34	2.10	
3.2	膨胀珍珠岩、蛭石制品					
	水泥膨胀珍珠岩	800 600 400	0.26 0.21 0.16	4.37 3.44 2.49	1.17 1.17 1.17	0.000 042 0* 0.000 090 0* 0.000 191 0*
	沥青、乳化沥青膨胀珍珠岩	400 300	0.12 0.093	2.28 1.77	1.55 1.55	0.000 029 3* 0.000 067 5*
	水泥膨胀蛭石	350	0.14	1.99	1.05	

续表

序号	材料名称	干密度 ρ_0 (kg/m³)	计算参数			
			导热系数 λ [W/(m·K)]	蓄热系数 S (周期24h) [W/(m²·K)]	比热容 C [kJ/(kg·K)]	蒸汽渗透系数 μ [g/(m·h·Pa)]
3.3	泡沫材料及多孔聚合物					
	聚乙烯泡沫塑料	100	0.047	0.70	1.38	
	聚苯乙烯泡沫塑料	30	0.042	0.36	1.38	0.000 016 2
	聚氨酯硬泡沫塑料	30	0.033	0.36	1.38	0.000 023 4
	聚氯乙烯硬泡沫塑料	130	0.048	0.79	1.38	
	钙塑	120	0.049	0.83	1.59	
	泡沫玻璃	140	0.058	0.70	0.84	0.000 022 5
	泡沫石灰	300	0.116	1.70	1.05	
	炭化泡沫石灰	400	0.14	2.33	1.05	
	泡沫石膏	500	0.19	2.78	1.05	0.000 037 5
4	木材、建筑板材					
4.1	木材					
	橡木、枫树(热流方向垂直木板)	700	0.17	4.90	2.51	0.000 056 2
	橡木、枫树(热流方向顺木板)	700	0.35	6.93	2.51	0.000 300 0
	松、木、云杉(热流方向垂直木板)	500	0.14	3.85	2.51	0.000 034 5
	松、木、云杉(热流方向顺木纹)	500	0.29	5.55	2.51	0.000 168 0
4.2	建筑板材					
	胶合板	600	0.17	4.57		0.000 022 5
	软木板	300	0.093	1.95	2.51	0.000 025 5*
		150	0.058	1.09	1.89	0.000 028 5*

续表

序号	材料名称	干密度 ρ_0 (kg/m³)	计算参数			
			导热系数 λ [W/(m·K)]	蓄热系数 S（周期 24h）[W/(m²·K)]	比热容 C [kJ/(kg·K)]	蒸汽渗透系数 μ [g/(m·h·Pa)]
	纤维板	1 000	0.34	8.13	1.89	0.000 120 0
		600	0.23	5.28	2.51	0.000 113 0
	石棉水泥板	1 800	0.52	8.52	1.05	0.000 013 5*
	石棉水泥隔热板	500	0.16	2.58	1.05	0.000 390 0
	石膏板	1 050	0.33	5.28	1.05	0.000 079 0*
	水泥刨花板	1 000	0.34	7.27	2.01	0.000 024 0*
		700	0.19	4.56	2.01	0.000 105 0
	稻草板	300	0.13	2.33	1.68	0.000 300 0
	木屑板	200	0.065	1.54	2.10	0.000 263 0
5	松散材料					
5.1	无机材料					
	锅炉渣	1 000	0.29	4.40	0.92	0.000 193 0
	粉煤灰	1 000	0.23	3.93	0.92	
	高炉炉渣	900	0.26	3.92	0.92	0.000 203 0
	浮石、凝灰岩	600	0.23	3.05	0.92	0.000 263 0
	膨胀蛭石	300	0.14	1.79	1.05	
	膨胀蛭石	200	0.10	1.24	1.05	
	硅藻土	200	0.076	1.00	0.92	
	膨胀珍珠岩	120	0.07	0.84	1.17	
	膨胀珍珠岩	80	0.058	0.63	1.17	
5.2	有机材料					
	木屑	250	0.093	1.84	2.01	0.000 263 0
	稻壳	120	0.06	1.02	2.01	
	干草	100	0.047	0.83	2.01	
6	其他材料					
6.1	土壤					
	夯实黏土	2 000	1.16	12.99	1.01	
		1 800	0.93	11.03	1.01	

续表

序号	材料名称	干密度 ρ_0 (kg/m³)	计算参数			
			导热系数 λ [W/(m·K)]	蓄热系数 S (周期 24h) [W/(m²·K)]	比热容 C [kJ/(kg·K)]	蒸汽渗透系数 μ [g/(m·h·Pa)]
	加草黏土	1 600	0.76	9.37	1.01	
		1 400	0.58	7.69	1.01	
	轻质黏土	1 200	0.47	6.36	1.01	
	建筑用砂	1 600	0.58	8.26	1.01	
6.2	石材					
	花岗岩、玄武岩	2 800	3.49	25.49	0.92	0.000 011 3
	大理石	2 800	2.91	23.27	0.92	0.000 011 3
	砾石、石灰岩	2 400	2.04	18.03	0.92	0.000 037 5
	石灰石	2 000	1.16	12.56	0.92	0.000 060 0
6.3	卷材、沥青材料					
	沥青油毡、油毡纸	600	0.17	3.33	1.47	
	石油沥青	1 400	0.27	6.73	1.68	0.000 007 5
		1 050	0.17	4.17	1.68	
6.4	玻璃					
	平板玻璃	2 500	0.76	10.69	0.84	
	玻璃钢	1 800	0.52	9.25	1.26	
6.5	金属					
	紫铜	8 500	407	324	0.42	
	青铜	8 000	64.0	118	0.38	
	建筑钢材	7 850	58.2	126	0.48	
	铝	2 700	203	191	0.92	
	铸铁	7 250	49.9	112	0.48	

注:1. 围护结构在正确设计和正常使用条件下,材料的热物理性能计算参数应按本表直接采用。

2. 从表 4-20 所列情况看,材料的导热系数和蓄热系数计算值应分别按下列两式修正:

$$\lambda_c = \lambda \cdot a$$

$$S_c = S \cdot a$$

式中　λ、S——材料的导热系数和蓄热系数,应按本表采用;

a——修正系数,应按表 2-34 采用。

3. 表中比热容 C 的单位为法定单位,但在实际计算中比热容 C 的单位应取 W·h/(kg·K),因此,表中数值应乘以换算系数 0.277 8。

4. 表中带 * 号者为测定值。

表 4-20　常用薄片材料和涂层蒸汽渗透阻 H_c 值

材料及涂层名称	厚度(mm)	$H_c(m^2 \cdot h \cdot Pa/g)$
普通纸板	1	16
石膏板	8	120
硬质木纤维板	8	107
软质木纤维板	10	53
三层胶合板	3	227
石棉水泥板	6	267
热沥青一道	2	267
热沥青二道	4	480
乳化沥青二道	—	520
偏氯乙烯二道	—	1 240
环氧煤焦油二道	—	3 733
油漆二道(先做油灰嵌缝、上底漆)	—	640
聚氯乙烯涂层二道	—	3 866
氯丁橡胶涂层二道	—	3 466
玛琋脂涂层一道	2	600
沥青玛琋脂涂层一道	1	640
沥青玛琋脂涂层二道	2	1 080
石油沥青油毡	1.5	1 107
石油沥青油纸	0.4	333
聚乙烯薄膜	0.16	733

表 4-21　导热系数 λ 及蓄热系数 S 的修正系数 a 值

序号	材料、构造、施工、地区及使用情况	a
1	作为夹芯层浇筑在混凝土墙体及层面构件中的块状多孔保温材料(如加气混凝土、泡沫混凝土及水泥膨胀珍珠岩等),因干燥缓慢及灰缝影响	1.60

续表

序号	材料、构造、施工、地区及使用情况	a
2	铺设在密闭屋面中的多孔保温材料(如加气混凝土、泡沫混凝土、水泥膨胀珍珠岩、石灰炉渣等),因干燥缓慢	1.50
3	铺设在密闭屋面中及作为夹芯层浇筑在混凝土构件中的半硬质矿棉、岩棉、玻璃棉板等,因压缩及吸湿	1.20
4	作为夹芯层浇筑在混凝土构件中的泡沫塑料等,因压缩	1.20
5	开孔型保温材料(如水泥刨花板、木丝板、稻草板等),表面抹灰或与混凝土浇筑在一起,因灰浆渗入	1.30
6	加气混凝土、泡沫混凝土砌块墙体及加气混凝土条板墙体、屋面,因灰缝影响	1.25
7	填充在空心墙体及屋面构件中的松散保温材料(如稻壳、木屑、矿棉、岩棉等),因下沉	1.20
8	矿渣混凝土、炉渣混凝土、浮石混凝土、粉煤灰陶粒混凝土、加气混凝土等实心墙体及屋面构件,在严寒地区,且在室内平均相对湿度超过 65% 的采暖房间内使用,因干燥缓慢	1.15

2. 围护结构防潮措施

(1)采用多层围护结构时,应将蒸汽渗透阻较大的密实材料布置在内侧,而将蒸汽渗透阻较小的材料布置在外侧。

(2)外侧有密实保护层或防水层的多层围护结构,经内部冷凝受潮验算而必须设置隔气层时,应严格控制保温层的施工温度,或采用预制板状或块状保温材料,避免湿法施工和雨天施工,并保证隔气层的施工质量。对于卷材防水屋面,应有与室外空气相通的排湿措施。

(3)外侧有卷材或其他密闭防水层,内侧为钢筋混凝土屋面板的平屋顶结构,如经内部冷凝受潮验算不需设隔气层,则应确保屋面板及其接缝的密实性,达到所需的蒸汽渗透阻。

第二节　建筑物墙体节能设计

一、建筑物外墙保温设计

在建筑围护结构的节能中,外墙体的保温节能是建筑节能的重点。建筑物的外墙保温既要防止外部阳光的辐射、冷空气的入侵,又要能保持室内热能的散发。

外墙按其保温层所在的位置分类,目前主要有单一保温外墙、内保温外墙、外保温外墙和夹芯保温外墙四种类型。常见的单一材料保温墙体有加气混凝土保温墙体、各种多孔砖墙体、空心砌块墙体等。内保温外墙、外保温外墙和夹芯保温外墙,如图 4-3 所示。

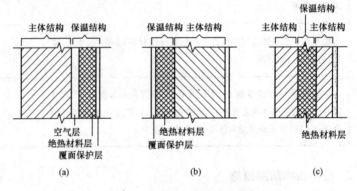

图 4-3　保温节能墙体的几种类型
(a)内保温墙体;(b)外保温墙体;(c)夹芯保温墙体

(一)外墙内保温系统

外墙内保温体系是一种传统的保温方式,它本身做法简单,造价较低,但是在热桥的处理上很容易出现问题,近年来由于外保温的飞速发展和国家的政策导向在我国的应用有所减少,目前在欧洲一些国家应用较多。但在我国夏热冬冷和夏热冬暖地区,还有很大的应用空间和潜力。

外墙内保温的特点主要是由于在室内使用,技术性能要求没有外墙外侧应用那么严格,造价较低,而且升温(降温)比较快,适合于间歇性采暖的房间使用。

1. 外墙内保温系统选用要点

在选用外墙内保温系统时,应注意以下要点。

(1)在夏热冬冷地区和夏热冬暖地区可适当选用。

(2)应充分估计热桥影响,设计热阻值应取考虑热桥影响后复合墙体的平均热阻。

(3)应做好热桥部位节点构造保温设计,避免内表面出现结露问题。

(4)内保温易造成外墙或外墙片温度裂缝,设计时需注意采取加强措施。

2. 外墙内保温技术

目前,国内常用的成熟外墙内保温技术主要有以下几种:

(1)增强粉刷石膏聚苯板内保温。在外墙内面用黏结石膏粘贴聚苯乙烯泡沫塑料板(以下简称聚苯板),抹粉刷石膏,压入中碱玻纤涂塑网格布,刮腻子。

(2)钢丝网架聚苯复合板内保温。钢丝网架聚苯复合板是由钢丝方格平网与聚苯板,通过斜插腹丝,不穿透聚苯板,腹丝与钢丝网焊接,使钢丝网、腹丝与聚苯板复合成一块整板。

(3)增强水泥聚苯复合板内保温。水泥聚苯复合板是以聚苯板同耐碱玻璃纤维网格布及低碱水泥一起复合而成的保温板。

(4)增强石膏聚苯复合板内保温。石膏聚苯复合板是以聚苯板同中碱玻璃纤维涂塑网格布、建筑石膏(允许掺加不大于20%的硅酸盐水泥)及膨胀珍珠岩一起复合而成的保温板。

(5)增强(聚合物)水泥聚苯复合板内保温。水泥聚苯复合板是以耐碱玻璃纤维网格布、聚合物低碱水泥砂浆同聚苯板复合而成的保温板。

(6)粉煤灰泡沫水泥聚苯复合板内保温。粉煤灰泡沫水泥聚苯复合板是以低碱硫酸盐水泥粉煤灰配以其他辅料作面层,以自熄型聚苯板做芯层,复合而成的保温板。

(7)纸面石膏岩棉(玻璃棉)内保温。纸面石膏岩棉(玻璃棉)是以纸面石膏板为面层,岩棉(玻璃棉)为保温层的外墙内保温构造。

(8)胶粉聚苯颗粒保温浆料外墙内保温。胶粉聚苯颗粒保温浆料外墙内保温技术采用工厂预制混合干拌分装生产工艺,将胶凝材料与聚苯颗粒轻骨料分袋包装,到施工现场将袋装胶粉与聚苯颗粒加水混合,搅拌成浆料。

3. 热桥保温处理

内保温复合节能墙体、单一材料墙体不可避免存在"热桥"。为减小热桥对墙体热工性能的影响,避免低温和梅雨潮湿季节热桥部位结露,应对热桥作以下保温处理措施。

(1)龙骨部位的保温。龙骨一般设置在板缝处。以石膏板为面层的现场拼装保温板必须采用聚苯石膏板复合保温龙骨。在某住宅工程内,非保温龙骨与保温龙骨在板缝处的表面温度降低率见表4-22。

表4-22　表面温度降低率

编号	构造形式	室温(℃)	板面温度 A(℃)	板缝温度 B(℃)	温度降低率
1		18.2	15.0	13.55	9.7%
2		20.8	18.6	18.15	2.4%

（2）丁字墙部位保温。在此处形成热桥不可避免，但必须采取有效措施保证此处不结露。解决的办法是保持有足够的热桥长度，并在热桥两侧加强保温。根据图 4-4 和表 4-23 所列，以"R_a"和隔墙宽度"S"来确定必要的热桥长度"l"，如果"l"不能满足表列要求，则应加强此部位的保温做法。

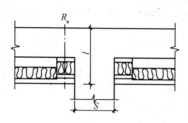

图 4-4 确定热桥长度示意图

在某个工程内，"R_a"为 1.2 $m^2 \cdot K/W$，"S"为 250 mm，"l"没有达到 330 mm，丁字角处只有 10.15 ℃（接近室温 18 ℃、相对湿度 60%状况的露点温度），加强保温后降低率由 35.4%减少到 17.9%（表 4-24）。

表 4-23 根据 R_a、S 选择 l 值计算表

$R_a(m^2 \cdot K/W)$	S(mm)	l(mm)
1.2~1.4	≤160	290
	≤180	300
	≤200	310
	≤250	330
1.4 以上	≤160	280
	≤180	290
	≤200	300
	≤250	320

表 4-24　加强保温后降低率比较

编号	构造形式	室温 (℃)	板面温度 A(℃)	板面温度 B(℃)	丁字角温度 (℃)	温度降低率 (%)
1	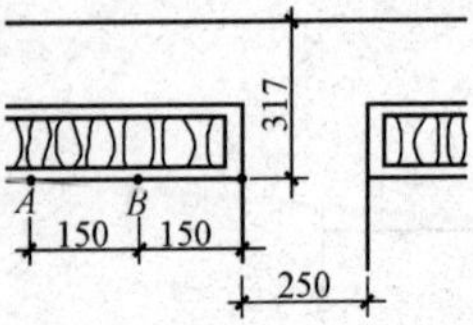	18	15.7	14.05	10.15	35.4
2	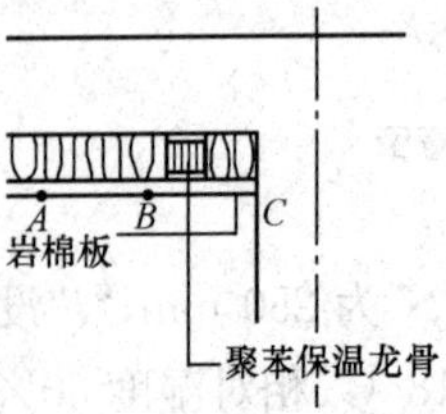	18	15.9	14.5	13.05	17.9

（3）拐角部位保温。拐角部位温度与板面温度相比较,其降低率是很大的,加强此处的保温后,降低率减少很多,见表 4-25。

表 4-25　外墙拐角部位加强保温后降低率比较

编号	构造形式	室温 (℃)	板面温度 A (℃)	拐角温度 (℃)	温度降低率 (%)
1	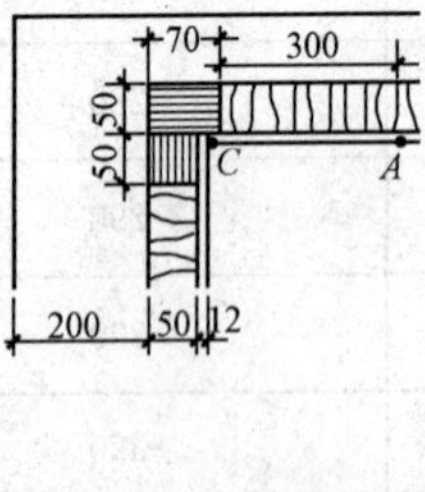	18	15.15	6.35	58.1

续表

编号	构造形式	室温（℃）	板面温度 A（℃）	拐角温度（℃）	温度降低率（%）
2	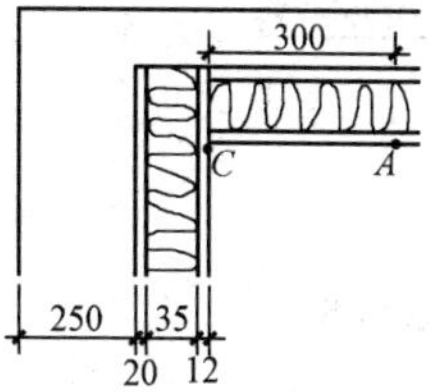	18	15.15	12.05	22

（二）外墙外保温系统

外墙外保温系统是由保温层、保护层和固定材料（胶黏剂、锚固件等）构成，并且适用于安装在外墙外表面的非承重保温构造的总称。它是一种把保温层放置在主体墙材外面的保温做法，因其可以减轻冷桥的影响，同时保护主体墙材不受多大的温度变形应力，是目前国家大力倡导的应用最广泛的保温做法。

外保温系统不仅适用于北方需冬季保温地区的采暖建筑，也适用于南方需夏季隔热地区的空调建筑；不仅适用于新建建筑，也适用于既有建筑的节能改造、旧房改造。

1. TS20 外墙外保温建筑节能构造

TS20 外墙外保温建筑节能构造包括两个体系：TS20 聚苯颗粒外墙保温体系、TS20 复合外墙保温体系，如图 4-5 和图 4-6 所示。

构造分为保温层材料和保护层材料。保温层的主要材料是由 TS20 胶粉料与聚苯颗粒组成的聚苯颗粒保温浆料；保护层的主要材料是由 TS20R 乳液与水泥砂浆组成聚合砂浆，起保护、防水作用。整体保温系统使用后，节能效果达到或超过 50% 节能要求。

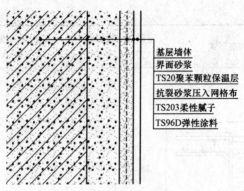

图 4-5　TS20 聚苯颗粒外墙保温体系

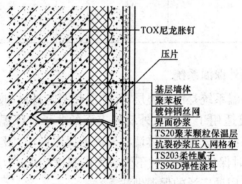

图 4-6　TS20 复合外墙保温体系

2. TS20W 墙体保温系统构造

TS20W 墙体保温系统基本构造如图 4-7～图 4-11 所示。

3. 聚苯颗粒浆料外墙外保温饰面构造

聚苯颗粒浆料外墙外保温面砖饰面构造的 TOX 尼龙胀钉可消除保温层热桥效应,同时另外形成刚性支撑系统,强化保温系统可靠性;每层楼设一道薄角钢横担,用射钉固定;TOX 尼龙胀钉可以和带尾孔射钉同时使用,并降低造价。如图 4-12 和图 4-13 所示为涂料饰面构造和面砖饰面构造。当保温层厚度＞60 mm 以上时,采用复合锚固聚苯板构造,如图 4-14 所示。

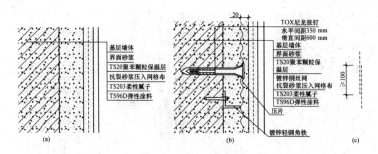

图 4-7　聚苯颗粒外保温基本做法(一)

(a)涂料外墙:用于保温层厚度≤60 mm;(b)涂料外墙:用于保温

层厚度>60 mm 或 H>30 m;(c)网格布搭接

注:1. 基层墙体应符合施工要点要求。

　　2. 保温层最小厚度根据条件由相关资料查出或由设计人员计算确定。

　　3. 烧结普通砖墙可不用界面砂浆。

　　4. 图 4-7(b)中 TOX 尼龙胀钉根据墙体材料、保温层厚度选用不同品种。

　　5. 镀锌轻钢角铁规格 40 mm×40 mm×1.0 mm 在楼层分层位置用射钉枪沿外墙固定。

　　6. H 表示建筑物总高度。

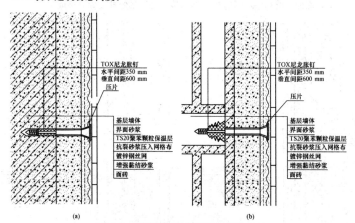

图 4-8　聚苯颗粒外保温基本做法(二)

(a)实心墙体贴面砖构造;(b)空心墙体贴面砖构造

注:1. 基层墙体应符合施工要点要求。

　　2. 保温层最小厚度根据条件由相关资料查出或由设计人员计算确定。

　　3. 烧结普通砖墙可不用界面砂浆。

　　4. TOX 尼龙胀钉应根据不同墙体和保温层厚度选用相应规格的胀钉。

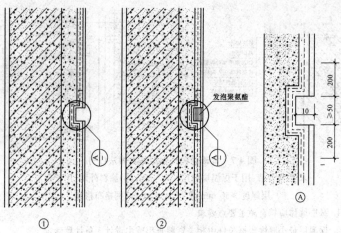

图 4-9　外墙分格缝做法

注:1. 本图以 TS20 保温层厚度≤60 mm 的涂料实心外墙为例给出分格缝构造。当
　　　保温层厚度>60 mm 时,贴面砖或空心外墙的外保温构造做法见图 4-7(b)及
　　　图 4-8 节点。

　　2. 墙面的连续高、宽每超过 6m 且未设其他变形缝处设置分格缝。

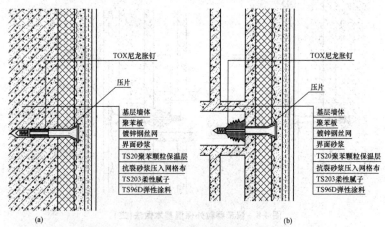

图 4-10　聚苯板复合聚苯颗粒外保温基本做法

(a)实心墙体;(b)空心墙体

注:1. 基层墙体应符合施工要点要求。

　　2. 保温层最小厚度根据条件由相关资料查出或由设计人员计算确定。

　　3. TOX 尼龙胀钉应根据不同墙体和保温层厚度选用相应规格的胀钉。

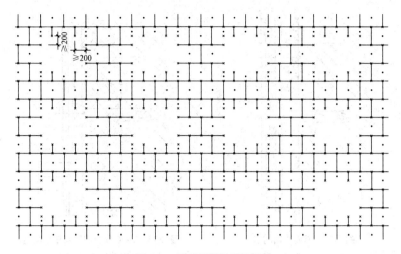

图 4-11 聚苯板锚固点示意图

注：1. 每块聚苯板尺寸不大于 600 mm×750 mm 厚度根据条件由相关资料查得。

2. 聚苯板在洞口四角处不允许接缝，接缝距四角≥200 mm 以免在洞口饰面处出现裂缝。

3. 每排聚苯板应错缝，错缝长度为 1/2 板长。

4. ·表示射钉固定点，×表示 TOX 尼龙胀钉固定点。

5. 除门窗外的其他洞口参照门窗洞口处理。

6. 用于高层或超高层建筑时设计人员应考虑风荷载的影响计算确定锚固点的数量。

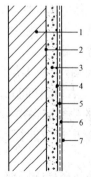

图 4-12 涂料饰面构造图

1—主墙体；2—TS201 界面砂浆（黏土砖不用）；3—TS20 保温层；4—TS20R 聚合物砂浆；5—耐碱玻纤网格布；6—TS203 柔性腻子；7—TS96D 弹性防水涂料

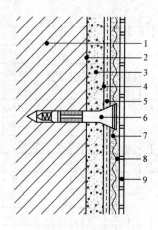
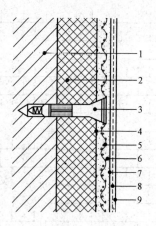

图 4-13　面砖饰面构造

1—主墙体；2—TS201 界面砂浆

（黏土砖不用）；3—TS20 保温层

4—TS20R 聚合物砂浆；5—耐碱

玻纤网格布；6—TOX 尼龙胀钉

7—1.6×20×20 镀锌钢网

8—黏结砂浆；9—面砖

图 4-14　TS20 复合锚固聚苯板构造

1—主墙体；2—聚苯板

3—TOX 尼龙胀钉；4—TS201 界面

砂浆；5—镀钢丝网；6—TS20

保温层；7—TS20R 聚合物砂浆

8—耐碱玻纤网格布

9—柔性腻子＋TS96D 弹性防水涂料

二、建筑物楼梯间内墙保温设计

《严寒和寒冷地区居住建筑节能设计标准》（JGJ 26—2010）规定：
"楼梯间及外走廊与室外连接的开口处应设置窗或门，且该窗和门应
能密闭。严寒（A）区和严寒（B）区的楼梯间宜采暖，设置采暖的楼梯
间的外墙和外窗应采取保温措施。"

节能测试和热工计算表明，一栋多层的民用住宅，楼梯间采暖比
不采暖，耗热量要减少 5% 左右；楼梯间开敞比设置门窗，耗热量要增
加 10% 左右。所以有条件的建筑应在楼梯间内设置采暖装置，并要做
好门窗的保温措施，否则，就应按节能标准要求对楼梯间内墙采取保
温节能措施。

保温浆料系统用于不采暖楼梯间隔墙时的保温构造做法：基层墙
体—界面砂浆—胶粉聚苯颗粒保温层—抗裂砂浆复合—两层耐碱网
布—弹性底涂，柔性腻子—饰面层。如图 4-15 所示。

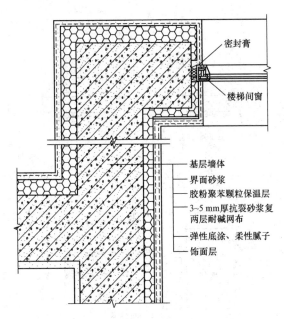

密封膏

楼梯间窗

基层墙体

界面砂浆

胶粉聚苯颗粒保温层

3~5 mm厚抗裂砂浆复
两层耐碱网布

弹性底涂、柔性腻子

饰面层

图 4-15　楼梯间隔墙保温层做法

三、建筑物变形缝的保温设计

建筑物中的变形缝常见的有伸缩缝、沉降缝、抗震缝等,虽然这些部位的墙体一般不会直接面向室外寒冷空气,但这些部位的墙体散热量也是不应忽视的。尤其是建筑物外围护结构其他部位提高保温能力后,这些构造缝就成为突出的保温薄弱部位,散热量相对会更大,因此必须对其进行保温处理。

建筑物墙身保温构造做法如图 4-16 和图 4-17 所示。

四、建筑物外墙隔热设计

建筑物外墙的隔热效果是用其内表面温度的最高值来衡量和评价的。建筑外外墙隔热设计的有效措施有:采用浅色外饰面,减少太阳辐射的当量温度,增大传热阻 R 和热惰性指标 D 值,采用有通风间层的复合墙体,外墙绿化等。

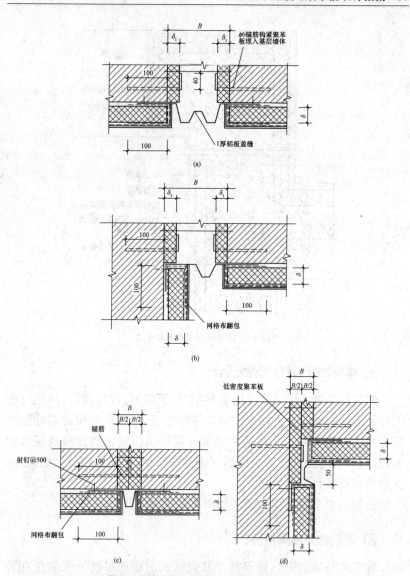

图 4-16　墙身变形缝做法(平面)(单位:mm)

(a)、(c)平行接缝;(b)、(d)跨接缝

注:1. 图 4-16(a)、(b)中,$\delta_1=0.7\delta$ 用于 $B>2\delta_1$ 时,(c)、(d)用于 $B\leqslant1.4\delta$ 时。

2. 施工时,如果苯板能相互挤紧,无须锚筋钩紧时,可取消锚筋。

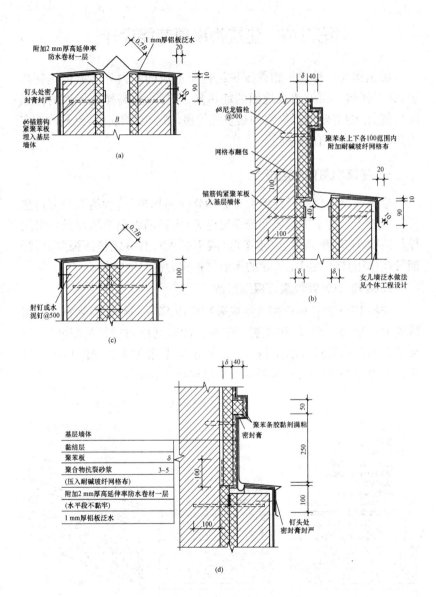

图 4-17　墙身变形缝做法(剖面)(单位:mm)

(a)、(c)水平缝;(b)、(d)高低跨接缝

第三节　建筑物屋顶节能设计

屋顶作为一种建筑物外围护结构所造成的室内外温差传热耗热量,大于任何一面外墙或地面的耗热量。因此,提高建筑屋面的保温隔热能力,能有效地抵御室外热空气传递,减少空调能耗,也是改善室内热环境的一个有效途径。

一、建筑物屋顶保温设计

建筑物屋顶保温设计绝大多数为外保温构造,这种构造受周边热桥影响较小。为了提高屋面的保温能力,屋顶的保温节能设计要采用导热系数小、轻质高效、吸水率低(或不吸水)、有一定抗压强度、可长期发挥作用且性能稳定可靠的保温材料作为保温隔热层。

1. 胶粉 EPS 颗粒屋面保温系统

胶粉 EPS 颗粒屋面保温系统采用胶粉 EPS 颗粒保温浆料对平屋顶或坡屋顶进行保温,用抗裂砂浆复合耐碱网格布进行抗裂处理,防水层采用防水涂料或防水卷材。保护层可采用防紫外线涂料或块材等。胶粉 EPS 颗粒屋面保温系统构造如图 4-18 所示。

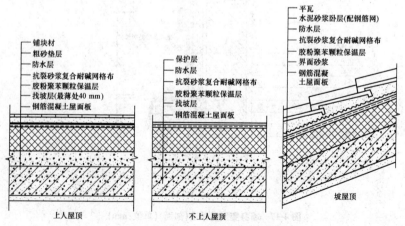

图 4-18　胶粉 EPS 颗粒屋顶保温构造图

防紫外线涂料由丙烯酸树脂和太阳光反射率高的复合颜料配制而成,具有一定的降温功能,用于屋顶保护层,其性能指标除应符合《溶剂型外墙涂料》(GB/T 9757—2001)的要求外,还应符合表 4-26 的要求。

表 4-26　防紫外线涂料性能

项　　目		指　　标
干燥时间(h)	表　干	≤1
	实　干	≤12
透水性(mL)		≤0.1
太阳光反射率(%)		≥90

胶粉 EPS 颗粒保温浆料作为建筑物屋顶保温材料,不但要求保温性能好,还应满足抗压强度的要求。

2. 倒置式保温屋面

倒置式保温屋面就是将传统屋面构造中保温隔热层与防水层“颠倒”,即将保温隔热层设在防水层上面,故有“倒置”之称,又称“侧铺式”或“倒置式”屋面,其构造如图 4-19 所示。

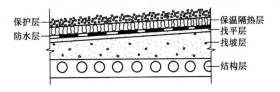

图 4-19　倒置式(外)保温屋面构造图

倒置式保温屋面的特点是保温层做在防水层之上,对防水层起到一个屏蔽和防护的作用,使之不受阳光和气候变化的影响而温度变形较小,也不易受到来自外界的机械损伤。

倒置式保温屋面的构造要求保温隔热层应采用吸水率低的材料,如聚苯乙烯泡沫板、沥青膨胀珍珠岩等,而且在保温隔热层上应用混凝土、水泥砂浆或干铺卵石做保护层,以免保温隔热材料受到破坏。保护层用混凝土板或地砖等材料时,可用水泥砂浆铺砌,用卵石做保护层时,在卵石与保温隔热材料层间应铺一层耐穿刺且耐久性防腐性能好的纤维织物。

二、建筑物屋顶隔热设计

建筑物屋顶的隔热设计,一般采用通风隔热屋顶、蓄水隔热屋顶、种植隔热屋顶和蓄水种植屋顶等。

1. 通风隔热屋面

通风隔热屋顶是在屋顶设置通风间层,一方面利用通风间层的上表面遮挡阳光,阻断了直接照射到屋顶的太阳辐射热,起到遮阳板的作用;另一方面利用风压和热压作用将上层传下的热量带走,使通过屋面板传入室内的热量大为减少,从而达到隔热降温的目的。这种屋面的构造形式较多,具体如图 4-20~图 4-22 所示。

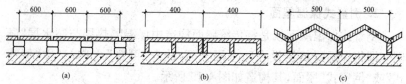

图 4-20　架空通风隔热构造形式(单位:mm)

(a)架空预制板(或大阶砖);(b)架空混凝土山形板;(c)架空钢丝网水泥折板

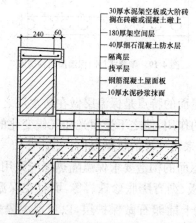

图 4-21　兜风隔热屋面构造形式(单位:mm)

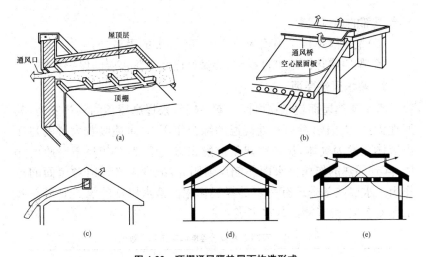

图 4-22　顶棚通风隔热屋面构造形式

(a)在外墙上设通风孔；(b)空心板孔通风；

(c)檐口及山墙通风孔；(d)外墙及天窗通风孔；(e)顶棚及天窗通风孔

通风隔热屋面在我国夏热冬冷地区和夏热冬暖地区广泛地采用，尤其是在气候炎热多雨的夏季，这种屋面构造形式更显示出它的优越性。由于屋盖由实体结构变为带有封闭或通风的空气间层的结构，大大地提高了屋盖的隔热能力。

在通风屋面的设计中应考虑以下几个问题。

(1)通风屋面的架空层设计应根据基层的承载能力，构造形式要简单，且架空板便于生产和施工。

(2)通风屋面和风道长度不宜大于 15 m，空气间层以 200 mm 左右为宜。

(3)通风屋面基层上面应有保证节能标准的保温隔热基层，一般按冬季节能传热系数进行校核。

(4)架空平台的位置在保证使用功能的前提下应考虑平台下部形成良好的通风状态，可以将平台的位置选择在屋面的角部或端部。当建筑的纵向正迎夏季主导风向时，平台也可位于屋面的中部，但必须占满屋面的宽度；当架空平台的长度大于 10 m 时，宜设置通风桥改善平台下部的通风状况。

（5）架空隔热板与山墙间应留出 250 mm 的距离。

（6）架空隔热层施工过程中，要做好已完工防水层的保护工作。

2. 蓄水隔热屋面

蓄水隔热屋面就是在屋面上蓄一层水来提高屋顶的隔热能力，其原理为：在太阳辐射和室外气温的综合作用下，水能吸收大量的热而由液体蒸发为气体，从而将热量散发到空气中，减少了屋盖吸收的热能，起到隔热的作用。水面还能反射阳光，减少阳光辐射对屋面的热作用。水层在冬季还有一定的保温作用。蓄水屋顶的隔热效果与蓄水深度有关，热工测试数据见表 4-27。

表 4-27　不同厚度蓄水层屋面热工测定数据

测试项目	蓄水层厚度(mm)			
	50	100	150	200
外表面最高温度(℃)	43.63	42.90	42.90	41.58
外表面温度波幅(℃)	8.63	7.92	7.60	5.68
内表面最高温度(℃)	41.51	40.65	39.12	38.91
内表面温度波幅(℃)	6.41	5.45	3.92	3.89
内表面最低温度(℃)	30.72	31.19	31.51	32.42
内外表面最高温差(℃)	3.59	4.48	4.96	4.86
室外最高温度(℃)	38.00	38.00	38.00	38.00
室外温度波幅(℃)	4.40	4.40	4.40	4.40
内表面热流最高值(W/m²)	21.92	17.23	14.46	14.39
内表面热流最低值(W/m²)	−15.56	−12.25	−11.77	−7.76
内表面热流平均值(W/m²)	0.5	0.4	0.73	2.49

蓄水隔热屋面的设计应注意以下问题。

（1）混凝土防水层应一次浇筑完毕，不得留施工缝，这样每个蓄水区混凝土整体防水性好，立面与平面的防水层应一次做好，避免因接头处理不好而裂缝。

(2)泛水质量的好坏,对渗透水影响很大。应将混凝土防水层沿女儿墙内墙上升,高度应超出水面不小于 100 mm。由于混凝土转角处不易密实,必须拍成斜角,也可抹成圆弧形,并填设如油膏之类的嵌缝材料。

(3)分隔缝的设置应符合屋盖结构的要求,间距按板的布置方式而定。对于纵向布置的板,分格缝内的无筋细石混凝土面积应小于 50 m²。对于横向布置的板,应按开间尺寸以不大于 4 m 设置分格缝。

(4)屋顶的蓄水深度以 50~150 mm 为合适,因水深超过 150 mm 时屋面温度与相应热流值下降不很明显,实际水层深度以小于 200 mm 为宜。

(5)屋盖的荷载能力应满足设计要求。

3. 种植隔热屋面

在屋顶上种植植物,利用植物的光合作用,将热能转化为生物能,利用植物叶面的蒸腾作用增加蒸发散热量,均可大大降低屋顶的室外综合温度;同时,利用植物栽培基质材料的热阻与热惰性,降低屋顶内表面的平均温度与温度波动振幅,综合起来达到隔热目的,这就是所谓的种植隔热屋面。在我国夏热冬冷地区和华南等地过去就有"蓄土种植"屋面的应用。

实例,目前在建筑中此种屋顶的应用更加广泛,利用屋顶植草栽花,甚至种灌木、堆假山、设喷水形成了"草场屋顶"或屋顶花园,是一种生态型的节能屋面。表 4-28 是对种植屋面进行的热工测试数据。

表 4-28 有、无种植层的热工实测值 （单位:℃）

项　　目	无种植层	有蛭石种植层	差　值
外表面最高温度	61.6	29.0	32.6
外表面温度波幅	24.0	1.6	22.4
内表面最高温度	32.2	30.2	2.0
内表面温度波幅	1.3	1.2	0.1

注:室外空气最高温度 36.4 ℃,平均温度 29.1 ℃。

种植屋面的设计应注意以下几个问题。

(1)种植屋面一般由结构层、找平层、防水层、蓄水层、滤水层、种植层等构造层组成。

(2)种植屋面应采用整体浇筑或预制装配的钢筋混凝土屋面板作结构层,其质量应符合国家现行各相关规范的要求。在考虑结构层设计时,要以屋顶允许承载质量为依据。必须做到:屋顶允许承载量大于一定厚度种植屋面最大湿度质量+一定厚度排水物质质量+植物质量+其他物质质量。

(3)防水层应采用设置涂膜防水层和配筋细石混凝土刚性防水层两道防线的复合防水设防的做法,以确保其防水质量,做到不渗不漏。

(4)在结构层上做找平层,找平层宜采用1:3水泥砂浆,其厚度根据屋面基层种类规定为15~30 mm,找平层应坚实平整。找平层宜留设分格缝,缝宽为20 mm,并嵌填密封材料,分格缝最大间距为6 m。

(5)种植屋面的植土不能太厚,植物扎根远不如地面。因此,栽培植物宜选择长日照的浅根植物,如各种花卉、草等,一般不宜种植根深的植物。

(6)种植屋面坡度不宜大于3%,以免种植介质流失。

(7)四周挡墙下的泄水孔不得堵塞,应能保证排除积水,满足房屋建筑的使用功能。

4. 蓄水种植屋顶

蓄水种植屋顶是将一般种植屋顶与蓄水屋顶结合起来,并进一步完善其构造后所形成的一种新型隔热屋顶。其基本构造如图4-23所示。

蓄水种植隔热屋顶与一般种植屋顶的主要区别在于增加了一个连通整个屋面的蓄水层,从而弥补了一般种植屋顶隔热不完整、对人工补水依赖较多等方面的缺点,又兼具蓄水屋顶和一般种植隔热屋顶的优点,其隔热效果更好,但是工程造价也较高。

常见建筑物屋顶的隔热效果,见表4-29。

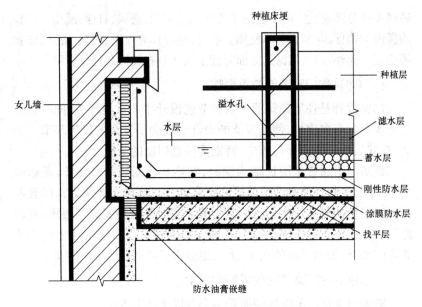

图 4-23 蓄水种植隔热屋面的基本构造图

表 4-29 常见建筑物屋顶的隔热效果比较 （单位：℃）

隔热屋面类型	测量时间						内表面最高温度	优劣次序
	15:00	16:00	17:00	18:00	19:00	20:00		
蓄水种植屋面	31.3	31.9	32.0	31.8	31.7	—	32.0	1
架空小板通风屋面	—	36.8	38.1	38.4	38.3	38.2	38.4	5
双层屋面通风屋面	34.9	35.2	36.4	35.8	35.7	—	36.4	4
蓄水屋面	—	34.4	35.1	35.6	35.3	34.6	35.6	3
一般种植屋面	33.5	33.6	33.7	33.5	33.2	—	33.7	2

第四节 建筑物门窗节能设计

一、建筑物门窗节能概述

(一)建筑门窗的作用

建筑门窗是装设在墙洞中可启闭的建筑构件。门的主要作用是交通联系和分隔建筑空间。窗的主要作用是采光、通风、日照、眺望。门窗均属围护构件，除满足基本使用要求外，还应具有保温、隔热、隔声、防护等功能。此外，建筑门窗的立面对建筑物还具有装饰与美化作用。

(二)建筑物门窗节能的重要性

门窗设计是住宅建筑围护结构节能设计中的重要环节，同时由于门窗本身具有多重性，使其节能的设计也成为最复杂的设计环节。因此，在建筑物节能设计过程中，特别要注意门窗的节能。

建筑门窗通常是围护结构保温、隔热和节能的薄弱环节，是影响冬、夏季室内热环境和造成采暖和空调能耗过高的主要原因。随着我国国民经济的迅速发展，人们对冬、夏季室内热环境提高了要求，我国建筑热工规范和节能标准对窗户的保温隔热性能和气密性也提出了更高的要求，做出了新的规定，大大地促进了我国门窗业的发展。

(三)建筑物门窗节能效果影响因素

影响建筑物门窗能耗的因素主要有以下几个方面。

(1)传热系数。建筑物在单位时间内通过单位面积的传热量越大，即传热系数越大，冬季门窗的热量损失就越大。另外，门窗的传热系数通常与门窗的材料、类型有关，因此在门窗选择上要充分考虑材料、类型等因素。

(2)气密性。门窗气密性等级的高低对建筑物热量的损失影响极大。气密性等级越高，则热量损失就越少，对室温的影响也越小。

(3)窗墙比。外窗的面积与外墙面积之比即所谓的窗墙比例。通常情况下，建筑的能耗会随着窗墙比的增加而增加。因此，这就要求在建筑物设计过程中，要在满足采光、通风的条件下确定适宜的窗墙比，尽可能降低热量损耗。

(四)节能门窗的类型及特点

1. 按框扇材料分类

节能门窗按框扇材料可分为金属保温门窗和非金属保温门窗两类。

(1)金属保温门窗。节能金属保温门窗种类较多，目前采用较为普遍的有断桥铝合金门窗、涂色镀锌钢板门窗、铝塑门窗和铝镁门窗等。见表 4-30。

表 4-30 金属保温门窗的种类及特点

序号	类别	特　点
1	断桥铝合金门窗	断桥铝合金门窗是利用 PA66 尼龙将室内外两层铝合金既隔开又紧密连接成一个整体，构成一种新的隔热型的铝型材，按其连接方式不同可分为穿条式和注胶式。门窗两面为铝材，中间用 PA66 尼龙做断热材料，兼顾尼龙与铝合金两种材料的优势，同时满足装饰效果和门窗强度及耐老性能的多种要求。断桥铝型材可实现门窗的三道密封结构，合理分离水气腔，成功实现气水等压平衡，显著提高门窗的水密性和气密性。 　　断桥铝合金门窗的传热系数 K 值为 3 W/(m^2·K) 以下，比普通门窗热量散失减少一半，降低取暖费用 30% 左右，隔声量达 29 dB 以上，水密性、气密性良好，均达国家 A1 类窗标准。断桥铝合金门窗性能参数表见表 4-31
2	涂色镀锌钢板门窗	涂色镀锌钢板门窗，又称"彩板钢门窗"、"镀锌彩板门窗"，是钢门窗的一种。涂色镀锌钢板门窗是以涂色镀锌钢板和 4mm 厚平板玻璃或双层中空玻璃为主要材料，经过机械加工制成。其门窗四角用插接件插接，玻璃与门窗交接处以及门窗框与扇之间的缝隙，全部用橡皮密封条和密封胶密封。传热系数 K 值可达 3.5 W/(m^2·K)，空气渗透值可达 0.5 m^3/(m·h)，具有很好的密封性能。 　　根据构造的不同，涂色镀锌钢板门窗又分为带副框和不带副框两种类型。带副框涂色镀锌钢板门窗适用于外墙面为大理石、玻璃马赛克、瓷砖、各种面砖等材料，或门窗与内墙面需要平齐的建筑；不带副框涂色镀锌钢板门窗适用于室外为一般粉刷的建筑，门窗与墙体直接连接，但洞口粉刷成型尺寸必须准确。 　　钢塑共挤复合门窗和不锈钢门窗亦属于钢门窗，其保温隔热性能均高于普通碳钢和铝门窗的保温隔热性能。 　　节能性能：①具有良好的保温、隔声性能，当室外温度降到 −40℃ 时，室内玻璃仍不结霜；②装饰性、气密性、防水性和使用的耐久性好
3	铝塑门窗	铝塑门窗是将铝型材与塑料异型材复合在一起的，即外部铝合金框，内部塑料异型材框。组装时通过各自的角码用加工断桥铝的组角机连接。铝塑门窗性能参数，见表 4-32
4	铝镁门窗	铝镁合金门窗一般采用推拉门。因为材质较轻常用于厨、卫推拉门，目前较少用于外门窗

表 4-31　断桥铝合金门窗性能参数表

项目 门窗型号		玻璃配置 （白玻）	抗风压性能 （kPa）	水密性能 ΔP(Pa)	气密性能		保温性能 K〔W/ （m²·K）〕
					q_1〔m³/ （m·h）〕	q_2〔m³/ （m²·h）〕	
A型	60系列 平开窗	5+9A+5	≥3.5	≥500	≤1.5	≤4.5	2.9～3.1
		5+12A+5	≥3.5	≥500	≤1.5	≤4.5	2.7～2.8
		5+12A+5 暖边	≥3.5	≥500	≤1.5	≤4.5	2.5～2.7
		5+12A+5 Low-E	≥3.5	≥500	≤1.5	≤4.5	1.9～2.1
		5+12A+5+ 6A+5	≥3.5	≥500	≤1.5	≤4.5	2.2～2.4
	70系列 平开窗	5+12A+5	≥3.5	≥500	≤1.5	≤4.5	2.6～2.8
		5+12A+5 暖边	≥3.5	≥500	≤1.5	≤4.5	2.4～2.6
		5+12A+5 Low-E	≥3.5	≥500	≤1.5	≤4.5	1.8～2.0
		5+12A+5+ 6A+5	≥3.5	≥500	≤1.5	≤4.5	2.1～2.4
	90系列 推拉窗	5+12A+5	≥3.5	≥350	≤1.5	≤4.5	<3.1
	60系列 平开窗	5+12A+5	≥3.5	≥500	≤0.5	≤1.5	<2.5
	60系列 折叠门	5+12A+5	≥3.5	≥500	≤0.5	≤1.5	<2.5
	提升 推拉门	5+12A+5	≥3.5	≥350	≤1.5	≤4.5	<2.8
B型	EAHX50 平开窗	5+12A+5	≥3.5	≥350	≤1.5	≤4.5	2.7～2.8
	EAHX55 平开窗	5+12A+5	≥3.5	≥350	≤1.5	≤4.5	2.7～2.8

续表

门窗型号	项目	玻璃配置（白玻）	抗风压性能（kPa）	水密性能 ΔP(Pa)	气密性能 q_1[m³/(m·h)]	气密性能 q_2[m³/(m²·h)]	保温性能 K[W/(m²·K)]
B 型	EAHD55 平开窗	5+12A+5+9A+5	≥4	≥350	≤1.5	≤4.5	2.0
	EAHX60 平开窗	5+12A+5	≥3.5	≥350	≤1.5	≤4.5	2.7~2.8
	EAHD60 平开窗	5+12A+5+9A+5	≥4	≥350	≤1.5	≤4.5	2.0
	EAHX65 平开窗	5+12A+5	≥3.5	≥350	≤1.5	≤4.5	2.7~2.8
	EAHD65 平开窗	5+9A+5+9A+5	≥4	≥350	≤1.5	≤4.5	2.0
	EAH70 平开窗	5+9A+5+9A+5	≥4	≥350	≤1.5	≤4.5	2.0

表 4-32 铝塑门窗性能参数表

门窗型号	项目	玻璃配置（白玻）	抗风压性能（kPa）	水密性能 ΔP(Pa)	气密性能 q_1[m³/(m·h)]	气密性能 q_2[m³/(m²·h)]	保温性能 K[W/(m²·K)]
H 型	60 系列 平开窗	5+9A+5	≥4.5	≥350	≤1.5	≤4.5	2.7~2.9
		5+12A+5 Low-E	≥4.5	≥350	≤1.5	≤4.5	2.3~2.6
		5+12A+5 Low-E	≥4.5	≥350	≤1.5	≤4.5	1.8~2.0
		5+12A+5+12A+5	≥4.5	≥350	≤1.5	≤4.5	1.6~1.9
		5+12A+5+12A+5Low-E	≥4.5	≥350	≤1.5	≤4.5	1.2~1.6

(2)非金属保温门窗。非金属保温门窗的种类及特点见表4-33。

表 4-33　非金属保温门窗的种类及特点

序号	类别	特　　点
1	塑料门窗	非金属节能保温门窗节能效果从材质热传导系数、结构的保温节能和玻璃的保温节能三种特性归纳来讲首推塑料门窗。塑料门窗是继木门窗、钢门窗、铝门窗之后的第四代节能门窗,是以聚氯乙烯(UP-VC)树脂为主要原料,经挤出成型材,然后通过切割、焊接或螺栓连接的方式制成门窗框扇,配装上密封胶条、毛条、五金件等,同时为增强型材的刚性,超过一定长度的型材空腔内需要填加钢衬(加型钢或钢筋),这样制成的门窗,称之为塑料门窗。 塑料窗的开启方式主要有推拉、外开、内开、内开上悬等,新型的开启方式有推拉上悬式。不同的开启方式各有其特点,一般讲,推拉窗有立面简洁、美观、使用灵活、安全可靠、使用寿命长、采光率大、占用空间小、方便带纱窗等优点;外开窗则有开启面大、密封性、通风透气性、保温抗渗性能优良等优点。 节能性能:①保温节能效果好,具有良好的隔热性能,尤其是多腔室结构的塑料门窗的传热性能更小;②物理性能良好;③隔声性能好。塑料门窗性能参数,见表4-34、表4-35
2	玻璃钢门窗	玻璃钢门窗是以玻璃纤维及其制品为增强材料,以不饱和聚酯树脂为基体材料,通过拉挤工艺生产出空腹异型材,然后通过切割等工艺制成门窗框,再配上毛条、橡胶条及五金件制成成品门窗。 玻璃钢门窗是继木、钢、铝、塑料后又一新型门窗,玻璃钢门窗综合了其他类门窗的防腐、保温、节能性能,更具有自身的独特性能,在阳光直接照射下无膨胀,在寒冷的气候下无收缩,轻质高强无须金属加固,耐老化使用寿命长,其综合性能优于其他类门窗。 节能性能:轻质高强,密封性能佳,节能保温,尺寸稳定性好,耐候性好。玻璃钢门窗性能参数,见表4-36

表 4-34　塑料门窗性能参数表

项目 门窗型号	玻璃配置 (白玻)	抗风压 性能 (kPa)	水密 性能 ΔP(Pa)	气密性能		保温性能 K[W/ (m²·K)]
				q_1[m³/ (m·h)]	q_2[m³/ (m²·h)]	
C型 60系列平开窗	4+12A+4	5.0	333	0.42	1.62	1.9

续表

项目 门窗型号		玻璃配置 （白玻）	抗风压 性能 (kPa)	水密 性能 ΔP(Pa)	气密性能		保温性能
					q_1[m³/ (m·h)]	q_2[m³/ (m²·h)]	K[W/ (m²·K)]
C型	70A系列平开窗	4+12A+4	4.9	300	0.41	1.58	1.9
	66系列平开窗	4+12A+4	4.9	300	0.41	1.58	1.9
	65系列平开窗	4+12A+4	5.0	150	0.46	1.73	2.0
	68系列平开窗	5+9A+5	4.8	333	0.22	0.80	2.1
	70A系列平开窗	5+9A+4+ 9A+5	3.5	133	0.46	1.76	1.7
	80系列推拉窗	4+12A+4	1.6	167	1.37	4.36	2.3
	88系列推拉窗	4+12A+4	2.1	250	1.21	3.83	2.2
	88A系列推拉窗	4+12A+4	2.1	250	1.21	3.83	2.2
	95系列平开门	4+12A+4	2.9	250	1.74	5.44	2.1
	106系列平开门	4+12A+4	3.5	100	1.05	3.28	2.1
	62系列推拉窗	4+12A+4	1.5	100	1.51	4.38	2.2
D型	60系列内平开窗	4+12A+4	3.5	300	0.40	0.90	1.9
	80系列推拉窗	5+9A+5	3.2	250	1.00	3.10	2.2
	88系列推拉窗	5+6A+5	3.2	250	1.00	3.10	2.3
E型	60F系列平开窗	4+12A+4	4.9	420	0.02	1.00	2.176
	60G系列平开窗	4+12A+4	4.7	390	0.15	1.20	2.198
	60C系列平开窗	4+12A+4+ 12A+4	5.0	450	0.64	1.26	1.769
	60C系列平开窗	框4+10A+4+ 10A+4 扇4+12工4+ 12A+4	3.0	250	0.60	1.00	1.893

项目 门窗型号	玻璃配置 （白玻）	抗风压 性能 (kPa)	水密 性能 ΔP(Pa)	气密性能		保温性能 K[W/ (m² · K)]
				q_1[m³/ (m · h)]	q_2[m³/ (m² · h)]	
AJD58 内 平开窗	6Low-E+ 12A+5	4.0	500	0.5	—	1.8
AD58 外 平开窗	6Low-E+ 12A+5	3.5	500	0.5	—	1.82
MD58 内平开窗	6Low-E+ 12A+5	4.5	700	0.5	—	1.73
MD60 彩色共 挤内平开窗	6Low-E+ 12A+5	4.0	600	0.5	—	1.82
AD60 彩色共 挤处平开窗	6Low-E+ 12A+5	3.5	600	0.5	—	1.82
MD60 塑铝内 平开窗	6Low-E+ 12A+5	4.0	350	1.0	—	2.0
MD65 内平开窗	6Low-E+ 12A+5	4.0	600	0.5	—	1.70
MD70 内平开窗	6Low-E+ 12A+5	4.5	700	0.5	—	1.5
美式手摇外开窗	5+12A+5	3.0	350	1.0	—	2.5
上、下提拉窗	5+12A+5	3.5	350	1.0	—	2.5
83 推拉窗	5+12A+5	4.5	350	1.0	—	2.5
85 彩色共挤 推拉窗	5+12A+5	3.5	350	1.0	—	2.5
73 推拉门		3.5	350	1.5	—	2.5
90 推拉门		4.0	350	1.5	—	2.5
90 彩色共挤 推拉门		4.0	350	1.5	—	2.5

F 型（表格最左侧合并单元格标注）

表 4-35　60 系列平开窗隔声性能表

玻璃配置 （白玻）	5+9A+5	5+12A+5	Low-E	12A+5	5+12A+5+12A+5	Low-E
隔声性能(DB)	$R_w \geqslant 30$	$R_w \geqslant 32$	$R_w \geqslant 32$	$R_w \geqslant 30$	$R_w \geqslant 35$	$R_w \geqslant 35$

表 4-36　玻璃钢门窗性能参数表

门窗型号 项目		玻璃配置 （白玻）	抗风压性能 （kPa）	水密性能 ΔP(Pa)	气密性能		保温性能 K[W/ (m²·K)]
					q_1[m³/ (m·h)]	q_2[m³/ (m²·h)]	
G 型	50 系列 平开窗	4+9A+5	3.5	250	0.10	0.3	2.2
	58 系列 平开窗	5+12A+5 Low-E	5.3	250	0.46	1.20	2.2
	58 系列 推拉窗	5+9A+4+ 6A+5	5.3	250	0.46	1.20	1.8
	58 系列 平开窗	5Low-E+ 12A+4+9A+5	5.3	250	0.46	1.20	1.3
	58 系列 折叠门	4+V(真空)+ 4+9A+5	5.3	250	0.46	1.20	1.0

2. 按玻璃构造分类

　　节能门窗按玻璃构造可分为中空玻璃窗、双玻窗和多层窗三大类,见表 4-37。

表 4-37　节能门窗按玻璃构造分类及特点

序号	类别	特　　点
1	中空玻璃窗	中空玻璃窗是一种良好的隔热、隔声、美观适用的节能窗。中空玻璃是由两层或多层平板玻璃构成,四周用高强度气密性好的复合粘剂将两片或多片玻璃与铝合金框、橡皮条或玻璃条黏结、密封,密封玻璃之间留出空间,充入干燥气体或惰性气体,框内充以干燥剂,以保证玻璃片间空气的干燥度,以获取优良的隔热隔声性能。由于玻璃间封存的空气或气体传热性能差,因而产生优越的隔声隔热效果。 中空玻璃采用的玻璃厚度有 4、5、6 mm,空气层厚度有 6、9、12 mm。根据要求可选用各种不同性能的玻璃原片,如无色透明浮法玻璃、压花玻璃、吸热玻璃、热反射玻璃、夹丝玻璃、钢化玻璃等与边框(铝框架或玻璃条等),经胶结、焊接或熔接而制成。 中空玻璃是采用密封胶来实现系统的密封和结构稳定性,中空玻璃在使用期间始终面临着外来的水汽渗透和温度变化的影响以及来自外界的温差、气压、风荷载等外力的影响,因此,要求密封胶不仅能防止外来的水汽进入中空玻璃的空气层内,而且还要保证系统的结构稳定,保证中空玻璃空气层的密封和保持中空玻璃系统的结构稳定性是同样重要的。中空玻璃系统采用双道密封,第一道密封胶防止水汽的进犯,第二道密封胶保持结构的稳定性。 在两层玻璃中间除封入干燥空气之外,还在外侧玻璃中间空气层内侧,涂上一层热性能好的特殊金属膜,它可以截止由太阳射到室内的相当的能量,起到更大的隔热效果。这种高性能中空玻璃,遮蔽系数可达到 0.22～0.49,减轻室内空调(冷气)负荷;传热系数达到 1.4～2.8 W/(m² · K),减轻室内采暖负荷,发挥更大的节能效率。 节能性能:①良好的保温、隔热、隔声性能;②抗水汽渗透能力和防渗水能力强;③抗紫外线能力强
2	双玻窗	双玻窗是一个窗扇上装两层玻璃,两层玻璃之间有空气层的窗。双层玻璃有利于隔热、隔声。提高双玻窗保温隔热效果的主要手段之一是增加玻璃与窗扇之间的密封,确保双层玻璃之间空气层为不流动空气。根据窗的传热系数计算公式可得出:传热系数并不是随着空气层厚度逐渐增加而降低,是有一定范围的。当空气层厚度在 6～30mm 范围内,传热系数呈递减趋势,超过 30 mm 以上传热系数降低幅度不大,一般采用 20 mm 左右的空气层比较合适。 普通双玻窗构造及安装工艺简单,没有分子筛、干燥剂和密封,只是简单地用隔条将两层玻璃隔开,因此,保温隔热性能不如中空玻璃窗,易生雾、结露、凝霜,适用于中低档住宅的隔热保温。 节能性能:①相对于单玻窗,提高了保温隔热性能;②性价比比较合适

续表

序号	类别	特　　点
3	多层窗	多层窗是由两道或以上窗框和两层或以上的多层中空玻璃组成的保温节能窗。多层窗集双玻窗及中空玻璃窗的性能优点,其结构特点决定了多层窗保温节能效果优于双玻窗和中空玻璃窗,适用于严寒地区和大型公建、高档公寓、高级饭店及特殊要求的建筑物

3. 不同节能门窗适用区域

不同节能门窗适用区域见表 4-38。

表 4-38　不同节能门窗适用区域

构造分类	名称	适用气候	适用地区	适用建筑
框扇材料	断桥铝合金门窗	严寒、寒冷地区	东北、西北、华北	大型公建、住宅、公寓,办公楼等
	涂色镀锌钢板门窗	我国各个地区		商店、超级市场、试验室、教学楼、宾馆、剧场影院、住宅等
	塑料门窗	夏热地区		公建、住宅、公寓、办公楼、试验室、教学楼等
玻璃构造	双玻窗	严寒、寒冷地区		大型公建、住宅、公寓,办公楼等
	中空玻璃窗	我国各个地区		住宅、饭店、宾馆、办公楼、学校、医院、商店、展览馆、图书馆等
	多层窗	严寒地区	东北、西北	大型公建、高档公寓、高级饭店

4. 不同窗的节能效果比较实例

严寒地区某普通住宅,建筑面积 96 m²,窗户总面积占房间建筑面积的 12%。选取有代表性的 9 种平开式窗户,对其传热系数(K)和太阳得热系数($SHGC$)进行计算对比。K 值的计算条件:室外气温 16 ℃,室内温度 21 ℃;风速 6.7 m/s;无阳光。$SHGC$ 的计算条件:室外气温－30 ℃,室内温度 26 ℃;风速 3.4 m/s;太阳直射 783 W/m²。玻璃厚度为 6 mm。中空窗结构:6 mm 玻璃＋12 mm 干燥空气层＋6 mm

玻璃。低辐射镀膜玻璃的膜层位于两层玻璃之间朝外的玻璃上。计算结果见表 4-39。

表 4-39 不同材料和构造的节能窗的传热系数及太阳得热系数汇总表

窗户编号	玻璃类型	窗框材料	$K[K/(m^2 \cdot K)]$	$SHGC$
1	白色单玻	铝合金	7.50	0.80
2	白色单玻	塑料	4.83	0.62
3	白色中空玻璃	铝合金断热	3.71	0.65
4	白色中空玻璃	塑料	2.78	0.55
5	双层中玻璃	木框	2.77	0.56
6	茶色中空玻璃	塑料	2.60	0.44
7	三层白玻璃	塑料	2.01	0.53
8	中空低辐射膜 $e=0.2$	塑料	1.86	0.52
9	中空低辐射膜 $e=0.08$	塑料	1.71	0.41

由表 4-39 可见,相同的窗框材料和窗型,而玻璃的类型不同对窗的传热系数影响较大。选择不同的玻璃和构造,可以获得满足不同气候区对窗户的传热系数要求的节能窗。

以表 4-39 中编号为 1 号窗户的传热系数为基准,记为 H,其他窗户的传热系数为 H_n,相对节能率 HR 按下式计算。HR 越大,节能效果越好。计算结果见表 4-40。

$$HR=[(H-H_n)/H]\times100\%$$

式中　H_n——其他窗户的传热系数;

　　　H——基准窗户的传热系数。

表 4-40 窗户节能效果和传热系数对照表

窗户编号	1	2	3	4	5	6	7	8	9
$K[W/(m^2 \cdot K)]$	7.50	4.83	3.71	2.78	2.77	2.60	2.01	1.36	1.70
$HR(\%)$	100	36	51	63	63	65	73	75	77
节能效果排序		8	7	5	6	4	3	1	2

二、建筑物外门节能设计

建筑物外门包括户门（不采暖楼梯间）、单元门（采暖楼梯间）、阳台门以及与室外空气直接接触的其他各式各样的门。

1. 门的尺寸

建筑物外门的尺寸要求见表 4-41。

表 4-41　建筑物外门的尺寸要求

序号	项目	内　容
1	居住建筑中门的尺寸	(1)门的宽度：单扇门为 800～1 000 mm；双扇门为 1 200～1 400 mm。 (2)门的高度：一般为 2 000～2 200 mm；有亮子的则高度需增加 300～500 mm
2	公共建筑中门的尺寸	(1)门的宽度：一般比居住类建筑物稍大。单扇门为 950～1 000 mm；双扇门为 1 400～1 800 mm。 (2)门的高度：一般为 2 100～2 300 mm；带亮子的应增加 500～700 mm。 (3)四扇玻璃外门宽为 2 500～3 200 mm；高(连亮子)可达 3 200 mm；可视立面造型与房高而定

2. 门的热阻和传热系数

建筑物外门的热阻一般比窗户的热阻大，而比外墙和屋顶的热阻小，因而也是建筑外围护结构保温的薄弱环节，表 4-42 是几种常见门的热阻和传热系数。从表 4-42 可以看出，不同种类门的传热系数值相差很大，铝合金门的传热系数要比保温门大 2.5 倍，在建筑设计中，应当尽可能选择保温性能好的保温门。

表 4-42　几种常见门的热阻和传热系数

序号	名称	热阻 $(m^2 \cdot K/W)$	传热系数 $[W/(m^2 \cdot K)]$	备　注
1	木夹板门	0.37	2.7	双面三夹板
2	金属阳台门	0.156	6.4	

序号	名称	热阻 (m² · K/W)	传热系数 [W/(m² · K)]	备　注
3	铝合金玻璃门	0.164　0.156	6.1～6.4	3～7 mm 厚玻璃
4	不锈钢玻璃门	0.161　0.150	6.2～6.5	5～11 mm 厚玻璃
5	保温门	0.59	1.70	内夹 30 mm 厚轻质保温材料
6	加强保温门	0.77	1.30	内夹 40 mm 厚轻质保温材料

建筑物外门的另一个重要特征是空气渗透耗热量特别大。与窗户不同的是,门的开启频率要高得多,这使得门缝的空气渗透程度要比窗户缝大得多,特别是容易变形的木制门和钢制门。

在严寒地区,公共建筑的外门应设门斗或旋转门,寒冷地区宜设门斗或采取其他减少冷风渗透的措施。夏热冬冷和夏热冬暖地区,公共建筑的外门也应采取保温隔热节能措施,如设置双层门、采用低辐射中空玻璃门、设置风幕等。

三、建筑物外窗节能设计

在建筑物外窗节能设计中,外窗的大小、形式、材料和构造就要兼顾各方面的要求,以取得整体的最佳效果。

(一)窗的尺寸

建筑物外窗的尺寸要求见表 4-43。

表 4-43　建筑物外窗的尺寸要求

序号	项目	内　容
1	平开窗的尺寸	通常平开窗单扇宽不大于 600 mm;双扇宽度 900～1 200 mm;三扇宽 1 500～1 800 mm;高度一般为 1 500～2 100 mm;窗台离地高度为 900～1 000 mm
2	旋转窗的尺寸	旋转窗的宽度、高度不宜大于 1 m,超过时须设中竖框和中横框。窗台高度可适当提高,约 1 200 mm
3	推拉窗的尺寸	推拉窗宽不大于 1 500 mm,高度一般不超过 1 500 mm,也可设亮子

(二)窗的传导系数和气密性

窗户的传热系数和气密性是决定其保温节能效果优劣的主要指标。窗户传热系数,应按国家计量认证的质检机构提供的测定值采用,如无测定值,可按表 4-44 采用。《严寒和寒冷地区居住建筑节能设计标准》(JGJ 26—2010)对窗户保温性能的要求:严寒地区外窗及敞开式阳台门的气密性等级不应低于国家标准《建筑外门窗气密、水密、抗风压性能分级及检测方法》(GB/T 7106—2008)中规定的 6 级;寒冷地区 1～6 层的外窗及敞开式阳台门的气密性等级不应低于国家标准《建筑外门窗气密、水密、抗风压性能分级及检测方法》(GB/T 7106—2008)中规定的 4 级,7 层及 7 层以上不应低于 6 级。

表 4-44　常用窗户的传热系数和传热阻

窗框材料	窗户类型	空气层厚度 (mm)	窗框窗洞 面积比(%)	传热系数 K [W/(m²·K)]	传热阻 R (m²·K/W)
钢、铝	单层窗	—	20～30	6.4	0.16
	单框双玻窗	12	20～30	3.9	0.26
		16	20～30	3.7	0.27
		20～30	20～30	3.6	0.28
	双层窗	100～140	20～30	3.0	0.33
	单层窗＋单框双玻窗	100～140	20～30	2.5	0.40
木、塑料	单层窗	—	30～40	4.7	0.21
	单框双玻窗	12	30～40	2.7	0.37
		16	30～40	2.6	0.38
		20～30	30～40	2.5	0.40
	双层窗	100～140	30～40	2.3	0.43
	单层窗＋单框双玻窗	100～140	30～40	2.0	0.50

注:1. 本表中的窗户包括阳台门上部带玻璃部分。阳台门下部不透明部分的传热系数,如下部不作保温处理,可按表中值采用;如作保温处理,可按计算值采用。

　　2. 本表引自《民用建筑热工设计规范》(GB 50176—1993)。

(三)窗的保温节能措施

1. 优化窗墙比

通常情况下,建筑物外窗是建筑围护结构中保温效果最为薄弱的一个环节,建筑物外墙的传热系数在 0.6 W/(m² · K)左右,而窗为 3.0 W/(m² · K)左右。因此,窗墙比越大,建筑物的能耗就越高,对建筑的整体节能就越不利。因此,在建筑物设计过程中,必须要对窗墙比加以合理限制,在保证建筑物使用功能的前提下,尽可能降低能耗。

不同地区的窗墙比要求不一样,具体规定详见本书第二章相关内容。

2. 选择适宜的窗形

建筑物外窗的几何形式与面积以及开启窗扇的形式对窗的保温节能性能有很大影响。表 4-45 中列出了一些窗的形式及相关参数。

表 4-45　窗的开扇形式与缝长

编　　号	1	2	3	4	5	6	7
开扇形式						(推拉)	(中悬)
开扇面积 F_0(m²)	1.20	1.20	1.20	1.20	1.00	1.05	1.41
缝长 l_0(m)	9.04	7.80	7.52	6.40	6.00	4.30	4.80
l_0/F_0	7.53	6.50	6.10	5.33	6.00	4.10	3.40
窗框长 L_f(m)	10.10	10.10	9.46	8.10	9.70	7.20	4.80

从上表我们可以看出,编号为 4、6、7 的开扇形式的窗,缝长与开扇面积比较小,这样在具有相近的开扇面积下,开扇缝较短,节能效果好。

在对建筑物窗的形式进行设计时,一般要遵循整体小开启、大固定,少框架、多玻璃的原则。在建筑物满足相关规定要求以及使用功能的情况下,应该尽可能地减少开启扇设计,尽可能节能、降低成本,减少资源的浪费。

建筑物外窗开扇形式的设计要点如下：

(1)在保证必要的换气次数前提下，尽量缩小开扇面积。

(2)选用周边长度与面积比小的窗扇形式，即接近正方形有利于节能。

(3)镶嵌的玻璃面积尽可能大。

3. 提高窗框的保温性能

窗户（包括阳台门上部透明部分）通常由窗框和玻璃两部分组成。窗框窗洞面积比通常要达到 25%～40%，如果采用金属窗框（如钢材和铝合金框），其导热系数分别为 58 W/(m·K) 和 203 W/(m·K)，要比木材或聚氯乙烯塑料大 360～1 260 倍。因此金属窗的保温性能通常要比木窗和塑料窗差。而窗框采用木材或聚氯乙烯塑料，其导热系数仅为 0.16 W/(m·K) 左右，大大提高了窗户的保温性能。此外，铝合金窗框采用填充硬质聚氨酯泡沫这种断热措施，也能大大提高窗户的保温性能。

框扇型材部分加强保温节能效果可采取以下三个途径。一是选择导热系数较小的框料，表 4-46 中给出了几种主要框料的热工指标。二是采用导热系数小的材料截断金属框扇型材的热桥制成断桥式窗，效果很好。钢木型较钢塑型的传热系数要小些，尽管塑料（PVC）的导热系数为 0.16 W/(m·K)，小于木材的导热系数 0.23 W/(m·K)，但从复合型框扇构件来看，木质配件的热阻大于塑料配件（木质配件厚度大于塑料配件厚度）。因此钢木型略小于钢塑型。三是利用框料内的空气腔室或利用空气层截断金属框扇的热桥。目前应用的双樘串联钢窗即是以此作为隔断传热的一种有效措施。

表 4-46　几种主要框料的导热系数　　［单位：W/(m·K)］

铝	松、杉木	PVC	空气
174.45	0.17～0.35	0.13～0.29	0.04

风速对材料的表面换热性能有一定的影响。风速加大，会增大窗户表面的换热量，增加冷、热耗。因此，在风速大的地区，特别是高层建筑，窗户的传热系数应予修正。表 4-47 所示为单玻窗与双玻窗位于不同高度时传热系数的附加率。

表 4-47　不同高度传热系数(K)附加率

室外风速	单玻窗		双玻窗	
	楼层	K 附加率	楼层	K 附加率
3 m/s(迎风面)	7～10 层	1%	8～15 层	1%
	11～13 层	2%	16～22 层	2%
	14～19 层	3%	23 层以上(含 23 层)	3%
	20 层以上(含 20 层)	4%	—	—

4. 提高窗户的气密性

窗户存在建筑物的墙与框、框与扇、扇与玻璃之间的装配缝隙,就会产生室内外空气交换,从建筑节能的角度讲,在满足室内卫生换气的条件下,通过门窗缝隙的空气渗透量过大,就会导致冷、热耗增加,因此,必须控制门窗缝隙的空气渗透量。

为加强建筑物外窗生产的质量管理,我国特制定有《建筑外门窗气密、水密、抗风压性能分级及检测方法》(GB/T 7106—2008)和《建筑幕墙》(GB/T 21086—2007),标准规定:在窗两侧空、气压差为 10Pa 的条件下,单位时间内每米缝长的空气渗透量 q_L 或单位面积的空气渗透量 q_A 为分级的指标值,见表 4-48～表 4-50。

表 4-48　建筑幕墙气密性能设计指标

地区分类	建筑层数	气密性能分级	气密性能指标 <	
			开启部分 q_L [m³/(m·h)]	幕墙整体 q_A [m³/(m·h)]
夏热冬暖地区	10 层以下	2	2.5	2.0
	10 层及以上	3	1.5	1.2
其他地区	7 层以下	2	2.5	2.0
	7 层及以上	3	1.5	1.2

表 4-49　建筑幕墙开启部分气密性能分级

分级代号	1	2	3	4
分级指标值 q_L[m³/(m·h)]	$4.0 \geqslant q_L > 2.5$	$2.5 \geqslant q_L > 1.5$	$1.5 \geqslant q_L > 0.5$	$q_L > 0.5$

表 4-50　建筑幕墙整体气密性能分级

分级代号	1	2	3	4
分级指标值 q_A[m³/(m·h)]	$4.0 \geqslant q_A > 2.0$	$2.0 \geqslant q_A > 1.2$	$1.2 \geqslant q_A > 0.5$	$q_A \leqslant 0.5$

提高建筑物外窗的气密性可采取以下措施。

(1)通过提高窗用型材的规格尺寸、准确度、尺寸稳定性和组装的精确度以增加开启缝隙部位的搭接量，减少开启缝的宽度达到减少空气渗透的目的。

(2)采用气密条，提高外窗气密水平。各种气密条由于所用材料、断面形状、装置部位等情况不同，密封效果也略有差异。

(3)改进密封方法。对于框与扇和扇与玻璃之间的间隙处理，目前国内均采用双级密封的方法，而国外在框与扇之间却已普遍采用三级密封的做法。

(4)应注意各种密封材料和密封方法的互相配合。提高窗户的气密性可以通过设置泡沫塑料密封条，使用新型的、密封性能良好的窗材料等来实现。通常情况下，墙与窗框之间的缝隙可以采用毛毡等弹性松软型材料，聚乙烯泡沫等弹性密闭型材料，或者是用密封膏以及边框设灰口等方式进行密封。

5. 提高玻璃保温隔热功能

由于建筑外窗镶嵌的玻璃占整窗很大的面积，因此采用节能玻璃的保温隔热功能是窗户节能的关键。其主要包括两个方面：一是减少门窗玻璃的热传递，玻璃本身的传热系数小，如果其厚度仅有 3～5 mm，相对来说传热系数就比较高，因此，为了提高玻璃的保温节能性能，就需要控制降低玻璃及其制品的传热系数；二是玻璃的基本特点是透光，包括阳光，透过玻璃的能量会直接影响建筑物的能耗，因此，合理地控制透过玻璃的太阳能就能产生较好的节能效果。如图 4-24所示。

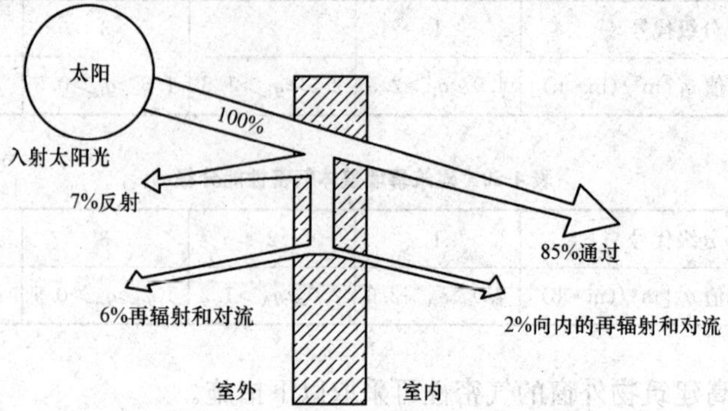

图 4-24　太阳辐射热量传递途径

对于有采暖要求的地区,节能玻璃应当具有传热小、可利用太阳辐射热的性能。对于夏季炎热地区,节能玻璃应当具有阻隔太阳辐射热的隔热、遮阳性能。节能玻璃技术中的中空玻璃、真空玻璃主要是减小其传热能力,而表面镀膜玻璃技术主要是为了降低其表面向室外辐射的能力和阻隔太阳辐射热透射。

6. 窗口遮阳设计

窗口遮阳设计应根据环境气候、窗口朝向和房间用途来决定采用的遮阳形式。遮阳的基本形式有水平式、垂直式、综合式、挡板式,如图 4-25 所示。水平式遮阳适用于南向及接近南向窗口,在北回归线以南地区,既可用于南向窗口,也可用于北向窗口;垂直式遮阳主要用于北向、东北向和西北向附近窗口;综合式遮阳适用于南向、东南向、西南向和接近此朝向的窗口;挡板式遮阳主要适用于东向、西向附近窗口。

各种遮阳设施遮挡太阳辐射热量的效果以遮阳系数表示。遮阳系数是指在照射时间内,透进有遮阳窗口的太阳辐射热量与透进无遮阳窗口的太阳辐射热量的比值。遮阳系数越小,说明透进窗口的太阳辐射热量越小,防热效果越好。

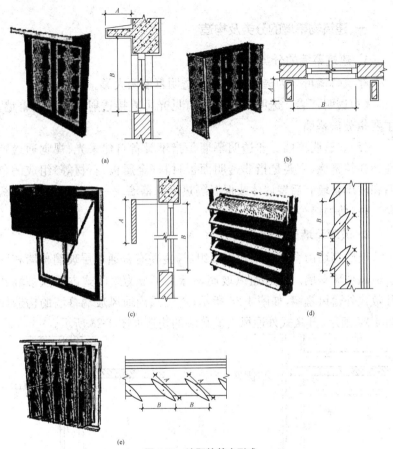

(a)

(b)

(c)

(d)

(e)

图 4-25 遮阳的基本形式

（a）水平式；（b）垂直式；（c）挡板式；（d）横百叶挡板式；（e）竖百叶挡板式

第五节 建筑物幕墙节能设计

建筑幕墙作为建筑物的围护结构，是建筑物不可缺少的组成部分。建筑物幕墙的节能设计是在对建筑周边的自然环境，如光线、温度、风压、气候状况等充分分析和了解的基础上，针对建筑本身的朝向、高度、室内功能等特点，通过有效的系统技术和产品使室内环境达到适应和调整的过程。

一、建筑物幕墙的分类及构造

1. 建筑幕墙的分类

建筑幕墙可分为透明幕墙和非透明幕墙两大类。

(1)透明幕墙。透明幕墙是指可见光可直接透射入室内的幕墙，主要指玻璃幕墙。

(2)非透明幕墙。非透明幕墙是指不具备自然采光、视觉通透特性的建筑幕墙，主要是指非透明面板材料(金属板、石材等)组成的幕墙和玻璃幕墙有后置墙体或保温隔热层的幕墙。一般位于楼板(楼板梁)、柱、剪力墙等部位。

2. 玻璃幕墙的组成及构造

玻璃幕墙由金属构架和面板组成，主要有普通单层玻璃幕墙和双层通风玻璃幕墙。双层通风玻璃幕墙又可分为封闭式内通风幕墙和开敞式外通风幕墙，如图 4-26 所示；封闭式内通风玻璃幕墙的构造如图 4-27 所示；开敞式外通风玻璃幕墙的构造如图 4-28 所示。

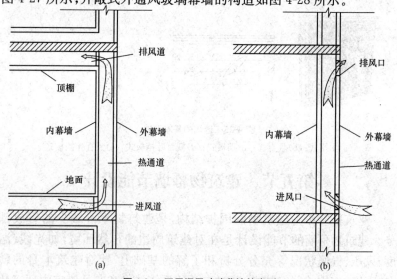

图 4-26　双层通风玻璃幕墙的类型

(a)封闭式；(b)开放式

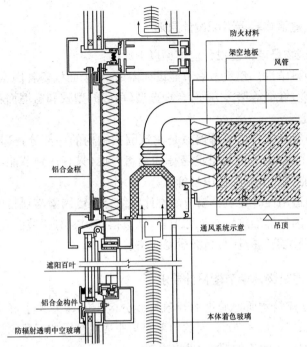

图 4-27　封闭式内通风玻璃幕墙构造

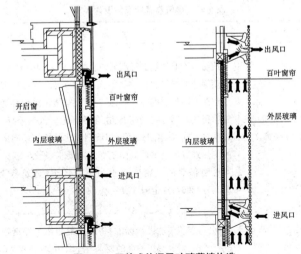

图 4-28　开敞式外通风玻璃幕墙构造

二、建筑物幕墙节能设计原则

建筑物幕墙节能设计应遵循以下原则：

(1)科学性。建筑幕墙节能设计需综合、全面权衡各因素，充分考虑其功能、性能等诸多方面，合理选型(幕墙的型式和窗墙面积比)、选材和构造。

(2)经济性。建筑幕墙只是建筑围护结构的一部分，只是建筑节能的一个方面，节能设计的考虑需全盘考虑，只有达到节能与经济的统一才能体现节能的作用与价值。

(3)适用性。建筑幕墙节能设计应结合环境因素与项目的具体情况，参照国家标准规定与地方要求，认真落实国家有关节能政策，同时要处理好建筑低能耗与高舒适度的关系。

三、建筑物幕墙节能设计要求

根据建筑物所处城市的建筑气候分区不同，《公共建筑节能设计标准》(GB 50189—2005)对透明幕墙与非透明幕墙的保温隔热性能和气密性均有很明确的要求，见表 4-51。

表 4-51　建筑物幕墙节能设计要求

序号	类别	说　明
1	透明幕墙节能设计要求	透明幕墙对建筑能耗高低的影响主要有两个方面，一方面是玻璃等透明材料的传热系数大小影响到建筑物冬季采暖与夏季空调室内外的温差传热；另一方面是透过玻璃等透明材料的辐射得热。结合我国南北方、东西部地区气候差异大的现实，标准对不同气候区域、不同窗墙面积比的单一朝向的透明幕墙的传热系数与遮阳系数作了详细的要求，见表 4-52～表 4-56。对透明幕墙的气密性要求为不应低于《建筑幕墙》(GB/T 21086—2007)规定的 3 级
2	非透明幕墙节能设计要求	《公共建筑节能设计标准》将此类幕墙作为建筑物的实墙体进行考虑，对其热工性能的要求与外墙相同，见表 4-57

表 4-52　严寒地区(A 区)单一朝向透明幕墙传热系数限值

透明幕墙部位	体形系数≤0.3 传热系数 K[W/(m²·K)]	0.3<体形系数≤0.4 传热系数 K[W/(m²·K)]
窗墙面积比≤0.2	≤3.0	≤2.7
0.2<窗墙面积比≤0.3	≤2.8	≤2.5
0.3<窗墙面积比≤0.4	≤2.5	≤2.2
0.4<窗墙面积比≤0.5	≤2.0	≤1.7
0.5<窗墙面积比≤0.7	≤1.7	≤1.5

表 4-53　严寒地区(B 区)单一朝向透明幕墙传热系数限值

透明幕墙部位	体形系数≤0.3		0.3<体形系数≤0.4	
	传热系数 K [W/(m²·K)]	遮阳系数 SC(东、南、西向/北向)	传热系数 K [W/(m²·K)]	遮阳系数 SC(东、南、西向/北向)
窗墙面积比≤0.2	≤3.5	—	≤3.0	—
0.2<窗墙面积比≤0.3	≤3.0	—	≤2.5	—
0.3<窗墙面积比≤0.4	≤2.7	≤0.70/—	≤2.3	≤0.70/—
0.4<窗墙面积比≤0.5	≤2.3	≤0.60/—	≤2.0	≤0.60/—
0.5<窗墙面积比≤0.7	≤2.0	≤0.50/—	≤1.8	≤0.50/—

注:有外遮阳时,遮阳系数=玻璃的遮阳系数×外遮阳的遮阳系数;无外遮阳时,遮阳系数=玻璃的遮阳系数。

表 4-54　寒冷地区单一朝向透明幕墙传热系数和遮阳系数限值

透明幕墙部位	体形系数≤0.3		0.3<体形系数≤0.4	
	传热系数 K [W/(m²·K)]	遮阳系数 SC(东、南、西向/北向)	传热系数 K [W/(m²·K)]	遮阳系数 SC(东、南、西向/北向)
窗墙面积比≤0.2	≤3.5	—	≤3.0	—
0.2<窗墙面积比≤0.3	≤3.0	—	≤2.5	—
0.3<窗墙面积比≤0.4	≤2.7	≤0.70/—	≤2.3	≤0.70/—
0.4<窗墙面积比≤0.5	≤2.3	≤0.60/—	≤2.0	≤0.60/—
0.5<窗墙面积比≤0.7	≤2.0	≤0.50/—	≤1.8	≤0.50/—

表 4-55　夏热冬冷地区单一朝向透明幕墙传热系数和遮阳系数限值

透明幕墙部位	传热系数 $K[W/(m^2 \cdot K)]$	遮阳系数 SC(东、南、西向/北向)
窗墙面积比≤0.2	≤4.7	—
0.2<窗墙面积比≤0.3	≤3.5	≤0.55/—
0.3<窗墙面积比≤0.4	≤3.0	≤0.50/0.60
0.4<窗墙面积比≤0.5	≤2.8	≤0.45/0.55
0.5<窗墙面积比≤0.7	≤2.5	≤0.40/0.50

注:有外遮阳时,遮阳系数=玻璃的遮阳系数×外遮阳的遮阳系数;无外遮阳时,遮阳系数=玻璃的遮阳系数。

表 4-56　夏热冬暖地区单一朝向透明幕墙传热系数和遮阳系数限值

透明幕墙所在部位	传热系数 $K[W/(m^2 \cdot K)]$	遮阳系数 SC(东、南、西向/北向)
窗墙面积比≤0.2	≤6.5	—
0.2<窗墙面积比≤0.3	≤4.7	≤0.50/0.60
0.3<窗墙面积比≤0.4	≤3.5	≤0.45/0.55
0.4<窗墙面积比≤0.5	≤3.0	≤0.40/0.50
0.5<窗墙面积比≤0.7	≤3.0	≤0.35/0.45

注:有外遮阳时,遮阳系数=玻璃的遮阳系数×外遮阳的遮阳系数;无外遮阳时,遮阳系数=玻璃的遮阳系数。

表 4-57　非透明幕墙的传热系数限值

地　　区	体形系数≤0.3 传热系数 $K[W/(m^2 \cdot K)]$	0.3<体形系数≤0.4 传热系数 $K[W/(m^2 \cdot K)]$
严寒地区 A 区	≤0.45	≤0.40
严寒地区 B 区	≤0.50	≤0.45
寒冷地区	≤0.60	≤0.50
夏热冬冷	≤1.0	
夏热冬暖	≤1.5	

四、建筑物幕墙节能设计注意事项

进行建筑物幕墙节能设计时,应注意以下问题。

(1)对建筑物所在地的气候资料以及建筑物的有关环境信息,以便能够正确地选择幕墙门窗系统方案来满足工程的要求,例如建筑物处在南方,炎热地区,节能要求比较高,就考虑使用什么样的型材什么样的玻璃,环境对建筑物的影响,根据实际情况设计出具有良好生态功能的幕墙方案,来适应高科技生态建筑的要求。

(2)详细了解建设单位对建筑物的功能要求,如:建筑物的通风、采暖制冷等能源方面的要求等,以便设计出与建筑要求相匹配的建筑幕墙。

(3)在考虑幕墙立面分格以及开启窗位置的布置时,不再只是简单的建筑表现形式问题,而应考虑到生活空间的舒适度、室内外气流流通的最佳方案配置,采光、遮阳、防尘、降噪等多方面的生态环境问题。

(4)当决定采取何种幕墙的新技术、新材料的时候,不只是简单地从建筑成本上去考虑,而应该从环保的可持续发展的角度出发,去评价所做的选择。

第六节 建筑物地面节能设计

在建筑围护结构中,通过地面向外传导的热量占围护结构传热量的 3%~5%。因此为减少通过建筑物地面的热量损失,提高人体的热舒适度,必须分地区按规定对地面进行节能设计。

一、地面的种类及要求

(一)地面的种类

地面是楼板层和地坪的面层,是人们日常生活、工作和生产时直接接触的部分,属装修范畴,也是建筑中直接承受荷载,经常受到摩擦、清扫和冲洗的部分。建筑物地面按其是否直接接触土壤分为两类,见表 4-58。

表 4-58　地面的种类

种　　类	所处位置、状况
地面(直接接触土壤)	周边地面 非周边地面
地板(不直接接触土壤)	接触室外空气地板 不采暖地下室上部地板 存在空间传热的层间地板

(二)地面的要求

1. 地面的功能要求

对建筑地面的功能设计应符合以下要求:

(1)具有足够的坚固性。地面是经常受到接触、撞击、摩擦、冲刷作用的地方,要求在各种外力的作用下不易产生磨损破坏,且要求其表面平整、光洁、易清洗和不起灰。

(2)具有良好的保温性能。即要求修建地面的材料热导率较小,给人温暖舒适的感觉,冬季走在上面不致感到寒冷。

(3)具有一定的弹性。地面是居住者经常行走的场所,对于人本身的舒适感有直接的影响,当在地面上行走时不致有过硬的感受,同时还能起到隔声的作用。

(4)满足某些特殊要求。对有水作用的房间(如浴室、卫生间等),地面应防潮防水;对食品和药品存放的房间,地面应无害虫、易清洁;对经常有油污染的房间,地面应防油渗且易清扫等。

(5)防止地面发生返潮。我国南方在春夏之交的梅雨季节,由于雨水多、气温高,空气中相对湿度较大,当地表面温度低于露点温度时,空气中的水蒸汽遇冷便凝聚成小水珠附在地表面上。当地面的吸水性较差时,往往会在地面上形成一层水珠,这种现象称为地面返潮。

2. 地面热工性能要求

(1)《民用建筑热工设计规范》(GB 50176—1993)对地面的热工性

能分类及适用的建筑类型做出了规定。表 4-59 为地面热工性能分类；表 4-60 为常见地面做法的吸热指数 B 及热工性能。

表 4-59　地面热工性能分类

类　　别	吸热指数 $B[\mathrm{W}/(\mathrm{m}^2 \cdot \mathrm{h}^{-1/2} \cdot \mathrm{K})]$	适用的建筑类型
Ⅰ	<17	高级居住建筑、托幼、医疗建筑
Ⅱ	17～23	一般居住建筑、办公、学校建筑等
Ⅲ	>23	临时逗留及室温高于 23℃ 的采暖房间

注：表中 B 值是反映地面从人体脚部吸收热量多少和速度的一个指数。厚度为 3～4 mm 的面层材料的热渗透系数对 B 值的影响最大。热渗透系数 $b=\sqrt{\lambda c \rho}$，故面层宜选择密度、比热容和导热系数小的材料较为有利。

表 4-60　常见地面吸热指数 B 及热工性能

名　　称	地面构造（由上至下）		B 值	热工性能类别
硬木地面		1. 硬木地板 2. 粘贴层 3. 水泥砂浆 4. 素混凝土	9.1	Ⅰ
厚层塑料地面		1. 聚氯乙烯地板 2. 粘贴层 3. 水泥砂浆 4. 素混凝土	8.6	Ⅰ
薄层塑料地面		1. 聚氯乙烯地面 2. 粘贴层 3. 水泥砂浆 4. 素混凝土	18.2	Ⅱ
轻骨料混凝土垫层水泥砂浆地　面		1. 水泥砂浆地面 2. 轻骨料混凝土（$\rho < 1\,500$）	20.5	Ⅱ

续表

名　　称	地面构造(由上至下)	B值	热工性能类别
水泥砂浆地面	1. 水泥砂浆地面 2. 素混凝土	23.5	Ⅲ
水磨石地面	1. 水磨石地面 2. 水泥砂浆 3. 素混凝土	24.3	Ⅲ

(2)居住建筑楼板的传热系数及地面的热阻应根据所处城市的气候分区按表 4-61 的规定进行设计。

表 4-61　居住建筑不同气候分区楼地面的传热系数及热阻限值

气候分区	楼地面部位	传热系数 K [W/(m²·K)]	热阻 R (m²·K/W)
严寒地区 A 区	底面接触室外空气的楼板	0.35	
	分隔采暖与非采暖空间的楼板	0.58	
	周边及非周边地面		0.30
严寒地区 B 区	底面接触室外空气的楼板	0.45	
	分隔采暖与非采暖空间的楼板	0.75	
	周边及非周边地面		3.20
寒冷地区	底面接触室外空气的楼板	0.60	
	分隔采暖与非采暖空间的楼板	1.00	
	周边地面		1.77
	非周边地面		3.20
夏热冬冷地区	底面接触室外空气的楼板	1.50	
夏热冬暖地区	上下为居室的层间楼板	2.00	

注:1. 周边地面是指距外墙内表面 2 m 以内的地面,非周边地面是指距外墙内表面 2 m 以外的地面。

　　2. 地面热阻是指建筑基础持力层以上各层材料的热阻。

（3）公共建筑楼板地面的传热系数及地下室外墙的热阻应根据所处城市的气候分区按表 4-62 的规定进行设计。

表 4-62 公共建筑不同气候分区楼地面及地下室外墙的
传热系数 $K[W/(m^2 \cdot K)]$ 及热阻 $R(m^2 \cdot K/W)$

气候分区	楼地面部位	体形系数≤0.3	体形系数 >0.3
严寒地区 A 区	底面接触室外空气的楼板	$K \leqslant 0.45$	$K \leqslant 0.40$
	分隔采暖与非采暖空间的楼板	$K \leqslant 0.60$	
	周边地面	$R \geqslant 2.00$	
	非周边地面	$R \geqslant 1.80$	
	采暖地下室外墙（与土接触的墙）	$R \geqslant 2.00$	
严寒地区 B 区	底面接触室外空气的楼板	$K \leqslant 0.50$	$K \leqslant 0.45$
	分隔采暖与非采暖空间的楼板	$K \leqslant 0.80$	
	周边地面	$R \geqslant 2.00$	
	非周边地面	$R \geqslant 1.80$	
	采暖地下室外墙（与土接触的墙）	$R \geqslant 1.80$	
寒冷地区	底面接触室外空气的楼板	$K \leqslant 0.60$	$K \leqslant 0.50$
	分隔采暖与非采暖空间的楼板	$K \leqslant 1.50$	
	周边及非周边地面	$R \geqslant 1.50$	
	采暖、空调地下室外墙（与土接触的墙）	$R \geqslant 1.50$	
夏热冬冷地区	底面接触室外空气的架空或外挑楼板	$K \leqslant 1.00$	
	地面及地下室外墙（与土接触的墙）	$R \geqslant 1.20$	
夏热冬暖地区	底面接触室外空气的架空或外挑楼板	$K \leqslant 1.50$	
	地面及地下室外墙（与土接触的墙）	$R \geqslant 1.00$	

注：1. 周边地面是指距外墙内表面 2 m 以内的地面，非周边地面是指距外墙内表面 2 m 以外的地面。

2. 地面热阻是指建筑基础持力层以上各层材料的热阻之和。

3. 地下室外墙热阻是指土以内各层材料热阻之和。

二、地面保温设计

在寒冷的冬季,房屋与室外空气相邻的四周边缘部分的地下土壤温度的变化相当大。受室外空气以及房屋周围低温土壤的影响,将有较多的热量由该部分被传递出去,其温度分布与热流的变化情况,如不采取保温措施,则外墙内侧墙面以及室内墙角部位易出现结露,在室内墙角附近地面有冻脚观察,并使地面传热损失加大。地面四周边缘部分温度的分布,如图 4-29 所示。

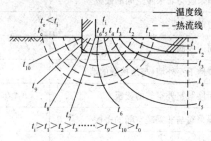

图 4-29   地面周边的温度分布

我国采暖居住建筑相关节能标准规定:在采暖期室外平均温度低于 $-5\ ℃$ 的地区,建筑物外墙在室内地坪以下的垂直墙面,以及周边直接接触土壤的地面应采取保温措施,在室内地坪以下的垂直墙面,其传热系数不应超过《严寒和寒冷地区居住建筑节能设计标准》(JGJ 26—2010)规定的周边地面传热系数限值。在外墙周边从外墙内侧算起 2.0 m 范围内,地面传热系数不应超过 0.3 W/(m² · K)。

满足这一节能标准的具体措施是在室内地坪以下垂直墙面外侧加 50~70 mm 厚聚苯板以及从外墙内侧算起 2.0 m 范围内的地面下部加铺 70 mm 厚聚苯板,最好是挤塑聚苯板等具有一定抗压强度、吸湿性较小的保温层。地面保温构造图如图 4-30 所示。

三、地面防潮设计

夏热冬冷和夏热冬暖地区的建筑物底层地面,除保温性能满足节能要求外,还应采取一些防潮技术措施,以减轻或消除梅雨季节由于

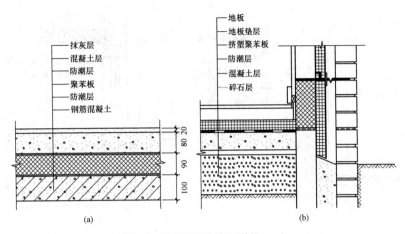

图 4-30 地面保温构造图(单位:mm)

(a)普通聚苯板保温地面;(b)保温板铺在防潮层上面

湿热空气产生的地面结露现象。尤其是当采用空铺实木地板或胶结强化木地板面层时,更应特别注意下面垫层的防潮设计。

1. 底层地坪的防潮构造

底层地坪的防潮构造设计,可参照图 4-31 和图 4-32 选择。其中,图 4-31 是用空气层防潮技术,必须注意空气层的密闭。图 4-31 和图 4-32所示为防潮地坪构造做法,都应具备以下三个条件。

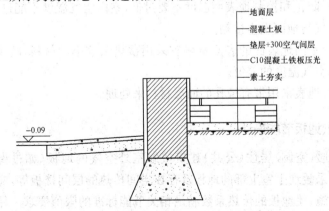

图 4-31 空气层防潮地面构造做法(单位:mm)

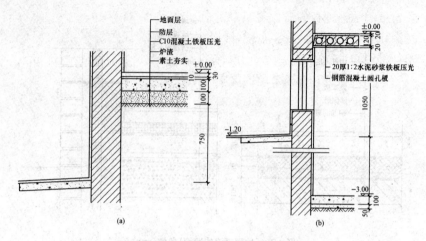

图 4-32　普通防潮地面构造做法(单位:mm)
(a)普通防潮技术地面;(b)架空防潮技术地面

(1)有较大的热阻,以减少向基层的传热。

(2)表面层材料导热系数要小,使地表面温度易于紧随空气温度变化。

(3)表面材料有较强的吸湿性,具有对表面水分的"吞吐"作用。

2. 地面防潮应采取的措施

(1)防止和控制地表面温度不要过低,室内空气湿度不能过大,避免湿空气与地面发生接触。

(2)室内地表面的表面材料宜采用蓄热系数小的材料,减少地表温度与空气温度的差值。

(3)地表采用带有微孔的面层材料来处理。

四、地板节能设计

采暖(空调)居住(公共)建筑接触室外空气的地板(如过街楼地板)、不采暖地下室上部的地板及存在空间传热的层间楼板等,应采取保温措施,使地板的传热系数满足相关节能标准的限值要求。保温层设计厚度应满足相关节能标准对该地区地板的节能要求。

　　低温辐射地板构造如图 4-33 所示。将改性聚丙烯（PP－C）等耐热耐压管按照合理的间距盘绕,铺设在 30～40 mm 厚聚苯板上面,聚苯板铺设在混凝土地层中,可分户循环供热,便于调节和计量,充分体现管理上的便利和建筑节能的要求。低温地板辐射采暖,有利于提高室内舒适度以及改善楼板保温性能。

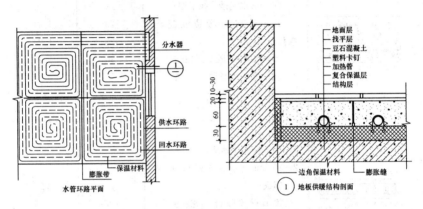

图 4-33　低温辐射地板构造（单位：mm）

　　接触室外空气地板的保温构造做法及热工性能参数见表 4-63。

表 4-63　接触室外空气地板的保温构造做法及热工性能参数

简　　图	基本构造（由上至下）	保温材料厚度（mm）	传热系数 K $[W/(m^2 \cdot K)]$
	1—20mm 水泥砂浆找平层； 2—100mm 现浇钢筋混凝土楼板； 3—挤塑聚苯板（胶黏剂粘贴）； 4—3mm 聚合物砂浆（网格布）	15 20 25	1.32 1.13 0.98

简　图	基本构造(由上至下)	保温材料厚度 (mm)	传热系数 K $[W/(m^2 \cdot K)]$
	1—20 mm 水泥砂浆找平层; 2—100mm 现浇钢筋混凝土楼板; 3—膨胀聚苯板(胶黏剂粘贴); 4—3mm 聚合物砂浆(网格布)	20 25 30	1.41 1.24 1.10
	1—18 mm 实木地板; 2—30 mm 矿(岩)棉或玻璃棉板; 　30 mm×40 mm 杉木龙骨@400; 3—20 mm 水泥砂浆找平层; 4—100 mm 现浇钢筋混凝土楼板	20 25 30	1.29 1.18 1.09
	1—12 mm 实木地板; 2—15 mm 细木工板; 3—30 mm 矿(岩)棉或玻璃棉板; 　30 mm×40 mm 杉木龙骨@400; 4—20 mm 水泥砂浆找平层; 5—100 mm 现浇钢筋混凝土楼板	20 25 30	1.10 1.02 0.95

注:表中挤塑聚苯板的导热系数 $\lambda=0.03$ W/(m·K),修正系数 $\alpha=1.15$;聚苯板导热系数 $\lambda=0.042$ W/(m·K),修正系数 $\alpha=1.20$;矿(岩)棉或玻璃棉导热系数 $\lambda=0.005$ W/(m·K),修正系数 $\alpha=1.30$。

为提高建筑物的能源利用效率,还需要对于层间楼板进行保温隔热处理。保温隔热层的设计厚度,应当符合相关节能标准对该地区层间楼板的节能要求。层间楼板保温隔热构造做法及热工性能参数见表 4-64。

表 4-64　层间楼板保温隔热构造做法及热工性能参数

简　图	构造层次(由上至下)	保温材料厚度 (mm)	传热系数 K [W/(m² · K)]
	1—20 mm 水泥砂浆找平层; 2—100 mm 现浇钢筋混凝土楼板; 3—3 mm 保温砂浆; 4—5 mm 抗裂石膏(网格布)	20 25 30	1.96 1.79 1.64
	1—20 mm 水泥砂浆找平层; 2—100 mm 现浇钢筋混凝土楼板; 3—3 mm 聚苯颗粒保温浆料; 4—5 mm 抗裂石膏(网格布)	20 25 30	1.79 1.61 1.46
	1—12 mm 实木地板; 2—15 mm 细木工板; 3—30 mm×40 mm 杉木龙骨@400; 4—20 mm 水泥砂浆找平层; 5—100 mm 现浇钢筋混凝土楼板	—	1.39

续表

简 图	构造层次(由上至下)	保温材料厚度 (mm)	传热系数 K $[W/(m^2 \cdot K)]$
	1—18 mm 实木地板; 2—30 mm×40 mm 杉木龙骨@400; 3—20 mm 水泥砂浆找平层; 4—100 mm 现浇钢筋混凝土楼板	—	1.68

	1—20 mm 水泥砂浆找平层;
	2—保温层:
	  (1)挤塑聚苯板(XPS);
	  (2)高强度珍珠岩板;
	  (3)乳化沥青珍珠岩板;
	  (4)复合硅酸盐板;
	3—20 mm 水泥砂浆找平及黏结层;
	4—120 mm 现浇钢筋混凝土楼板
		(1)20
		(2)40
		(3)40
		(4)30
			1.51
			1.70
			1.70
			1.52

注:表中保温砂浆导热系数 $\lambda=0.8$ W/(m·K),修正系数 $\alpha=1.30$;聚苯颗粒保温浆料导热系数 $\lambda=0.06$ W/(m·K),修正系数 $\alpha=1.30$;高强度珍珠岩板导热系数 $\lambda=0.12$W/(m·K),修正系数 $\alpha=1.30$;乳化沥青珍珠岩板导热系数 $\lambda=0.12$ W/(m·K),修正系数 $\alpha=1.30$;复合硅酸盐板导热系数 $\lambda=0.07$ W/(m·K),修正系数 $\alpha=1.30$。

第七节 建筑围护结构构造做法示例

一、居住建筑围护结构做法

1. 外墙保温的推荐做法

外墙保温的推荐做法见表 4-64～表 4-70。

表 4-65 聚合物砂浆加强面层外保温

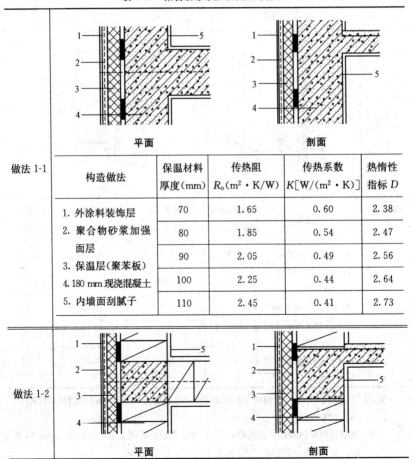

做法 1-1	构造做法	保温材料厚度(mm)	传热阻 R_0(m² · K/W)	传热系数 K[W/(m² · K)]	热惰性指标 D
	1. 外涂料装饰层	70	1.65	0.60	2.38
	2. 聚合物砂浆加强面层	80	1.85	0.54	2.47
		90	2.05	0.49	2.56
	3. 保温层(聚苯板) 4.180 mm现浇混凝土	100	2.25	0.44	2.64
	5. 内墙面刮腻子	110	2.45	0.41	2.73

平面　　　　　　剖面

平面　　　　　　剖面

续表

构造做法	保温材料厚度(mm)	传热阻 R_o(m² · K/W)	传热系数 K[W/(m² · K)]	热惰性指标 D
做法 1-2　1. 外涂料装饰层	60	1.76	0.57	3.80
2. 聚合物砂浆加强面层	70	1.96	0.51	3.88
3. 保温层(聚苯板)	80	2.16	0.46	3.97
4. 240 mmKP₁ 多孔砖	90	2.36	0.42	4.05
5. 15 mm 内墙面抹灰	100	2.56	0.39	4.14

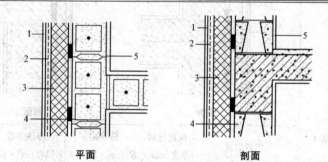

平面　　　　　　　　　　　　剖面

做法 1-3　构造做法	保温材料厚度(mm)	传热阻 R_o(m² · K/W)	传热系数 K[W/(m² · K)]	热惰性指标 D
1. 外涂料装饰层	70	1.71	0.58	1.98
2. 聚合物砂浆加强面层	80	2.09	0.48	2.07
3. 保温层(聚苯板)	90	2.31	0.43	2.15
4. 190 mm 混凝土空心砌块	100	2.53	0.39	2.24
5. 15 mm 内墙面抹灰	110	2.75	0.36	2.33

注:1. 详细做法《外墙外保温施工技术规程(聚苯板增强网聚合物砂浆做法)》(DB11/T 584—2008)。

　　2. 保温材料导热系数修正系数 $\alpha=1.2$,导热系数计算值 $\lambda_c=0.042\times1.2=0.05$ W/(m · K),190mm 混凝土空心砌块 $R=0.16$ m² · K/W。

表 4-66　现浇混凝土模板内置保温板做法

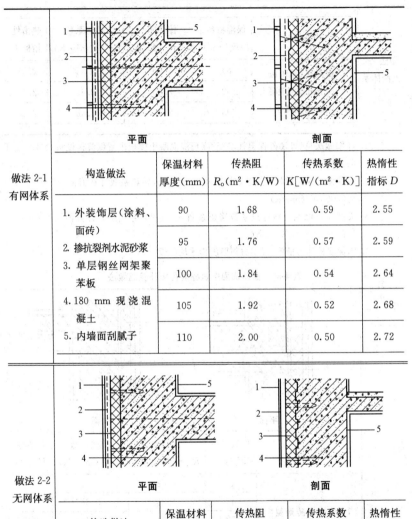

	平面			剖面

做法 2-1
有网体系

构造做法	保温材料 厚度(mm)	传热阻 $R_0(\text{m}^2 \cdot \text{K/W})$	传热系数 $K[\text{W}/(\text{m}^2 \cdot \text{K})]$	热惰性 指标 D
1. 外装饰层(涂料、 面砖)	90	1.68	0.59	2.55
2. 掺抗裂剂水泥砂浆	95	1.76	0.57	2.59
3. 单层钢丝网架聚 苯板	100	1.84	0.54	2.64
4. 180 mm 现浇混 凝土	105	1.92	0.52	2.68
5. 内墙面刮腻子	110	2.00	0.50	2.72

做法 2-2
无网体系

	平面			剖面

构造做法	保温材料 厚度(mm)	传热阻 $R_0(\text{m}^2 \cdot \text{K/W})$	传热系数 $K[\text{W}/(\text{m}^2 \cdot \text{K})]$	热惰性 指标 D
1. 外涂料装饰层	75	1.67	0.60	2.43
2. 聚合物砂浆加强 面层	80	1.85	0.54	2.47

做法 2-2 无网体系	构造做法	保温材料 厚度(mm)	传热阻 $R_0(m^2 \cdot K/W)$	传热系数 $K[W/(m^2 \cdot K)]$	热惰性 指标 D
	3. 保温层(聚苯板)	85	1.95	0.51	2.51
	4. 180 mm 现浇混凝土	90	2.05	0.49	2.56
	5. 内墙面刮腻子	95	2.15	0.46	2.60

注:1. 详细做法见《外墙外保温技术规程(现浇混凝土模板内置保温板做法)》(DB11/T 644—2009)。

2. 有网体系保温材料导热系数修正系数 $\alpha = 1.5$,导热系数计算值 $\lambda_c = 0.042 \times 1.5 = 0.063 W/(m \cdot K)$。

3. 无网体系保温材料导热系数修正系数 $\alpha = 1.25$,导热系数计算值 $\lambda_c = 0.042 \times 1.25 = 0.053 W/(m \cdot K)$。

4. 因保温板为齿槽形,保温材料厚度指平均厚度。

表 4-67　面砖饰面聚氨酯复合板外保温做法

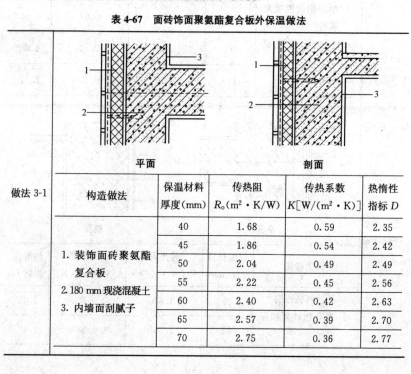

	平面			剖面	

做法 3-1	构造做法	保温材料 厚度(mm)	传热阻 $R_0(m^2 \cdot K/W)$	传热系数 $K[W/(m^2 \cdot K)]$	热惰性 指标 D
		40	1.68	0.59	2.35
	1. 装饰面砖聚氨酯 复合板 2. 180 mm 现浇混凝土 3. 内墙面刮腻子	45	1.86	0.54	2.42
		50	2.04	0.49	2.49
		55	2.22	0.45	2.56
		60	2.40	0.42	2.63
		65	2.57	0.39	2.70
		70	2.75	0.36	2.77

续表

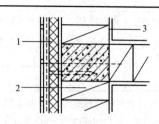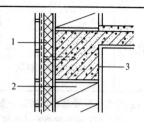

	平面		剖面	

做法 3-2

构造做法	保温材料厚度(mm)	传热阻 R_o(m²·K/W)	传热系数 K[W/(m²·K)]	热惰性指标 D
1. 装饰面砖聚氨酯复合板 2. 240 mmKP₁多孔砖 3. 15 mm内墙面抹灰	35	1.81	0.55	3.77
	40	1.99	0.50	3.84
	45	2.17	0.46	3.91
	50	2.35	0.43	3.98
	55	2.53	0.40	4.06
	60	2.71	0.37	4.13
	70	3.06	0.33	4.27

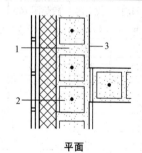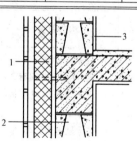

	平面		剖面	

做法 3-3

构造做法	保温材料厚度(mm)	传热阻 R_o(m²·K/W)	传热系数 K[W/(m²·K)]	热惰性指标 D
1. 装饰面砖聚氨酯复合板 2. 190 mm 混凝土空心砌块	40	1.74	0.58	1.94
	45	1.92	0.52	2.01
	50	2.10	0.48	2.08
	55	2.27	0.44	2.15
	60	2.45	0.41	2.22

续表

做法 3-3	构造做法	保温材料厚度(mm)	传热阻 R_0 (m² · K/W)	传热系数 K [W/(m² · K)]	热惰性指标 D
	3. 15 mm 内墙面抹灰	65	2.63	0.38	2.29
		70	2.81	0.36	2.37

注:保温材料导热系数修正系数 $\alpha=1.1$(聚氨酯导热系数 $\lambda=0.025$ W/m · K 为检测值),聚氨酯导热系数计算值 $\lambda_c=0.025\times1.1=0.028$ W/(m · K),190mm 混凝土空心砌块 $R=0.16$ m · K/W。

表 4-68　聚氨酯硬泡喷涂外墙保温(聚苯颗粒保温浆料找平做法)

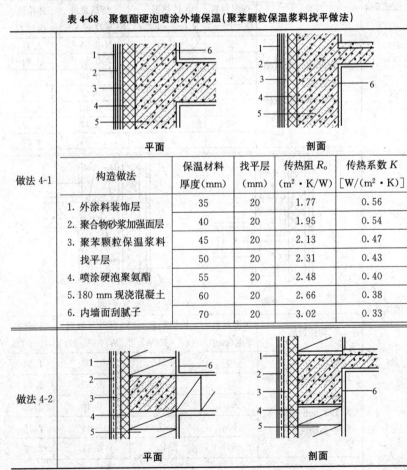

做法 4-1	构造做法	保温材料厚度(mm)	找平层(mm)	传热阻 R_0 (m² · K/W)	传热系数 K [W/(m² · K)]
	1. 外涂料装饰层	35	20	1.77	0.56
	2. 聚合物砂浆加强面层	40	20	1.95	0.54
	3. 聚苯颗粒保温浆料	45	20	2.13	0.47
	找平层	50	20	2.31	0.43
	4. 喷涂硬泡聚氨酯	55	20	2.48	0.40
	5.180 mm 现浇混凝土	60	20	2.66	0.38
	6. 内墙面刮腻子	70	20	3.02	0.33

平面　　　　　　　　　　　剖面

做法 4-2

平面　　　　　　　　　　　剖面

续表

构造做法	保温材料厚度(mm)	传热阻 R_0 (m²·K/W)	传热系数 K [W/(m²·K)]	热惰性指标 D
1. 外涂料装饰层	30	20	1.90	0.53
2. 聚合物砂浆加强面层	35	20	2.08	0.48
3. 聚苯颗粒保温浆料	40	20	2.26	0.44
找平层	45	20	2.44	0.41
4. 喷涂硬泡聚氨酯	50	20	2.62	0.38
5. 240 mmKP$_1$ 多孔砖	55	20	2.79	0.36
6. 15 mm 内墙面抹灰	60	20	2.97	0.34

做法 4-2

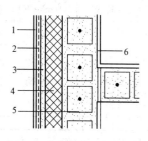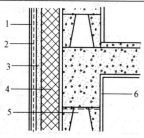

平面		剖面	

做法 4-3

构造做法	保温材料厚度(mm)	传热阻 R_0 (m²·K/W)	传热系数 K[W/(m²·K)]	热惰性指标 D
1. 外涂料装饰层	35	20	1.83	0.55
2. 聚合物砂浆加强面层	40	20	2.01	0.50
3. 聚苯颗粒保温浆料	45	20	2.18	0.46
找平层	50	20	2.36	0.42
4. 喷涂硬泡聚氨酯	55	20	2.54	0.39
5. 190 mm 混凝土空	60	20	2.72	0.37
心砌块				
6. 15 mm 内墙面抹灰	70	20	3.08	0.33

注:保温材料导热系数修正系数 $\alpha=1.1$[聚氨酯导热系数 $\lambda=0.025$ W/(m·K)为检测值],聚氨酯导热系数计算值 $\lambda_c=0.025\times1.1=0.028$ W/(m·K),聚苯颗粒保温浆料导热系数计算值 $\lambda_c=0.06\times1.25=0.075$ W/(m·K),190mm 混凝土空心砌块 $R=0.16$ m·K/W。

表 4-69　加气混凝土砌块外墙

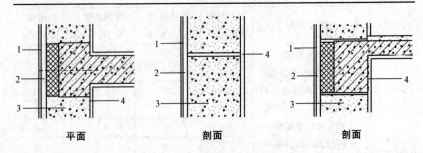

平面　　　　　　　　剖面　　　　　　　　剖面

构造做法	保温材料厚度(mm)	传热阻 R_0 (m² · K/W)	传热系数 K [W /(m² · K)]	热惰性指标 D
1. 外涂料装饰层	300	1.72	0.58	4.74
2. 砂浆抹灰层	350	1.93	0.52	5.47
3. 保温层(加气混凝土砌块)	400	2.14	0.47	6.20
4. 15mm 内墙面抹灰层	450	2.35	0.43	6.93

注:按《蒸压加气混凝土建筑应用技术规程》(JGJ/T 17—2008)计算,加气混凝土 05 级。
　　保温材料导热系数修正系数 $\alpha = 1.25$,导热系数计算值 $\lambda_c = 0.19 \times 1.25 = 0.24$ m · K/W。

表 4-70　内保温做法选用表

保温层厚度 (mm)	混凝土墙内保温		空心砖墙内保温	
	平均传热系数 K_m [W/(m² · K)]	主体传热系数 K [W/(m² · K)]	平均传热系数 K_m [W/(m² · K)]	主体传热系数 K [W/(m² · K)]
80	0.76	0.46	0.71	0.41
90	0.71	0.42	0.67	0.37
100	0.67	0.38	0.63	0.34
110	0.64	0.35	0.61	0.31
120	0.61	0.32	0.58	0.29

注:保温层(聚苯板)$\lambda = 0.042$。

2. 屋面保温的推荐做法(表 4-71)

表 4-71 屋面保温推荐做法

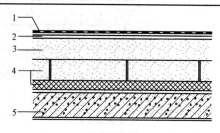

构造示意图

非上人屋面	保温材料厚度（mm）		传热阻 R_0 (m²·K/W)	传热系数 K[W/ (m²·K)]	热惰性指标 D
	加气块	聚苯板（挤塑聚苯板）			
做法1 1. 防水层 2. 20厚水泥砂浆找平层 3. 最薄30厚轻骨料混凝土找坡层 4. 加气混凝土块保温层 聚苯板保温层（挤塑聚苯板） 5. 钢筋混凝土层面板	100	55 (40)	1.74 (1.76)	0.57 (0.57)	4.18 (4.19)
	100	60 (50)	1.84 (2.03)	0.54 (0.49)	4.23 (4.31)
	100	70 (60)	2.04 (2.31)	0.49 (0.43)	4.31 (4.43)
	100	80 (70)	2.24 (2.59)	0.45 (0.39)	4.40 (4.55)
	100	90 (80)	2.24 (2.87)	0.41 (0.35)	4.49 (4.67)
	100	100 (90)	2.64 (3.14)	0.38 (0.32)	4.57 (4.79)

注:聚苯板导热系数修正系数 $\alpha=1.2$,导热系数计算值 $\lambda_c=0.042\times1.2=0.05$ m·K/W;挤塑聚苯板导热系数修正系数 $\alpha=1.2$,导热系数计算值 $\lambda_c=0.03\times1.2=0.036$ m·K/W,加气块热系数修正系数 $\alpha=1.5$,导热系数计算值 $\lambda_c=0.19\times1.5=0.29$ m·K/W。

续表

做法 2

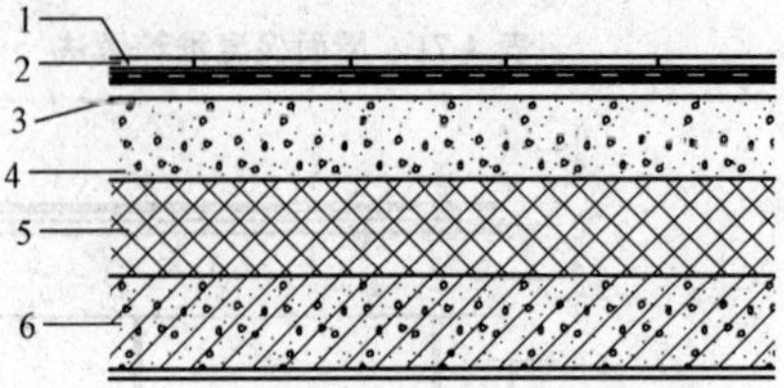

构造示意图

上人屋面	保温材料厚度（mm）	传热阻 R_o （$m^2 \cdot K/W$）	传热系数 K ［$W/(m^2 \cdot K)$］	热惰性指标 D
1. 25～50 厚铺地砖水泥砂浆铺卧 2. 防水层 3. 20 厚 1∶3 水泥砂浆找平层 4. 最薄 30 厚轻骨料混凝土找坡层 5. 挤塑聚苯板保温板 6. 钢筋混凝土层面板	50	1.69	0.59	2.76
	60	1.97	0.51	2.86
	70	2.24	0.45	2.96
	80	2.52	0.40	3.06
	90	2.80	0.36	3.16
	100	3.08	0.33	3.26
	110	3.35	0.30	3.36

注：挤塑聚苯板导热系数修正系数 $\alpha=1.2$，导热系数计算值 $\lambda_c=0.03\times1.2=0.036$ m·K/W。

做法 3

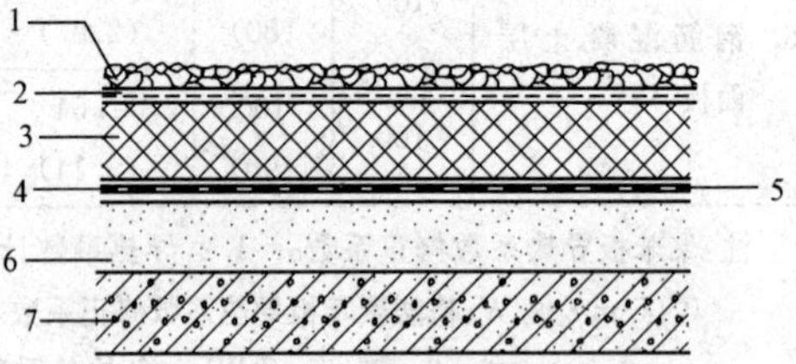

构造示意图

续表

倒置屋面	保温材料厚度 (mm)	传热阻 R_0 (m²·K/W)	传热系数 K [W/(m²·K)]	热惰性指标 D
	50	1.68	0.59	2.69
	60	1.96	0.51	2.79
	70	2.24	0.45	2.89
	80	2.52	0.40	2.99
	90	2.79	0.36	3.09
	100	3.07	0.33	3.19
	110	3.35	0.30	3.29

做法3

1. 卵石层
2. 保护薄膜
3. 挤塑聚苯板保温层
4. 防水层
5. 15 厚水泥砂浆找平层
6. 最薄30厚轻骨料混凝土找坡层
7. 钢筋混凝土屋面板

注:挤塑聚苯板导热系数修正系数 $\alpha=1.2$,导热系数计算值 $\lambda_c=0.03\times1.2=0.036$ m·K/W。

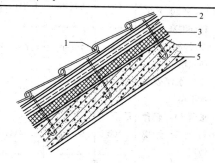

构造示意图

做法4

坡屋面	保温材料厚度(mm)	传热阻 R_0 (m²·K/W)	传热系数 K [W/(m²·K)]	热惰性指标 D
	55	1.77	0.57	1.94
	60	1.91	0.52	2.00
	70	2.19	0.46	2.11
	80	2.46	0.41	2.23
	90	2.74	0.36	2.34
	100	3.02	0.33	2.46

1. 瓦屋面
2. 防水涂料层
3. 挤塑聚苯板保温层
4. 15 厚水泥砂浆找平层
5. 钢筋混凝土屋面板

注:挤塑聚苯板导热系数修正系数 $\alpha=1.2$,导热系数计算值 $\lambda_c=0.03\times1.2=0.036$ m·K/W。

续表

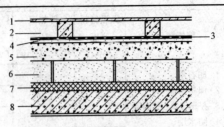

构造示意图

非上人屋面	保温材料厚度(mm)		传热阻 R_0 (m² · K/W)	传热系数 $K[W/$ (m² · K)]	热惰性指标 D
	加气块	聚苯板（挤塑聚苯板）			
1. 500×500×50 钢筋混凝土板	100	60(40)	1.84(1.75)	0.54(0.57)	4.17 (4.15)
2.150 厚架空层	100	70(50)	2.04(2.03)	0.49(0.49)	4.25 (4.27)
3. 防水层	100	80(60)	2.24(2.31)	0.45(0.43)	4.34 (4.39)
4.15 厚水泥砂浆找平层					
5. 最薄 30 厚轻骨料混凝土找坡层	100	90(70)	2.44(2.58)	0.41(0.39)	4.43 (4.51)
6. 加气混凝土砌块保温层	100	100(80)	2.64(2.86)	0.38(0.35)	4.51 (4.63)
7. 聚苯板保温层（挤塑聚苯板）	100	110(90)	2.84(3.14)	0.35(0.32)	4.60 (4.75)
8. 钢筋混凝土屋面板	100	120(100)	3.04(3.42)	0.33(0.29)	4.68 (4.87)

做法 5

注:聚苯板导热系数修正系数 $\alpha=1.2$,导热系数计算值 $\lambda_c=0.042\times1.2=0.05$ m · K/W,挤塑聚苯板导热系数修正系数 $\alpha=1.2$,导热系数计算值 $\lambda_c=0.03\times1.2=0.036$ m · K/W,加气块导热系数修正系数 $\alpha=1.5$,导热系数计算值 $\lambda_c=0.19\times1.5=0.29$ m · K/W。

二、公共建筑围护结构构造做法

1. 外墙做法选用表(表 4-72～表 4-73)

表 4-72　轻骨料混凝土砌块框架填充墙做法选用表

构造示意	填充材料	保温材料	保温材料容重 (kg/m³)	保温材料厚度 (mm)	热阻 R_o (m²·K/W)	传热系数 K[W/(m²·K)]	平均传热系数 K_m[W/(m²·K)]
 1. 外装饰层 2. 通风空气层 3. 保温层 4. 轻骨料混凝土空心砌块 5. 15 mm 内墙面抹灰	190 mm 单排孔轻骨料混凝土砌块	玻璃棉板(矿棉、岩棉)	80~120	40	1.41	0.71	0.79
				60	1.78	0.56	0.61
				80	2.15	0.47	0.49
				90	2.33	0.43	0.45
		挤塑聚苯板	30	30	1.50	0.67	0.73
				45	1.92	0.52	0.56
				55	2.19	0.46	0.48
				65	2.47	0.40	0.43
		硬质聚氨酯板	30	20	1.48	0.67	0.78
				35	1.98	0.50	0.56
				45	2.32	0.43	0.47
				50	2.48	0.40	0.43

注：1. 轻骨料混凝土砌块框架填充墙全包柱采用传热系数 K,外露柱采用平均传热系数 K_m。

　　2. 轻骨料混凝土砌块热工性能取自《框架结构填充小型空心砌块墙体建筑构造》(02J 102—2)；

　　3. 保温材料热工性能取自《民用建筑热工设计规范》(GB 50176—1993)。

表 4-73　不透明幕墙做法选用表

构造示意	保温材料	保温材料容重（kg/m³）	保温材料厚度（mm）	热阻 R_0（m²·K/W）	传热系数 K[W/（m²·K）]
	玻璃棉板（矿棉、岩棉）	80～120	60	1.26	0.79
			85	1.72	0.58
			100	2.00	0.50
			115	2.28	0.44
	挤塑聚苯板	30	40	1.26	0.79
			55	1.68	0.60
			70	2.09	0.48
			75	2.23	0.45
	硬质聚氨酯板	30	35	1.32	0.76
			50	1.82	0.55
			55	1.98	0.50
			65	2.32	0.43

1. 外装饰层
2. 通风空气层
3. 保温层
4. 轻钢龙骨
5. 石膏板

注：1. 以上外墙做法中保温材料导热系数修正系数取 1.2（包括外装饰层与主体墙连接、支撑构件形成的热桥等综合因素）；

2. 保温材料导热系数计算取值：玻璃棉（矿棉、岩棉）λ＝0.054 W/（m·K），挤塑聚苯板 λ＝0.036 W/（m·K），聚氨酯 λ＝0.03 W/（m·K），膨胀聚苯板 λ＝0.05 W/（m·K）。

表 4-74　聚合物砂浆加强面层做法

构造示意	主体结构材料	保温材料	保温材料容重(kg/m³)	保温材料厚度(mm)	热阻 R_0 (m²·K/W)	传热系数 K[W/(m²·K)]
	混凝土剪力墙	聚苯板	18	50	1.25	0.80
				70	1.65	0.60
				90	2.05	0.49
				100	2.25	0.44
	KP1空心砖(非黏土)	聚苯板	18	35	1.26	0.79
				55	1.66	0.60
				75	2.06	0.48
				85	2.26	0.44
	混凝土空心砌块	聚苯板	18	50	1.31	0.76
				70	1.71	0.58
				90	2.11	0.47
				100	2.31	0.43

1. 外涂料装饰层
2. 聚合物砂浆加强面层
3. 保温层
4. 主体结构
5. 内墙面刮腻子

注:保温材料导热系数修正系数取 1.2,膨胀聚苯板 $\lambda = 0.05$ W/(m·K)。

表 4-75　现浇混凝土模板内置保温板做法

构造示意	保温材料	保温材料容重（kg/m³）	保温材料厚度（mm）	热阻 R_0（m²·K/W）	传热系数 K[W/(m²·K)]
现浇混凝土模板内置保温板做法 1. 外装饰层(涂料、面砖) 2. 掺抗裂剂水泥砂浆 3. 单层钢丝网架聚苯板 4. 180 mm 现浇混凝土 5. 内墙面刮腻子	聚苯板	18	65	1.29	0.78
			95	1.76	0.57
			110	2.00	0.50
			125	2.24	0.45
1. 外涂料装饰层 2. 聚合物砂浆加强面层 3. 保温层(聚苯板) 4. 180 mm 现浇混凝土 5. 内墙面刮腻子	聚苯板	18	55	1.29	0.77
			75	1.67	0.60
			95	2.05	0.49
			105	2.23	0.45

注：有网体系保温材料导热系数修正系数取 1.5，膨胀聚苯板 $\lambda = 0.063$ W/(m·K)；无网体系保温材料导热系数修正系数取 1.25，膨胀聚苯板 $\lambda = 0.053$ W/(m·K)；保温材料厚度指有效厚度。

表 4-76　面砖饰面聚氨酯复合板外保温做法

构造示意	主体结构材料	保温材料	保温材料容重 (kg/m³)	保温材料厚度 (mm)	热阻 R_0 (m²·K /W)	传热系数 K[W/ (m²·K)]
聚合物砂浆加强面层做法 1.装饰面砖聚氨酯复合板 2.主体结构 3.内墙面刮腻子	混凝土剪力墙	聚氨酯	30	30	1.32	0.75
				40	1.68	0.59
				50	2.04	0.49
				55	2.22	0.45
	KP1空心砖（非黏土）	聚氨酯	30	20	1.28	0.78
				35	1.81	0.55
				40	1.99	0.50
				50	2.35	0.43
	混凝土空心砌块	聚氨酯	30	30	1.38	0.72
				40	1.74	0.58
				50	2.10	0.48
				55	2.27	0.44

注:保温材料导热系数修正系数取 1.1,聚氨酯板 $\lambda=0.028$ W/(m·K)。

表 4-77　聚氨酯硬泡喷涂外墙外保温(聚苯颗粒保温浆料找平做法)

构造示意	主体结构材料	保温材料	保温材料容重 (kg/m³)	保温材料厚度 (mm)	找平材料厚度 (mm)	热阻 R_0 (m²·K /W)	传热系数 K[W/ (m²·K)]
1.外涂料装饰层 2.聚合物砂浆加强面层 3.聚苯颗粒保温浆料找平层 4.喷涂硬泡聚氨酯 5.主体结构 6.内墙面刮腻子	混凝土剪力墙	聚氨酯	30	25	20	1.41	0.71
				35	20	1.77	0.56
				45	20	2.13	0.47
				50	20	2.31	0.43
	KP1空心砖（非黏土）	聚氨酯	30	15	20	1.37	0.73
				25	20	1.72	0.58
				35	20	2.08	0.48
				40	20	2.26	0.44
	混凝土空心砌块	聚氨酯	30	20	20	1.29	0.77
				35	20	1.83	0.55
				40	20	2.01	0.50
				50	20	2.36	0.42

注:保温材料导热系数修正系数取 1.1,聚氨酯 $\lambda=0.028$ W/(m·K),聚苯颗粒保温浆料找平层 $\lambda=0.075$ W/(m·K)。

2. 屋面做法选用表(表 4-78)

表 4-78　屋面做法选用表

构造示意	保温材料	保温材料容重(kg/m³)	保温材料厚度(mm)		热阻 R_0(m²·K/W)	传热系数 K[W/(m²·K)]
1. 混凝土板 **2. 架空层** **3. 防水层** **4.15厚水泥砂浆找平层** **5. 最薄30厚轻骨料混凝土找坡层** **6. 保温层** **7. 保温层** **8. 钢筋混凝土屋面板**	加气混凝土砌块/聚苯板	500/≥20	100	45	1.72	0.58
			100	50	1.82	0.55
			100	70	2.22	0.45
			100	90	2.62	0.38
	加气混凝土砌块/挤塑聚苯	500/≥30	100	30	1.66	0.60
			100	40	1.93	0.52
			100	50	2.21	0.45
			100	60	2.49	0.40
	加气混凝土砌块/聚氨酯板	500/≥30	100	25	1.66	0.60
			100	30	1.82	0.55
			100	40	2.16	0.46
			100	50	2.49	0.40
1. 卵石层 **2. 保护薄膜** **3. 保温层** **4. 防水层** **5.15厚水泥砂浆找平层** **6.厚薄30厚轻骨料混凝土找坡层** **7. 钢筋混凝土屋面板**	聚苯板	≥20	70		1.72	0.58
			80		1.92	0.52
			100		2.32	0.43
			110		2.52	0.40
	挤塑聚苯板	≥30	50		1.71	0.58
			60		1.99	0.50
			70		2.27	0.44
			80		2.54	0.39
	聚氨酯板	≥30	40		1.66	0.60
			50		1.99	0.50
			60		2.32	0.43
			70		2.66	0.38

注:其他屋面做法可参照有关标准图集。

第五章　采暖供热系统节能设计

　　自从我国建筑节能工作开展以来,人们往往侧重建筑热工,在建筑围护结构节能有了很大改进,而对采暖供热系统节能却重视不够。随着国家节能减排工作的不断发展,在建筑节能方面越来越要求采用先进的节能技术措施及经济的运行方式,大力控制采暖供热系统的能源利用。

　　采暖供热系统作为小城镇基础设施的重要组成部分,关系到小城镇居民的生活质量。

　　小城镇居民对采暖方式的选择受到多种因素的影响,而且随着小城镇经济发展,这种选择也呈现多样化。集中供暖和煤炉是小城镇居民冬季最常采用的取暖方式。总体上,小城镇采暖形式是多样化的,但是在使用哪种采暖形式上小城镇之间没有共同趋势。

第一节　采暖供热系统概述

一、采暖供热系统的组成及形式

　　采暖供热系统是由锅炉机组、室外管网、室内管网和散热器等设备组成的系统。

　　采暖供热系统可分为传统采暖供热系统和电动采暖供热系统两种类型。传统采暖供热系统消耗的能量是燃料,而电动采暖供热系统所消耗的能量是电能。目前在环保要求较高的城市采暖供热中,燃煤锅炉房或燃煤炉灶将严格限制使用,可选择的采暖供热形式主要有集中供热的电锅炉、大型电动热泵和燃气锅炉房以及分散在用户房间内的家用燃气炉、电暖器等,如图 5-1 所示。

　　在进行建筑节能设计时,应根据各地区对于环境保护要求标准的不同及具体的用户特点,选择不同形式的采暖供热系统,以实现最优的社会效益和经济效益。

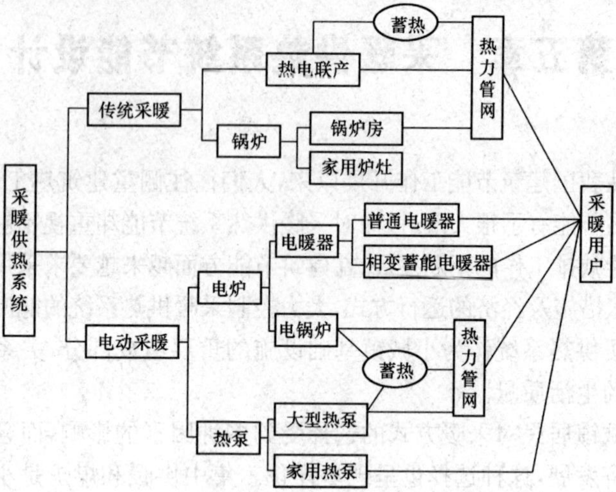

图 5-1　采暖供热系统形式

二、采暖供热系统工作原理

采暖供热系统的工作原理,是指当具有一定温度的热媒(热水或蒸汽)在散热器内流过时,散热器就把热媒所携带的热量不断地传给室内的空气和物体。供暖系统就是利用输热管道,将热媒输送到需要供暖的房间,然后采取不同的散热方式,向室内供给热量,以达到设计室内热环境的目的。

三、采暖供热系统节能途径

采暖供热系统节能途径见表 5-1。

表 5-1　采暖供热系统节能途径

序号	项目	内　　容
1	热源部分的节能途径	提高燃烧效率、增加热量回收,力争将采暖期锅炉平均运行效率达到新节能标准提出的 0.68;热源装机容量应与采暖计算热负荷相符;提高生产(或热力站)运行管理水平,提高运行量化管理

续表

序号	项目	内　　容
2	管网部分的节能途径	管网系统要实现水力平衡；循环水泵选型应符合水输送系数规定值；管道保温要符合规定值，室外管网的输送效率不应低于0.92
3	用户末端的节能途径	提高围护结构的保温性能、门窗密闭性能；充分利用自由热；室内温度控制，既可以根据负荷需要调节供暖量，也可以调节温度以改变需求量经济运行
4	采暖供热按热量计费	只有采暖供热按所用热量计费，依靠市场经济杠杆，才能使更多的人关注节能，真正落实节能措施，实现节能的目标

第二节　采暖系统节能设计

目前，我国有60%以上的人口分布在小城镇和农村。随着国家"三农"政策的出台，农民的生活水平和质量逐渐提高，与此同此也伴随着住宅建筑能源的巨大浪费。尤其是北方寒冷地区，小城镇冬季采暖所需能耗的比例越来越高。因此，应重点进行北方城镇建筑采暖节能设计。

一、采暖节能原理与方法

1. 采暖节能设计原理

建筑采暖节能原理主要为以下几个方面：

(1)促进在室内产生热。只要建筑内有人居住，就必有热源。机器设备产生出来的其他形式的能,最终都要变成热散发在室内。另外,人的体温,也是很好的热源,如果在一个很窄小的房间里有很多人,仅这些人就会使室内很暖和。再如住宅,厨房设备产生的热,除做饭菜时消耗一部分之外,还会有多余的热产生。这样,在住宅内部就不可避免地要有热源存在。另外,建筑构(部)件里储存的热,在该构(部)件完全冷却之前,也可以作为热源来使用。所产生的这些热,完全不需要另外进行"促进",就可加以利用。

(2)抑制室内对热的吸收。除人体之外,还有很多物体都能产生热,相反能吸收热的低温物体,根据热力学第二定律,怎么也不会在室内"产生"热。这是由于低温构(部)件的蓄热作用和在特别干燥的条件下水的汽化热作用。

(3)促进室外的热进入室内。除无人居住的冷房间之外,一般来说,在需要采暖的条件下,室内温度要比室外高。由于热往往要从高温的地方向低温的地方流动,所以根本不会有热从室外进入到室内。因此,可以利用的形式只有不受气温影响的辐射热,即太阳辐射。如果这样考虑,与其说辐射热是热,实际上还不如说辐射热是能,辐射能只有被物体吸收之后,才能变为热。

(4)抑制室内的热向室外流失。辐射、导热、对流等都可以使热流失。另外,室外的低温空气进入室内,也属于热流失的一种现象。对这些现象都可以进行抑制,也就是可以进行广义上的保温。

上述各项内容是按正常情况考虑条件,或者考虑到只有瞬间变化的现象,然而在现实中,室内外的温度或热源等条件,一般来说就像白天与夜间、夏季与冬季一样,是根据时间而变化的,因此,还需要考虑到建筑构(部)件的蓄热作用和对时间变化的适应情况。此外,有时还会从上述条件中引导出互为相反的原理,因此有必要考虑解决这些矛盾的方法。

2. 采暖节能方法

建筑采暖节能方法主要有促进辐射热进入室内、抑制辐射热损失、蓄热效果的利用和抑制对流热损失,见表5-2。

表 5-2 建筑采暖节能方法

序号	项目	内 容
1	促进辐射热进入室内	在建筑节能设计中,应充分利用各种可能条件促进辐射热进入室内。 (1)满足阳光透过的条件。建筑用地的形状,与其他建筑物的位置关系,树木、围墙等,都可能成为妨碍辐射热到达的物体,故而要研究这些物体的存在、位置(方位、高度、距离)、形状、透射率等。为不遮挡阳光对其他建筑物和建筑物周围土地的照射,建筑用地最好是向南的斜坡地,或相邻建筑之间留有充足的间距(图 5-2)。在建筑物的周围植树时,要根据不同的位置,选用不同的树种。建筑物的南侧适宜植落叶树(图 5-3),并且最好没有障碍物。 但有时为了遮挡外面的窥视视线,又必须设置遮挡物,利用视线水平级差或通过遮挡物的形式挡住视线,但不能妨碍太阳辐射线进入室内。需要太阳辐射线通过开口部入射到室内时,要保证开口的方向和开口面积,并要考虑到开口对热线的透明度问题。一般情况下,朝南设置较大的开口。但由于相邻住户的关系,不便使开口向南时,可以采用设天窗的方法弥补。 (2)形成反射的条件。太阳的辐射虽然很多,但由于它遍布全球,所以辐射密度并不太高。为收集更多的能,要有很大的受热面积,而且,只有正好对着太阳的一面才能受热,因此,还必须考虑到利用阳光反射提高能的密度,使背阴的一侧也能得到太阳辐射,即利用物体表面受到太阳辐射时的反射和再辐射。对此,可以研究反射面的面积、反射率(对于热线的反射率以及再辐射率)、反射方向等。例如,在建筑物的北侧设反射面(墙壁、陡壁坡、百叶式反射板),也能使北侧的房间得到太阳辐射热(图 5-4);或者扩大朝南的开口部位尺寸,增加辐射热的受热面积;或者把受热面上反射出来的辐射线,再返回到受热面上去

序号	项目	内　容
2	抑制辐射热损失	（1）从表面的辐射。表面积、外表面材料的辐射系列（颜色、材质等）、温度差等越小越好。寒冷地区的建筑，为了减小表面积，平面方向和立面方向都不做成凹凸形状。在非常寒冷的地方，为了避免散热，有的建筑物根本就不设阳台或女儿墙等突出的部分，为减少建筑物的表面积，有时把建筑物拐角做成圆弧状，有时把整个建筑物建成穹顶状或拱顶状。 对于像北侧外墙那样的建筑部位，只需要解决辐射热的损失时，用表面光滑的金属板等辐射少的饰面材料，也可以减少热损失。 另外，辐射造成的热损失，是由于物体之间有温度差产生的，因此，一个物体的外表面与周围的物体温度相同时，这个物体就不会有热损失。如果提高建筑物的屋顶和墙体的保温性能，尽量降低建筑物的外表面温度，就能减少由辐射造成的热损失。从这一方面，也能解释保温的作用。 （2）从开口部位的辐射。如果考虑到与促进辐射线进入室内的场合完全相反的情况，以不设开口为好。在需要采光和眺望时，最好把开口的尺寸控制在必要的最低限度之内。在特殊情况下，例如在非常寒冷的条件下，可以这样设计，但在一般情况下，还是需要有开口部位的。因此，一般来说，要求开口应有可变性，即在需要有开口时，就把开口打开，在不需要开口的夜间等情况下，为防止辐射线通过开口部位，就可以把开口关闭。对于辐射线来说，开口部位还可做成不透明的，使辐射线向室内产生反射或再辐射。采用这种方法时的可动部位，一般是使用窗帘、百叶窗、推拉门窗、木板套窗等。但是，设可动部位的缺点是需要操作，有操作就要耗能，开闭和收藏时都要占用必要的空间，还会有耐久性的问题等。较为理想的是，可动部位的材质可随着外界条件的变化能自然地进行变化，但这样的材料很难找到。因此，建议采用操作简单，而且所用的保温材料不仅能防止辐射传热也能有效地防止导热传热的方法，如把泡沫塑料的碎块和空气一起吹入到双层玻璃之间的空隙里的方法

序号	项目	内　　容
3	蓄热效果的利用	太阳辐射和气温等外界条件经常有变动,白天的太阳辐射,根据太阳的高度不同而发生变化,夜间外界气温降低,形成建筑物向外部空间进行辐射,天气不同,太阳辐射、气温、风等也有变化。如果建筑物能把所吸收的热储存起来,在吸热量少的时候使用,就可以减少室内环境条件的波动。另外,如果室内的建筑部位热容量大,在停止暖通空调的运转之后,也不会很快使室内环境条件恶化。这时,最好采用外保温方法。 　通过适当地增大屋顶和墙等围护结构的热容量,不仅可以减小室内环境条件随外界条件变化的幅度,而且能够错开向室内散热的时间。如果把时间调配合适,可使室内白天凉快,夜间温暖,这是不用任何设备和可动部分就能得到的
4	抑制对流热损失	关于对流传热,应考虑从部位表面向空气中的热传递、空气的进出和冷风吹到人体上三种现象。其中空气的进出,可以认为是主要的对流传热现象。 　建筑物必须设有人出入的开口部位,为了减少热损失,可以采用人能出入、但不通风的方法(图 5-5)。或采取无人出入即刻关门的方法。但一般的建筑,不宜采用过于复杂的结构装置。通常,在设计上采用开门时不让外面的风直接进入室内的方法。 　一般的建筑部位不能有缝隙,这是应该考虑到的,但在开口部位很容易出现缝隙。在可动部位和窗框之间,一般可通过采用气密材料进行压接、采用双层窗框或采取关闭木板套窗的方法,冬季等长期不需要打开的时候,也可把接缝贴封起来(图 5-6)。一般部位的缝隙量是缝隙率(每单位面积的缝隙量)和全部表面积的乘积,开口部位的缝隙量与其周围长度成正比例。减小建筑物的面积,也可以减少缝隙

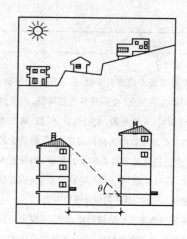

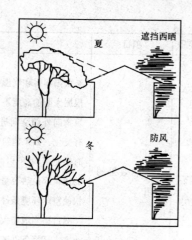

图 5-2　向阳斜坡地和相邻建筑
　　　　的间距

图 5-3　建筑物的南侧植落叶树，
　　　　北侧植常绿树

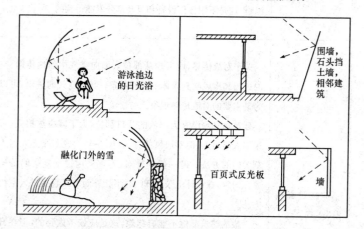

图 5-4　利用反射面得到太阳辐射的方法（也可以用在室外）

二、采暖节能系统设计要求

在冬季，建筑物室外温度低于室内温度，房间内的热量通过围护
结构（墙、窗、门、地面、屋顶等）不断向外散失，为使室内保持所需的温
度，就必须向室内供给相应的热量，这种向室内供给热量的工程设备
系统叫作采暖系统。

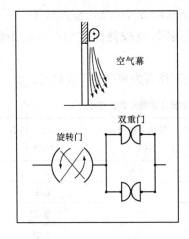

图 5-5 人可出入,但不通风

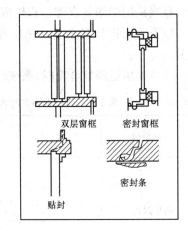

图 5-6 堵塞开口部位的缝隙

1. 居住建筑采暖节能系统设计要求

《严寒和寒冷地区居住建筑节能设计标准》(JGJ 26—2010)规定,我国严寒和寒冷地区小城镇采暖节能系统设计应符合以下要求。

(1)室内的采暖系统,应以热水为热媒。

(2)室内的采暖系统的制式,宜采用双管系统。当采用单管系统时,应在每组散热器的进出水支管之间设置跨越管,散热器应采用低阻力两通或三通调节阀。

(3)集中采暖(集中空调)系统,必须设置住户分室(户)温度调节、控制装置及分户热计量(分户热分摊)的装置或设施。

(4)当室内采用散热器供暖时,每组散热器的进水支管上应安装散热器恒温控制阀。

(5)散热器宜明装,散热器的外表面应刷非金属性涂料。

(6)采用散热器集中采暖系统的供水温度(t)、供回水温差(Δt)与工作压力(P),宜符合下列规定。

1)当采用金属管道时,$t \leqslant 95\ ℃$、$\Delta t \geqslant 25\ ℃$。

2)当采用热塑性塑料管时,$t \leqslant 85\ ℃$;$\Delta t \geqslant 25\ ℃$,且工作压力不宜大于 $1.0\ MPa$。

3)当采用铝塑复合管—非热熔连接时,$t \leqslant 90$ ℃、$\Delta t \geqslant 25$ ℃。

4)当采用铝塑复合管—热熔连接时,应按热塑性塑料管的条件应用。

5)当采用铝塑复合管时,系统的工作压力可按表 5-3 确定。

表 5-3　不同工作温度时铝塑复合管的允许工作压力

管材类型	代　号	长期工作温度 (℃)	允许工作压力 (MPa)
搭接焊式	PAP	60	1.00
		75*	0.82
		82*	0.69
	XPAP	75	1.00
		82	0.86
对接焊式	PAP3、PAP4	60	1.00
	XPAP1、XPAP2	75	1.50
	XPAP1、XPAP2	95	1.25

注:* 指采用中密度乙烯(乙烯与辛烯共物)材料生产的复合管。

(7)对室内具有足够的无家具覆盖的地面可供布置加热管的居住建筑,宜采用低温地面辐射供暖方式进行采暖。低温地面辐射供暖系统户(楼)内的供水温度不应超过 60 ℃,供回水温差宜等于或小于 10 ℃;系统的工作压力不应大于 0.8 MPa。

(8)采用低温地面辐射供暖的集中供热小区,锅炉或换热站不宜直接提供温度低于 60 ℃的热媒。当外网提供的热媒温度高于 60 ℃时,宜在各户的分集水器前设置混水泵,抽取室内回水混入供水,保持其温度不高于设定值,并加大户内循环水量;混水装置也可以设置在楼栋的采暖热力入口处。

(9)当设计低温地面辐射供暖系统时,宜按主要房间划分供暖环路,并应配置室温自动调控装置。在每户分水器的进水管上,应设置水过滤器,并应按户设置热量分摊装置。

(10)施工图设计时,应严格进行室内供暖管道的水力平衡计算,确保各并联环路间(不包括公共段)的压力损失差额不大于15%;在水力平衡计算时,要计算水冷却产生的附加压力,其值可取设计供、回水温度条件下附加压力值的2/3。

(11)在寒冷地区,当冬季设计状态下的采暖空调设备能效比(COP)小于1.8时,不宜采用空气源热泵机组供热;当有集中热源或气源时,不宜采用空气源热泵。

《夏热冬冷地区居住建筑节能设计标准》(JGJ 134—2010)规定,我国夏热冬冷地区小城镇采暖节能系统设计应符合以下要求:

(1)居住建筑采暖方式及其设备的选择,应根据当地能源情况,经技术经济分析,及用户对设备运行费用的承担能力综合考虑确定。

(2)当居住建筑采用集中采暖系统时,必须设置分室(户)温度调节、控制装置及分户热(冷)量计量或分摊设施。

(3)除当地电力充足和供电政策支持,或者建筑所在地无法利用其他形式的能源外,夏热冬冷地区居住建筑不应设计直接电热采暖。

(4)居住建筑进行冬季采暖,宜采用下列方式:

1)电驱动的热泵型空调器(机组);

2)燃气、蒸汽或热水驱动的吸收式冷(热)水机组;

3)低温地板辐射采暖方式;

4)燃气(油、其他燃料)的采暖炉采暖等。

(5)当以燃气为能源提供采暖热源时,可以直接向房间送热风,或经由风管系统送入;也可以产生热水,通过散热器、风机盘管进行采暖,或通过地下埋管进行低温地板辐射采暖。当设计采暖用户式燃气采暖热水炉作为采暖热源时,其热效率应达到国家标准《家用燃气快速热水器和燃气采暖热水炉能效限定值及能效等级》(GB 20665—2006)中的第2级,见表5-4。

(6)当选择土壤源热泵系统、浅层地下水源热泵系统、地表水源(淡水、海水)热泵系统、污水水源热泵系统作为居住区或户用空调的冷热源时,严禁破坏、污染地下资源。

(7)当技术经济合理时,应鼓励居住建筑中采用太阳能、地热能等可再生能源,以及在居住建筑小区采用热、电、冷联产技术。

表 5-4　热水器和采暖炉能效等级

类　　型		热负荷	最低热效率值（％）		
			能效等级		
			1	2	3
热水器		额定热负荷	96	88	84
		≤50％额定热负荷	94	84	—
采暖炉 （单采暖）		额定热负荷	94	88	84
		≤50％额定热负荷	92	84	—
热采暖炉 （两用型）	供暖	额定热负荷	94	88	84
		≤50％额定热负荷	92	84	—
	热水	额定热负荷	96	88	84
		≤50％额定热负荷	94	84	—

注：此表引自《家用燃气快速热水器和燃气采暖热水炉能效限定值及能效等级》(GB 20665—2006)。

　　(8)居住建筑通风设计应处理好室内气流组织、提高通风效率。厨房、卫生间应安装局部机械排风装置。对采用采暖设备的居住建筑,宜采用带热回收的机械换气装置。

　　2. 公共建筑采暖节能系统设计要求

　　《公共建筑节能设计标准》(GB 50189—2005)规定,我国小城镇公共建筑采暖节能系统设计应符合以下要求。

　　(1)集中采暖系统应采用热水作为热媒。

　　(2)设计集中采暖系统时,管路宜按南、北向分环供热原则进行布置并分别设置室温调控装置。

　　(3)集中采暖系统在保证能分室(区)进行室温调节的前提下,可采用下列任一制式;系统的划分和布置应能实现分区热量计量。

　　1)上/下分式垂直双管;

　　2)下分式水平双管;

　　3)上分式垂直单双管;

　　4)上分式全带跨越管的垂直单管;

　　5)下分式全带跨越管的水平单管。

　　(4)散热器宜明装,散热器的外表面应刷非金属性涂料。

（5）散热器的散热面积,应根据热负荷计算确定。确定散热器所需散热量时,应扣除室内明装管道的散热量。

（6）公共建筑内的高大空间,宜采用辐射供暖方式。

（7）集中采暖系统供水或回水管的分支管路上,应根据水力平衡要求设置水力平衡装置。必要时,在每个供暖系统的入口处,应设置热量计量装置。

（8）集中热水采暖系统热水循环水泵的耗电输热比(EHR),应符合下式要求。

$$EHR = N/Q\eta$$

$$EHR \leqslant 0.005\,6(14 + \alpha \sum L)/\Delta t$$

式中　N——水泵在设计工况点的轴功率(kW)；

　　　Q——建筑供热负荷(kW)；

　　　η——考虑电机和传动部分的效率(%)；

　　当采用直联方式时,$\eta = 0.85$；

　　当采用联轴器连接方式时,$\eta = 0.83$；

　　　Δt——设计供回水温度差(℃)。系统中管道全部采用钢管连
　　　　　　接时,取 $\Delta t = 25$ ℃；系统中管道有部分采用塑料管材连
　　　　　　接时,取 $\Delta t = 20$ ℃；

　　$\sum L$——室外主干线(包括供回水管)总长度(m)；

　　当 $\sum L \leqslant 500$ m 时,$\alpha = 0.011\,5$；

　　当 $500 < \sum L < 1\,000$ m 时,$\alpha = 0.009\,2$；

　　当 $\sum L \geqslant 1\,000$ m 时,$\alpha = 0.006\,9$。

三、散热器采暖设计

散热器是采暖系统的末端装置。通常装在室内,其承担着将热媒携带的热量传递给房间内的空气,以补偿房间的热耗,达到维持房间一定空气温度的目的。散热器必须具备能够承受热媒输送系统的压力、有良好的传热和散热能力、能够安装在室内和具有必要的使用寿命等条件。

1. 散热器的种类及其选用

散热器根据制造材质分为铸铁散热器、钢制散热器、铝制散热器、铜质散热器、铜铝复合散热器。其中铸铁散热器及钢制散热器最为常见,见表5-5~表5-10。

表5-5　铸铁柱型散热器技术参数

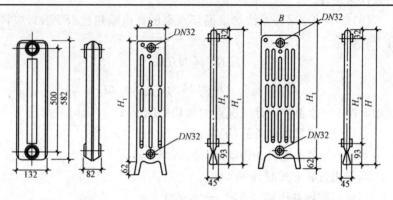

| 二柱型(M132) | | | 细四柱型 | | | | 细六柱型 | | | | |

名称	高度 H (mm)		上下孔中心距 (mm)	每片厚度 (mm)	每片宽度 B (mm)	每片容量 (L)	每片放热面积 (m²)	每片质量(kg)	每片发热量 (W)	工作压力 (MPa)		试验压力 (MPa)	接口直径 DN (mm)
	腿片	中片								热水	蒸汽		
二柱 M132	—	585	500	82	132	1.32	0.25	7.3(6.5)	130	0.4	0.2	0.6	40
四柱 760	760	682	600	60	143	1.15	0.235	7.0(6.2)	128	≤0.5	≤0.2	0.75	40
稀四柱	760	682	600	60	143	1.15	0.235	7.0(6.2)	128	≤0.8	≤0.2	1.2	40
四柱 813	813	732	642	57	164	1.37	0.28	8.0(7.55)	—	0.5	0.2	0.8	32
四柱 1 060	1 060	982	900	60	163	—	—	12.5(11.7)	187	0.5	0.2	0.75	40
稀四柱	1 060	982	900	60	163	—	—	12.5(11.7)	187	0.8	0.2	1.2	40
细四柱 525	525	463	400	45	113	0.42	—	2.93	78.6	0.5	—	0.75	32
稀细四柱	525	463	400	45	113	0.42	—	2.93	78.6	0.8	—	1.2	32
细四柱 625	625	563	500	45	113	0.5	—	3.45	92.3	0.5	—	0.75	32
稀细四柱	625	563	500	45	113	0.5	—	3.45	92.3	0.8	—	1.2	32
细四柱 725	725	663	600	45	113	0.52	—	4.16	109.4	0.5	—	0.75	32
稀细四柱	725	663	600	45	113	0.52	—	4.16	109.4	0.8	—	1.2	32
五柱 700	700	626	544	50	215	1.22	0.28	10.1(9.2)	208	0.4	0.2	0.6	32
五柱 800	800	766	644	50	215	1.34	0.33	11.1(10.2)	251.2	0.4	0.2	0.6	32
细六柱 725	725	663	600	45	174	0.76	—	6.22	153.2	0.5	—	0.75	32
稀细六柱	725	663	600	45	174	0.76	—	6.22	153.2	0.8	—	1.2	32

表 5-6　钢制柱型散热器规格及技术参数

类别	钢制三柱型散热器 （带横水道）	钢制四柱型散热器 （无横水道）	钢制四柱型散热器 （带横水道）
外形及 尺寸 (mm)	160 (120)　50 800(640)(600) 700(540)(500)	160　50 400(500) 300(400)	160　50 700(720)(800) 600(620)(700)
常用 型号	GZ3-1.6/7-8 型 （GZ3-1.2/5.4-8 型） （GZ3-1.2/5.-8 型）	GZ4-1.6/3-8 型 （GZ4-1.6/4-8 型）	GZ4-1.6/6.8 型 （GZ4-1.6/6.2-8 型） （GZ4-1.6/7-8 型）

表 5-7　钢制闭式串片散热器技术参数

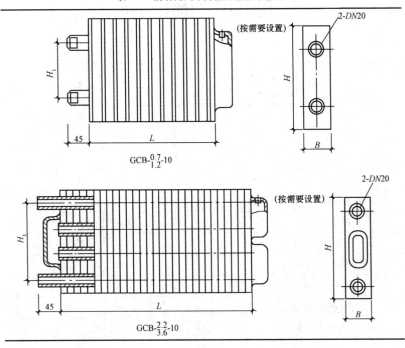

$GCB-\frac{0.7}{1.2}-10$

$GCB-\frac{2.2}{3.6}-10$

续表

型　号	规格 (mm)	总高 H (mm)	进出口 中心距 H_1(mm)	宽度 B (mm)	长度 L (mm)	接口 规格 (mm)	质量 (kg/m)	水容量 (L/m)	散热量 (W/m)	工作 压力 (MPa)	试验 压力 (MPa)
GCB-0.7-10	150×80	150	70	80	400~1400	DN20	10	0.82	844	1.0	1.5
GCB-1.2-10	240×100	240	120	100		DN25	18	1.44	1 161	1.0	1.5
GCB-2.2-10	300×80	300	220	80	间隔100	DN20	20	1.65	1 241	1.0	1.5
GCB-3.6-10	480×100	480	360	100		DN25	36	2.88	1 577	1.0	1.5

表 5-8　钢制板式散热器技术参数

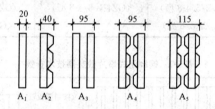

型　号 项　目		A_1	A_2	A_3	A_4	A_5
宽度(mm)	B	20	40	95	95	115
高度(mm)	H	350	450	550	650	950
同侧进出口中心距(mm)	H_1	300	400	500	600	900
托架安装中心距(mm)	H_2	130	230	330	430	730
长度(mm)	L	600~1 800(200 一档)				
质量(kg/m)		7.0	10.2	21.8	30.8	49.7
水容量(L/m)		3.5	4.5	10.6	12.6	19.0
工作压力(MPa)		0.60				
试验压力(MPa)		0.9				
标准散热量(W/m)， $L=970$mm，$H=600$mm		889	1 077	1 521	1 893	2 008

表 5-9　钢制箱式螺旋翅片管散热器技术参数

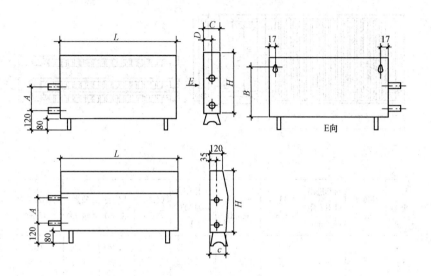

项　　目	单位	GXL4A(B) -1.0/2-1.0	GXL4A(B) -1.2/2-1.0	GXL4A(B) -1.4/2-1.0	GXL6A(B) -1.2/3-1.0	GXL6A(B) -1.4/3-1.0
中心距 A	mm	200	200	200	300	300
高度 H	mm	400	500	600	500	600
宽度 C	mm	100	120	140	120	140
尺寸 B	mm	310	320	320	420	420
尺寸 D	mm	50	60			
管排根数	根	4	4	4	6	6
金属热强度	W(kg·℃)	1.10	1.08	1.14	1.053	1.041
工作压力	MPa	1.0	1.0	1.0	1.0	1.0
试验压力	MPa	1.5	1.5	1.5	1.5	1.5

表 5-10　钢制箱式螺旋翅片管散热器技术参数

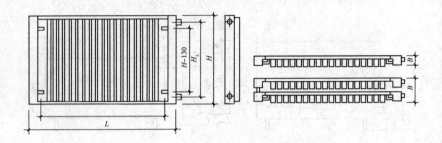

型号	高度 H (mm)	同侧进出口中心距 H_1(mm)	宽度 B (mm)	长度 L (mm)	工作压力 $t<100℃$ (MPa)	试验压力 (MPa)	水容量 (L/m)	质量 (kg/m)	标准散热量 (W/m)
DL			60				3.76	17.5	915
SL	416	360	124				7.52	35.0	1 649
D			45				3.76	12.1	596
DL			61	600～2 000			4.71	23.0	980
SL	520	470	124	(100 为	0.8	1.2	9.42	46.0	1 933
D			45	一档)			4.71	15.1	820
DL			61				5.49	27.4	1 163
SL	624	570	124				10.98	54.8	2 221
D			45				5.49	18.1	978

2. 散热器选用原则

(1)散热器的工作压力,应满足系统的工作压力,并符合国家现行有关产品标准的规定。

(2)民用建筑宜采用外形美观、易于清扫的散热器。

(3)放散粉尘或防尘要求较高的工业建筑,应采用易于清扫的散热器。

(4)具有腐蚀性气体的工业建筑或相对湿度较大的房间,应采用耐腐蚀的散热器。

（5）采用钢制散热器时，应采用闭式系统，并满足产品对水质的要求，在非采暖季节采暖系统应充水保养；蒸汽采暖系统不应采用钢制柱型、板型和扁管等散热器。

（6）采用铝制散热器时，应选用内防腐型铝制散热器，并满足产品对水质的要求。

（7）安装热量表和恒温阀的热水采暖系统不宜采用水流通道内含有粘砂的铸铁等散热器。

3. 散热器的布置

（1）散热器宜安装在外墙窗台下，当安装或布置管道有困难时，也可靠内墙安装。

（2）两道外门之间的门斗内，不应设置散热器。

（3）楼梯间的散热器，宜分配在底层或按一定比例分配在下部各层。

4. 散热器的安装

（1）散热器宜明装。暗装时装饰罩应有合理的气流通道、足够的通道面积，并方便维修。

（2）幼儿园的散热器必须暗装或加防护罩。

（3）铸铁散热器的组装片数，不宜超过表 5-11 规定的数值。

表 5-11 铸铁散热器的组装片数

序号	项目	片数
1	粗柱型(包括柱翼型)	20 片
2	细柱型	25 片
3	长翼型	7 片

（4）确定散热器数量时，应根据其连接方式、安装形式、组装片数、热水流量以及表面涂料等对散热量的影响，对散热器数量进行修正。

(5)民用建筑和室内温度要求较严格的工业建筑中的非保温管道,明设时应计算管道的散热量对散热器数量的折减;暗设时应计算管道中水的冷却对散热器数量的增加。

(6)条件许可时,建筑物的采暖系统南北向房间宜分环设置。

(7)建筑物的热水采暖系统高度超过 50 m 时,宜竖向分区设置。

(8)垂直单、双管采暖系统,同一房间的两组散热器可串联连接;贮藏室、盥洗室、厕所和厨房等辅助用室及走廊的散热器,亦可同邻室串联连接。

注:热水采暖系统两组散热器串联时,可采用同侧连接,但上、下串联管道直径应与散热器接口直径相同。

(9)有冻结危险的楼梯间或其他有冻结危险的场所,应由单独的立、支管供暖。散热器前不得设置调节阀。

(10)安装在装饰罩内的恒温阀必须采用外置传感器,传感器应设在能正确反映房间温度的位置。

四、低温热水地板辐射采暖系统设计

低温热水地板辐射采暖是以温度不高于 60 ℃的热水作为热源,在埋置于地板下的盘管系统内循环流动,加热整个地板,通过地面均匀地向室内辐射散热的一种供暖方式。

低温热水地板辐射采暖系统与传统采暖系统相比,具有舒适、节能、环保等优点,适用于民用住宅和各类医疗机构、游泳馆、健身房、商场、写字楼等公共建筑。

1. 系统设计一般规定

低温热水地板辐射采暖系统设计应符合以下规定。

(1)设计加热管埋设在建筑构件内的低温热水辐射采暖系统时,应会同有关专业采取防止建筑物构件龟裂和破损的措施。

(2)低温热水辐射采暖,辐射体表面平均温度应符合表 5-12 的要求。

表 5-12　辐射体表面平均温度　（单位：℃）

设置位置	宜采用的温度	温度上限值
人员经常停留的地面	24～26	28
人员短期停留的地面	28～30	32
无人停留的地面	35～40	42
房间高度 2.5～3.0 m 的顶棚	28～30	—
房间高度 3.1～4.0 m 的顶棚	33～36	—
距地面 1 m 以下的墙面	35	—
距地面 1 m 以上 3.5 m 以下的墙面	45	—

（3）低温热水地板辐射采暖的供水温度和回水温度应经计算确定。民用建筑的供水温度不应超过 60 ℃，供水、回水温差宜小于或等于 10 ℃。

（4）低温热水地面辐射供暖系统的工作压力，不应大于 0.8 MPa；当建筑物高度超过 50 m 时，宜竖向分区设置。

（5）无论采用何种热源，低温热水地面辐射供暖热媒的温度、流量和使用压差等参数，都应同热源系统相匹配，同时热源系统应设置相应的控制装置。

（6）低温热水地板辐射采暖的耗热量应经计算确定。全面辐射采暖的耗热量，应按上述"三"中的有关规定计算，并应对总耗热量乘以 0.9～0.95 的修正系数或将室内计算温度取值降低 2 ℃。

局部辐射采暖的耗热量，可按整个房间全面辐射采暖所算得的耗热量乘以该区域面积与所在房间面积的比值和表 5-13 中所规定的附加系数确定。

建筑物地板敷设加热管时，采暖耗热量中不计算地面的热损失。

表 5-13　局部辐射采暖耗热量附加系数　（单位：℃）

采暖区面积与房间总面积比值	0.55	0.40	0.25
附加系数	1.30	1.35	1.50

(7)低温热水地板辐射采暖系统的工作压力不宜大于 0.8 MPa；当超过上述压力时，应采取相应的措施。

(8)地板辐射采暖加热管的材质和壁厚的选择，应根据工程的耐久年限、管材的性能、管材的累计使用时间以及系统的运行水温、工作压力等条件确定。

(9)低温热水地板辐射采暖的加热管及其覆盖层与外墙、楼板结构层间应设绝热层。

注：当使用条件允许模板双向传热时，覆盖层与楼板结构层间可不设绝热层。

(10)低温热水地板辐射采暖系统敷设加热管的覆盖层厚度不宜小于 50 mm，覆盖层应设伸缩缝，伸缩缝的位置、距离及宽度，应会同有关专业计算确定。加热管穿过伸缩缝时，宜设长度不小于 100 mm 的柔性套管。

(11)低温热水池地板辐射采暖系统的阻力应计算确定。加热管内水的流速不应小于 0.25 m/s，同一集配装置的每个环路加热管长度应尽量接近，每个环路的阻力不宜超过 30 kPa。低温热水地板辐射采暖系统分水器前应设阀门及过滤器，集水器后应设阀门；集水器、分水器上应设放气阀；系统配件应采用耐腐蚀材料。

(12)低温热水地板辐射采暖，当绝热层铺设在土壤上时，绝热层下部应做防潮层。在潮湿房间（如卫生间、厨房等）敷设地板辐射采暖系统时，加热管覆盖层上应做防水层。

2. 热负荷计算

当室内采用低温热水地板辐射采暖时，房间热负荷应按照《采暖通风与空气调节设计规范》(GB 50019—2003)中的规定进行计算。具体要求如下。

(1)计算全面地面辐射供暖系统的热负荷时，室内计算温度的取值应比对流采暖系统的室内计算温度低 2℃，或取对流采暖系统计算总热负荷的 90%～95%。

(2)局部地面辐射供暖系统的热负荷，可按整个房间全面辐射供暖所算得的热负荷乘以该区域面积与所在房间面积的比值和表 5-14中所规定的附加系数确定。

表 5-14　局部辐射供暖系统热负荷的附加系数

供暖区面积与房间总面积比值	0.55	0.40	0.25
附加系数	1.30	1.35	1.50

　　(3)进深大于 6m 的房间,宜以距外墙 6m 为界分区,分别计算热负荷和进行管线布置。

　　(4)敷设加热管或者发热电缆的建筑地面,不应计算地面的传热损失。

　　(5)计算地面辐射供暖系统热负荷时,可不考虑高度附加。

　　(6)分户热计量的地面辐射供暖系统的热负荷计算,应考虑间歇供暖和户间传热等因素。

3. 地面散热量的计算

　　(1)单位地面面积的散热量,为辐射散热量与对流散热量之和,可按下式计算:

$$q = q_f + q_d$$
$$q_f = 5 \times 10^{-8} [(t_{pj} + 273)^4 - (AUST + 273)^4]$$
$$q_d = 2.13(t_{pj} - t_n)^{1.31}$$

式中　　q——单位地面面积的散热量(W/m²);

　　　　q_f——单位地面面积辐射传热量(W/m²);

　　　　q_d——单位地面面积对流传热量(W/m²);

　　　　t_{pj}——地面的表面平均温度(℃);

　　$AUST$——室内非加热表面的面积加权平均温度(℃);

　　　　t_n——室内计算温度(℃)。

　　(2)单位地面面积的散热量和向下传热损失,均应通过计算确定。当加热管为 PE-X 管或 PB 管时,单位地面面积散热量及向下传热损失,可按下列规定确定。

　　1)PE-X 管单位地面面积的散热量和向下传热损失确定。

　　①当地面层为水泥或陶瓷、热阻 $R = 0.02$ m² · K/W 时,单位地面面积的散热量和向下传热损失可表 5-15 取值。

表 5-15　PE-X 管单位地面面积的散热量和向下传热损失

(单位:W/m²)

平均水温	室内空气温度	加热管间距(mm)									
		300		250		200		150		100	
(℃)	(℃)	散热量	热损失	散热量	热损失	散热量	热损失	散热量	热损失	散热量	热损失
35	16	84.7	23.8	92.5	24.0	100.5	24.6	108.9	24.8	116.6	24.8
	18	76.4	21.7	83.3	22.0	90.4	22.6	97.9	22.7	104.7	22.7
	20	68.0	19.9	74.0	20.2	80.4	20.5	87.1	20.5	93.1	20.5
	22	59.7	17.7	65.0	18.0	70.5	18.4	76.3	18.4	81.5	18.4
	24	51.6	16.6	56.1	15.7	60.7	15.7	65.7	15.7	70.1	15.7
40	16	108.0	29.7	118.1	29.8	128.0	30.5	139.6	30.8	149.7	30.8
	18	99.5	27.4	108.7	27.5	118.4	28.5	128.4	28.7	137.6	28.7
	20	91.0	25.4	99.4	25.7	108.1	26.5	117.3	26.7	125.6	26.7
	22	82.5	23.8	90.0	23.9	97.9	24.4	106.2	24.6	113.7	24.6
	24	74.2	21.3	80.9	21.5	87.8	22.4	95.2	22.4	101.9	22.4
45	16	131.8	35.5	144.4	35.5	157.5	36.5	171.2	36.8	183.9	36.8
	18	123.3	33.2	134.8	33.9	147.0	34.5	159.8	34.8	171.6	34.8
	20	114.5	31.7	125.3	32.0	136.6	32.4	148.5	32.7	159.3	32.7
	22	106.0	29.4	115.8	29.8	126.2	30.4	137.1	30.7	147.1	30.7
	24	97.3	27.4	106.5	27.3	115.9	28.4	125.9	28.6	134.9	28.6
50	16	156.1	41.4	171.1	41.7	187.0	42.5	203.6	42.9	218.9	42.9
	18	147.4	39.2	161.5	39.5	176.4	40.5	192.0	40.9	206.4	40.9
	20	138.6	37.3	151.9	37.5	165.8	38.5	180.5	38.9	194.0	38.9
	22	130.0	35.2	142.3	35.6	155.3	36.5	168.9	36.8	181.5	36.8
	24	121.2	33.4	132.7	33.7	144.8	34.4	157.5	34.7	169.1	34.7
55	16	180.8	47.1	198.3	47.8	217.0	48.6	236.5	49.1	254.8	49.1
	18	172.0	45.2	188.6	45.6	206.3	46.6	224.9	47.1	242.0	47.1
	20	163.1	43.3	178.9	43.8	195.6	44.6	213.2	45.0	229.4	45.0
	22	154.3	41.4	169.3	41.5	185.0	42.5	201.5	43.0	216.9	43.0
	24	145.5	39.4	159.6	39.5	174.3	40.5	189.9	40.9	204.3	40.9

注:计算条件:加热管公称外径为 20 mm,填充层厚度为 50 mm,聚苯乙烯泡沫塑料绝热层厚度 20 mm,供回水温差 10 ℃。

②当地面层为塑料类材料、热阻 $R = 0.075$ m²·K/W 时,单位地

面面积的散热量和向下传热损失可按表5-16取值。

表5-16　PE-X管单位地面面积的散热量和向下传热损失

（单位：W/m²）

平均水温(℃)	室内空气温度(℃)	加热管间距(mm)									
		300		250		200		150		100	
		散热量	热损失	散热量	热损失	散热量	热损失	散热量	热损失	散热量	热损失
35	16	67.7	24.2	72.3	24.3	76.8	24.6	81.3	25.1	85.3	25.7
	18	61.1	22.0	65.2	22.2	69.3	22.5	73.2	22.9	76.9	23.4
	20	54.5	19.9	58.1	20.1	61.8	20.3	65.3	20.7	68.5	21.3
	22	48.0	17.8	51.1	18.1	54.3	18.1	57.4	18.5	60.2	18.8
	24	41.5	15.5	44.2	15.9	46.9	16.0	49.5	16.3	51.9	16.7
40	16	85.9	30.0	91.8	30.4	97.7	30.7	103.4	31.3	108.7	32.0
	18	79.2	27.9	84.6	28.1	90.0	28.6	95.3	29.1	100.1	29.8
	20	72.5	26.0	77.5	26.0	82.4	26.4	87.2	26.9	91.5	27.6
	22	65.9	23.7	70.3	24.0	74.8	24.2	79.1	24.7	83.0	25.3
	24	59.3	21.4	63.2	21.9	67.2	22.1	71.1	22.5	74.6	23.1
45	16	104.5	35.8	111.7	36.1	119.0	36.8	126.1	37.6	132.6	38.5
	18	97.7	33.8	104.5	34.1	111.1	34.7	117.8	35.4	123.9	36.3
	20	90.9	31.8	97.2	32.1	103.3	32.6	109.6	33.2	115.2	33.9
	22	84.2	29.7	89.9	30.0	95.8	30.4	101.4	31.0	106.5	31.9
	24	77.4	27.7	82.7	28.0	88.1	28.2	93.2	28.8	97.9	29.4
50	16	123.3	41.8	131.9	42.2	140.6	42.9	149.1	43.9	156.9	44.9
	18	116.5	39.6	124.6	40.3	132.8	40.8	140.7	41.7	148.1	42.7
	20	109.6	37.7	117.3	38.1	125.0	38.7	132.4	39.5	139.3	40.4
	22	102.8	35.5	109.9	36.2	117.1	36.6	124.1	37.3	130.6	38.3
	24	96.0	33.7	102.7	33.9	109.4	34.4	115.9	35.1	121.8	35.9
55	16	142.4	47.7	152.1	48.6	162.5	49.1	172.4	50.2	181.5	51.4
	18	135.4	45.8	145.0	46.2	154.6	47.0	164.0	48.0	172.7	49.3
	20	128.4	43.7	137.8	44.3	146.8	44.9	155.6	45.9	163.8	47.0
	22	121.7	41.6	130.2	42.2	138.9	42.8	147.3	43.7	155.0	44.9
	24	114.9	39.6	122.9	39.9	131.0	40.7	138.9	41.5	146.2	42.6

注：计算条件：加热管公称外径为20 mm、填充层厚度为50 mm、聚苯乙烯泡沫塑料绝热层厚度20 mm、供回水温差10 ℃。

③当地面层为木地板、热阻 $R=0.1$ m²·K/W 时,单位地面面积的散热量和向下传热损失可按表 5-17 取值。

表 5-17　PE-X管单位地面面积的散热量和向下传热损失

(单位:W/m²)

平均水温(℃)	室内空气温度(℃)	加热管间距(mm)									
		300		250		200		150		100	
		散热量	热损失	散热量	热损失	散热量	热损失	散热量	热损失	散热量	热损失
35	16	62.4	24.4	66.0	24.6	69.6	25.0	73.1	25.5	76.2	26.1
	18	56.3	22.3	59.6	22.5	62.8	22.9	65.9	23.3	68.7	23.9
	20	50.3	20.1	53.1	20.5	56.0	20.7	58.8	21.1	61.3	21.6
	22	44.3	18.0	46.8	18.2	49.3	18.5	51.7	18.9	53.9	19.3
	24	38.4	15.7	40.5	16.1	42.6	16.3	44.7	16.6	46.5	17.0
40	16	79.1	30.2	83.7	30.7	88.4	31.2	92.8	31.9	96.9	32.5
	18	72.9	28.3	77.2	28.6	81.5	29.0	85.5	29.6	89.3	30.3
	20	66.8	26.4	70.7	26.5	74.6	26.9	78.3	27.4	81.7	28.1
	22	60.7	24.0	64.2	24.4	67.7	24.7	71.1	25.2	74.1	25.8
	24	54.6	21.9	57.8	22.1	60.9	22.5	63.9	22.9	66.6	23.4
45	16	96.0	36.4	101.8	36.9	107.5	37.5	112.9	38.2	117.9	39.1
	18	89.8	34.1	95.1	34.8	100.5	35.3	105.6	36.0	110.2	36.8
	20	83.6	32.2	88.6	32.7	93.5	33.1	98.2	33.8	102.6	34.5
	22	77.4	30.1	82.0	30.4	86.6	30.9	90.9	31.6	94.9	32.4
	24	71.2	28.0	75.4	28.4	79.6	28.8	83.6	29.3	87.1	30.0
50	16	113.2	42.3	120.0	43.1	126.8	43.7	133.4	44.6	139.3	45.6
	18	106.9	40.3	113.3	41.0	119.8	41.6	125.9	42.4	131.6	43.4
	20	100.7	38.1	106.7	38.7	112.7	39.4	118.5	40.2	123.8	41.2
	22	94.4	36.1	100.1	36.7	105.7	37.2	111.1	38.0	116.1	38.9
	24	88.2	34.0	93.4	34.6	98.7	35.1	103.8	35.7	108.4	36.6
55	16	130.5	48.6	138.5	49.1	146.4	50.0	154.0	51.1	161.0	52.2
	18	124.2	46.6	131.8	47.1	139.3	47.9	146.6	48.9	153.2	50.0
	20	118.0	44.4	125.1	45.0	132.2	45.3	139.1	46.7	145.4	47.8
	22	111.7	42.2	118.4	42.8	125.2	43.6	131.6	44.5	137.6	45.5
	24	105.4	40.1	111.7	40.8	118.1	41.4	124.2	42.2	129.8	43.2

注:计算条件:加热管公称外径为20mm、填充层厚度为50mm、聚苯乙烯泡沫塑料绝热层厚度20mm、供回水温差10℃。

④当地面层铺厚地毯、热阻 $R=0.15\mathrm{m}^2 \cdot \mathrm{K/W}$ 时,单位地面面积的散热影响下传热损失可按表 5-18 取值。

表 5-18　PE-X 管单位地面面积的散热量和向下传热损失

(单位:W/m²)

平均水温 (℃)	室内空气温度 (℃)	加热管间距(mm)									
		300		250		200		150		100	
		散热量	热损失	散热量	热损失	散热量	热损失	散热量	热损失	散热量	热损失
35	16	53.8	25.0	56.2	25.4	58.6	25.7	60.9	26.2	62.9	26.8
	18	48.6	22.8	50.8	23.2	52.9	23.5	54.9	23.9	56.8	24.3
	20	43.4	20.6	45.3	20.9	47.2	21.2	49.0	21.7	50.7	22.1
	22	38.2	18.4	39.9	18.7	41.6	19.0	43.2	19.3	44.6	19.8
	24	33.2	16.2	34.6	16.4	36.0	16.7	37.4	17.0	38.6	17.4
40	16	68.0	31.0	71.1	31.6	74.2	32.1	77.1	32.7	79.7	33.3
	18	62.7	28.9	65.6	29.3	68.4	29.8	71.1	30.4	73.5	31.0
	20	57.5	26.7	60.1	27.1	62.7	27.6	65.1	28.1	67.3	28.7
	22	52.3	24.6	54.6	24.9	57.0	25.3	59.2	25.9	61.2	26.4
	24	47.1	22.3	49.2	22.7	51.3	23.1	53.2	23.5	55.0	23.9
45	16	82.4	37.3	86.2	37.9	90.0	38.5	93.5	39.2	96.8	40.0
	18	77.1	35.1	80.7	35.7	84.2	36.3	87.5	37.0	90.5	37.6
	20	71.8	33.0	75.1	33.5	78.4	34.0	81.5	34.7	84.3	35.5
	22	66.5	30.7	69.6	31.2	72.6	31.8	75.4	32.4	78.0	32.9
	24	61.3	28.6	64.1	29.1	66.8	29.5	69.4	30.1	71.8	30.8
50	16	97.0	43.4	101.5	44.2	106.0	44.9	110.2	45.7	114.1	46.7
	18	91.6	41.4	95.9	42.0	100.1	42.7	104.1	43.5	107.8	44.5
	20	86.3	39.2	90.3	39.8	94.3	40.5	98.0	41.3	101.5	42.1
	22	81.0	37.0	84.7	37.7	88.5	38.3	92.0	39.0	95.2	39.8
	24	75.7	34.9	79.2	35.3	82.6	36.0	85.9	36.7	88.9	37.4
55	16	111.7	49.7	117.0	50.6	122.2	51.4	127.1	52.4	131.6	53.4
	18	106.3	47.7	111.4	48.4	116.3	49.2	120.9	50.1	125.2	51.2
	20	101.0	45.5	105.7	46.2	110.4	47.0	114.8	47.9	118.9	49.0
	22	95.6	43.3	100.1	43.9	104.5	44.8	108.7	45.6	112.5	46.7
	24	90.3	41.2	94.5	41.8	98.6	42.5	102.6	43.3	106.2	44.2

注:计算条件:加热管公称外径为 20 mm、填充层厚度为 50 mm、聚苯乙烯泡沫塑料绝热层厚度 20 mm、供回水温差 10 ℃。

2)PB管单位地面面积的散热量和向下传热损失确定。

①当地面层为水泥或陶瓷、热阻 $R＝0.02$ m²·K/W 时,单位地面面积的散热量和向下传热损失可按表 5-19 取值。

表 5-19　PB管单位地面面积的散热量和向下传热损失

（单位:W/m²）

平均水温（℃）	室内空气温度（℃）	加热管间距(mm)									
		300		250		200		150		100	
		散热量	热损失	散热量	热损失	散热量	热损失	散热量	热损失	散热量	热损失
35	16	76.5	21.9	84.3	22.3	92.7	22.9	101.8	23.7	111.1	24.1
	18	68.9	20.1	75.9	20.4	83.5	20.9	91.5	21.7	99.8	22.6
	20	61.4	18.2	67.5	18.7	74.3	19.0	81.4	19.6	88.6	20.6
	22	53.9	16.5	59.3	16.8	65.1	17.2	71.4	17.5	77.6	18.5
	24	46.6	14.6	51.2	14.8	56.1	15.3	61.4	15.7	66.8	16.4
40	16	97.3	27.1	107.9	27.6	118.5	28.3	130.3	29.2	142.4	30.6
	18	89.6	25.4	98.9	25.9	109.1	26.4	119.9	27.2	130.9	28.6
	20	82.0	23.5	90.4	24.1	99.6	24.6	109.5	25.2	119.5	26.5
	22	74.4	21.7	82.0	22.1	90.3	22.7	99.2	23.3	108.2	24.4
	24	66.8	19.9	73.6	20.3	81.0	20.8	88.9	21.5	96.9	22.4
45	16	118.6	32.4	131.1	33.0	144.4	33.8	159.6	35.1	174.7	36.6
	18	110.8	30.6	122.5	31.2	135.3	31.9	149.0	33.0	163.1	34.6
	20	103.2	28.8	113.9	29.4	125.7	30.0	138.4	31.2	151.4	32.5
	22	95.3	27.0	105.3	27.5	116.2	28.2	127.9	29.1	139.8	30.5
	24	87.7	25.2	96.7	25.6	106.7	26.3	117.4	27.2	128.3	28.4
50	16	140.3	37.6	155.2	38.4	171.8	39.4	189.5	40.8	207.9	42.7
	18	132.4	35.8	146.5	36.5	162.1	37.5	178.8	38.9	196.0	40.6
	20	124.6	34.0	137.8	34.7	152.4	35.7	168.1	36.8	184.2	38.6
	22	116.8	32.2	129.1	32.9	142.7	33.8	157.3	35.0	172.4	36.6
	24	109.0	30.5	120.4	31.1	133.1	31.9	146.7	32.9	160.7	34.5
55	16	162.2	42.8	179.7	43.7	199.1	44.9	220.0	46.5	241.7	48.7
	18	154.3	41.1	170.9	42.0	189.3	43.0	209.2	44.4	229.7	46.7
	20	146.4	39.3	162.2	40.1	179.5	41.2	198.3	42.6	217.7	44.7
	22	138.5	37.4	153.4	38.3	169.8	39.3	187.5	40.7	205.8	42.7
	24	130.7	35.8	144.6	36.5	160.0	37.5	176.7	38.7	193.9	40.6

注:计算条件:加热管公称外径为 20 mm,填充层厚度为 50 mm,聚苯乙烯泡沫塑料绝热层厚度 20 mm、供回水温差 10 ℃。

②当地面层为塑料类材料、热阻 $R=0.075$ m²·K/W 时,单位地面面积的散热量和向下传热损失可按表 5-20 取值。

表 5-20　PB 管单位地面面积的散热量和向下传热损失

(单位:W/m²)

平均水温	室内空气温度	加热管间距(mm)									
		300		250		200		150		100	
(℃)	(℃)	散热量	热损失	散热量	热损失	散热量	热损失	散热量	热损失	散热量	热损失
35	16	62.0	23.2	66.8	23.5	72.0	23.5	77.2	24.2	82.3	24.8
	18	55.9	21.3	60.3	21.6	64.9	21.6	69.5	22.1	74.2	22.6
	20	49.9	19.3	53.7	19.9	58.0	19.9	62.0	20.0	66.1	20.6
	22	43.9	17.4	47.2	17.9	51.0	17.9	54.5	17.9	58.0	18.5
	24	38.0	15.3	40.8	15.9	44.1	15.9	47.1	15.9	50.1	16.3
40	16	78.5	28.9	84.7	29.6	91.5	29.6	98.1	30.1	104.8	30.9
	18	72.4	27.1	78.1	27.7	84.4	27.7	90.5	27.8	96.5	28.8
	20	66.3	25.1	71.5	25.7	77.2	25.7	82.8	25.8	88.3	26.8
	22	60.2	23.1	64.9	23.7	70.1	23.7	75.1	23.8	80.1	24.5
	24	54.1	21.1	58.3	21.7	63.0	21.7	67.5	21.7	71.9	22.3
45	16	95.4	34.6	103.0	35.4	111.4	35.4	119.5	36.1	127.7	37.2
	18	89.2	32.5	96.3	33.4	104.1	33.4	111.7	33.9	119.4	35.0
	20	83.0	30.5	89.6	31.5	96.9	31.5	104.0	31.8	111.0	32.9
	22	76.9	28.5	82.9	29.5	89.7	29.5	96.2	29.6	102.7	30.8
	24	70.7	26.9	76.3	27.5	82.5	27.5	88.5	27.5	94.4	28.4
50	16	112.5	40.2	121.6	41.2	131.5	41.2	141.3	41.9	151.1	43.4
	18	106.2	38.4	114.8	39.3	124.2	39.3	133.4	40.1	142.6	41.3
	20	100.0	36.4	108.0	37.4	116.9	37.4	125.5	38.1	134.2	39.1
	22	93.8	34.5	101.3	35.4	109.6	35.4	117.7	35.5	125.7	37.0
	24	87.6	32.3	94.6	33.4	102.3	33.4	109.8	33.6	117.4	34.8
55	16	129.8	45.7	140.3	47.1	151.1	47.1	163.4	47.7	174.8	49.6
	18	122.8	44.0	132.9	44.0	145.1	44.0	155.9	45.5	166.7	47.0
	20	117.2	42.1	126.8	42.7	137.2	42.7	147.5	43.7	157.7	45.4
	22	110.9	40.3	120.0	41.0	129.8	41.0	139.5	41.8	149.2	43.4
	24	104.7	38.2	113.2	39.2	122.5	39.2	131.6	39.9	140.7	41.2

注:计算条件:加热管公称外径为 20 mm、填充层厚度为 50 mm、聚苯乙烯泡沫塑料绝热层厚度 20 mm、供回水温差 10 ℃。

③当地面层为木地板、热阻 $R=0.1\ m^2 \cdot K/W$ 时,单位地面面积的散热量和向下传热损失可按表 5-21 取值。

表 5-21　PB 管单位地面面积的散热量和向下传热损失

(单位:W/m^2)

平均水温	室内空气温度	加热管间距(mm)									
		300		250		200		150		100	
(℃)	(℃)	散热量	热损失	散热量	热损失	散热量	热损失	散热量	热损失	散热量	热损失
35	16	57.4	23.1	61.5	23.1	65.6	23.9	69.7	24.6	73.7	25.4
	18	51.8	21.4	55.5	21.4	59.2	21.7	62.9	22.4	66.5	23.1
	20	46.2	19.2	49.5	19.2	52.7	19.9	56.1	20.2	59.3	20.9
	22	40.7	17.7	43.5	17.7	46.5	17.5	49.3	18.0	52.1	18.7
	24	35.2	15.2	37.7	15.2	40.2	15.6	42.7	15.8	45.1	16.4
40	16	72.6	29.3	77.8	29.3	83.1	29.8	88.5	30.6	93.7	31.6
	18	66.9	27.3	71.8	27.3	76.6	27.7	81.5	28.4	86.3	29.4
	20	61.4	24.7	65.8	24.7	70.2	25.6	74.6	26.4	79.0	27.2
	22	55.8	22.7	59.8	22.7	63.7	23.6	67.8	24.2	71.7	24.9
	24	50.2	20.7	53.8	20.7	57.3	21.3	60.9	21.9	64.5	22.7
45	16	88.2	34.4	94.7	34.4	101.1	35.4	107.6	36.5	114.0	37.8
	18	82.4	32.4	88.5	32.4	94.5	33.6	100.6	34.6	106.6	35.6
	20	76.7	30.4	82.4	30.4	87.9	31.5	93.6	32.4	99.2	33.5
	22	71.1	28.4	76.3	28.4	81.4	29.4	86.7	30.1	91.8	31.2
	24	65.6	26.4	70.2	26.4	74.9	27.4	79.7	28.1	84.4	29.0
50	16	103.9	40.1	111.6	40.1	119.2	41.5	127.0	42.6	134.6	44.3
	18	98.2	38.1	105.4	38.1	112.6	39.3	119.9	40.5	127.1	42.0
	20	92.4	36.1	99.2	36.1	106.0	37.4	112.9	38.5	119.6	39.9
	22	86.7	34.2	93.0	34.2	99.4	35.3	105.8	36.3	112.2	37.6
	24	81.0	32.2	86.9	32.2	92.8	33.2	98.8	34.2	104.7	35.4
55	16	119.7	45.9	128.6	45.9	137.5	47.3	146.6	48.8	155.5	50.5
	18	114.0	43.8	122.4	43.8	130.8	45.5	139.9	46.8	148.0	48.5
	20	108.1	41.9	116.2	41.9	124.2	43.5	132.4	44.5	140.5	46.2
	22	102.3	39.9	110.0	39.9	117.5	41.5	125.3	42.4	132.9	44.1
	24	96.6	37.9	103.8	37.9	111.0	39.1	118.2	40.3	125.4	41.7

注:计算条件:加热管公称外径为 20 mm、填充层厚度为 50 mm、聚苯乙烯泡沫塑料绝热层厚度 20 mm、供回水温差 10 ℃。

④当地面层铺厚地毯、热阻 $R = 0.15$ m² · K/W 时,单位地面面积的散热量和向下传热损失可按表 5-22 取值。

表 5-22　PB 管单位地面面积的散热量和向下传热损失

(单位:W/m²)

平均水温 (℃)	室内空气温度 (℃)	加热管间距(mm)									
		300		250		200		150		100	
		散热量	热损失	散热量	热损失	散热量	热损失	散热量	热损失	散热量	热损失
35	16	49.9	23.6	52.8	23.8	55.6	24.4	58.4	25.1	61.1	26.1
	18	45.2	21.3	47.7	21.7	50.2	22.3	52.7	23.0	55.2	23.7
	20	40.3	19.4	42.6	19.7	44.8	20.1	47.1	20.8	49.3	21.4
	22	35.5	17.4	37.5	17.6	39.5	18.1	41.5	18.6	43.4	19.1
	24	30.8	15.4	32.5	15.5	34.2	15.9	35.9	16.4	37.6	16.9
40	16	63.2	29.0	66.7	29.7	70.3	30.5	73.9	31.3	77.5	32.4
	18	58.2	27.2	61.6	27.6	64.9	28.5	68.2	29.2	71.4	30.1
	20	53.4	25.2	56.4	25.6	59.4	26.3	62.4	27.1	65.4	27.9
	22	48.6	22.9	51.3	23.4	54.0	24.2	56.8	24.8	59.4	25.7
	24	43.7	21.0	46.1	21.4	48.6	21.9	51.1	22.6	53.5	23.3
45	16	76.5	34.4	80.9	35.5	85.3	36.6	89.7	37.6	94.0	38.9
	18	71.6	32.9	75.6	33.5	79.7	34.6	83.9	35.6	87.9	36.7
	20	66.6	31.2	70.4	31.5	74.3	32.3	78.1	33.4	81.9	34.3
	22	61.8	28.8	65.2	29.4	68.8	30.3	72.3	31.1	75.8	32.1
	24	56.8	26.9	60.1	27.3	63.3	28.1	66.6	28.9	69.8	29.8
50	16	90.0	40.6	95.2	41.5	100.4	42.6	105.6	44.0	110.8	45.3
	18	85.0	38.7	89.9	39.4	94.8	40.7	99.8	41.8	104.6	43.1
	20	80.1	36.6	84.7	37.4	89.3	38.6	94.0	39.6	98.5	40.9
	22	75.1	34.8	79.4	35.4	83.8	36.3	88.1	37.5	92.4	38.6
	24	70.2	32.5	74.2	33.3	78.3	34.2	82.3	35.3	86.3	36.4
55	16	103.6	46.2	109.6	47.4	115.7	48.7	121.7	50.3	127.7	52.1
	18	98.6	44.8	104.3	45.4	110.1	46.8	115.9	48.1	121.5	49.8
	20	93.6	42.7	99.0	43.4	104.5	44.7	110.0	46.0	115.4	47.5
	22	88.5	40.7	93.8	41.3	98.9	42.5	104.1	43.8	109.3	45.3
	24	83.7	38.3	88.5	39.3	93.4	40.5	98.3	41.7	103.1	43.0

注:计算条件:加热管公称外径为 20 mm、填充层厚度为 50 mm、聚苯乙烯泡沫塑料绝热层厚度 20 mm、供回水温差 10 ℃。

(3)单位地面面积所需的散热量应按下列公式计算。

$$q_x = Q/F$$

式中　q_x——单位地面面积所需的散热量（W/m²）；

　　　Q——房间所需的地面散热量（W）；

　　　F——敷设加热管或发热电缆的地面面积（m²）。

（4）确定地面散热量时，应校核地面的表面平均温度，确保其不高于表 5-12 的最高限值，否则应改善建筑热工性能或设置其他辅助供暖设备，减少地面辐射供暖系统负担的热负荷。地面的表面平均温度与单位地面面积所需散热量之间，宜按下式计算：

$$t_{pj} = t_n + 9.82 \times \left(\frac{q_x}{100}\right)^{0.969}$$

式中　t_{pj}——地面的表面平均温度（℃）；

　　　t_n——室内计算温度（℃）；

　　　q_x——单位地面所需散热量（W/m²）。

（5）热媒的供热量，应包括地面向上的散热量和向下层或向土壤的传热损失。

（6）地面散热量应考虑家具及其他地面覆盖物的影响。

4. 加热管水力计算

（1）加热管的压力损失，可按下式计算：

$$\Delta P = \Delta P_m + \Delta P_j$$

$$\Delta P_m = \lambda \frac{l \rho v^2}{d^2}$$

$$\Delta P_j = \xi \frac{\rho v^2}{2}$$

式中　ΔP——加热管的压力损失（Pa）；

　　　ΔP_m——摩擦压力损失（Pa）；

　　　ΔP_j——局部压力损失（Pa）；

　　　λ——摩擦阻力系数；

　　　d——管道内径（m）；

　　　l——管道长度（m）；

　　　ρ——水的密度（kg/m³）；

v——水的流速(m/s)；

ξ——局部阻力系数。

(2)铝塑复合管及塑料管的摩擦阻力系数,可近似统一按下列公式计算：

$$\gamma=\left\{\dfrac{0.5\times\left[\dfrac{b}{2}+\dfrac{1.312\times(2-b)\lg3.7\dfrac{d_{\mathrm{n}}}{k_{\mathrm{d}}}}{\lg Re_{\mathrm{s}}-1}\right]}{\lg\dfrac{3.7d_{\mathrm{n}}}{k_{\mathrm{d}}}}\right\}$$

$$b=1+\dfrac{\lg Re_{\mathrm{s}}}{k_{\mathrm{d}}}$$

$$Re_{\mathrm{s}}=\dfrac{d_{\mathrm{n}}v}{\mu_{\mathrm{t}}}$$

$$Re_{\mathrm{z}}=\dfrac{500d_{\mathrm{n}}}{k_{\mathrm{d}}}$$

$$d_{\mathrm{n}}=0.5(2d_{\mathrm{w}}+\Delta d_{\mathrm{w}}-4\delta-2\Delta\delta)$$

式中　λ——摩擦阻力系数；

b——水的流动相似系数；

Re_{s}——实际雷诺数；

v——水的流速(m/s)；

μ_{t}——与温度有关的运动黏度($\mathrm{m^2/s}$)；

Re_{z}——阻力平方区的临界雷诺数；

k_{d}——管道的当量粗糙度(m),对铝塑复合管及塑料管,$k_{\mathrm{d}}=1\times 10^{-5}$ m；

d_{n}——管道的计算内径(m)；

d_{w}——管外径(m)；

Δd_{w}——管外径允许误差(m)；

δ——管壁厚(m)；

$\Delta\delta$——管壁厚允许误差(m)。

(3)塑料及铝塑复合管单位摩擦压力损失可按表5-23和表5-24选用。

(4)塑料及铝塑复合管的局部压力损失应通过计算确定,其局部阻力系数可按表5-25选用。

(5)每套分水器、集水器环路的总压力损失不宜超过 30kPa。

表 5-23　塑料管及铝塑复合管水力计算表

| 比摩阻 R (Pa/m) | 管内径 d_i/管外径 d_o(mm/mm) | | | | | |
| | 12/16 | | 16/20 | | 20/25 | |
	流速 v (m/s)	流量 G (kg/h)	流速 v (m/s)	流量 G (kg/h)	流速 v (m/s)	流量 G (kg/h)
0.51	—	—	0.010	6.64	0.010	11.25
1.03	0.010	3.95	0.020	13.27	0.020	22.50
2.06	0.020	7.90	0.030	19.91	0.030	33.74
4.12	0.030	11.84	0.040	26.55	0.050	56.24
6.17	0.040	15.79	0.060	39.82	0.070	78.73
8.23	0.050	19.74	0.070	46.46	0.080	89.98
10.30	0.060	23.69	0.080	53.10	0.100	112.48
20.60	0.100	39.48	0.120	79.64	0.150	168.71
41.19	0.150	59.22	0.180	119.47	0.220	247.45
61.78	0.190	75.02	0.230	152.65	0.280	314.93
82.37	0.220	86.86	0.270	179.20	0.330	371.17
102.96	0.250	98.71	0.310	205.75	0.370	416.16
123.56	0.280	110.55	0.340	225.66	0.410	461.15
144.15	0.310	122.40	0.370	245.57	0.450	506.14
164.75	0.330	130.29	0.400	265.48	0.480	539.88
185.35	0.350	138.19	0.430	285.39	0.520	584.87
205.94	0.380	150.03	0.450	298.67	0.550	618.62
226.53	0.400	157.93	0.480	318.58	0.580	652.36
247.13	0.420	165.83	0.500	331.85	0.600	674.85
267.72	0.440	173.72	0.520	345.13	0.630	708.60
288.31	0.450	177.67	0.550	365.04	0.660	742.34
308.91	0.470	185.57	0.570	378.31	0.680	764.83
329.50	0.490	193.47	0.590	391.58	0.710	798.58
350.09	0.510	201.36	0.610	404.86	0.730	821.07
370.69	0.520	205.31	0.630	418.13	0.760	854.81
391.28	0.540	213.21	0.650	431.41	0.780	877.31

续表

比摩阻 R (Pa/m)	管内径 d_i/管外径 d_o(mm/mm)					
	12/16		16/20		20/25	
	流速 v (m/s)	流量 G (kg/h)	流速 v (m/s)	流量 G (kg/h)	流速 v (m/s)	流量 G (kg/h)
411.87	0.560	221.1	0.670	444.68	0.800	899.80
432.47	0.570	225.05	0.690	457.95	0.820	922.30
453.06	0.590	232.95	0.700	464.59	0.840	944.79
473.66	0.600	236.90	0.720	477.87	0.870	978.54
494.26	0.610	240.84	0.740	491.14	0.890	1 001.03
514.85	0.630	248.74	0.750	497.78	0.910	1 023.53
535.44	0.640	252.69	0.770	511.05	0.930	1 046.02
556.04	0.660	260.59	0.790	524.32	0.940	1 057.27
576.63	0.670	264.53	0.800	530.96	0.960	1 079.76
597.22	0.680	268.48	0.820	544.24	0.980	1 102.26
617.82	0.700	276.38	0.830	550.87	1.000	1 124.76
638.41	0.710	280.33	0.850	564.15	1.020	1 147.25
659.00	0.720	284.28	0.860	570.78	1.040	1 169.75
679.60	0.730	288.22	0.880	584.06	1.050	1 180.99
700.19	0.750	296.12	0.890	590.69	1.070	1 203.49
720.79	0.760	300.07	0.910	603.97	1.090	1 225.98
741.38	0.770	304.02	0.920	610.61	1.110	1 248.48
761.97	0.7810	307.97	0.940	623.88	1.120	1 259.73
782.58	0.790	311.91	0.950	630.52	1.140	1 282.22
803.17	0.800	315.86	0.960	637.15	1.150	1 293.47
823.77	0.820	323.76	0.980	650.43	1.170	1 315.96
844.36	0.830	327.71	0.990	657.06	1.190	1 338.46
871.25	0.840	331.65	1.000	663.70	1.200	1 349.71
885.55	0.850	335.60	1.020	676.98	1.220	1 372.20
906.14	0.860	339.55	1.030	683.61	1.230	1 383.45
926.73	0.870	343.50	1.040	690.25	1.250	1 405.94

续表

比摩阻 R (Pa/m)	管内径 d_i/管外径 d_o(mm/mm)					
	12/16		16/20		20/25	
	流速 v (m/s)	流量 G (kg/h)	流速 v (m/s)	流量 G (kg/h)	流速 v (m/s)	流量 G (kg/h)
947.33	0.88	347.45	1.060	703.52	1.260	1 417.19
967.92	0.890	351.40	1.070	710.16	1.280	1 439.69
988.51	0.900	355.34	1.080	716.80	1.290	1 450.93
1 009.11	0.910	359.29	1.090	723.44	1.310	1 473.43
1 029.70	0.920	363.24	1.100	730.07	1.320	1 484.68
1 070.90	0.940	371.14	1.130	749.98	1.350	1 518.42
1 112.08	0.960	379.03	1.150	763.26	1.380	1 552.16
1 153.27	0.980	386.93	1.170	776.53	1.410	1 585.90
1 194.46	1.000	394.83	1.200	796.44	1.430	1 608.40
1 235.64	1.020	402.72	1.220	809.72	1.460	1 642.14
1 276.83	1.040	410.62	1.240	822.99	1.480	1 664.64
1 318.02	1.060	418.52	1.260	836.26	1.510	1 698.38
1 359.20	1.080	426.41	1.280	849.54	1.540	1 732.12
1 440.40	1.090	430.36	1.310	869.45	1.560	1 754.62
1 441.59	1.110	438.26	1.330	882.72	1.590	1 788.36
1 482.77	1.130	446.15	1.350	896.00	1.610	1 810.86
1 523.96	1.140	450.10	1.370	909.27	1.630	1 833.35
1 565.15	1.160	458.00	1.390	922.55	1.660	1 867.09
1 606.33	1.180	465.90	1.410	935.82	1.680	1 889.59
1 647.52	1.190	469.84	1.430	949.09	1.700	1 912.08
1 680.32	1.210	477.74	1.450	962.37	1.730	1 945.83
1 729.90	1.230	485.64	1.460	969.00	1.750	1 968.32
1 771.09	1.240	489.89	1.480	982.28	1.770	1 990.82

注:此表为热媒平均温度为 60 ℃的水力计算表。

表 5-24　比摩阻修正系数

热媒平均温度(℃)	60	50	40
修正系数 a	1	1.03	1.06

表 5-25　局部阻力系数 ξ 值

管路附件	曲率半径≥5d_o的90°弯头	直流三通	旁流三通	合流三通	分流三通	直流四通
ξ 值	0.3～0.5	0.5	1.5	1.5	3.0	2.0

管路附件	分流四通	乙字弯	括弯	突然扩大	突然缩小	压紧螺母连接件
ξ 值	3.0	0.5	1.0	1.0	0.5	1.5

4. 加热管的选择

加热管的选择应符合表 5-26 的规定。

表 5-26　加热管的选择

序号	项目	内容
1	塑料加热管的选择	(1)材质选择时各种管材的许用环应力值从大至小,依次为 PB、PE-X、PE-RT、PP-R 和 PP-B,其中 PE-PT 和 PP-R 基本相同,应根据系统使用情况选择适宜的管材。PB、PP-R 和 PE-RT 管材可采用热熔连接,PE-X 管材必须采用专用接头机械连接。 (2)管系列的选择应符合下列规定。 1)低温热水地面辐射供暖工程管材使用条件级别可按表 5-27 中使用条件 4 级选用。 2)管系列应按使用条件 4 级和设计压力选择。管系列(S)值可按表 5-28 确定。 (3)管材公称壁厚应根据表 5-27、表 5-28 选择的管系列及施工和使用中的不利因素综合确定。管材公称壁厚应符合表 5-29 的要求,并同时满足下列规定:对管径大于或等于 15 mm 的管材壁厚不应小于 2.0 mm;对管径小于 15 mm 的管材壁厚不应小于 1.8 mm;需进行热熔焊接的管材,其壁厚不得小于 1.9 mm

续表

序号	项目	内　容
2	铝塑复合管的选择	(1)铝塑复合管可采用搭接焊和对接焊两种形式。 (2)铝塑管合管长期工作温度和允许工作压力应符合下列规定： 1)搭接焊式铝塑管长期工作温度和允许工作压力应符合表 5-30 的规定。 2)对接焊式铝塑管长期工作温度和允许工作压力应符合表 5-31 的规定。 (3)铝塑复管壁厚可按表 5-32 确定
3	无缝铜管的选择	(1)无缝铜水管管材的外形尺寸应符合表 5-33 的规定。 (2)铜管常用硬态或半硬态铜管，当铜管管径小于或等于 28 mm 时，应选用半硬态铜管；当铜管管径小于或等于 22 mm 时，宜选用软态铜管。铜管均应采用专用机械弯管。 (3)铜管系统下游管段不宜使用钢管等其他非铜金属管道

表 5-27　塑料管使用条件级别

使用条件级别	工作温度				最高工作温度		典型应用范围举例
	℃	时间（年）	℃	时间（年）	℃	时间（h）	
1	60	49	80	1	95	100	供热水(60 ℃)
2	70	49	80	1	95	100	供热水(70 ℃)
4	40 60	20 25	70	2.5	100	100	地板下的供热和低温暖气
5	60 80	25 10	90	1	100	100	高温暖气

注：1. 表中所列各使用条件级别的管道系统应同时满足在 20 ℃，1.0 MPa 条件下输送冷水 50 年使用寿命的要求；

2. 在 50 年中，实际系统运行时间累计未达到 50 年者，其他时间按 20 ℃考虑。

表 5-28 管系列(S)值

系统工作压力 P_D (MPa)	管系列(S)值				
	PB管 (σ_D=5.46 MPa)	PE-X管 (σ_D=4.00 MPa)	PE-X管 (σ_D=3.34 MPa)	PE-X管 (σ_D=3.30 MPa)	PE-X管 (σ_D=1.95 MPa)
0.4	10	6.3	6.3	5	4
0.6	8	6.3	5	5	3.2
0.8	6.3	5	4	4	2

注:σ_D 指设计应力。

表 5-29 管材公称壁厚 (单位:mm)

系统工作压力 P_D=0.4 MPa

公称外径 (mm)	PE-X管	PE-RT管	PB管	PP-R管	PP-B管
16	1.8	—	1.3	—	2.0
20	1.9	—	1.3	2.0	2.3
25	1.9	2.0	1.3	2.3	2.8

系统工作压力 P_D=0.6MPa

公称外径 (mm)	PE-X管	PE-RT管	PB管	PP-R管	PP-B管
16	1.8	—	1.3	—	2.2
20	1.9	2.0	1.3	2.0	2.8
25	1.9	2.3	1.5	2.3	3.5

系统工作压力 P_D=0.8MPa

公称外径 (mm)	PE-X管	PE-RT管	PB管	PP-R管	PP-B管
16	1.8	2.0	1.3	2.0	3.3
20	1.9	2.3	1.3	2.3	4.1
25	2.3	2.8	1.5	2.8	5.1

表 5-30　搭接焊式铝塑管长期工作温度和允许工作压力

流体类型		铝塑管代号	长期工作温度 T_0(℃)	允许工作压力 P_0(MPa)
水	冷水	PAP	40	1.25
	冷热水	PAP	60	1.00
			75*	0.82
			82*	0.69
		XPAP	75	1.00
			82	0.86

注：1. 表中＊数值系指采用中密度聚乙烯(乙烯与辛烯特殊共聚物)材料生产的复合管。

　　2. PAP 为聚乙烯/铝合金/聚乙烯，XPAP 为交联聚乙烯/铝合金/交联聚乙烯。

表 5-31　对接焊式铝塑复合管长期工作温度和允许工作压力

流体类型		铝塑管代号	长期工作温度 T_0(℃)	允许工作压力 P_0(MPa)
水	冷水	PAP3、PAP4	40	1.4
	冷热水	XPAP1、XPAP2	40	2.00
		PAF3、PAP4	60	1.00
		XPAP1、XPAP2	75	1.50
		XPAP1、XPAP2	95	1.25

注：1. XPAP1：一型铝塑管　聚乙烯/铝合金/交联聚乙烯；

　　2. XPAP2：二型铝塑管　交联聚乙烯/铝合金/交联聚乙烯；

　　3. PAP3：三型铝塑管　聚乙烯/铝/聚乙烯；

　　4. PAP4：四型铝塑管　聚乙烯/铝合金/聚乙烯。

表 5-32　铝塑复合管壁厚　　　　　　（单位：mm）

外径 (mm)	铝塑复合管 (搭接焊)	铝塑复合管 (对接焊)
16	1.7	2.3
20	1.9	2.5
25 (26)	2.3	3.0

表 5-33 无缝铜水管管材的外形尺寸

外径 (mm)	平均外径公差 (mm)		壁厚(mm)			理论质量(kg/m)		
			类 型			A	B	C
	普通级	高精级	A	B	C			
6	±0.06	±0.03	1.0	0.8	0.6	0.140	0.116	0.091
8	±0.06	±0.03	1.0	0.8	0.6	0.194	0.161	0.124
10	±0.06	±0.03	1.0	0.8	0.6	0.252	0.206	0.158
12	±0.06	±0.03	1.2	0.8	0.6	0.362	0.251	0.191
15	±0.06	±0.03	1.2	1.0	0.7	0.463	0.391	0.280
18	±0.06	±0.03	1.2	1.0	0.8	0.564	0.475	0.385
23	±0.08	±0.04	1.5	1.2	0.9	0.860	0.698	0.531
28	±0.08	±0.04	1.5	1.2	0.9	1.111	0.899	0.682
35	±0.10	±0.05	2.0	1.5	1.1	1.845	1.405	1.134
42	±0.10	±0.05	2.0	1.5	1.2	2.237	1.699	1.369

外径 (mm)	硬态(Y)			半硬态(Y2)			软态(M)		
	最大工作压力 P (MPa)			最大工作压力 P (MPa)			最大工作压力 P (MPa)		
	A	B	C	A	B	C	A	B	C
6	24.23	18.81	13.70	19.23	14.92	10.87	15.82	12.30	8.96
8	17.50	13.70	10.05	13.89	10.87	8.00	11.44	8.96	6.57
10	13.70	10.77	7.94	10.87	8.55	6.30	8.96	7.04	5.19
12	13.69	8.87	6.56	10.87	7.04	5.25	8.96	5.80	4.29
15	10.79	8.87	6.11	8.56	7.04	4.85	7.04	5.80	3.99
18	8.87	7.31	5.81	7.04	5.81	4.61	5.80	4.79	3.80
22	9.08	7.19	5.92	7.21	5.70	4.23	5.94	4.70	3.48
28	7.05	5.59	4.62	5.60	4.44	3.30	4.61	3.66	2.72
35	7.54	5.59	4.44	5.99	4.44	3.51	4.93	3.66	2.90
42	6.23	4.63	3.68	4.95	3.68	2.92			

注:1. 管材的平均外径是在一横截面上测得的最大和最小外径的平均值。

2. 最大工作压力(P)指工作条件为 65 ℃时,硬态管允许应力(S)为 63 MPa,半硬态管允许应力(S)为 50 MPa,软态管允许应力(S)为 41.2 MPa。

5. 加热管系统设计

低温热水系统的加热管系统设计应符合以下要求。

(1)在住宅建筑中,低温热水地面辐射供暖系统应按户划分系统,配置分、集水器;户内的各主要房间,宜分环路布置加热管。

(2)连接在同一分、集水器上的同一管径各环路加热管的长度宜尽量接近,并不宜超过 120 m。

(3)加热管的布置宜采用回折型(旋转型)或平行型(直列型)。

(4)加热管的敷设管间距,应根据地面散热量、室内空气设计温度、平均水温及地面传热热阻等通过计算确定。

(5)加热管内水的流速不宜小于 0.25 m/s。

(6)地面的固定设备和卫生洁具下,不应布置加热管。

6. 发热电缆系统的设计

(1)发热电缆布线间距应根据其线性功率和单位面积安装功率,按下式确定:

$$S = \frac{P_x}{q} \times 1\ 000$$

式中　S——发热电缆布线间距(mm);

　　　P_x——发热电缆线性功率(W/m);

　　　q——单位面积安装功率(W/m²)。

(2)在靠近外窗、外墙等局部热负荷较大区域,发热电缆应较密铺设。

(3)发热电缆线之间的最大间距不宜超过 300 mm,且不应小于50 mm;距离外墙内表面不得小于 100 mm。

(4)发热电缆的布置,可选择采用平行型(直列型)或回折型(旋转型)。

(5)每个房间宜独立安装一根发热电缆,不同温度要求的房间不宜共用一根发热电缆;每个房间宜通过发热电缆温控器单独控制温度。

(6)发热电缆温控器的工作电流不得超过其额定电流。

(7)发热电缆地面辐射供暖系统可采用温控器与接触器等其他控

制设备结合的形式实现控制功能。高大空间、浴室、卫生间、游泳池等区域,应采用地温型温控器。对需要同时控制室温和限制地表温度的场合采用双温型温控器。

(8)发热电缆温控器应设置在附近无散热体、周围无遮挡物、不受风直吹、不受阳光直晒、通风干燥、能正确反映室内温度的位置,不宜设在外墙上,设置高度宜距地面 1.4 m。地温传感器不应被家具等覆盖或遮挡,宜布置在人员经常停留的位置。

(9)发热电缆温控器的选型,应考虑作用环境的潮湿情况。

(10)发热电缆的布置应考虑地面家具的影响。

(11)地面的固定设备和卫生洁具下面不应布置发热电缆。

五、电采暖系统设计

电采暖是将清洁的电能转换为热能的一种优质舒适环保的采暖方式。电能因为无噪声、无废气,是最环保、清洁的能源,所以电采暖设备在众多采暖设备当中显得十分时尚、优越。电热采暖在北欧各国是比较普遍的一种采暖方式,经过长期的实际应用,被证实其拥有很多其他采暖方式不可比拟的优越性,也已被全球越来越多的用户认同和接受。

符合下列条件之一,经技术经济比较合理时,可采用电采暖:

(1)环保有特殊要求的区域。

(2)远离集中热源的独立建筑。

(3)采用热泵的场所。

(4)能利用低谷电蓄热的场所。

(5)有丰富的水电资源可供利用时。

1. 电采暖的分类

电采暖的分类见表 5-34。

2. 电采暖系统设计要求

(1)采用电采暖时,应满足房间用途、特点、经济和安全防火等要求。

表5-34 电采暖的分类

序号	类别	说　明
1	干式采暖	干式采暖按照受热面积及均匀性可以作如下分类： (1)点式采暖：以空调、电热扇、辐射板为代表； (2)线式采暖：以发热电缆为代表； (3)面式采暖：以电热膜为代表。电热膜，又可以进一步细分为：电热棚膜、电热墙膜和电热地膜等不同的电热膜品种
2	湿式采暖	湿式采暖按照工作原理又分为： (1)电阻采暖：以电阻棒、PTC陶瓷、石英玻璃管为主； (2)电磁采暖：以高频电磁、中频电磁、工频电磁为主。 在电磁采暖里，从控制板的技术层面分为工业级主控板和民用主控板

(2)低温加热电缆辐射采暖，宜采用地板式；低温电热膜辐射采暖，宜采用顶棚式。

(3)低温加热电缆辐射采暖和低温电热膜辐射采暖的加热元件及其表面工作温度，应符合国家现行有关产品标准规定的安全要求。

根据不同使用条件，电采暖系统应设置不同类型的温控装置。

绝热层、龙骨等配件的选用及系统的使用环境，应满足建筑防火要求。

六、采暖管道设计

(1)采暖管道的材质，应根据采暖热媒的性质、管道敷设方式选用，并符合国家现行有关产品标准的规定。

(2)散热器采暖系统的供水、回水、供汽和凝结水管道，应在热力入口处与下列系统分开设置：

1)通风、空气调节系统；

2)热风采暖和热空气幕系统；

3)热水供应系统；

4)生产供热系统。

(3)热水采暖系统，应在热力入口处的供水、回水总管上设置温度计、压力表及除污器。必要时,应装设热量表。

（4）蒸汽采暖系统,当供汽压力高于室内采暖系统的工作压力时,应在采暖系统入口的供汽管上装设减压装置。必要时,应安装计量装置。

注:减压阀进出口的压差范围,应符合制造厂的规定。

（5）高压蒸汽采暖系统最不利环路的供汽管,其压力损失不应大于起始压力的 25%。

（6）热水采暖系统的各并联环路之间（不包括共同段）的计算压力损失相对差额,不应大于 15%。

（7）采暖系统供水、供汽干管的末端和回水干管始端的管径,不宜小于 20 mm,低压蒸汽的供汽干管可适当放大。

（8）采暖管道中的热媒流速,应根据热水或蒸汽的资用压力、系统形式、防噪声要求等因素确定,最大允许流速应符合表 5-35 的规定。

表 5-35　采暖管道中的最大允许流速

采暖系统形式	最大允许流速
热水采暖系统	民用建筑 1.5 m/s
	辅助建筑物 2 m/s
	工业建筑 3 m/s
低压蒸汽采暖系统	汽水同向流动时 30 m/s
	汽水逆向流动时 20 m/s
高压蒸汽采暖系统	汽水同向流动时 80 m/s
	汽水逆向流动时 60 m/s

（9）机械循环双管热水采暖系统和分层布置的水平单管热水采暖系统,应对水在散热器和管道中冷却而产生自然作用压力的影响采取相应的技术措施。

（10）采暖系统计算压力损失的附加值宜采用 10%。

（11）蒸汽采暖系统的凝结水回收方式,应根据二次蒸汽利用的可能性以及室外地形、管道敷设方式等情况,分别采用闭式满管回水、开式水箱自流或机械回水和余压回水三种回水方式:

注:凝结水回收方式,尚应符合国家现行《锅炉房设计规范》(GB 50041—2008)的要求。

(12)高压蒸汽采暖系统,疏水器前的凝结水管不应向上抬升;疏水器后的凝结水管向上抬升的高度应经计算确定。当疏水器本身无止回功能时,应在疏水器后的凝结水管上设置止回阀。

(13)疏水器至回水箱或二次蒸发箱之间的蒸汽凝结水管,应按汽水乳状体进行计算。

(14)采暖系统各并联环路,应设置关闭和调节装置。当有冻结危险时,立管或支管上的阀门至干管的距离,不应大于 120 mm。

(15)多层和高层建筑的热水采暖系统中,每根立管和分支管道的始末段均应设置调节、检修和泄水用的阀门。

(16)热水和蒸汽采暖系统,应根据不同情况,设置排气、泄水、排污和疏水装置。

(17)采暖管道必须计算其热膨胀。当利用管段的自然补偿不能满足要求时,应设置补偿器。

(18)采暖管道的敷设,应有一定的坡度。对于热水管、汽水同向流动的蒸汽管和凝结水管,坡度宜采用 0.003,不得小于 0.002;立管与散热器连接的支管,坡度不得小于 0.01;对于汽水逆向流动的蒸汽管,坡度不得小于 0.005。

当受条件限制时,热水管道(包括水平单管串联系统的散热器连接管)可无坡度敷设,但管中的水流速度不得小于 0.25 m/s。

(19)穿过建筑物基础、变形缝的采暖管道,以及埋设在建筑结构里的立管,应采取预防由于建筑物下沉而损坏管道的措施。

(20)当采暖管道必须穿过防火墙时,在管道穿过处应采取防火封堵措施,并在管道穿过处采取固定措施使管道可向墙的两侧伸缩。

(21)采暖管道不得与输送蒸汽燃点低于或等于 120 ℃的可燃液体或可燃、腐蚀性气体的管道在同一条管沟内平行或交叉敷设。

(22)符合下列情况之一时,采暖管道应保温:

1)管道内输送的热媒必须保持一定参数。

2)管道敷设在地沟、技术夹层、闷顶及管道井内或易被冻结的地方。

3)管道通过的房间或地点要求保温。

4)管道的无益热损失较大。

注：不通行地沟内仅供冬季采暖使用的凝结水管，如余热不加以利用，且无冻结危险时，可不保温。

七、热水集中采暖分户热计量

(1)新建住宅热水集中采暖系统，应设置分户热计量和室温控制装置。对建筑内的公共用房和公用空间，应单独设置采暖系统，宜设置热计量装置。

(2)分户热计量采暖耗热量计算，应符合国家现行行业标准《采暖通风与空气调节设计规范》(GB 50019—2003)的有关规定进行计算。户间楼板和隔墙的传热阻，和通过综合技术经济比较确定。

(3)在确定分户热计量采暖系统的户内采暖设备容量和计算户内管道时，应计入向邻户传热引起的耗热量附加，但所附加的耗热量不应统计在采暖系统的总热负荷内。

(4)分户热计量热水集中采暖系统，应在建筑物热力入口处设置热量表、差压或流量调节装置、除污器或过滤器等。

(5)当热水集中采暖系统分户热计量装置采用热量表时，应符合下列要求：

1)应采用共用立管的分户独立系统形式；

2)户用热量表的流量传感器宜安装在供水管上，热量表前应设置过滤器；

3)系统的水质，应符合国家现行标准《工业锅炉水质》(GB 1576—2008)的要求。

4)户内采暖系统宜采用单管水平跨越式、双管水平并联式、上供下回式等形式。

5)户内采暖系统管道的布置，条件许可时宜暗埋布置。但是暗埋管道不应有接头，且暗埋的管道宜外加塑料套管。

6)系统的共用立管和入户装置，宜设于管道井内；管道井宜邻楼梯间或户外公共空间。

7)分户热计量热水集中采暖系统的热量表，应符合国家现行行业标准《热量表》(CJ 128—2007)的要求。

第三节　供热系统节能设计

供热系统主要由热源(锅炉房)、热网、换热站和热用户组成。供热系统节能设计主要包括供热热源节能设计、室外供热管网设计和分户计量节能设计等。

一、供热热源节能设计

热源是供热系统的核心,主要是指锅炉房。锅炉系统包括燃烧系统(风系统,烟气系统,煤系统,灰系统),水系统控制调节系统。为达到合理发展的目的,锅炉供热系统规划与城镇建设的总体规划同步进行。

1. 锅炉选型与台数

锅炉的选型应按所需热负荷量、热负荷延续图、工作介质,来选择锅炉型式、容量和台数,并应与当地长期供应的煤种相匹配。锅炉运行效率是以长期监测和记录的数据为基础,统计时期内全部瞬时效率的平均值。锅炉运行效率是以整个采暖季作为统计时间的,它是反映各单位锅炉运行管理水平的重要指标。它既和锅炉及其辅机的状况有关,也和运行制度等因素有关。锅炉的设计效率不应低于表 5-36 中规定的数值。

表 5-36　锅炉的最低设计效率

锅炉类型、燃料 种类及发热值			在下列锅炉容量(MW)下的设计效率(%)						
			0.7	1.4	2.8	4.2	7.0	14.0	>28.0
燃煤	烟煤	I	—	—	73	74	78	79	80
		II			74	76	78	80	82
燃油、燃气			86	87	87	88	89	90	90

锅炉房的总装机容量应按下式确定。

$$Q_B = \frac{Q_0}{\eta_1}$$

燃煤锅炉房的锅炉台数,宜采用 2~3 台,不应多于 5 台。当在低于设计运行负荷条件下多台锅炉联合运行时,单台锅炉的运行负荷不应低于额定负荷的 60%。

燃气锅炉房的设计,应符合下列规定。

(1)锅炉房的供热半径应根据区域的情况、供热规模、供热方式及参数等条件来合理地确定。当受条件限制供热面积较大时,应经技术经济比较确定,采用分区设计热力站的间接供热系统。

(2)模块式组合锅炉房,宜以楼栋为单位设置;数量宜为 4~8 台,不应多于 10 台;每个锅炉房的供热量宜在 1.4 MW 以下。当总供热面积较大,且不能以楼栋为单位设置时,锅炉房应分散设置。

(3)当燃气锅炉直接供热系统的锅炉的供、回水温度和流量限定值,与负荷侧在整个运行期对供、回水温度和流量的要求不一致时,应按热源侧和用户侧配置二次泵水系统。

(4)锅炉房设计时应充分利用锅炉产生的各种余热。热媒供水温度不高于 60 ℃ 的低温供热系统,应设烟气余热回收装置。散热器采暖系统宜设烟气余热回收装置。

有条件时,应选用冷凝式燃气锅炉;当选用普通锅炉时,应另设烟气余热回收装置。

2. 鼓风机和引风机

锅炉鼓风机、引风机是锅炉系统的重要设备,对提高介质的燃烧利用率、保证锅炉的正常使用起着关键作用。鼓风机以控制锅炉进风量为目标,引风机是以控制炉内压力为目标,通常为控制炉膛负压。

为燃料在炉内正常燃烧所配用的鼓风机和引风机与锅炉容量以及除尘器类型等相匹配。燃煤锅炉的鼓风机和引风机匹配指标见表 5-37。

表 5-37　燃煤锅炉的鼓风机和引风机匹配指标

锅炉容量 W(t/h)	鼓风机			引风机		
	风量(m³/h)	风压(Pa)	功率(kW)	风量(m³/h)	风压(Pa)	功率(kW)
2.8×10^6 (4)	6 000	508	2.2	10 590	2 225	10.0
4.5×10^6 (6.5)	9 750	1 382	5.5	17 200	2 097	13.0
7.0×10^6 (10)	14 760	1 352	7.5	25 200	2 097	22.0
14.0×10^6 (20)	29 520	1 352	17.0	50 400	2 097	40.0
28.0×10^6 (40)	59 040	1 352	30.0	100 800	2 097	75.0

3. 循环水泵

当供热系统采用变流量水系统时,循环水泵宜采用变速调节方式,水泵采用变频调速是目前比较成熟可靠的节能方式。

(1)从水泵变速调节的特点来看,水泵的额定容量越大,则总体效率越高,变频调速的节能潜力越大。同时,随着变频调速的台数增加,投资和控制的难度加大。因此,在水泵参数能够满足使用要求的前提下,宜尽量减少水泵的台数。

(2)当系统较大时,如果水泵的台数过少,有时可能出现选择的单台水泵容量过大甚至无法选择的问题;同时,变频水泵通常设有最低转速限制,单台设计容量过大后,由于低转速运行时的效率降低使得有可能反而不利于节能。因此,这时应通过合理的经济技术分析后适当增加水泵的台数。至于是采用全部变频水泵,还是采用"变频泵+定速泵"的设计和运行方案,则需要设计人员根据系统的具体情况,如设计参数、控制措施等,进行分析后合理确定。

(3)目前关于变频调速水泵的控制方法很多,如供回水压差控制、供水压力控制、温度控制(甚至供热量控制)等,需要设计根据工程的实际情况,采用合理、成熟、可靠的控制方案。其中最常见的是供回水压差控制方案。

在选配供热系统的热水循环泵时,应计算循环水泵的耗电输热比(EHR),并应标注在施工图的设计说明中,循环水泵的耗电输热比应符合下式要求:

$$EHR = \frac{N}{Q \cdot \eta} \leqslant \frac{A \times (20.4 + \alpha \sum L)}{\Delta t}$$

式中　EHR——循环水泵的耗电输热比;

　　　N——水泵在设计工况点的轴功率(kW);

　　　Q——建筑供热负荷(kW);

　　　η——电机和传动部分的效率,应按表 5-38 选取;

　　　Δt——设计供回水温度差(℃),应按照设计要求选取;

　　　A——与热负荷有关的计算系数,应按表 5-38 选取;

　　$\sum L$——室外主干线(包括供回水管)总长度(m);

　　　α——与 $\sum L$ 有关的计算系数,应按如下选取或计算:

　　　　当 $\sum L \leqslant 400$ m 时,$\alpha = 0.011\ 5$;

　　　　当 $400\text{m} < \sum L < 1\ 000$ m 时,$\alpha = 0.003\ 833 + 3.067/\sum L$;

　　　　当 $\sum L \geqslant 1\ 000$ m 时,$\alpha = 0.006\ 9$。

表 5-38　电机和传动部分的效率及循环水泵的耗电输热比计算系数

热负荷 Q(kW)		$<2\ 000$	$\geqslant 2\ 000$
电机和传动部分的效率 η	直联方式	0.87	0.89
	联轴器连接方式	0.85	0.87
计算系数 A		0.006 2	0.005 4

4. 计量与监测仪表

锅炉房内应设有耗用燃料的计量装置和输出热量的计量装置。为使供热锅炉房的运行管理走向科学化,设计中应考虑锅炉房装设必要的计量与监测仪表。

二、室外供热管网设计

(一)管网设计的水力平衡

水力平衡是节能及提高供热品质的关键。水力失调,使得流经用户及机组的流量与设计流量不符。加上水泵选型偏大,水泵运行在不合适的工作点处,导致水系统处于大流量、小温差运行工况。水泵运行效率低,热量输送效率低。近热源处室温偏高,远热源处室温偏低。结果能耗高,供热品质差。

供热系统水力不平衡的现象现在依然很严重,而水力不平衡是造成供热能耗浪费的主要原因之一,同时,水力平衡又是保证其他节能措施能够可靠实施的前提,因此对系统节能而言,首先应该做到水力平衡,而且必须强制要求系统达到水力平衡。当室外管网通过阀门截流来进行阻力平衡时,各并联环路之间的压力损失差值,不应大于15%。当室外管网水力平衡计算达不到上述要求时,应在热力站和建筑物热力入口处设置静态水力平衡阀。

建筑物的每个热力入口,应设计安装水过滤器,并应根据室外管网的水力平衡要求和建筑物内供暖系统所采用的调节方式,决定是否还要设置自力式流量控制阀、自力式压差控制阀或其他装置。

水力平衡阀的设置和选择,应符合下列规定。

(1)阀门两端的压差范围,应符合其产品标准的要求。

(2)热力站出口总管上,不应串联设置自力式流量控制阀;当有多个分环路时,各分环路总管上可根据水力平衡的要求设置静态水力平衡阀。

(3)定流量水系统的各热力入口,可按照上述"(1)、(2)"条的规定设置静态水力平衡阀,或自力式流量控制阀。

(4)变流量水系统的各热力入口,应根据水力平衡的要求和系统总体控制设置的情况,设置压差控制阀,但不应设置自力式定流量阀。

(5)当采用静态水力平衡阀时,应根据阀门流通能力及两端压差,选择确定平衡阀的直径与开度。

(6)当采用自力式流量控制阀时,应根据设计流量进行选型。

(7)当采用自力式压差控制阀时,应根据所需控制压差选择与管路同尺寸的阀门,同时应确保其流量不小于设计最大值。

(8)当选择自力式流量控制阀、自力式压差控制阀、电动平衡两通阀或动态平衡电动调节阀时,应保持阀权度 $S=0.3\sim0.5$。

(二)管网铺设与保温

1. 管网铺设

设计一、二次热水管网时,应采用经济合理的敷设方式。对于庭院管网和二次网,宜采用直埋管敷设,投资较小,运行管理较方便。对于一次管网,当管径较大且地下水位不高时,或者采取了可靠的地沟防水措施时,可采用地沟敷设。

2. 管网保温

室外供热管网的保温是供热工程中十分重要的组成部分。管网输送效率达到 92% 时,要求管道保温效率应达到 98%。根据《设备及管道绝热设计导则》(GB/T 8175—2008)中规定的管道经济保温层厚度的计算方法,对玻璃棉管壳和聚氨酯保温管分析表明,无论是直埋敷设还是地沟敷设,管道的保温效率均能达到 98%,严寒地区保温材料厚度有较大的差别,寒冷地区保温材料厚度差别不大。因此,严寒地区每个气候子区分别给出了最小保温层厚度,而寒冷地区统一给出最小保温层厚度。

(1)当管道保温材料采用玻璃棉时,其最小保温层厚度应按表 5-39 和表 5-40 选用。玻璃棉材料的导热系数应按下式计算

$$\lambda_m=0.024+0.000\ 18t_m$$

式中 λ_m——玻璃棉的导热系数[W/(m·K)]。

表 5-39 玻璃棉保温材料的管道最小保温层厚度 (单位:mm)

气候分区	严寒(A)区 $t_{mw}=40.9$ ℃					严寒(B)区 $t_{mw}=43.6$ ℃				
公称直径	热价20 元/(GJ)	热价30 元/(GJ)	热价40 元/(GJ)	热价50 元/(GJ)	热价60 元/(GJ)	热价20 元/(GJ)	热价30 元/(GJ)	热价40 元/(GJ)	热价50 元/(GJ)	热价60 元/(GJ)
DN25	23	28	31	34	37	22	27	30	33	36
DN32	24	29	33	36	38	23	28	31	34	37
DN40	25	30	34	37	40	24	29	32	36	38

续表

气候分区	严寒(A)区 $t_{mw}=40.9$ ℃					严寒(B)区 $t_{mw}=43.6$ ℃				
公称直径	热价20 元/(GJ)	热价30 元/(GJ)	热价40 元/(GJ)	热价50 元/(GJ)	热价60 元/(GJ)	热价20 元/(GJ)	热价30 元/(GJ)	热价40 元/(GJ)	热价50 元/(GJ)	热价60 元/(GJ)
DN50	26	31	35	39	42	25	30	34	37	40
DN70	27	33	37	41	44	26	31	36	39	43
DN80	28	34	38	42	46	27	32	37	40	44
DN100	29	35	40	44	47	28	33	38	42	45
DN125	30	36	41	45	49	28	34	39	43	47
DN150	30	37	42	46	50	29	35	40	44	48
DN200	31	38	44	48	53	30	36	42	46	50
DN250	32	39	45	50	54	31	37	43	47	52
DN300	32	40	45	51	55	31	38	43	48	53
DN350	33	40	46	51	56	31	38	44	49	53
DN400	33	41	47	52	57	31	39	44	50	54
DN450	33	41	47	52	57	32	39	45	50	55

注:保温材料层的平均使用温度 $t_{mw}=\dfrac{t_{tge}+t_{the}}{2}=20$;$t_{tge}$、$t_{the}$分别为采暖期室外平均温度下,热网供回水平均温度(℃)。

表5-40　玻璃棉保温材料的管道最小保温层厚度　　　(单位:mm)

气候分区	严寒(C)区 $t_{mw}=43.8$ ℃					寒冷(A)区或 寒冷(B)区 $t_{mw}=48.4$ ℃				
公称直径	热价20 元/(GJ)	热价30 元/(GJ)	热价40 元/(GJ)	热价50 元/(GJ)	热价60 元/(GJ)	热价20 元/(GJ)	热价30 元/(GJ)	热价40 元/(GJ)	热价50 元/(GJ)	热价60 元/(GJ)
DN25	21	25	28	31	34	20	24	28	30	33
DN32	22	26	29	32	35	21	25	29	31	34
DN40	23	27	30	33	36	22	26	29	32	35
DN50	23	28	32	35	38	23	27	31	34	37
DN70	25	30	34	37	40	24	29	32	36	39
DN80	25	30	35	38	41	24	29	33	37	40
DN100	26	31	36	39	43	25	30	34	38	41
DN125	27	32	37	41	44	26	31	35	39	43
DN150	27	33	38	42	45	26	32	36	40	44
DN200	28	34	39	43	47	27	33	38	42	46
DN250	28	35	40	44	48	27	33	39	43	47
DN300	29	35	41	45	49	28	34	39	44	48
DN350	29	36	41	46	50	28	34	40	44	48
DN400	29	36	42	46	51	28	35	40	45	49
DN450	29	36	42	47	51	28	35	40	45	49

注:保温材料层的平均使用温度 $t_{mw}=\dfrac{t_{tge}+t_{the}}{2}=20$;$t_{tge}$、$t_{the}$分别为采暖期室外平均温度、热网供回水平均温度(℃)。

（2）当管道保温采用聚氨酯硬质泡沫材料时，其最小保温层厚度应按表 5-41 和表 5-42 选用。聚氨酯硬质泡沫材料的导热系数应按下式计算。

$$\lambda_m = 0.02 + 0.000\ 14 t_m$$

式中　λ_m——聚氨酯硬质泡沫的导热系数 $[W/(m \cdot K)]$。

表 5-41　聚氨酯硬质泡沫保温材料的管道最小保温层厚度（单位：mm）

气候分区	严寒(C)区 $t_{mw}=40.9\ ℃$					寒冷(A)区或 寒冷(B)区 $t_{mw}=48.4\ ℃$				
公称直径	热价20 元/(GJ)	热价30 元/(GJ)	热价40 元/(GJ)	热价50 元/(GJ)	热价60 元/(GJ)	热价20 元/(GJ)	热价30 元/(GJ)	热价40 元/(GJ)	热价50 元/(GJ)	热价60 元/(GJ)
DN25	17	21	23	26	27	16	20	22	25	25
DN32	18	21	24	26	28	17	20	23	25	27
DN40	18	22	25	27	29	17	21	24	26	28
DN50	19	23	26	29	31	18	22	25	27	30
DN70	20	24	27	30	32	19	23	26	29	31
DN80	20	24	28	31	33	19	23	27	29	32
DN100	21	25	29	32	34	20	24	27	30	33
DN125	21	26	29	33	35	20	25	28	31	34
DN150	21	26	30	33	36	20	25	29	32	35
DN200	22	27	31	34	38	21	26	30	33	36
DN250	22	27	32	35	39	21	26	30	34	37
DN300	23	28	32	36	39	21	26	31	34	37
DN350	23	28	32	36	40	22	27	31	34	38
DN400	23	28	33	36	40	22	27	31	35	38
DN450	23	28	33	37	40	22	27	31	35	38

注：保温材料层的平均使用温度 $t_{mw} = \dfrac{t_{tge} + t_{the}}{2} = 20$；$t_{tge}$、$t_{the}$ 分别为采暖期室外平均温度、热网供回水平均温度（℃）。

表 5-42 聚氨酯硬质泡沫保温材料的管道最小保温层厚度(单位:mm)

气候分区	严寒(C)区 $t_{mw}=43.8\ ℃$					寒冷(A)区或 寒冷(B)区 $t_{mw}=48.4\ ℃$				
公称直径	热价 20 元/(GJ)	热价 30 元/(GJ)	热价 40 元/(GJ)	热价 50 元/(GJ)	热价 60 元/(GJ)	热价 20 元/(GJ)	热价 30 元/(GJ)	热价 40 元/(GJ)	热价 50 元/(GJ)	热价 60 元/(GJ)
DN25	15	19	21	23	25	15	18	20	22	24
DN32	16	19	22	24	26	15	18	21	23	25
DN40	16	20	22	25	27	16	19	22	24	26
DN50	17	20	23	26	28	16	20	23	25	27
DN70	18	21	24	27	29	17	21	24	26	28
DN80	18	22	25	28	30	17	21	24	27	29
DN100	18	22	26	28	31	18	22	25	27	30
DN125	19	23	26	29	32	18	22	25	28	31
DN150	19	23	27	30	33	18	22	26	29	31
DN200	20	24	28	31	34	19	23	27	30	33
DN250	20	24	28	31	34	19	23	27	30	33
DN300	20	25	28	32	35	19	24	27	31	34
DN350	20	25	28	32	35	19	24	28	31	34
DN400	20	25	29	32	35	19	24	28	31	34
DN450	20	25	29	33	36	20	24	28	31	34

注:保温材料层的平均使用温度 $t_{mw}=\dfrac{t_{tge}+t_{the}}{2}=20$; t_{tge}、t_{the} 分别为采暖期室外平均温度、热网供回水平均温度(℃)。

(3)当选用其他保温材料或其导热系数与上述"(1)"和"(2)"的规定值差异较大时,最小保温厚度应按下式修正:

$$\delta'_{min}=\frac{\lambda'_m \cdot \delta_{min}}{\lambda_m}$$

式中 δ'_{min}——修正后的最小保温层厚度(mm);

δ_{min}——上述"(1)"和"(2)"规定的最小保温层厚度(mm);

λ_m'——实际选用的保温材料在其平均使用温度下的导热系数 $[W/(m \cdot K)]$；

λ_m——上述"(1)"和"(2)"规定的保温材料在其平均使用温度下的导热系数 $[W/(m \cdot K)]$。

三、分户计量节能设计

住宅供热系统的温控与热计量技术是实现建筑节能的关键措施之一。实践证明,采用分室控制及分户计量后,均可达到节能 20%～25%的效果。

1. 分户热计量系统的形式

分户热计量有较多的形式,主要有以下几种。

(1)竖井内双管式,户内水平串联,入口设热水表、锁闭阀。

(2)竖井内双管式,户内水平并联,入口设热表、锁闭阀,每组散热器均设温控阀。

(3)竖井内双管式,户内水平并联,入口设热水表、锁闭阀。

(4)竖井内双管式,户内双管水平并联,每户设热量表、锁闭阀,每组散热器均设温控阀。

(5)竖井内双管式,户内地板辐射采暖,每户设热量表、锁闭阀,分集水器。

2. 分户热计量应注意的问题

(1)采用分户热计量系统必须注意选择较优的水质。因为分户热计量系统对阀门等部件具有较高的要求,水质不好可能会损坏阀门等部件。

(2)注意系统形式的选择。有些系统在某个分户热计量系统中可能无法达到水力和热力平衡,这就不能采用该系统。

(3)注意各种产品的厂家和型号,至少要选质量信得过产品。

第六章　通风空调系统节能设计

第一节　通风空调系统节能设计要求

一、居住建筑通风空调系统设计要求

1. 严寒和寒冷地区居住建筑通风空调系统设计要求

《严寒和寒冷地区居住建筑节能设计标准》(JGJ 26—2010)规定，我国严寒和寒冷地区居住建筑通风和空气调节系统设计应符合以下要求：

(1)通风和空气调节系统设计应结合建筑设计，首先确定全年各季节的自然通风措施，并应做好室内气流组织，提高自然通风效率，减少机械通风和空调的使用时间。当在大部分时间内自然通风不能满足降温要求时，宜设置机械通风或空气调节系统，设置的机械通风或空气调节系统不应妨碍建筑的自然通风。

(2)当采用分散式房间空调器进行空调和(或)采暖时，宜选择符合国家标准《房间空气调节器能效限定值及能效等级》(GB 12021.3—2010)和《转速可控型房间空气调节器能效限定值及能效等级》(GB 21455—2013)中规定的节能型产品(即能效等级 2 级)。

《房间空气调节器能效限定值及能效等级》(GB 12021.3—2010)、《转速可控型房间空气调节器能效限定值及能效等级》(GB 21455—2013)标准中列出的房间空气调节器能效等级为第 2 级的指标和转速可控型房间空气调节器能源效率等级为第 2 级的指标，表 6-1 列出了《房间空气调节器能效限定值及能效等级》(GB 12021.3—2010)中空调器能效等级指标。

表 6-1 房间空调器能源效率等级指标

类 型	额定制冷量 CC (W)	GB 12021.3—2010 中能效等级		
		3	2	1
整体式	—	2.90	3.10	3.30
分体式	CC≤4 500	3.20	3.40	3.60
	4 500＜CC≤7 100	3.10	3.30	3.50
	7 100＜CC≤14 000	3.00	3.20	3.40

(3)当采用电机驱动压缩机的蒸汽压缩循环冷水(热泵)机组或采用名义制冷量大于 7 100 W 的电机驱动压缩机单元式空气调节机作为住宅小区或整栋楼的冷热源机组时,所选用机组的能效比(性能系数)不低于现行国家标准《公共建筑节能设计标准》(GB 50189—2005)中的规定值;当设计采用多联式空调(热泵)机组作为户式集中空调(采暖)机组时,所选用机组的制冷综合性能系数不低于国家标准《多联式空调(热泵)机组能效限定值及能源效率等级》(GB 21454—2008)中规定的第 3 级。

以表 6-2 为规定的冷水(热泵)机组制冷性能系数(COP)值和表 6-3 规定的单元式空气调节机能效比(EER)值,是根据国家标准《公共建筑节能设计标准》(GB 50189—2005)中第 5.4.5、第 5.4.8 条强制性条文规定的能效限值。而表 6-4 为多联式空调(热泵)机组制冷综合性能系数[IPLV(C)]值,是根据《多联式空调(热泵)机组能效限定值及能源效率等级》(GB 21454—2008)标准中规定的能效等级第 3 级。

表 6-2 冷水(热泵)机组制冷性能系数

类 型		额定制冷量(kW)	性能系数(W/W)
水 冷	活塞式/涡旋式	＜528	3.80
		528～1 163	4.00
		＞1 163	4.20
	螺杆式	＜528	4.10
		528～1 163	4.30
		＞1 163	4.60

续表

类　　型		额定制冷量(kW)	性能系数(W/W)
水　　冷	离心式	＜528	4.40
		528～1 163	4.70
		＞1 163	5.10
风冷或蒸发冷却	活塞式/涡旋式	≤50	2.40
		＞50	2.60
	螺杆式	≤50	2.60
		＞50	2.80

注:此表引自《公共建筑节能设计标准》(GB 50189—2005)。

表 6-3　单元式机组能效比

类　　型		能效比(W/W)
风冷式	不接风管	2.60
	接风管	2.30
水冷式	不接风管	3.00
	接风管	2.70

注:此表引自《公共建筑节能设计标准》(GB 50189—2005)。

表 6-4　能源效率等级指标——制冷综合性能系数[IPLV(C)]

名义建冷量 CC (W)	能效等级第 3 级
CC≤28 000	3.20
28 000＜CC≤8 426 000	3.15
84 000＜CC	3.10

注:此表引自《多联式空调(热泵)机组能效限定值及能源效率等级》(GB 21454—2008)。

(4)寒冷地区尽管夏季时间不长,但在大城市中,安装分体式空调器的居住建筑还为数不少。分体式空调器的能效除与空调器的性能有关外,同时也与室外机合理的布置有很大关系。因此,安装分体式空气调节器(含风管机、多联机)时,室外机的安装位置必须符合下列规定。

1)应能通畅地向室外排放空气和自室外吸入空气。

2)在排出空气与吸入空气之间不应发生明显的气流短路。

3)可方便地对室外机的换热器进行清扫。

4)对周围环境不得造成热污染和噪声污染。

(5)设有集中新风供应的居住建筑,当新风系统的送风量大于或等于3 000 m³/h时,应设置排风热回收装置。无集中新风供应的居住建筑,宜分户(或分室)设置带热回收功能的双向换气装置。

(6)当采用风机盘管机组时,应配置风速开关,宜配置自动调节和控制冷、热量的温控器。

(7)当采用全空气直接膨胀风管式空调机时,宜按房间设计配置风量调控装置,以求在满足使用要求的基础上,避免部分房间的过冷或过热而带来的能源浪费。当投资允许时,可以考虑变风量系统的方式(末端采用变风量装置,风机采用变频调速控制);当经济条件不允许时,各房间可配置方便人工使用的手动(或电动)装置,风机是否调速则需要根据风机的性能分析来确定。

(8)当选择土壤源热泵系统、浅层地下水源热泵系统、地表水源(淡水、海水)热泵系统、污水水源热泵系统作为居住区或户用空调(热泵)机组的冷热源时,严禁破坏、污染地下资源。

(9)空气调节系统的冷热水管的绝热厚度,应按现行国家标准《设备及管道绝热设计导则》(GB/T 8175—2008)中的经济厚度和防止表面凝露的保冷层厚度的方法计算。建筑物内空气调节系统冷热水管的经济绝热厚度可按表6-6的规定选用。

表6-5　建筑物内空气调节系统冷热水管的经济绝热厚度

管道类型	绝热材料			
	离心玻璃棉		柔性泡沫橡塑	
	公称管径 (mm)	厚度 (mm)	公称管径 (mm)	厚度 (mm)
单冷管道 (管内介质温度7℃～常温)	≤DN32	25	按防结露要求计算	
	DN40～DN100	30		
	≥DN125	35		

续表

管道类型	绝热材料			
	离心玻璃棉		柔性泡沫橡塑	
	公称管径 (mm)	厚度 (mm)	公称管径 (mm)	厚度 (mm)
热或冷热合用管道 (管内介质温度 5℃～60℃)	≤DN40	35	≤DN50	25
	DN50～DN100	40	DN70～DN150	28
	DN125～DN250	45	≥DN200	32
	≥DN300	50		
热或冷热合用管道 (管内介质温度 0～95℃)	≤DN50	50	不适宜使用	
	DN70～DN150	60		
	≥DN200	70		

注:1. 绝热材料的导热系数 λ:

离心玻璃棉:$\lambda=0.033+0.000\ 23t_m[\mathrm{W}/(\mathrm{m}\cdot\mathrm{K})]$

柔性泡沫橡塑:$\lambda=0.033\ 75+0.000\ 137\ 5t_m[\mathrm{W}/(\mathrm{m}\cdot\mathrm{K})]$

式中 t_m——绝热层的平均温度(℃)。

2. 单冷管道和柔性泡沫橡塑保冷的管道均应进行防结露要求验算。

(10)空气调节风管绝热层的最小热阻应符合表 6-6 的规定。

表 6-6　空气调节风管绝热层的最小热阻

风管类型	最小热阻($\mathrm{m^2\cdot K/W}$)
一般空调风管	0.74
低温空调风管	1.08

2. 夏热冬冷地区居住建筑通风空调系统设计要求

《夏热冬冷地区居住建筑节能设计标准》(JGJ 134—2010)规定,我国夏热冬冷地区居住建筑通风和空气调节系统设计应符合以下要求。

(1)居住建筑通风和空调方式及其设备的选择,应根据当地能源情况,经技术经济分析,及用户对设备运行费用的承担能力综合考虑确定。

(2)当居住建筑采用集中空调系统时,必须设置分室(户)温度调节、控制装置及分户热(冷)量计量或分摊设施。

(3)居住建筑进行夏季空调,宜采用下列方式。

1)电驱动的热泵型空调器(机组);

2)燃气、蒸汽或热水驱动的吸收式冷(热)水机组。

(4)当设计采用电机驱动压缩机的蒸汽压缩循环冷水(热泵)机组,或采用名义制冷量大于 7 100 W 的电机驱动压缩机单元式空气调节机,或采用蒸汽、热水型溴化锂吸收式冷水机组及直燃型溴化锂吸收式冷(温)水机组作为住宅小区或整栋楼的冷热源机组时,所选用机组的能效比(性能系数)应符合现行国家标准《公共建筑节能设计标准》(GB 50189—2005)中的规定值;当设计采用多联式空调(热泵)机组作为户式集中空调(采暖)机组时,所选用机组的制冷综合性能系数[IPLV(C)]不应低于国家标准《多联式空调(热泵)机组能效限定值及能源效率等级》(GB 21454—2008)中规定的第 3 级。

表 6-2 为规定的冷水(热泵)机组制冷性能系数(COP)值;表 6-3为规定的单元式空气调节机能效比(EER)值;表 6-7 为规定的溴化锂吸收式机组性能参数,这是根据国家标准《公共建筑节能设计标准》(GB 50189—2005)中第 5.4.5、第 5.4.8 条强制性条文规定的能效限值。而表 6-4 为多联式空调(热泵)机组制冷综合性能系数[IPLV(C)]值,是《多联式空调(热泵)机组能效限定值及能源效率等级》(GB 21454—2008)标准中规定的能效等级第 3 级。

(5)当选择土壤源热泵系统、浅层地下水源热泵系统、地表水源(淡水、海水)热泵系统、污水水源热泵系统作为居住区或户用空调的冷热源时,严禁破坏、污染地下资源。

(6)当采用分散式房间空调器进行空调时,宜选择符合国家标准《房间空气调节器能效限定值及能效等级》(GB 12021.3—2010)和《转速可控型房间空气调节器能效限定值及能效等级》(GB 21455—2013)中规定的节能型产品(即能效等级 2 级)。

(7)居住建筑通风设计应处理好室内气流组织、提高通风效率。厨房、卫生间应安装局部机械排风装置。对采用空调设备的居住建筑,宜采用带热回收的机械换气装置。

表 6-7　溴化锂吸收式机组性能参数

机型	名义工况			性能参数		
	冷(温)水进/出口温度(℃)	冷却水进/出口温度(℃)	蒸汽压力(MPa)	单位制冷量蒸汽耗量[kg/(kW·h)]	性能系数(W/W)	
					制冷	供热
蒸汽双效	12/7	30/35	0.25	≤1.40		
	12/7		0.4			
			0.6	≤1.31		
			0.8	≤1.28		
直燃	供冷 12/7	30/35			≥1.10	
	供热出口 60					≥0.90

注:直燃机的性能系数为:制冷量(供热量)/[加热源消耗量(以低位热值计)＋电力消耗量(折算成一次能)]。此表引自《公共建筑节能设计标准》(GB 50189—2005)。

二、公共建筑通风空调系统设计要求

《公共建筑节能设计标准》(GB 50189—2005)规定,我国公共建筑通风和空气调节系统设计应符合以下要求。

(1)使用时间、温度、湿度等要求条件不同的空气调节区,不应划分在同一个空气调节风系统中。

(2)房间面积或空间较大、人员较多或有必要集中进行温、湿度控制的空气调节区,其空气调节风系统宜采用全空气空气调节系统,不宜采用风机盘管系统。

(3)设计全空气空气调节系统并当功能上无特殊要求时,应采用单风管送风方式。

(4)下列全空气空气调节系统宜采用变风量空气调节系统:

1)同一个空气调节风系统中,各空调区的冷、热负荷差异和变化大、低负荷运行时间较长,且需要分别控制各空调区温度;

2)建筑内区全年需要送冷风。

(5)设计变风量全空气空气调节系统时,宜采用变频自动调节风机转速的方式,并应在设计文件中标明每个变风量末端装置的最小送风量。

(6)设计定风量全空气空气调节系统时,宜采取实现全新风运行或可调新风比的措施,同时设计相应的排风系统。新风量的控制与工况的转换,宜采用新风和回风的焓值控制方法。

(7)当一个空气调节风系统负担多个使用空间时,系统的新风量应按下列公式计算确定。

$$Y = X/(1 + X - Z)$$
$$Y = V_{ot}/V_{st}$$
$$X = V_{on}/V_{st}$$
$$Z = V_{oc}/V_{sc}$$

式中　Y——修正后的系统新风量在送风量中的比例;

V_{ot}——修正后的总新风量(m³/h);

V_{st}——总送风量,即系统中所有房间送风量之和(m³/h);

X——未修正的系统新风量在送风量中的比例;

V_{on}——系统中所有房间的新风量之和(m³/h);

Z——需求最大的房间的新风比;

V_{oc}——需求最大的房间的新风量(m³/h);

V_{sc}——需求最大的房间的送风量(m³/h)。

(8)在人员密度相对较大且变化较大的房间,宜采用新风需求控制。即根据室内 CO_2 浓度检测值增减采用新风需求控制。即根据室内 CO_2 浓度检测值增加或减少新风量,使 CO_2 浓度始终维持在卫生标准规定的限值内。

(9)当采用人工冷、热源对空气调节系统进行预热或预冷运行时,新风系统应能关闭;当采用室外空气进行预冷时,应尽量利用新风系统。

(10)建筑物空气调节内、外区应根据室内进深、分隔、朝向、楼层以及围护结构特点等因素划分。内、外区宜分别设置空气调节系统并注意防止冬季室内冷热风的混合损失。

(11)对有较大内区且常年有稳定的大量余热的办公、商业等建筑,宜采用水环热泵空气调节系统。

(12)设计风机盘管系统加新风系统时,新风宜直接送入各空气调节区,不宜经过风机盘管机组后再送出。

(13)建筑顶层,或者吊顶上部存在较大发热量,或者吊顶空间较高时,不宜直接从吊顶内回风。

(14)建筑物内设有集中排风系统且符合下列条件之一时,宜设置排风热回收装置。排风热回收装置(全热和余热)的额定热回收效率不应低于 60%。

1)送风量大于或等于 3 000 m³/h 的直流式空气调节系统,且新风与排风的温度差大于或等于 8 ℃;

2)设计新风量大于或等于 4 000 m³/h 的空气调节系统,且新风与排风的温度差大于或等于 8 ℃;

3)设有独立新风和排风的系统。

(15)有人员长期停留且不设置集中新风、排风系统的空气调节区(房间),宜在各空气调节区(房间)分别安装带热回收功能的双向换气装置。

(16)选配空气过滤器时,应符合下列要求。

1)粗效过滤器的初阻力小于或等于 50 Pa(粒径大于或等于 5.0 m,效率:80%>E≥20%);终阻力小于或等于 100 Pa;

2)中效过滤器的初阻力小于或等于 80 Pa(粒径大于或等于 1.0 m,效率:70%>E≥20%);终阻力小于或等于 160 Pa;

3)全空气空气调节系统的过滤器,应能满足全新风运行的需要。

(17)空气调节风系统不应设计土建风道作为空气调节系统的送风道和已经过冷、热处理后的新风送风道。不得已而使用土建风道时,必须采取可靠的防漏风和绝热措施。

(18)空气调节冷、热水系统的设计应符合下列规定。

1)应采用闭式循环水系统。

2)只要求按季节进行供冷和供热转换的空气调节系统,应采用两管制水系统。

3)当建筑物内有些空气调节区需全年供冷水,有些空气调节区则冷、热水定期交替供应时,宜采用分区两管制水系统。

4)全年运行过程中,供冷和供热工况频繁交替转换或需同时使用的空气调节系统,宜采用四管制水系统。

5)系统较小或各环路负荷特性或压力损失相差不大时,宜采用一次泵系统;在经过包括设备的适应性、控制系统方案等技术论证后,在确保系统运行安全可靠且具有较大的节能潜力和经济性的前提下,一次泵可采用变速调节方式。

6)系统较大、阻力较高、各环路负荷特性或压力损失相差悬殊时,应采用二次泵系统;二次泵宜根据流量需求的变化采用变速变流量调节方式。

7)冷水机组的冷水供、回水设计温差不应小于 5 ℃;在技术可靠、经济合理的前提下宜尽量加大冷水供、回水温差。

8)空气调节水系统的定压和膨胀,宜采用高位膨胀水箱方式。

(19)选择两管制空气调节冷、热水系统的循环水泵时,冷水循环水泵和热水循环水泵宜分别设置。

(20)空气调节冷却水系统设计应符合下列要求。

1)具有过滤、缓蚀、阻垢、杀菌、灭藻等水处理功能。

2)冷却塔应设置在空气流通条件好的场所。

3)冷却塔补水总管上设置水流量计量装置。

(21)空气调节系统送风温差应根据补充图(焓湿图)(图 6-1)表示的空气处理过程计算确定。空气节系统采用上送风气流组织形式时,宜加大夏季设计送风温差,并应符合下列规定:

1)送风高度小于或等于 5 m 时,送风温差不宜小于 5 ℃。

2)送风高度大于 5 m 时,送风温差不宜小于 10 ℃。

3)采用置换通风方式时,不受限制。

(22)建筑空间高度大于或等于 10 m,并且体积大于 10 000 m³ 时,宜采用分层空气调节系统。

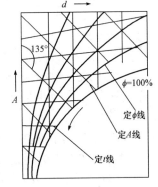

图 6-1　焓湿图

(23)有条件时,空气调节送风宜采用通风效率高、空气龄短的置换通风型送风模式。

(24)在满足使用要求的前提下,对于夏季空气调节室外计算湿球温度较低、温度的日较差大的地区,空气的冷却过程,宜采用直接蒸发冷却、间接蒸发冷却或直接蒸发冷却与间接蒸发冷却相结合的二级或三级冷却方式。

(25)除特殊情况外,在同一个空气处理系统中,不应同时有加热和冷却过程。

(26)空气调节风系统的作用半径不宜过大。风机的单位风量耗功率(W_s)应按下式计算,并不应大于表 6-8 中的规定。

$$W_s = P/(3\ 600\eta_t)$$

式中　W_s——单位风量耗功率[W/(m³/h)];

　　　P——风机全压值(Pa);

　　　η_t——包含风机、电机及传动效率在内的总效率(%)。

表 6-8　风机的单位风量耗功率限值　　[单位:W/(m³/h)]

系统形式	办公建筑		商业、旅馆建筑	
	粗效过滤	粗、中效过滤	粗效过滤	粗、中效过滤
两管制定风量系统	0.42	0.48	0.46	0.52
四管制定风量系统	0.47	0.53	0.51	0.58
两管制变风量系统	0.58	0.64	0.62	0.68
四管制变风量系统	0.63	0.69	0.67	0.74
普通机械通风系统	0.32			

注:1. 普通机械通风系统中不包括厨房等需要特定过滤装置的房间的通风系统;

　2. 严寒地区增设预热盘管时,单位风量耗功率可增加 0.035 W/(m³/h);

　3. 当空气调节机组内采用湿膜加湿方法时,单位风量耗功率可增加 0.053 W/(m³/h)。

(27)空气调节冷热水系统的输送能效比(ER)应按下式计算,且不应大于表 6-9 中的规定值。

$$ER = 0.002\ 342H/(\Delta T \cdot \eta)$$

式中　H——水泵设计扬程(m);

ΔT——供回水温差($^\circ$C);

η——水泵在设计工作点的效率(%)。

表 6-9　空气调节冷热水系统的最大输送能效比(ER)

管道类型	两管制热水管道			四管制热水管道	空调冷水管道
	严寒地区	寒冷地区/夏热冬冷地区	夏热冬暖地区		
ER	0.005 77	0.004 33	0.008 65	0.006 73	0.024 1

注:两管制热水管道系统中的输送能效比值,不适用于采用直燃式冷热水机组作为热源的空气调节热水系统。

(28)空气调节冷热水管的绝热厚度,应按现行国家标准《设备及管道绝热设计导则》(GB/T 8175—2008)的经济厚度和防表面结露厚度的方法计算。

(29)空气调节风管绝热层的最小热阻应符合表 6-10 的规定。

表 6-10　空气调节风管绝热层的最小热阻

风管类型	最小热阻(m² · K/W)
一般空调风管	0.74
低温空调风管	1.08

(30)空气调节保冷管道的绝热层外,应设置隔气层和保护层。

第二节　通风节能设计

一、通风节能设计方式及要求

1. 居住建筑通风设计方式

居住建筑通风设计包括主动式通风和被动式通风。主动式通风指的是利用机械设备动力组织室内通风的方法,它一般要与空调、机械通风系统进行配合。被动式通风(自然通风)指的是采用"天然"的风压、热压作为驱动对房间降温。

2. 通风节能设计一般规定

(1)为了防止大量热、蒸汽或有害物质向人员活动区散发,防止有害物质对环境的污染,必须从总体规划、工艺、建筑和通风等方面采取有效的综合预防和治理措施。

(2)放散有害物质的生产过程和设备,宜采用机械化、自动化,并应采取密闭、隔离和负压操作措施。对生产过程中不可避免放散的有害物质,在排放前,必须采取通风净化措施,并达到国家有关大气环境质量标准和各种污染物排放标准的要求。

(3)放散粉尘的生产过程,宜采用湿式作业。输送粉尘物料时,应采用不扬尘的运输工具。放散粉尘的工业建筑,宜采用湿法冲洗措施,当工艺不允许湿法冲洗且防尘要求严格时,宜采用真空吸尘装置。

(4)大量散热的热源(如散热设备、热物料等),宜放在生产厂房外面或坡屋内。对生产厂房内的热源,应采取隔热措施。工艺设计,宜采用远距离控制或自动控制。

(5)确定建筑物方位和形式时,宜减少东西向的日晒。以自然通风为主的建筑物,其方位还应根据主要进风面和建筑物形式,按夏季最多风向布置。

(6)位于夏热冬冷或夏热冬暖地区的建筑物建筑热工设计,应符合国家现行标准《民用建筑热工设计规范》(GB 50176—1993)的规定。采用通风屋顶隔热时,其通风层长度不宜大于 10 m,空气层高度宜为 20 cm 左右。散热量小于 23 W/m³ 的工业建筑,当屋顶离地面平均高度小于或等于 8 m 时,宜采用屋顶隔热措施。

(7)对于放散热或有害物质的生产设备布置,应符合下列要求:

1)放散不同毒性有害物质的生产设备布置在同一建筑物内时,毒性大的应与毒性小的隔开。

2)放散热和有害气体的生产设备,应布置在厂房自然通风的天窗下部或穿堂风的下风侧。

3)放散热和有害气体的生产设备,当必须布置在多层厂房的下层时,应采取防止污染室内上层空气的有效措施。

(8)建筑物内,放散热、蒸汽或有害物质的生产过程和设备,宜采用局部排风。当局部排风达不到卫生要求时,应辅以全面排风或采用全面排风。

(9)设计局部排风或全面排风时,宜采用自然通风。当自然通风不能满足卫生、环保或生产工艺要求时,应采用机械通风或自然与机械的联合通风。

(10)凡属设有机械通风系统的房间,工业建筑应保证每人不小于 30 m³/h 的新风量;人员所在房间不设机械通风系统时,应有可开启外窗。

(11)组织室内送风、排风气流时,不应使含有大量热、蒸汽或有害物质的空气流入没有或仅有少量热、蒸汽或有害物质的人员活动区,且不应破坏局部排风系统的正常工作。

(12)凡属下列情况之一时,应单独设置排风系统:

1)两种或两种以上的有害物质混合后能引起燃烧或爆炸时。

2)混合后能形成毒害更大或腐蚀性的混合物、化合物时。

3)混合后易使蒸汽凝结并聚积粉尘时。

4)散发剧毒物质的房间和设备。

5)建筑物内设有储存易燃易爆物质的单独房间或有防火防爆要求的单独房间。

(13)同时放散有害物质、余热和余湿时,全面通风量应按其中所需最大的空气量确定。多种有害物质同时放散于建筑物内时,其全面通风量的确定应按国家现行标准《工业企业设计卫生标准》(GBZ 1—2010)执行。

送入室内的室外新风量,工业建筑应保证每人不小于《民用建筑热工设计规范》(GB 50176—1993)中所规定的人员所需要最小新风量。

(14)放散入室内的有害物质数量不能确定时,全面通风量可参照类似房间的实测资料或经验数据,按换气次数确定,亦可按国家现行的各相关行业标准执行。

(15)建筑中的防烟可采用机械加压送风防烟方式或可开启外窗的自然排烟方式。建筑中的排烟可采用机械排烟方式或可开启外窗的自然排烟方式。具体设计要求应按国家现行标准《高层民用建筑设计防火规范》(GB 50045—2005)及《建筑设计防火规范》(GB 50016—2006)执行。

二、自然通风设计

自然通风作为生态建筑技术中一个非常重要的组成部分,是一种安全有效、经济实用的通风模式,在改善室内空气品质、满足室内舒适要求的同时,实现节能的目的。

自然通风设计应符合以下要求。

(1)消除建筑物余热、余湿的通风设计,应优先利用自然通风。

(2)厨房、厕所、盥洗室和浴室等,宜采用自然通风。当利用自然通风不能满足室内卫生要求时,应采用机械通风。

民用建筑的卧室、起居室(厅)以及办公室等,宜采用自然通风。

(3)利用穿堂风进行自然通风的厂房,其迎风面与夏季最多风向宜成 $60°\sim90°$ 角,且不应小于 $45°$ 角。

(4)夏季自然通风应采用阻力系数小、易于操作和维修的进排风口或窗扇。

(5)夏季自然通风用的进风口,其下缘距室内地面的高度不应大于 1.2 m;冬季自然通风用的进风口,当其下缘距室内地面的高度小于 4 m 时,应采取防止冷风吹向工作地点的措施。

(6)当热源靠近工业建筑的一侧外墙布置,且外墙与热源之间无工作地点时,该侧外墙上的进风口,宜布置在热源的间断处。

(7)利用天窗排风的工业建筑,符合下列情况之一时,应采用避风天窗。

1)夏热冬冷和夏热冬暖地区,室内散热量大于 23 W/m³ 时;

2)其他地区,室内散热量大于 35 W/m³ 时;

3)不允许气流倒灌时。

注:多跨厂房的相邻天窗或开窗两侧与建筑物邻接,且处于负压区时,无挡风板的天窗,可视为避风天窗。

(8)利用天窗排风的工业建筑,符合下列情况之一时,可不设避风天窗。

1)利用天窗能稳定排风时。

2)夏季室外平均风速小于或等于 1 m/s 时。

(9)当建筑物一侧与较高建筑物相邻接时,为了防止避风天窗或风帽倒灌,其各部尺寸应符合图 6-2、图 6-3 和表 6-11 的要求。

表 6-11　避风天窗或风帽与建筑物的相关尺寸

Z/h	0.4	0.6	0.8	1.0	1.2	1.4	1.6	1.8	2.0	2.1	2.2	2.3
$\dfrac{B-Z}{H}$	≤1.3	1.4	1.45	1.5	1.65	1.8	2.1	2.5	2.9	3.7	4.6	5.6

注:当 $Z/h>2.3$ 时,建筑物的相关尺寸可不受限制。

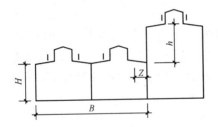

图 6-2　避风天窗与建筑的相关尺寸

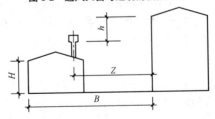

图 6-3　风帽与建筑物的相关尺寸

(10)挡风板与天窗之间,以及作为避风天窗的多跨工业建筑相邻天窗之间,其端部均应封闭。当天窗较长时,应设置横向隔板,其间距不应大于挡风板上缘至地坪高度的 3 倍,且不应大于 50 m。在挡风板或土封闭物上,应设置检查门。

挡风板下缘至屋面的距离,宜采用 0.1~0.3 m。

（11）不需调节天窗窗扇开启角度的高温工业建筑，宜采用不带窗扇的避风天窗，但应采取防雨措施。

三、机械通风设计

机械式通风系统由高效风机、进风口、排风口及各种管道和接头组成。通过正压或负压的方式将室内浑浊空气排出室内，将新鲜健康的室外空气引入，24 h 保障室内空气质量，让自己每时每刻都融入大自然中。

1. 机械通风设计原则

（1）定义新风路径。新风从空气较洁净区域进入，由污浊处排出。一般污浊空气从浴室、卫生间及厨房排出，而新鲜空气则从起居室、卧室等区域送入。

（2）确定住房内最小排风量。以满足人们日常工作、休息时所需的新鲜空气量。按国家通风规范，每人每小时必须保证 30 m³。

（3）定义新风时间。保证新风的连续性，一年 365 d，一天 24 h 连续不间断通风。

2. 机械通风设计要求

（1）设置集中采暖且有机械排风的建筑物，当采用自然补风不能满足室内卫生条件、生产工艺要求或在技术经济上不合理时，宜设置机械送风系统。设置机械送风系统时，应进行风量平衡及热平衡计算。

每班运行不足 2 h 的局部排风系统，当室内卫生条件和生产工艺要求许可时，可不设机械送风补偿所排出的风量。

（2）选择机械送风系统的空气加热器时，室外计算参数应采用采暖室外计算温度；当其用于补偿消除余热、余湿用全面排风耗热量时，应采用冬季通风室外计算温度。

（3）要求空气清洁的房间，室内应保持正压。放散粉尘、有害气体或有爆炸危险物质的房间，应保持负压。

当要求空气清洁程度不同或与有异味的房间比邻且有门（孔）相通时，应使气流从较清洁的房间流向污染较严重的房间。

（4）机械送风系统进风口的位置，应符合下列要求。

1）应直接设在室外空气较清洁的地点。

2）应低于排风口。

3）进风口的下缘距室外地坪不宜小于 2 m，当设在绿化地带时，不宜小于 1 m。

4）应避免进风、排风短路。

（5）用于甲、乙类生产厂房的送风系统，可共用同一进风口，但应与丙、丁、戊类生产厂房和辅助建筑物及其他通风系统的进风口分设；对有防火防爆要求的通风系统，其进风口应设在不可能有火花溅落的安全地点，排风口应设在室外安全处。

（6）凡属下列情况之一时，不应采用循环空气。

1）甲、乙类生产厂房，以及含有甲、乙类物质的其他厂房。

2）丙类生产厂房，如空气中含有燃烧或爆炸危险的粉尘、纤维，含尘浓度大于或等于其爆炸下限的 25% 时。

3）含有难闻气味以及含有危险浓度的致病细菌或病毒的房间。

4）对排除含尘空气的局部排风系统，当排风经净化后，其含尘浓度仍大于或等于工作区容许浓度的 30% 时。

（7）机械送风系统（包括与热风采暖合用的系统）的送风方式，应符合下列要求：

1）放散热或同时放散热、湿和有害气体的工业建筑，当采用上部或上下部同时全面排风时，宜送至作业地带。

2）放散粉尘或密度比空气大的气体和蒸汽，而不同时放散热的工业建筑，当从下部地区排风时，宜送至上部区域。

3）当固定工作地点靠近有害物质放散源，且不可能安装有效的局部排风装置时，应直接向工作地点送风。

（8）符合下列条件，可设置置换通风。

1）有热源或热源与污染源伴生。

2）人员活动区空气质量要求严格。

3）房间高度不小于 2.4 m。

4）建筑、工艺及装修条件许可且技术经济比较合理。

（9）置换通风的设计，应符合下列规定：

1）房间内人员头脚处空气温差不应大于 3 ℃。

2）人员活动区内气流分布均匀。

3）工业建筑内置换通风器的出风速度不宜大于 0.5 m/s。

4）民用建筑内置换通风器的出风速度不宜大于 0.2 m/s。

（10）同时放散热、蒸汽和有害气体或仅放散密度比空气小的有害气体的工业建筑，除设局部排风外，宜从上部区域进行自然或机械的全面排风，其排风量不应小于每小时 1 次换气；当房间高度大于 6 m 时，排风量可按 6 $m^3/(h \cdot m^2)$ 计算。

（11）当采用全面排风消除余热、余湿或其他有害物质时，应分别从建筑物内温度最高、含湿量或有害物质浓度最大的区域排风。全面排风量的分配应符合下列要求。

1）当放散气体的密度比室内空气轻，或虽比室内空气重但建筑内放散的显热全年均能形成稳定的上升气流时，宜从房间上部区域排出；

2）当放散气体的密度比空气重，建筑内放散的显热不足以形成稳定的上升气流而沉积在下部区域时，宜从下部区域排出总排风量的2/3，上部区域排出总排风量的1/3，且不应小于每小时 1 次换气。

3）当人员活动区有害气体与空气混合后的浓度未超过卫生标准，且混合后气体的相对密度与空气密度接近时，可只设上部或下部区域排风。

注：相对密度小于或等于 0.75 的气体视为比空气轻，当其相对密度大于 0.75 时，视为比空气重。

上、下部区域的排风量中，包括该区域内的局部排风量。

地面以上 2 m 以下规定为下部区域。

（12）排除有爆炸危险的气体、蒸汽和粉尘的局部排风系统，其风量应按在正常运行和事故情况下，风管内这些物质的浓度不大于爆炸下限的 50% 计算。

（13）局部排风罩不能采用密闭形式时，应根据不同的工艺操作要求和技术经济条件选择适宜的排风罩。

(14)建筑物全面排风系统吸风口的布置,应符合下列规定。

1)位于房间上部区域的吸风口,用于排除余热、余湿和有害气体时(含氢气时除外),吸风口上缘至顶棚平面或屋顶的距离不大于0.4 m。

2)用于排除氢气与空气混合物时,吸风口上缘至顶棚平面或屋顶的距离不大于0.1 m。

3)位于房间下部区域的吸风口,其下缘至地板间距不大于0.3 m。

4)因建筑结构造成有爆炸危险气体排出的死角处,应设置导流设施。

(15)含有剧毒物质或难闻气味物质的局部排风系统,或含有浓度较高的爆炸危险性物质的局部排风系统所排出的气体,应排至建筑物空气动力阴影区和正压区外。

注:当排出的气体符合国家现行的大气环境质量和各种污染物排放标准及各行业污染物排放标准时,可不受本条规定的限制。

(16)采用燃气加热的采暖装置、热水器或炉灶等的通风要求,应符合国家现行标准《城镇燃气设计规范》(GB 50028—2006)的有关规定。

(17)民用建筑的厨房、卫生间宜设置竖向排风道。竖向排风道应具有防火、防倒灌、防串味及均匀排气的功能。

住宅建筑无外窗的卫生间,应设置机械排风排入有防回流设施的竖向排风道,且应留有必要的进风面积。

四、事故通风设计

事故通风是保证安全生产和保障人民生命安全的一项必要的措施。对生产、工艺过程中可能突然放散有害气体的建筑物,在设计中均应设置事故排风系统。

事故通风设计应符合以下要求。

(1)可能突然放散大量有害气体或有爆炸危险气体的建筑物,应设置事故通风装置。

（2）设置事故通风系统，应符合下列要求。

1）放散有爆炸危险的可燃气体、粉尘或气溶胶等物质时，应设置防爆通风系统或诱导式事故排风系统；

2）具有自然通风的单层建筑物，所放散的可燃气体密度小于室内空气密度时，宜设置事故送风系统；

3）事故通风宜由经常使用的通风系统和事故通风系统共同保证，但在发生事故时，必须保证能提供足够的通风量。

（3）事故通风量，宜根据工艺设计要求通过计算确定，但换气次数不应小于每小时 12 次。

（4）事故排风的吸风口，应设在有害气体或爆炸危险性物质放散量可能最大或聚集最多的地点。对事故排风的死角处，应采取导流措施。

（5）事故排风的排风口，应符合下列规定。

1）不应布置在人员经常停留或经常通行的地点；

2）排风口与机械送风系统的进风口的水平距离不应小于 20 m，当水平距离不足 20 m 时，排风口必须高出进风口，并不得小于 6 m；

3）当排气中含有可燃气体时，事故通过系统排风口距可能火花溅落地点应大于 20 m；

4）排风口不得朝向室外空气动力阴影区和正压区。

（6）事故通风的通风机，应分别在室内外便于操作的地点设置电器开关。

五、隔热降温设计

通风系统隔热降温设计应符合以下要求。

（1）工作人员在较长时间内直接受辐射热影响的工作地点，当其辐射照度大于或等于 350 W/m² 时，应采取隔热措施；受辐射热影响较大的工作室应隔热。

（2）经常受辐射热影响的工作地点，应根据工艺、供水和室内气象等条件，分别采用水幕、隔热水箱或隔热屏等隔热措施。

（3）工作人员经常停留的高温地面或靠近的高温壁板，其表面平均温度不应高于 40 ℃。

当采用串水地板或隔热水箱时，其排水温度不宜高于 45 ℃。

(4)较长时间操作的工作地点，当其热环境达不到卫生要求时，应设置局部送风。

(5)当采用不带喷雾的轴流式通风机进行局部送风时，工作地点的风速应符合表 6-12 的规定。

表 6-12　工作地点的风速

序号	类　别	风速(m/s)
1	轻作业	2～3
2	中作业	3～5
3	重作业	4～6

(6)当采用喷雾风扇进行局部送风时，工作地点的风速应采用 3～5 m/s，雾滴直径应小于 100 m。

注：喷雾风扇只适用于温度高于 35 ℃，辐射照度大于 1 400 W/m² ,且工艺不忌细小雾滴的中、重作业的工作地点。

(7)设置系统式局部送风时，工作地点的温度和平均风速应按表 6-13采用。

表 6-13　工作地点的温度和平均风速

热辐射照度 （W/m²）	冬　季		夏　季	
	温度(℃)	风速(m/s)	温度(℃)	风速(m/s)
350～700	20～25	1～2	26～31	1.5～3
701～1 400	20～25	1～3	26～30	2～4
1 401～2 100	18～22	2～3	25～29	3～5
2 101～2 800	18～22	3～4	24～28	4～6

注：1. 轻作业时，温度宜采用表中较高值，风速宜采用较低值；重作业时，温度宜采用较低值，风速宜采用较高值；中作业时，其数据可按插入法确定。

　2. 表中夏季工作地点的温度，对于夏热冬冷或夏热冬暖地区可提高 2 ℃，对于累年最热月平均温度小于 25 ℃的地区可降低 2 ℃。

　3. 表中的热辐射照度系指 1 h 内的平均值。

(8)当局部送风系统的空气需要冷却或加热处理时,其室外计算参数,夏季应采用通风室外计算温度及相对湿度,冬季应采用采暖室外计算温度。

(9)系统式局部送风,宜符合下列要求:

1)送风气流宜从人体的前侧上方倾斜吹到头、颈和胸部,必要时亦可从上向下垂直送风。

2)送到人体上的有效气流宽度,宜采用 1 m;对于室内散热量小于 23 W/m³ 的轻作业,可采用 0.6 m。

3)当工作人员活动范围较大时,宜采用旋转送风口。

(10)特殊高温的工作小室,应采取密闭、隔热措施,采用冷风机组或空气调节机组降温,并符合国家现行标准《工业企业设计卫生标准》(GBZ 1—2010)的要求。

六、除尘与有害气体净化

(1)局部排风系统排出的有害气体,当其有害物质的含量超过排放标准或环境要求时,应采取有效净化措施。

(2)放散粉尘的生产工艺过程,当湿法除尘不能满足环保及卫生要求时,应采用其他的机械除尘、机械与湿法联合除尘或静电除尘。

(3)放散粉尘或有害气体的工艺流程和设备,其密闭形式应根据工艺流程、设备特点、生产工艺、安全要求及便于操作、维修等因素确定。

(4)吸风点的排风量,应按防止粉尘或有害气体逸至室内的原则通过计算确定。有条件时,可采用实测数据经验数值。

(5)确定密闭罩吸风口的位置、结构和风速时,应使罩内负压均匀,防止粉尘外逸并不致把物料带走。吸风口的平均风速,不宜大于表 6-14 中所列数值。

(6)除尘系统的排风量,应按其全部吸风点同时工作计算。

注:有非同时工作吸风点时,系统的排风量可按同时工作的吸风点的排风量与非同时工作吸风点排风量的 15%～20%之和确定,并应在各间歇工作的吸风点上装设与工艺设备联锁的阀门。

表 6-14 吸风口的平均风速

序号	类 别	风速(m/s)
1	细粉料的筛分	0.6
2	物料的粉碎	2
3	粗颗粒物料的破碎	3

(7)除尘风管内的最小风速,不得低于表 6-15 的规定。

表 6-15 除尘风管的最小风速 (单位:m/s)

粉尘类别	粉尘名称	垂直风管	水平风管
纤维粉尘	干锯末、小刨屑、纺织尘	10	12
	木屑、刨花	12	14
	干燥粗刨花、大块干木屑	14	16
	潮湿粗刨花、大块湿木屑	18	20
	棉絮	8	10
	麻	11	13
矿物粉尘	耐火材料粉尘	14	17
	黏土	13	16
	石灰石	14	16
	水泥	12	18
	湿土(含水 2%以下)	15	18
	重矿物粉尘	14	16
	轻矿物粉尘	12	14
	灰土、砂尘	16	18
	干细型砂	17	20
	金刚砂、刚玉粉	15	19
金属粉尘	钢铁粉尘	13	15
	钢铁屑	19	23
	铅尘	20	25
其他粉尘	轻质干粉尘(木工磨床粉尘、烟草灰)	8	10
	煤尘	11	13
	焦炭粉尘	14	18
	谷物粉尘	10	12

(8)除尘系统的划分,应按下列规定。

1)同一生产流程、同时工作的扬尘点相距不远时,宜合设一个系统。

2)同时工作但粉尘种类不同的扬尘点,当工艺允许不同粉尘混合回收或粉尘无回收价值时,可合设一个系统。

3)温湿度不同的含尘气体,当混合后可能导致风管内结露时,应分设系统。

(9)除尘器的选择,应根据下列因素并通过技术经济比较确定。

1)含尘气体的化学成分、腐蚀性、爆炸性、温度、湿度、露点、气体量和含尘浓度。

2)粉尘的化学成分、密度、粒径分布、腐蚀性、亲水性、磨琢度、比电阻、黏结性、纤维性和可燃性、爆炸性等。

3)净化后气体的容许排放浓度。

4)除尘器的压力损失和除尘效率。

5)粉尘的回收价值及回收利用形式。

6)除尘器的设备费、运行费、使用寿命、场地布置及外部水、电源条件等。

7)维护管理的繁简程度。

(10)净化有爆炸危险的粉尘和碎屑的除尘器、过滤器及管道等,均应设置泄爆装置。净化有爆炸危险粉尘的干式除尘器和过滤器,应布置在系统的负压段上。

(11)用于净化有爆炸危险粉尘的干式除尘器和过滤器的布置,应符合国家现行标准《建筑设计防火规范》(GB 50016—2006)中的有关规定。

(12)对除尘器收集的粉尘或排出的含尘污水,根据生产条件、除尘器类型、粉尘的回收价值和便于维护管理等因素,必须采取妥善的回收或处理措施;工艺允许时,应纳入工艺流程回收处理。处理干式除尘器收集的粉尘时,应采取防止二次扬尘的措施。含尘污水的排放,应符合国家现行标准《工业企业设计卫生标准》(GBZ 1—2010)的要求。

(13)当收集的粉尘允许直接纳入工艺流程时,除尘器宜布置在生产设备(胶带运输机、料仓等)的上部。当收集的粉尘不允许直接纳入工艺流程时,应设储尘斗及相应的搬运设备。

(14)干式除尘器的卸尘管和湿式除尘器的污水排出管,必须采取防止漏风的措施。

(15)吸风点较多时,除尘系统的备支管段,宜设置调节阀门。

(16)除尘器宜布置在除尘系统的负压段。当布置在正压段时,应选用排尘通风机。

(17)湿式除尘器有冻结可能时,应采取防冻措施。

(18)粉尘净化遇水后,能产生可燃或有爆炸危险的混合物时,不得采用湿式除尘器。

(19)当含尘气体温度高于过滤器、除尘器和风机所容许的工作温度时,应采取冷却降温措施。

(20)旅馆、饭店及餐饮业建筑物以及大、中型公共食堂的厨房,应设机械排风和油烟净化装置,其油烟排放浓度不应大于 $2.0\ mg/m^3$。条件许可时,宜设置集中排油烟烟道。

七、设备选择与布置

(1)选择空气加热器、冷却器和除尘器等设备时,应附加风管等的漏风量。

(2)选择通风机时,应按下列因素确定。

1)通风机的风量应在系统计算的总风量上附加风管和设备的漏风量;

注:正压除尘系统不计除尘器的漏风量。

2)采用定转速通风机时,通风机的压力应在系统计算的压力损失上附加 $10\%\sim15\%$;

3)采用变频通风机时,通风机的压力应以系统计算的总压力损失作为额定风压,但风机电动机的功率应在计算值上再附加 $15\%\sim20\%$;

4)风机的选用设计工况效率,不应低于风机最高效率的 90%。

(3)输送非标准状态空气的通风、空气调节系统,当以实际容积风量用标准状态下的图表计算出的系统压力损失值,并按一般的通风机性能样本选择通风机时,其风量和风压均不应修正,但电动机的轴功率应进行验算。

(4)当通风系统的风量或阻力较大,采用单台通风机不能满足使用要求时,宜采用两台或两台以上同型号、同性能的通风机并联或串联安装,但其联合工况下的风量和风压应按通风机和管道的特性曲线确定。不同型号、不同性能的通风机不宜串联或并联安装。

(5)在下列条件下,应采用防爆型设备。

1)直接布置在有甲、乙类物质场所中的通风、空气调节和热风采暖的设备。

2)排除有甲、乙类物质的通风设备。

3)排除含有燃烧或爆炸危险的粉尘、纤维等丙类物质,其含尘浓度高于或等于其爆炸下限的 25%时的设备。

(6)排除有爆炸危险的可燃气体、蒸汽或粉尘气溶胶等物质的排风系统,当防爆通风机不能满足技术要求时,可采用诱导通风装置;当其布置在室外时,通风机应采用防爆型,电动机可采用密闭型。

(7)空气中含有易燃易爆危险物质的房间中的进风、排风系统应采用防爆型的通风设备。送风机如设置在单独的通风机室内且送风干管上设置止回阀门时,可采用非防爆型通风设备。

(8)用于甲、乙类的场所的通风、空气调节和热风采暖的送风设备,不应与排风设备布置在同一通风机室内。用于排除甲、乙类物质的排风设备,不应与其他系统的通风设备布置在同一通风机室内。

(9)甲、乙类生产厂房的全面和局部送风、排风系统,以及其他建筑物排除有爆炸危险物质的局部排风系统,其设备不应布置在建筑物的地下室、半地下室内。

(10)排除、输送有燃烧或爆炸危险混合物的通风设备和风管,均应采取防静电接地措施(包括法兰跨接),不应采用容易积聚静电的绝缘材料制作。

(11)符合下列条件之一时,通风设备和风管应采取保温或防冻等措施:

1)不允许所输送空气的温度有较显著升高或降低时。

2)所输送空气的温度较高时。

3)除尘风管或干式除尘器内可能有结露时。

4)排出的气体在排入大气前,可能被冷却而形成凝结物堵塞或腐蚀风管时。

5)湿法除尘设施或湿式除尘器等可能冻结时。

八、风管及其他

(1)通风、空气调节系统的风管,宜采用圆形或长、短边之比不大于 4 的矩形截面,其最大长、短边之比不应超过 10。风管的截面尺寸,宜按国家现行标准《通风与空气调节工程施工质量验收规范》(GB 50243—2002)中的规定执行,金属风管管径应为外径或外边长;非金属风管管径应为内径或内边长。

(2)风管漏风量应根据管道长短及其气密程度,按系统风量的百分率计算。风管漏风率宜采用表 6-16 所列数值。

表 6-16　风管漏风率

序号	类别	漏风率
1	一般送、排风系统	5%～10%
2	除尘系统	10%～15%

(3)通风、除尘、空气调节系统各环路的压力损失应进行压力平衡计算。各并联环路压力损失的相对差额,不宜超过表 6-17 所列数值。

表 6-17　各并联环路压力损失的相对差额

序号	类别	数值
1	一般送、排风系统	15%
2	除尘系统	10%

注:当通过调整管径或改变风量仍无法达到上述数值时,宜装设调节装置。

(4)除尘系统的风管,应符合下列要求。

1)宜采用明设的圆形钢制风管,其接头和接缝应严密、平滑。

2)除尘风管最小直径,不应小于表 6-18 所列数值。

表 6-18　除尘风管最小直径

序号	项目	最小直径(mm)
1	细矿尘、木材粉尘	80
2	较粗粉尘、木屑	100
3	粗粉尘、粗刨花	130

3)风管宜垂直或倾斜敷设。倾斜敷设时,与水平面的夹角应大于45°;小坡度或水平敷设的管段不宜过长,并应采取防止积尘的措施。

4)支管宜从主管的上面或侧面连接;三通的夹角宜采用15°～45°。

5)在容易积尘的异形管件附近,应设置密闭清扫孔。

(5)输送高温气体的风管,应采取热补偿措施。

(6)一般工业建筑的机械通风系统,其风管内的风速宜按表 6-19采用。

表 6-19　风管内的风速　　　　　　　　(单位:m/s)

风管类别	钢板及非金属风管	砖及混凝土风速
干　　管	6～14	4～12
支　　管	2～8	2～6

(7)通风设备、风管及配件等,应根据其所处的环境和输送的气体或粉尘的温度、腐蚀性等,采用防腐材料制作或采取相应的防腐措施。

(8)建筑物内的热风采暖、通风与空气调节系统的风管布置,防火阀、排烟阀等的设置,均应符合国家现行有关建筑设计防火规范的要求。

(9)甲、乙、丙类工业建筑的送风、排风管道宜分层设置。当水平和垂直风管在进入车间处设置防火阀时,各层的水平或垂直送风管可合用一个送风系统。

(10)通风、空气调节系统的风管,应采用不燃材料制作。接触腐蚀性气体的风管及柔性接头,可采用难燃材料制作。

(11)用于甲、乙类工业建筑的排风系统,以及排除有爆炸危险物质的局部排风系统,其风管不应暗设,亦不应布置在建筑物的地下室、半地下室内。

(12)甲、乙、丙类生产厂房的风管,以及排除有爆炸危险物质的局部排风系统的风管,不宜穿过其他房间。必须穿过时,应采用密实焊接、无接头、非燃烧材料制作的通过式风管。通过式风管穿过房间的防火墙、隔墙和楼板处应用防火材料封堵。

(13)排除有爆炸危险物质和含有剧毒物质的排风系统,其正压管段不得穿过其他房间。排除有爆炸危险物质的排风管上,其各支管节点处不应设置调节阀,但应对两个管段结合点及各支管之间进行静压平衡计算。

排除含有剧毒物质的排风系统,其正压管段不宜过长。

(14)有爆炸危险厂房的排风管道及排除有爆炸危险物质的风管,不应穿过防火墙,其他风管不宜穿过防火墙和不燃性楼板等防火分隔物。如必须穿过时,应在穿过处设防火阀。在防火阀两侧各 2 m 范围内的风管及其保温材料,应采用不燃材料。风管穿过处的缝隙应用防火材料封堵。

(15)可燃气体管道、可燃液体管道和电线、排水管道等,不得穿过风管的内腔,也不得沿风管的外壁敷设。可燃气体管道和可燃液体管道,不应穿过通风机室。

(16)热媒温度高于 110 ℃的供热管道不应穿过输送有爆炸危险混合物的风管,亦不得沿上述风管外壁敷设;当上述风管与热媒管道交叉敷设时,热媒温度应至少比有爆炸危险的气体、蒸汽、粉尘或气溶胶等物质的自燃点(℃)低 20%。

(17)外表面温度高于 80 ℃的风管和输送有爆炸危险物质的风管及管道,其外表面之间,应有必要的安全距离;当互为上下布置时,表面温度较高者应布置在上面。

(18)输送温度高于 80 ℃的空气或气体混合物的风管,在穿过建筑物的可燃或难燃烧体结构处,应保持大于 150 m 的安全距离或设置不燃材料的隔热层,其厚度应按隔热层外表面温度不超过 80 ℃确定。

（19）输送高温气体的非保温金属风管、烟道,沿建筑物的可燃或难燃烧体结构敷设时,应采取有效的遮热防护措施并保持必要的安全距离。

（20）当排除含有氢气或其他比空气密度小的可燃气体混合物时,局部排风系统的风管,应沿气体流动方向具有上倾的坡度,其值不小于 0.005。

（21）当风管内可能产生沉积物、凝结水或其他液体时,风管应设置不小于 0.005 的坡度,并在风管的最低点和通风机的底部设排水装置。

（22）当风管内设有电加热器时,电加热器前后各 800 mm 范围内的风管和穿过设有火源等容易起火房间的风管及其保温材料均应采用不燃材料。

（23）通风系统的中、低压离心式通风机,当其配用的电动机功率小于或等于 75 kW,且供电条件允许时,可不装设仅为启动用的阀门。

（24）与通风机等振动设备连接的风管,应装设挠性接头。

（25）对于排除有害气体或含有粉尘的通风系统,其风管的排风口宜采用锥形风帽或防雨风帽。

第三节　空气调节节能设计

空气调节是将经过各种空气处理设备（主要指空调）处理后的空气送入要求的建筑物内,并达到室内气候环境控制要求的空气参数,即温度、湿度、洁净度以及噪声控制等。不同功能的建筑采用的空调方式有所不同,空调设备在运行中会消耗很大的能量,据有关部门对各种建筑能耗的统计表明,空调能耗已成为建筑能耗中的重要组成,伴着节能技术的日臻完善,空调系统应在保证舒适性要求的前提下增强能源利用率来实现节能。

一、空气调节节能设计一般规定

（1）符合下列条件之一时,应设置空气调节。

1)采用采暖通风达不到人体舒适标准或室内热湿环境要求。

2)采用采暖通风达不到工艺对室内温度、湿度、洁净度等要求时。

3)对提高劳动生产率和经济效益有显著作用时。

4)对保证身体健康、促进康复有显著效果时。

5)采用采暖通风虽能达到人体舒适和满足室内热湿环境要求,但不经济时。

(2)在满足工艺要求的条件下,宜减少空气调节区的面积和散热、散湿设备。当采用局部空气调节或局部区域空气调节能满足要求时,不应采用全室性空气调节。

有高大空间的建筑物,仅要求下部区域保持一定的温湿度时,宜采用分层式送风或下部送风的气流组织方式。

(3)空气调节区内的空气压力应满足下列要求。

1)工艺性空气调节,按工艺要求确定。

2)舒适性空气调节,空气调节区与室外的压力差或空气调节区相互之间有压差要求时,其压差值宜取 5～10 Pa,但不应大于 50 Pa。

(4)空气调节区宜集中布置。室内温湿度基数和使用要求相近的空气调节区宜相邻布置。

(5)围护结构的传热系数,应根据建筑物的用途和空气调节的类别,通过技术经济比较确定。对于工艺性空气调节不应大于表 6-20 所规定的数值;对于舒适性空气调节,应符合国家现行有关节能设计标准的规定。

表 6-20　围护结构传热系数 K 值　[单位:W/(m² · ℃)]

围护结构名称	室温允许波动范围(℃)		
	±(0.1～0.2)	±0.5	≥±1.0
屋顶	—	—	0.8
顶棚	0.5	0.8	0.9
外墙	—	0.8	1.0
内墙和楼板	0.7	0.9	1.2

注:表中内墙和楼板的有关数值,仅使用于相邻空气调节区的温差大于 3 ℃时。

　　(6)工艺性空气调节区,当室温允许波动范围小于或等于±0.5℃时,其围护结构的热惰性指标 D 值,不应小于表 6-21 的规定。

表 6-21　围护结构最小热惰性指标 D 值

围护结构名称	室温允许波动范围(℃)	
	±(0.1~0.2)	±0.5
外墙	—	4
屋顶	—	3
顶棚	4	3

　　(7)工艺性空气调节区的外墙、外墙朝向及其所在层次,应符合表 6-22 的要求。

表 6-22　外墙、外墙朝向及所在层次

室温允许波动范围(℃)	外墙	外墙朝向	层次
≥±1.0	宜减少外墙	宜北向	宜避免在顶层
±0.5	不宜有外墙	如有外墙时,宜北向	宜底层
±(0.1~0.2)	不应有外墙	—	宜底层

　　注:室温允许波动范围小于或等于±0.5℃的空气调节区,宜布置在室温允许波动范围较大的空气调节区之中;当布置在单层建筑物内时,宜设通风屋顶。

　　(8)空气调节建筑的外窗面积不宜过大。不同窗墙面积比的外窗,其传热系数应符合国家现行有关节能设计标准的规定;外窗玻璃的遮阳系数,严寒地区宜大于 0.80,非严寒地区宜小于 0.65 或采用外遮阳措施。

　　室温允许波动范围大于或等于±1.0℃的空气调节区,部分窗扇应能开启。

　　(9)工艺性空气调节区,当室温允许波动范围大于±1.0℃时,外窗宜北向;±1.0℃时,不应有东、西向外窗;±0.5℃时,不宜有外窗,如有外窗时,应北向。

　　(10)工艺性空气调节区的门和门斗,应符合表 6-23 的要求。舒适性空气调节区开启频繁的外门,宜设门斗、旋转门或弹簧门等,必要时可设置空气幕。

表 6-23　门和门斗

室温允许波动范围(℃)	外门和门斗	内门和门斗
≥±1.0	不宜设置外门,如有经常开启的外门,应设门斗	门两侧温差大于或等于 7 ℃时,宜设门斗
±0.5	不应有外门,如有外门时,必须设门斗	门两侧温差大于 3 ℃时,宜设门斗
±(0.1~0.2)	—	内门不宜通向室温基数不同或室温允许波动范围大于±1.0℃的邻室

注:外门门缝应严密,等门两侧的温差大于或等于7℃时,应采用保温门。

(11)选择确定功能复杂、规模很大的公共建筑的空气调节方案时,宜通过全年能耗分析和投资及运行费用等的比较,进行优化设计。

二、负荷设计

进行空气调节节能设计时,除方案设计或初步设计阶段可使用冷负荷指标进行必要的估算之外,应对空气调节区进行逐项逐时的冷负荷计算。

空气调节区的夏季计算得热量,应根据下列各项确定:通过围护结构传入的热量;通过外窗进入的太阳辐射热量;人体散热量;照明散热量;设备、器具、管道及其他内部热源的散热量;食品或物料的散热量;渗透空气带入的热量;伴随各种散湿过程产生的潜热量。

空气调节区的夏季冷负荷,应根据各项得热量的种类和性质以及空气调节区的蓄热特性,分别进行计算,按各项逐时冷负荷的综合最大值确定。

通过围护结构进入的非稳态传热量、透过外窗进入的太阳辐射热量、人体散热量以及非全天使用的设备、照明灯具的散热量等形成的冷负荷,应按非稳态传热方法计算确定,不应将上述得热量的逐时值直接作为各相应时刻冷负荷的即时值。

1. 围墙结构冷负荷

(1)计算围护结构传热量时,室外或邻室计算温度,宜按下列情况分别确定。

1)对于外窗,采用室外计算逐时温度,按相关规定计算。

2)对于外墙和屋顶,采用室外计算逐时综合温度,按下式计算。

$$t_{zs} = t_{sh} + \frac{\rho j}{\alpha_w}$$

式中　t_{zs}——夏季空气调节室外计算逐时综合温度(℃);

　　　t_{sh}——夏季空气调节室外计算逐时温度(℃);

　　　ρ——围护结构外表面对于太阳辐射热的吸收系数;

　　　j——围护结构所在朝向的逐时太阳总辐射照度(W/m²);

　　　α_w——围护结构外表面接热系数[W/(m²·℃)]。

3)对于室温允许波动范围大于或等于±1.0 ℃的空气调节区,其非轻型外墙的室外计算温度可采用近似室外计算日平均综合温度,按下式计算。

$$t_{zp} = t_{wp} + \frac{\rho j_\rho}{\alpha_w}$$

式中　t_{zp}——夏季空气调节室外计算日平均综合温度(℃);

　　　t_{wp}——夏季空气调节室外计算日平均温度(℃),按规定采用;

　　　ρ——围护结构外表面对于太阳辐射热的吸收系数;

　　　j——围护结构所在朝向太阳总辐射照度的日平均值(W/m²);

　　　α_w——围护结构外表面接热系数[W/(m²·℃)]。

4)对于隔墙、楼板等内围护结构,当邻室为非空气调节区时,采用邻室计算平均温度,按下式计算。

$$t_{ls} = t_{wp} + \Delta t_{ls}$$

式中　t_{ls}——邻室计算平均温度(℃);

　　　t_{wp}——夏季空气调节室外计算日平均温度(℃),按规定采用;

Δt_{ls}——邻室计算平均温度与夏季空气调节室外计算日平均温度的差值(℃),宜按表 6-24 采用。

表 6-24　温度的差值　　　　　　　(单位:℃)

邻室散热量(W/m²)	Δt_{ls}
很少(如办公室和走廊等)	0~2
<23	3
23~116	5

(2)外墙和屋顶传热形成的逐时冷负荷,宜按下式计算。

$$CL = KF(t_{wl} - t_n)$$

式中　CL——外墙或屋顶传热形成的逐时冷负荷(W);

　　　K——传热系数[W/(m²·℃)];

　　　F——传热面积(m²);

　　　t_{wl}——外墙或屋顶的逐时冷负荷计算温度(℃),根据建筑物的地理位置、朝向和构造、外表面颜色和粗糙程度以及空气调节区的蓄热特性,可按上述(4)确定的 t_{zs} 值,通过计算确定;

　　　t_n——夏季空气调节室内计算温度(℃)。

注:当屋顶处于空气调节区之外时,只计算屋顶传热进入空气调节区的辐射部分形成的冷负荷。

(3)对于室温允许波动范围大于或等于±1.0 ℃的空气调节区,其非轻型外墙传热形成的冷负荷,可近似按下式计算。

$$CL = KF(t_{zp} - t_n)$$

式中　CL——外墙或屋顶传热形成的逐时冷负荷(W);

　　　K——传热系数[W/(m²·℃)];

　　　F——传热面积(m²);

　　　t_{zp}——夏季空气调节室外计算日平均综合温度(℃);

　　　t_n——夏季空气调节室内计算温度(℃)。

(4)外窗温差传热形成的逐时冷负荷,宜按下式计算:

$$CL = KF(t_{wl} - t_n)$$

式中　CL——外窗温差传热形成的逐时冷负荷（W）；

　　　K——传热系数[W/(m² · ℃)]；

　　　F——传热面积（m²）；

　　　t_{wl}——外窗的逐时冷负荷计算温度（℃），根据建筑物的地理
位置和空气调节区的蓄热特性，按规定确定的 t_{sh} 值，通
过计算确定；

　　　t_n——夏季空气调节室内计算温度（℃）。

（5）空气调节区与邻室的夏季温差大于 3 ℃时，宜按下式计算通过隔墙、楼板等内围护结构传热形成的冷负荷。

$$CL = KF(t_{ls} - t_n)$$

式中　CL——内围护结构传热形成的冷负荷（W）；

　　　K——传热系数[W/(m² · ℃)]；

　　　F——传热面积（m²）；

　　　t_{ls}——邻室计算平均温度（℃）；

　　　t_n——夏季空气调节室内计算温度（℃）。

（6）舒适性空气调节区，夏季可不计算通过地面传热形成的冷负荷。工艺性空气调节区，有外墙时，宜计算距外墙 2 m 范围内的地面传热形成的冷负荷。

2. 透过玻璃窗的日射得热引起的冷负荷

透过玻璃窗进入空气调节区的太阳辐射热量，应根据当地的太阳辐射照度、外窗的构造、遮阳设施的类型以及附近高大建筑或遮挡物的影响等因素，通过计算确定。

透过玻璃窗进入空气调节区的太阳辐射热形成的冷负荷，应根据得出的太阳辐射热量，考虑外窗遮阳设施的种类、室内空气分布特点以及空气调节区的蓄热特性等因素，通过计算确定。

3. 人体、照明和设备等散热形成的冷负荷

确定人体、照明和设备等散热形成的冷负荷时，应根据空气调节区蓄热特性和不同使用功能，分别选用适宜的人员群集系数、设备功率系数、同时使用系数以及通风保温系数，有条件时宜采用实测数值。

当上述散热形成的冷负荷占空气调节区冷负荷的比率较小时，可

不考虑空气调节区蓄热特性的影响。

4. 夏季湿负荷计算

空气调节区的夏季计算散湿量,应根据下列各项确定:

(1)人体散湿量。

(2)渗透空气带入的湿量。

(3)化学反应过程的散湿量。

(4)各种潮湿表面、液面或液流的散湿量。

(5)食品或其他物料的散湿量。

(6)设备散湿量。

确定散湿量时,应根据散湿源的种类,分别选用适宜的人员群集系数、同时使用系数以及通风系数。有条件时,应采用实测数值。

三、空气调节系统

选择空气调节系统时,应根据建筑物的用途、规模、使用特点、负荷变化情况与参数要求、所在地区气象条件与能源状况等,通过技术经济比较确定。

(1)属下列情况之一的空气调节区,宜分别或独立设置空气调节风系统。

1)使用时间不同的空气调节区。

2)温湿度基数和允许波动范围不同的空气调节区。

3)对空气的洁净要求不同的空气调节区。

4)有消声要求和产生噪声的空气调节区。

5)空气中含有易燃易爆物质的空气调节区。

6)在同一时间内须分别进行供热和供冷的空气调节区。

(2)全空气空气调节系统应采用单风管式系统。下列空气调节区宜采用全空气定风量空气焓值。

1)空间较大、人员较多。

2)温湿度允许波动范围小。

3)噪声或洁净度标准高。

(3)当各空气调节区热湿负荷变化情况相似,采用集中控制,各空气调节区温湿度波动不超过允许范围时,可集中设置共用的全空气定风量空气调节系统。需分别控制各空气调节区室内参数时,宜采用变风量或风机盘管等空气调节系统,不宜采用末端再热的全空气定风量空气调节系统。

(4)当空气调节区允许采用较大送风温差或室内散湿量较大时,应采用具有一次回风的全空气定风量空气调节系统。

(5)当多个空气调节区合用一个空气调节风系统,各空气调节区负荷变化较大、低负荷运行时间较长,且需要分别调节室内温度,在经济、技术条件允许时,宜采用全空气变风量空气调节系统。当空气调节区允许温湿度波动范围小或噪声要求严格时,不宜采用变风量空气调节系统。

(6)采用变风量空气调节系统时,应符合下列要求。

1)风机采用变速调节。

2)采取保证最小新风量要求的措施。

3)当采用变风量的送风末端装置时,送风口应符合规定。

(7)全空气空气调节系统符合下列情况之一时,宜设回风机。

1)不同季节的新风量变化较大、其他排风出路不能适应风量变化要求。

2)系统阻力较大,设置回风机经济合理。

(8)空气调节区较多、各空气调节区要求单独调节,且建筑层高较低的建筑物,宜采用风机盘管加新风系统。经处理的新风宜直接送入室内。当空气调节区空气质量和温、湿度波动范围要求严格或空气中含有较多油烟等有害物质时,不应采用风机盘管。

(9)经技术经济比较合理时,中小型空气调节系统可采用变制冷剂流量分体式空气调节系统。该系统全年运行时,宜采用热泵式机组。在同一系统中,当同时有需要分别供冷和供热的空气调节区时,宜选择热回收式机组。

变制冷剂流量分体式空气调节系统不宜用于振动较大、油污蒸汽较多以及产生电磁波或高频波的场所。

(10)当采用冰蓄冷空气调节冷源或有低温冷媒可利用时,宜采用低温送风空气调节系统;对要求保持较高空气湿度或需要较大送风量的空气调节区,不宜采用低温送风空气调节系统。

(11)采用低温送风空气调节系统时,应符合下列规定。

1)空气冷却器出风温度与冷媒进口温度之间的温差不宜小于 3 ℃,出风温度宜采用 4～10 ℃,直接膨胀系统不应低于 7 ℃。

2)应计算送风机、送风管道及送风末端装置的温升,确定室内送风温度并应保证在室内温湿度条件下风口不结露。

3)采用低温送风时,室内设计干球温度宜比常规空气调节系统提高 1 ℃。

4)空气处理机组的选型,应通过技术经济比较确定。空气冷却器的迎风面风速宜采用 1.5～2.3 m/s,冷媒通过空气冷却器的温升宜采用 9～13 ℃。

5)采用向空气调节区直接送低温冷风的送风口,应采取能够在系统开始运行时,使送风温度逐渐降低的措施。

6)低温送风系统的空气处理机组、管道及附件、末端送风装置必须进行严密的保冷,保冷层厚度应经计算确定。

(12)下列情况应采用直流式(全新风)空气调节系统:

1)夏季空气调节系统的回风焓值高于室外空气焓值。

2)系统服务的各空气调节区排风量大于按负荷计算出的送风量。

3)室内散发有害物质,以及防火防爆等要求不允许空气循环使用。

4)各空气调节区采用风机盘管或循环风空气处理机组,集中送新风的系统。

(13)空气调节系统的新风量,应符合下列规定:

1)不小于人员所需新风量,以及补偿排风和保持室内正压所需风量两项中的较大值。

2)人员所需新风量应满足要求,并根据人员的活动和工作性质以及在室内的停留时间等因素确定。

(14)舒适性空气调节和条件允许的工艺性空气调节可用新风作冷源时,全空气调节系统应最大限度地使用新风。

（15）新风进风口的面积应适应最大新风量的需要。进风口处应装设能严密关闭的阀门。

（16）空气调节系统应有排风出路并应进行风量平衡计算，人员集中或过渡季节使用大量新风的空气调节区，应设置机械排风设施，排风量应适应新风量的变化。

（17）设有机械排风时，空气调节系统宜设置热回收装置。

（18）空气调节系统风管内的风速，应符合表 6-25 的规定。

表 6-25　风管内的风速　　　　　　（单位：m/s）

室内允许噪声级 dB(A)	主管风速	支管风速
25～35	3～4	≤2
35～50	4～7	2～3
50～65	6～9	3～5
65～85	8～12	5～8

注：通风机与消声装置之间的风管，其风速可采用 8～10 m/s。

四、空气调节水系统

空气调节水系统的设计应符合以下要求：

（1）空气调节冷热水参数，应通过技术经济比较后确定。宜采用以下数值：

1）空气调节冷水供水温度：5～9 ℃，一般为 7 ℃。

2）空气调节冷水供回水温差：5～10 ℃，一般为 5 ℃。

3）空气调节热水供水温度：40～65 ℃，一般为 60 ℃。

4）空气调节热水供回水温差：4.2～15 ℃，一般为 10 ℃。

（2）空气调节水系统宜采用闭式循环。当必须采用开式系统时，应设置蓄水箱；蓄水箱的蓄水量，宜按系统循环水量的 5%～10% 确定。

（3）全年运行的空气调节系统，仅要求按季节进行供冷和供热转换时，应采用两管制水系统；当建筑物内一些区域需全年供冷时，宜采用冷热源同时使用的分区两管制水系统。当供冷和供热工况交替频繁或同时使用时，可采用四管制水系统。

（4）中小型工程宜采用一次泵系统；系统较大、阻力较高，且各环路负荷特性或阻力相差悬殊时，宜在空气调节水的冷热源侧和负荷侧分别设一次泵和二次泵。

（5）设置 2 台或 2 台以上冷水机组和循环泵的空气调节水系统，应能适应负荷变化改变系统流量，设置相应的自控设施。

（6）水系统的竖向分区应根据设备、管道及附件的承压能力确定。两管制风机盘管水系统的管路宜按建筑物的朝向及内外区分区布置。

（7）空气调节水循环泵，应按下列原则选用：

1）两管制空气调节水系统，宜分别设置冷水和热水循环泵。当冷水循环泵兼作冬季的热水循环泵使用时，冬、夏季水泵运行的台数及单台水泵的流量、扬程应与系统工况相吻合。

2）一次泵系统的冷水泵以及二次泵系统中一次冷水泵的台数和流量，应与冷水机组的台数及蒸发器的额定流量相对应。

3）二次泵系统的二次冷水泵台数应按系统的分区和每个分区的流量调节方式确定，每个分区不宜少于 2 台。

4）空气调节热水泵台数应根据供热系统规模和运行调节方式确定，不宜少于 2 台；严寒及寒冷地区，当热水泵不超过 3 台时，其中一台宜设置为备用泵。

（8）多台一次冷水泵之间通过共用集管连接时，每台冷水机组入口或出口管道上宜设电动阀，电动阀宜与对应运行的冷水机组和冷水泵连锁。

（9）空气调节水系统布置和选择管径时，应减少并联环路之间的压力损失的相对差额，当超过 15％时，应设置调节装置。

（10）空气调节水系统的小时泄漏量，宜按系统水容量的 1％计算。

（11）空气调节水系统的补水点，宜设置在循环水泵的吸入口处。当补水压力低于补水点压力时，应设置补水泵。空气调节补水泵按下列要求选择和设定：

1）补水泵的扬程，应保证补水压力比系统静止时补水点的压力高 30～50 kPa。

2）小时流量宜为系统 5％～10％。

3）严寒及寒冷地区空气调节热水用及冷热水合用的补水泵，宜设置备用泵。

(12)当设置补水泵时,空气调节水系统应设补水调节水箱;水箱的调节容积应按照水源的供水能力、水处理设备的间断运行时间及补水泵稳定运行等因素确定。

(13)闭式空气调节水系统的定压和膨胀,应按下列要求设计。

1)定压点宜设在循环水泵的吸入口处,定压点最低压力应使系统最高点压力高于大气压力 5 kPa 以上。

2)宜采用高位水箱定压。

3)膨胀管上不应设置阀门。

4)系统的膨胀水量应能够回收。

(14)当给水硬度较高时,空气调节热水系统的补水宜进行水处理,并应符合设备对水质的要求。

(15)空气调节水系统应设置排气和泄水装置。

(16)冷水机组或换热器、循环水泵、补水泵等设备的入口管道上,应根据需要设置过滤器或除污器。

(17)空气处理设备冷凝水管道,应按下列规定设置。

1)当空气调节设备的冷凝水盘位于机组的正压段时,冷凝水盘的出水口宜设置水封;位于负压段时,应设置水封,水封高度应大于冷凝水盘处正压或负压值。

2)冷凝水盘的泄水支管沿水流方向坡度不宜小于 1%,冷凝水水平干管不宜过长,其坡度不应小于 0.3%,且不允许有积水部位。

3)冷凝水水平干管始端应设置扫除口。

4)冷凝水管道宜采用排水塑料管或热镀锌钢管,管道应采取防凝露措施。

5)冷凝水排入污水系统时,应有空气隔断措施,冷凝水管不得与室内密闭雨水系统直接连接。

6)冷凝水管管径应按冷凝水的流量和管道坡度确定。

五、气流组织

空气调节区的气流组织,应根据建筑物的用途对空气调节区内温湿度参数、允许风速、噪声标准、空气质量、室内温度梯度及空气分布特性指标(ADPI)的要求,结合建筑物特点、内部装修、工艺(含设备散热因素)或家具布置等进行设计、计算。

(1)空气调节区的送风方式及送风口的选型,应符合下列要求。

1)宜采用百叶风口或条缝型风口等侧送,侧送气流宜贴附;工艺设备对侧送气流有一定阻碍或单位面积送风量较大,人员活动区的风速有要求时,不应采用侧送。

2)当有吊顶可利用时,应根据空气调节区高度与使用场所对气流的要求,分别采用圆形、方形、条缝形散流器或孔板送风。当单位面积送风量较大,且人员活动区内要求风速较小或区域温差要求严格时,应采用孔板送风。

3)空间较大的公共建筑和室温允许波动范围大于或等于±1.0℃的高大厂房,宜采用喷口送风、旋流风口送风或地板式送风。

4)变风量空气调节系统的送风末端装置,应保证在风量改变时室内气流分布不受影响,并满足空气调节区的温度、风速的基本要求。

5)选择低温送风口时,应使送风口表面温度高于室内露点温度12 ℃。

(2)采用贴附侧送风时,应符合下列要求:

1)送风口上缘离顶棚距离较大时,送风口处设置向上倾斜10°～20°的导流片。

2)送风口内设置使射流不致左右偏斜的导流片。

3)射流流程中无阻挡物。

(3)采用孔板送风时,应符合下列要求。

1)孔板上部稳压层的高度应按计算确定,但净高不应小于 0.2 m。

2)向稳压层内送风的速度宜采用 3～5 m/s。除送风射流较长的以外,稳压层内可不设送风分布支管。在送风口处,宜装设防止送风气流直接吹向孔板的导流片或挡板。

(4)采用喷口送风时,应符合下列要求。

1)人员活动区宜处于回流区。

2)喷口的安装高度应根据空气调节区高度和回流区的分布位置

等因素确定。

3)兼作热风采暖时,宜考虑能够改变射流出口角度的可能性。

(5)分层空气调节的气流组织设计,应符合下列要求。

1)空气调节区宜采用双侧送风,当空气调节区跨度小于 18 m 时,亦可采用单侧送风,其回风口宜布置在送风口的同侧下方。

2)侧送多股平行射流应互相搭接;采用双侧对送射流时,其射程可按相对喷口中点距离的 90% 计算。

3)宜减少非空气调节区向空气调节区的热转移。必要时,应在非空气调节区设置送、排风装置。

(6)空气调节系统上送风方式的夏季送风温差应根据送风口类型、安装高度、气流射程长度以及是否贴附等因素确定。在满足舒适和工艺要求的条件下,宜加大送风温差。舒适性空气调节的送风温差,当送风口高度小于或等于 5 m 时,不宜大于 10 ℃,当送风口高度大于 5 m 时,不宜大于 15 ℃;工艺性空气调节的送风温差,宜按表 6-26 采用。

表 6-26　工艺性空气调节的送风温差

室温允许波动范围(℃)	送风温差(℃)
>±1.0	≤15
±1.0	6~9
±0.5	3~6
±(0.1~0.2)	2~3

(7)空气调节区的换气次数,应符合下列规定。

1)舒适性空气调节每小时不宜小于 5 次,但高大空间的换气次数应按其冷负荷通过计算确定。

2)工艺性空气调节不宜小于表 6-27 所列的数值。

表 6-27　工艺性空气调节换气次数

室温允许波动范围(℃)	每小时换气次数	附　　注
±1.0	5	高大空间除外
±0.5	8	—
±(0.1~0.2)	12	工作时间不送风的除外

(8)送风口的出口风速应根据送风方式、送风口类型、安装高度、室内允许风速和噪声标准等因素确定。消声要求较高时,宜采用2~5 m/s,喷口送风可采用4~10 m/s。

(9)回风口的布置方式,应符合下列要求。

1)回风口不应设在射流区内和人员长时间停留的地点;采用侧送时,宜设在送风口的同侧下方。

2)条件允许时。宜采用集中回风或走廊回风,但走廊的横断面风速不宜过大且应保持走廊与非空气调节区之间的密封性。

(10)回风口的最大吸风速度,宜按表6-28选用。

表 6-28 回风口的最大吸风速度 (单位:m/s)

回风口的位置		最大吸风速度
房间上部		≤4.0
房间下部	不靠近人经常停留的地点时	≤3.0
	靠近人经常停留的地点时	≤1.5

六、空气处理

(1)组合式空气处理机组宜安装在空气调节机房内,并留有必要的维修通道和检修空间。

(2)空气的冷却应根据不同条件和要求,分别采用以下处理方式。

1)循环水蒸发冷却。

2)江水、湖水、地下水等天然冷源冷却。

3)采用蒸发冷却和天然冷源等自然冷却方式达不到要求时,应采用人工冷源冷却。

(3)空气的蒸发冷却采用江水、湖水、地下水等天然冷源时,应符合下列要求。

1)水质符合卫生要求。

2)水的温度、硬度等符合使用要求。

3)使用过后的回水予以再利用。

4)地下水使用过后的回水全部回灌并不得造成污染。

(4)空气冷却装置的选择,应符合下列要求。

1)采用循环水蒸发冷却或采用江水、湖水、地下水作为冷源时,宜采用喷水室;采用地下水等天然冷源且温度条件适宜时,宜选用两级喷水室。

2)采用人工冷源时,宜采用空气冷却器、喷水室。当利用循环水进行绝热加湿或利用喷水提高空气处理后的饱和度时,可采用带喷水装置的空气冷却器。

(5)在空气冷却器中,空气与冷媒应逆向流动,其迎风面的空气质量流速宜采用 2.5~3.5 kg/(m² · s)。当迎风面的空气质量流速大于 3.0 kg/(m² · s)时,应在冷却器后设置挡水板。

(6)制冷剂直接膨胀式空气冷却器的蒸发温度,应比空气的出口温度至少低 3.5 ℃;在常温空气调节系统情况下,满负荷时,蒸发温度不宜低于 0 ℃;低负荷时,应防止其表面结霜。

(7)空气冷却器的冷媒进口温度,应比空气的出口干球温度至少低 3.5 ℃。冷媒的温升宜采用 5~10 ℃,其流速宜采用 0.6~1.5 m/s。

(8)空气调节系统采用制冷剂直接膨胀式空气冷却器时,不得用氨作制冷剂。

(9)采用人工冷源喷水室处理空气时,冷水的温升宜采用 35 ℃;采用天然冷源喷水室处理空气时,其温升应通过计算确定。

(10)在进行喷水室热工计算时,应进行挡水板过水量对处理后空气参数影响的修正。

(11)加热空气的热媒宜采用热水。对于工艺性空气调节系统,当室内温要求控制的允许波动范围小于±1.0 ℃时,送风末端精调加热器宜采用电加热器。

(12)空气调节系统的新风和回风应过滤处理,其过滤处理效率和出口空气的清洁度应符合有关要求。当采用粗效空气过滤器不能满足要求时,应设置中效空气过滤器。空气过滤器的阻力应按终阻力计算。

(13)一般中、大型恒温恒湿类空气调节系统和对相对湿度有上限控制要求的空气调节系统,其空气处理的设计,应采取新风预先单独处理,除去多余的含湿量,在随后的处理中取消再热过程,杜绝冷热抵消现象。

七、空气调节冷热源

1. 一般规定

(1)空气调节人工冷热源宜采用集中设置的冷(热)水机组和供热、换热设备。其机型和设备的选择,应根据建筑物空气调节规模、用途、冷热负荷,所在地区气象条件、能源结构、政策、价格及环保规定等情况,按下列要求通过综合论证确定:

1)热源应优先采用城市、区域供热或工厂余热。

2)具有城市燃气供应的地区,可采用燃气锅炉、燃气热水机供热或燃气吸收式冷(温)水机组供冷、供热。

3)无上述热源和气源供应的地区,可采用燃煤锅炉、燃油锅炉供热,电动压缩式冷水机组供冷或燃油吸收式冷(温)水机组供冷、供热。

4)具有多种能源的地区的大型建筑,可采用复合式能源供冷、供热。

5)夏热冬冷地区、干旱缺水地区的中、小型建筑可采用空气源热泵或地下埋管式地源热泵冷(热)水机组供冷、供热。

6)有天然水等资源可供利用时,可采用水源热泵冷(热)水机组供冷、供热。

7)全年进行空气调节,且各房间或区域负荷特性相差较大,需要长时间向建筑物同时供热和供冷时,经技术经济比较后,可采用水环热泵空气调节系统供冷、供热。

8)在执行分时电价、峰谷电价差较大的地区,空气调节系统采用低谷电价时段蓄冷(热)能明显节电及节省投资时,可采用蓄冷(热)系统供冷(热)。

(2)在电力充足、供电政策和价格优惠的地区,符合下列情况之一时,可采用电力为供热能源:

1)以供冷为主,供热负荷较小的建筑。

2)无城市、区域热源及气源,采用燃油、燃煤设备受环保、消防严格限制的建筑。

3)夜间可利用低谷电价进行蓄热的系统。

(3)需设空气调节的商业或公共建筑群,有条件时宜采用热、电、冷联产系统或设置集中供冷、供热站。

(4)符合下列情况之一时,宜采用分散设置的风冷、水冷式或蒸发冷却式空气调节机组。

1)空气调节面积较小,采用集中供冷、供热系统不经济的建筑。

2)需设空气调节的房间布置过于分散的建筑。

3)设有集中供冷、供热系统的建筑中,使用时间和要求不同的少数房间。

4)需增设空气调节,而机房和管道难以设置的原有建筑。

5)居住建筑。

(5)电动压缩式机组的总装机容量,应按规定计算的冷负荷选定,不另作附加。

(6)电动压缩式机组台数及单机制冷量的选择,应满足空气调节负荷变化规律及部分负荷运行的调节要求,一般不宜少于两台;当小型工程仅设一台时,应选调节性能优良的机型。

(7)选择电动压缩式机组时,其制冷剂必须符合有关环保要求,采用过渡制冷剂时,其使用年限不得超过我国有关禁用时间的规定。

2. 电动压缩式冷水机组

(1)水冷电动压缩式冷水机组的机型,宜按表 6-29 内的制冷量范围,经过性能价格比进行选择。

(2)水冷、风冷式冷水机组的选型,应采用名义工况制冷性能系数(COP)较高的产品。制冷性能系数(COP)应同时考虑满负荷与部分负荷因素。

(3)在有工艺用氨制冷的冷库和工业等建筑,其空气调节系统采用氨制冷机房提供冷源时,必须符合下列条件。

1)应采用水/空气间接供冷方式,不得采用氨直接膨胀空气冷却器的送风系统;

2)氨制冷机房及管路系统设计应符合国家现行标准《冷库设计规范》(GB 50072—2010)的规定。

表6-29　水冷式冷水机组选型范围

单机名义工况制冷量(kW)	冷水机组机型
≤116	往复式、涡旋式
116～700	往复式
	螺杆式
700～1 054	螺杆式
1 054～1 758	螺杆式
	离心式
≥1 758	离心式

注:名义工况指出水温度7 ℃,冷却水温度30 ℃。

(4)采用氨冷水机组提供冷源时,应符合下列条件。

1)氨制冷机房单独设置且远离建筑群。

2)采用安全性、密封性能良好的整体式氨冷水机组。

3)氨冷水机排氨口排气管,其出口应高于周围50 m范围内最高建筑物屋脊5 m。

4)设置紧急泄氨装置。当发生事故时,能将机组氨液排入水池或下水道。

3. 热泵

(1)空气源热泵机组的选型,应符合下列要求。

1)机组名义工况制冷、制热性能系数(COP)应高于国家现行标准。

2)具有先进可靠的融霜控制,融霜所需时间总和不应超过运行周期时间的20%。

3)应避免对周围建筑物产生噪声干扰,符合国家现行标准《声环境质量标准》(GB 3096—2008)的要求。

4)在冬季寒冷、潮湿的地区,需连续运行或对室内温度稳定性有要求的空气调节系统,应按当地平衡点温度确定辅助加热装置的容量。

(2)空气源热泵冷热水机组冬季的制热量,应根据室外空气调节计算温度修正系数和融霜修正系数,按下式进行修正。

$$Q = qK_1K_2$$

式中　Q ——机组制热量(kW);

　　　q ——产品样本中的瞬时制热量(标准工况:室外空气干球温度7 ℃、湿球温度 6 ℃)(kW);

　　　K_1 ——使用地区室外空气调节计算干球温度的修正系数,按产品样本选取;

　　　K_2 ——机组融霜修正系数,每小时融霜一次取 0.9,两次取 0.8。

注:每小时融霜次数可按所选机组融霜控制方式、冬季室外计算温度、湿度选取或向生产厂家咨询。

(3)水源热泵机组采用地下水、地表水时,应符合以下原则。

1)机组所需水源的总水量应按冷(热)负荷、水源温度、机组和板式换热器性能综合确定。

2)水源供水应充足稳定,满足所选机组供冷、供热时对水温和水质的要求,当水源的水质不能满足要求时,应相应采取有效的过滤、沉淀、灭藻、阻垢、除垢和防腐等措施。

3)采用集中设置的机组时,应根据水源水质条件确定水源直接进入机组换热或另设板式换热器间接换热;采用分散小型单元式机组时,应设板式换热器间接换热。

(4)水源热泵机组采用地下水为水源时,应采用闭式系统;对地下水应采取可靠的回灌措施,回灌水不得对地下水资源造成污染。

(5)采用地下埋管换热器和地表水盘管换热器的地源热泵时,其埋管和盘管的形式、规格与长度,应按冷(热)负荷、土地面积、土壤结构、土壤温度、水体温度的变化规律和机组性能等因素确定。

(6)采用水环热泵空气调节系统时,应符合下列规定。

1)循环水水温宜控制在 15~35 ℃。

2)循环水系统宜通过技术经济比较确定采用闭式冷却塔或开式冷却塔。使用开式冷却塔时,应设置中间换热器。

3)辅助热源的供热量应根据冬季白天高峰和夜间低谷负荷时的建筑物的供暖负荷、系统可回收的内区余热等,经热平衡计算确定。

4. 溴化锂吸收式机组

（1）蒸汽、热水型溴化锂吸收式冷水机组和直燃型溴化锂吸收式冷（温）水机组的选择，应根据用户具备的加热源种类和参数合理确定。各类机型的加热源参数见表6-30。

表6-30　各类机型的加热源参数

机　　组	加热源种类及参数
直燃机组	天然气、人工煤气、轻柴油、液化石油气
蒸汽双效机组	蒸汽额定压力（表）0.25、0.4、0.6、0.8（MPa）
热水双效机组	＞140 ℃热水
蒸汽单效机组	废气（0.1 MPa）
热水单效机组	废热（85～140 ℃热水）

（2）直燃型溴化锂吸收式冷（温）水机组应优先采用天然气、人工煤气或液化石油气做加热源。当无上述气源供应时，宜采用轻柴油。

（3）溴化锂吸收式机组在名义工况下的性能参数，应符合现行国家标准《蒸汽和热水型溴化锂吸收式冷水机组》（GB/T 18431—2001）和《直燃型溴化锂吸收式冷（温）水机组》（GB/T 18362—2008）的规定。

（4）选用直燃型溴化锂吸收式冷（温）水机组时，应符合以下规定。

1）按冷负荷选型，并考虑冷、热负荷与机组供冷、供热量的匹配。

2）当热负荷大于机组供热量时，不应用加大机型的方式增加供热量；当通过技术经济比较合理时，可加大高压发生器和燃烧器以增加供热量，但增加的供热量不宜大于机组原供热量的50%。

（5）选择溴化锂吸收式机组时，应考虑机组水侧污垢及腐蚀等因素，对供冷（热）量进行修正。

（6）采用供冷（温）及生活热水三用直燃机时，除应符合上述"（3）"条外，还应符合下列要求。

1）完全满足冷（温）水与生活热水日负荷变化和季节负荷变化的要求，并达到实用、经济、合理。

2）设置与机组配合的控制系统，按冷（温）水及生活热水的负荷需求进行调节。

3)当生活热水负荷大、波动大或使用要求高时,应另设专用热水机组供给生活热水。

(7)溴化锂吸收式机组的冷却水、补充水的水质要求,直燃型溴化锂吸收式冷(温)水机组的储油、供油系统、燃气系统等的设计,均应符合国家现行有关标准的规定。

5. 蓄冷、蓄热

(1)在执行峰谷电价且峰谷电价差较大的地区,具有下列条件之一,经综合技术经济比较合理时,宜采用蓄冷蓄热空气调节系统。

1)建筑物的冷、热负荷具有显著的不均衡性,有条件利用闲置设备进行制冷、制热时。

2)逐时负荷的峰谷差悬殊,使用常规空气调节会导致装机容量过大,且经常处于部分负荷下运行时。

3)空气调节负荷高峰与电网高峰时段重合,且在电网低谷时段空气调节负荷较小时。

4)有避峰限电要求或必须设置应急冷源的场所。

(2)在设计与选用蓄冷、蓄热装置时,蓄冷、蓄热系统的负荷,应按一个供冷或供热周期计算。所选蓄能装置的蓄存能力和释放能力,应满足空气调节系统逐时负荷要求,并充分利用电网低谷时段。

(3)冰蓄冷系统形式,应根据建筑物的负荷特点、规律和蓄冰装置的特性等确定。

(4)载冷剂的选择,应符合下列要求。

1)制冷机制冰时的蒸发温度,应高于该浓度下溶液的凝固点,而溶液沸点应高于系统的最高温度。

2)物理化学性能稳定。

3)比热大,密度小,黏度低,导热好。

4)无公害。

5)价格适中。

6)溶液中应添加防腐剂。

(5)当采用乙烯乙二醇水溶液作为载冷剂时,开式系统应设补液设备,闭式系统应配置溶液膨胀箱和补液设备。

（6）乙烯乙二醇水溶液的管道,可按冷水管道进行水力计算,再加以修正后确定。25％浓度的乙烯乙二醇水溶液在管内的压力损失修正系数为 1.2～1.3;流量修正系数为 1.07～1.08。

（7）载冷剂管路系统的设计,应符合下列规定。

1）载冷剂管路,不应选用镀锌钢管。

2）空气调节系统规模较小时,可采用乙烯乙二醇水溶液直接进入空气调节系统供冷;当空气调节水系统规模大、工作压力较高时,宜通过板式换热器向空气调节系统供冷。

3）管路系统的最高处应设置自动排气阀。

4）溶液膨胀箱的溢流管应与溶液收集箱连接。

5）多台蓄冷装置并联时,宜采用同程连接;当不能实现时,宜在每台蓄冷装置的入口处安装流量平衡阀。

6）开式系统中,宜在回液管上安装压力传感器和电动阀控制。

7）管路系统中所有手动和电动阀,均应保证其动作灵活而且严密性好,既无外泄漏,也无内泄漏。

8）冰蓄冷系统应能通过阀门转换,实现不同的运行工况。

（8）蓄冰装置的蓄冷特性,应保证在电网低谷时段内能完成全部预定蓄冷量的蓄存。

（9）蓄冰装置的取冷特性,不仅应保证能取出足够的冷量,满足空气调节系统的用冷需求,而且在取冷过程中,取冷速率不应有太大的变化,冷水温度应基本稳定。

（10）蓄冰装置容量与双工况制冷机的空气调节标准制冷量,宜按下列规定计算确定。

1）全负荷蓄冰时,蓄冰装置有效容量:

$$Q_s = \sum_{i=1}^{24} q_i = n_1 \cdot c_f \cdot q_c$$

蓄冰装置名义容量:

$$Q_{so} = \varepsilon \cdot Q_s$$

制冷机标定制冷量:

$$q_c = \frac{\sum_{i=1}^{24} q_i}{n_1 \cdot c_f}$$

式中　Q_s——蓄冰装置有效容量(kW·h);

Q_{so}——蓄冰装置名义容量(kW·h);

q_i——建筑物逐时冷负荷(kW);

n_1——夜间制冷机在制冰工况下运行的小时数(h);

c_f——制冷机制冰时制冷能力的变化率,即实际制冷量与标定制冷量的比值。一般情况下:

　　活塞式制冷机 $c_f = 0.60 \sim 0.65$

　　螺杆式制冷机 $c_f = 0.64 \sim 0.70$

　　离心式(中压)$c_f = 0.62 \sim 0.66$

　　离心式(三级)$c_f = 0.72 \sim 0.80$

q_c——制冷机的标定制冷量(空调工况)(kW·h);

ε——蓄冰装置的实际放大系数(无因次)。

2)部分负荷蓄冰时,为使制冷机容量及投资量小,则

蓄冰装置有效容量:

$$Q_s = n_1 \cdot c_f \cdot q_c$$

蓄冰装置名义容量:

$$Q_{so} = \varepsilon \cdot Q_s$$

制冷机标定制冷量:

$$q_c = \frac{\sum_{i=1}^{24} q_i}{n_2 + n_1 \cdot c_f}$$

式中　q_c——制冷机的标定制冷量(空调工况)(kW·h);

q_i——建筑物逐时冷负荷(kW);

n_2——白天制冷机在空调工况下的运行小时数(h);

n_1——夜间制冷机在制冰工况下运行的小时数(h);

c_f——制冷机制冰时制冷能力的变化率,即实际制冷量与标定制冷量的比值。

3)若当地电力部门有其他限电政策时,所选蓄冰量的最大小时取冷量,应满足限电时段的最大小时冷负荷的要求。即:

为满足限电要求时,蓄冰装置有效容量:

$$Q_s \cdot \eta_{max} \geqslant q'_{imax}$$

为满足限电要求所需蓄冰槽的有效容量:

$$Q'_s \geqslant \frac{q'_{imax}}{\eta_{max}}$$

为满足限电要求,修正后的制冷机标定制冷量:

$$q'_c \geqslant \frac{Q'_s}{n_1 \cdot c_f}$$

式中　　Q'_s——为满足限电要求所需的蓄冰槽容量(kW·h);

η_{max}——所选蓄冰设备的最大小时取冷率;

q'_{imax}——限电时段空气调节系统的最大小时冷负荷(kW);

q'_c——修正后的制冷机标定制冷量(kW·h);

n_1——夜间制冷机在制冰工况下运行的小时数(h);

c_f——制冷机制冰时制冷能力的变化率,即实际制冷量与标定制冷量的比值。

(11)较小的空气调节系统在制冰同时,有少量(一般不大于制冰量的15%)连续空气调节负荷需求,可在系统中单设循环水泵取冷。

(12)较大的空气调节系统制冰同时,如有一定量的连续空气调节负荷存在,宜专门设置基载制冷机。

(13)蓄冰空气调节系统供水温度及回水温差,宜满足下列要求:

1)选用一般内融冰系统时,空气调节供回水宜为7~12 ℃。

2)需要大温差供水(5~15 ℃)时,宜选用串联式蓄冰系统。

3)采用低温送风系统时,宜选用3~5 ℃的空气调节供水温度;仅局部有低温送风要求时,可将部分载冷剂直接送至空气调节表冷器。

4)采用区域供冷时,供回水温度宜为3~13 ℃。

(14)共晶盐材料蓄冷装置的选择,应符合下列规定:

1)蓄冷装置的蓄冷速率应保证在允许的时段内能充分蓄冷,制冷机工作温度的降低应控制在整个系统具有经济性的范围内。

2)蓄冰装置的融冰速率与出水温度应满足空气调节系统的用冷要求。

3)共晶盐相变材料应选用物理化学性能稳定,相变潜热量大、无毒、价格适中的材料。

(15)水蓄冷蓄热系统设计,应符合下列规定。

1)蓄冷水温不宜低于 4 ℃。

2)蓄冷、蓄热混凝土水池容积不宜小于 100 m^3。

3)蓄冷、蓄热水池深度,应考虑到水池中冷热掺混热损失,在条件允许时宜尽可能加深。

4)蓄热水池不应与消防水池合用。

5)水路设计时,应采用防止系统中水倒灌的措施。

6)当有特殊要求时,可采用蒸汽和高压过热水蓄热装置。

6. 换热装置

(1)采用城市热网或区域锅炉房热源(蒸汽、热水)供热的空气调节系统,应设换热器进行供热。

(2)换热器应选择高效、结构紧凑、便于维护、使用寿命长的产品。

(3)换热器的容量,应根据计算热负荷确定。当一次热源稳定性差时,换热器的换热面积应乘以 1.1~1.2 的系数。

(4)汽水换热器的蒸汽凝结水,应回收利用。

7. 冷却水系统

(1)水冷式冷水机组和整体式空气调节器的冷却水应循环使用。冷却水的热量宜回收利用,冷季宜利用冷却塔作为冷源设备使用。

(2)空气调节用冷水机组和水冷整体式空气调节器的冷却水水温,应按下列要求确定。

1)冷水机组的冷却水进口温度不宜高于 33 ℃。

2)冷却水进口最低温度应按冷水机组的要求确定:电动压缩式冷水机组不宜低于 15.5 ℃;溴化锂吸收式冷水机组不宜低于 24 ℃;冷却水系统,尤其是全年运行的冷却水系统,宜对冷却水的供水温度采取调节措施。

3)冷却水进出口温差应按冷水机组的要求确定:电动压缩式冷水机组宜取 5℃,溴化锂吸收式冷水机组宜为 5~7 ℃。

(3)冷却水的水质应符合国家现行标准《工业循环冷却水处理设计规范》(GB 50050—2007)及有关产品对水质的要求,并采取下列措施。

1)应设置稳定冷却水系统水质的有效水质控制装置。

2)水泵或冷水机组的入口管道上应设置过滤器或除污器。

3)当一般开式冷却水系统不能满足制冷设备的水质要求时,宜采用闭式冷却塔或设置中间换热器。

(4)除采用分散设置的水冷整体式空气调节器或小型户式冷水机组等,可以合用冷却水系统外,冷却水泵台数和流量应与冷水机组相对应;冷却水泵的扬程应能满足冷却塔的进水压力要求。

(5)多台冷水机组和冷却水泵之间通过共用集管连接时,每台冷水机组入口或出口管道上宜设电动阀,电动阀宜与对应运行的冷水机组和冷却水泵连锁。

(6)冷却塔的选用和设置,应符合下列要求。

1)冷却塔的出口水温、进出口水温差和循环水量,在夏季空气调节室外计算湿球温度条件下,应满足冷水机组的要求。

2)对进口水压有要求的冷却塔的台数,应与冷却水泵台数相对应。

3)供暖室外计算温度在 0 ℃ 以下的地区,冬季运行的冷却塔应采取防冻措施。

4)冷却塔设置位置应通风良好,远离高温或有害气体,并应避免飘逸水对周围环境的影响。

5)冷却塔材质应符合防火要求。

(7)当多台开式冷却塔并联运行,且不设集水箱时,应使各台冷却塔和水泵之间管段的压力损失大致相同,在冷却塔之间宜设平衡管或各台冷却塔底部设置公用连通水槽。

(8)除横流式等进水口无余压要求的冷却塔外,多台冷却水泵和冷却塔之间通过共用集管连接时,应在每台冷却塔进水管上设置电动阀,当无集水箱或连通水槽时,每台冷却塔的出水管上也应设置电动阀,电动阀宜与对应的冷却水泵联锁。

(9)开式系统冷却水补水量应按系统的蒸发损失、飘逸损失、排污泄漏损失之和计算。不设集水箱的系统,应在冷却塔底盘处补水;设置集水箱的系统,应在集水箱处补水。

(10)间歇运行的开式冷却水系统,冷却塔底盘或集水箱的有效存水容积,应大于湿润冷却塔填料等部件所需水量,以及停泵时靠重力流入的管道等的水容量。

(11)当冷却塔设置在多层或高层建筑的屋顶时,冷却水集水箱不宜设置在底层。

8. 制冷和供热机房

(1)制冷和供热机房宜设置在空气调节负荷的中心,并应符合下列要求。

1)机房宜设观察控制室、维修间及洗手间。

2)机房内的地面和设备机座应采用易于清洗的面层。

3)机房内应有良好的通风设施;地下层机房应设机械通风,必要时设置事故通风;控制室、维修间宜设空气调节装置。

4)机房应考虑预留安装孔、洞及运输通道。

5)机房应设电话及事故照明装置,照度不宜小于 100 lx,测量仪表集中处应设局部照明。

6)设置集中采暖的制冷机房,其室内温度不宜低于 16 ℃。

7)机房应设给水与排水设施,满足水系统冲洗、排污要求。

(2)机房内设备布置,应符合以下要求。

1)机组与墙之间的净距不小于 1 m,与配电柜的距离不小于1.5 m。

2)机组与机组或其他设备之间的净距不小于 1.2 m。

3)留有不小于蒸发器、冷凝器或低温发生器长度的维修距离。

4)机组与其上方管道、烟道或电缆桥架的净距不小于 1 m。

5)机房主要通道的宽度不小于 1.5 m。

(3)氨制冷机房,应满足下列要求:

1)机房内严禁采用明火采暖。

2)设置事故排风装置,换气次数每小时不少于 12 次,排风机选用防爆型。

(4)直燃吸收式机房及其配套设施的设计应符合国家现行有关防火及燃气设计规范的规定。

9. 设备、管道的保冷和保温

(1)保冷、保温设计应符合保持供冷、供热生产能力及输送能力,减少冷、热量损失和节约能源的原则。具有下列情形的设备、管道及其附件、阀门等均应保冷或保温。

1)冷、热介质在生产和输送过程中产生冷热损失的部位。

2)防止外壁、外表面产生冷凝水的部位。

(2)管道的保冷和保温,应符合下列要求。

1)保冷层的外表面不得产生凝结水。

2)管道和支架之间,管道穿墙、穿楼板处应采取防止"冷桥"、"热桥"的措施。

3)采用非闭孔材料保冷时,外表面应设隔气层和保护层;保温时,外表面应设保护层。

(3)设备和管道的保冷、保温材料,应按下列要求选择。

1)保冷、保温材料的主要技术性能应按国家现行标准《设备及管道绝热设计导则》(GB/T 8175—2008)的要求确定。

2)优先采用导热系数小、湿阻因子大、吸水率低、密度小、综合经济效益高的材料。

3)用于冰蓄冷系统的保冷材料,除满足上述要求外,应采用闭孔型材料和对异形部位保冷简便的材料。

4)保冷、保温材料为不燃或难燃材料。

(4)设备和管道的保冷及保温层厚度,应按《设备及管道绝热设计导则》(GB/T 8175—2008)的要求确定。供冷或冷热共用时,可参照表 6-31～表 6-34 的规定选用;凝结水管可参照表 6-31～表 6-34 的规定选用。

表 6-31　空气调节供冷管道最小保冷厚度（介质温度≥5℃）

（单位：mm）

保冷位置	保冷材料							
	柔性泡沫橡塑管壳、板				玻璃棉管壳			
	Ⅰ类地区		Ⅱ类地区		Ⅰ类地区		Ⅱ类地区	
	管径	厚度	管径	厚度	管径	厚度	管径	厚度
房间吊顶内	DN15~DN25	13	DN15~DN25	19	DN15~DN40	20	DN15~DN40	20
	DN32~DN80	15	DN32~DN80	22	≥DN50	25	DN50~DN150	25
	≥DN100	19	≥DN100	25			≥DN200	30
地下室机房	DN15~DN50	19	DN15~DN40	25	DN15~DN40	25	DN15~DN40	25
	DN65~DN80	22	DN50~DN80	28	≥DN50	30	DN50~DN150	30
	≥DN100	25	≥DN100	32			≥DN200	35
室外	DN15~DN25	25	DN15~DN32	32	DN15~DN40	30	DN15~DN40	30
	DN32~DN80	28	DN40~DN80	36	≥DN50	35	≥DN50~DN150	35
	≥DN100	32	≥DN100	40			≥DN200	40

表 6-32　蓄冰系统管道最小保冷厚度（介质温度≥-10℃）

（单位：mm）

保冷位置	管径、设备	保冷材料			
		柔性泡沫橡塑管壳、板		聚氨酯泡沫	
		Ⅰ类地区	Ⅱ类地区	Ⅰ类地区	Ⅱ类地区
机房内	DN15~DN40	25	32	25	30
	DN50~DN100	32	40	30	40
	≥DN125	40	50	40	50
	板式换热器	25	32		
	蓄冰罐、槽	50	60	50	60
室外	DN15~DN40	32	40	30	40
	DN50~DN100	40	50	40	50
	≥DN125	50	60	50	60
	蓄冰罐、槽	60	70	60	70

表 6-33 空气调节风管最小保冷厚度 （单位：mm）

保冷位置		保冷材料			
		玻璃棉板、毡		柔性泡沫橡塑板	
		Ⅰ类地区	Ⅱ类地区	Ⅰ类地区	Ⅱ类地区
常规空气调节（介质温度≥14 ℃）	在非空气调节房间内	30	40	13	19
	在空气调节房间吊顶内	20	30	9	13
低温送风（介质温度≥4 ℃）	在非空气调节房间内	40	50	19	25
	在空气调节房间吊顶内	30	40	15	21

表 6-34 空气调节凝结水管防凝露厚度 （单位：mm）

位 置	材 料			
	柔性泡沫橡塑管壳		玻璃棉管壳	
	Ⅰ类地区	Ⅱ类地区	Ⅰ类地区	Ⅱ类地区
在空气调节房间吊顶内	6	9	10	10
在非空气调节房间内	9	13	10	15

注：1. 表 6-31～表 6-34 中的保冷厚度按以下原则确定：

(1)表 6-31～表 6-34 中的地区范围，按《管道及设备保冷通用图》(98T902)中全国主要城市 θ 值(潮湿系数)分区表确定：Ⅰ类地区：北京、天津、重庆、武汉、西安、杭州、郑州、长沙、南昌、沈阳、大连、长春、哈尔滨、济南、石家庄、贵阳、昆明、台北。Ⅱ类地区：上海、南京、福州、厦门、广州及广东沿海城市、成都、南宁、香港、澳门，未包括的城市和地区，可参照邻近城市选用。

(2)保冷材料的导热系数 λ：

柔性泡沫橡塑：$\lambda=0.033\ 75+0.000\ 125\ t_m\ [\text{W}/(\text{m}\cdot\text{K})]$

玻璃棉管、板：$\lambda=0.031+0.000\ 17\ t_m\ [\text{W}/(\text{m}\cdot\text{K})]$

硬质聚氨酯泡沫塑料：$\lambda=0.027\ 5+0.000\ 9\ t_m\ [\text{W}/(\text{m}\cdot\text{K})]$

式中 t_m——保冷层的平均温度(℃)。

2. 表 6-31～表 6-34 中的保冷厚度均大于空气调节水、风系统冬季供热时所需的保温厚度。

3. 空气调节水系统采用四管制时，供热管的保温厚度可按《严寒和寒冷地区居住建筑节能设计标准》(JGJ 26—2010)中保温规定执行，也可按表 6-31 中的厚度进行保温。

第七章　建筑采光与照明节能设计

第一节　建筑采光节能设计

建筑采光节能需要协调采光节能与热工节能之间的矛盾、注重天然采光、根据不同的地区、环境采取不同的设计方法。在此基础上,采光节能设计需要对建筑物进行整体规划布局来达到采光控制的目的,以使采光节能取得最好的效果。

一、建筑光学基本知识

1. 光的定义及本质

从不同的角度、不同的层次可以有不同的理解。从纯粹的物理意义上讲,光是电磁波,是所有形式的辐射能量。

光是以电磁波形式传播的辐射能。电磁波的波长范围极其宽广,最短的如宇宙线,其波长仅 $10^{-14} \sim 10^{-16}$ m,最长的电磁波长可达数千米。在很多情况下,人们所说的"光"或"亮",指的是能够为人眼所感觉到的那一小段可见光谱的辐射能,其波长范围是 $380 \sim 780$ nm(1 nm$=10^{-9}$ m)。长于 780 nm 的红外线、无线电波等,以及短于 380 nm 的紫外线、X 射线等,都不能为人眼所感受,因此就不属于"光"的范畴了。而不同波长的可见光,在人眼中又产生不同的颜色感觉,如图 7-1 所示。各种颜色对应的波长范围并不是截然分开的,而是随波长逐渐变化的。只有单一波长的光,才表现为一种颜色,称为单色光。全部可见光波混合在一起就形成日光(白色光)。

2. 基本光度单位

常用的基本光度单位有光通量、照度、发光强度和亮度,其定义式见表 7-1。基本光度单位之间互相联系,两个重要的关系式见表 7-2。

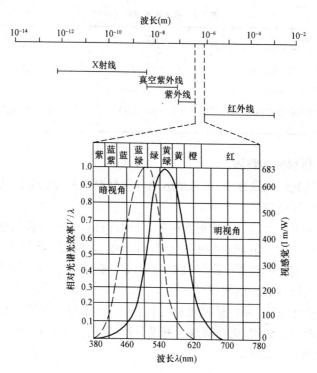

图 7-1 可见光及其颜色感觉、光谱光效率曲线

表 7-1   光度单位及定义式

名　称	符　号	定义公式	单　位
光通量	Φ	$\Phi = K_{\mathrm{m}} \displaystyle\int \Phi_{\mathrm{e}} \cdot {}_{\lambda} V(\lambda) \mathrm{d}\lambda$	lm（流明）
发光强度	I	$I = \dfrac{\mathrm{d}\Phi}{\mathrm{d}\Omega}$	cd（坎德拉）
照度	E	$E = \dfrac{\mathrm{d}\Phi}{\mathrm{d}A}$	lx（勒克斯）
亮度	L	$L_\theta = \dfrac{I}{\mathrm{d}A \cdot \cos\theta}$	cd/m² （坎德拉每平方米）

表 7-2　基本光度单位关系式

名　称	表达式	适用条件
距离平方反比定律	$E=\dfrac{I}{r_2}\cos\alpha$	点光源
立体角投影定律	$E=L_\alpha\cdot\Omega\cdot\cos\theta$	光源距受照面距离较大

3. 材料光学性质

建筑光环境设计中,灵活地运用各种材料来控光、调光,可以创造出各种光环境效果。

常见材料可以分为透射性材料、反射性材料和折射性材料。透射性材料有半透明玻璃、半透明塑料、灯笼纸、糊窗纸、薄片大理石、石蜡、窗纱、透光织物等。反射性材料如镜面玻璃、磨光金属、常用的不透光建筑材料等。照明设计中的泛光(Wallwasher)手法就是充分利用材料反光特性,展现材料质地,创造出一种光环境效果。折射性材料利用光折射原理,能精确地控制光分布,如折光玻璃砖、各种棱镜灯罩等,如图 7-2 所示。

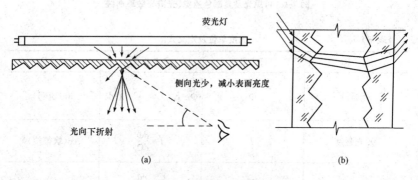

图 7-2　光折射材料的应用

常见室内装饰材料的反光系数值和适光系数值,见表 7-3 和表 7-4,但如果是特定材料,在使用前还要进行反光及透光系数的测定。

表 7-3　常用饰面材料的反光系数

序　号	材　　料	反光系数 ρ
1	石膏	0.91
2	大白粉刷	0.75
3	水泥砂浆抹面	0.32
4	白水泥	0.75
5	白色乳胶漆	0.84
6	调和漆 　白色及米黄色 　中黄色	 0.70 0.57
7	红砖	0.33
8	灰砖	0.23
9	瓷釉面砖 　白色 　黄绿色 　粉色 　天蓝色 　黑色	 0.80 0.62 0.65 0.55 0.08
10	无釉陶土地砖 　土黄色 　朱砂	 0.53 0.19
11	陶瓷锦砖 　白色 　浅蓝色 　浅咖啡色 　深咖啡色 　绿色	 0.59 0.42 0.31 0.20 0.25
12	大理石 　白色 　乳色间绿色 　红色 　黑色	 0.60 0.39 0.32 0.08

序　号	材　料	反光系数 ρ
13	水磨石 　白色 　白色间灰黑色 　白色间绿色 　黑灰色	0.70 0.52 0.66 0.10
14	塑料贴面板 　浅黄色木纹 　中黄色木纹 　深棕色木纹	0.36 0.30 0.12
15	塑料墙纸 　黄白色 　蓝白色 　浅粉白色	0.72 0.61 0.65
16	胶合板	0.58
17	广漆地板	0.10
18	菱苦土地面	0.15
19	混凝土地面	0.20
20	沥青地面	0.10
21	铸铁、钢板地面	0.15
22	玻璃 　普通玻璃 　压花玻璃 　磨砂玻璃 　乳色玻璃 　镜面玻璃	0.08 0.15～0.25 0.15～0.25 0.60～0.70 0.88～0.99
23	浅色织品窗帷	0.30～0.50
24	粗白窗纸	0.30～0.50
25	一般白灰抹面	0.55～0.75

表 7-4 常用透光材料的透光系数

序　号	材料及其厚度(mm)	透光系数 τ
1	普通玻璃(3~6)	0.78~0.82
2	钢化玻璃(5~6)	0.78
3	磨砂玻璃(3~6)	0.55~0.60
4	压花玻璃(3) 花纹深密 花纹浅稀	 0.57 0.71
5	乳白玻璃(1)	0.60
6	无色有机玻璃(2~6)	0.85
7	乳白有机玻璃(3)	0.20
8	玻璃砖	0.40~0.50
9	聚苯乙烯板(3)	0.78
10	聚氯乙烯板(2)	0.60
11	聚碳酸酯板(3)	0.74
12	钢纱窗(绿色)	0.70
13	半透明塑料 白色 深色	 0.30~0.50 0.01~0.10
14	天鹅绒(黑色)	0.001~0.10
15	糊窗纸(本色)	0.35~0.50

二、建筑采光节能设计目标

(1)要符合人们视觉舒适度的需要。良好的采光条件,可以为人们提供舒适的视觉环境,满足人们的视觉需要,有利于人们的身心健康,有利于保护人们的视力。因此,建筑物采光设计时,要考虑视觉舒适度,结合建筑物的特点,有利于建筑物的综合效益得到提高。

(2)要符合人们对照明的需要。目前,人们的很多生活活动和工作都是在建筑屋内,因此为了满足人们对照明的需要,就要对建筑物的采光节能进行科学的设计。

(3)要满足节能的需要。对建筑物进行设计时,要有先进的设计理念,这样对建筑物进行设计时就不会忽视节能方面的设计。在建筑采光过程中,利用同等照明度的自然光所产生的热量比人工光照要少,因此采用日光可以减少由于调节建筑内的热环境所造成的能源的消耗,建筑物一般采用自然光就能满足采光节能需要。

(4)要满足保护环境的需要。自然光可以抑制微生物的生长,能够杀菌除霉,建筑物自然光进行采光,能够满足节能、视觉舒适度、照明等方面的需求,改善人们的居住环境。

三、建筑采光节能设计方法及步骤

(一)建筑采光节能设计方法

建筑采光节能设计可以采取被动式采光和主动式采光进行设计方法。

1. 被动式采光设计

(1)在进深不大,仅有一面外墙的房间,普遍利用单侧窗采光。侧面采光的光线有显著的方向性,容易使物体形成良好的光影造型。侧窗的采光效果与窗的形状、面积大小、安装位置、布置方式、透明材料等有关,如图 7-3 和图 7-4 所示。

改善侧窗采光特性的措施主要有:利用透光材料本身的反射、扩散和折射性能控制光线,如图 7-5 所示。使用固定遮阳板、遮光百叶、遮光格栅,如图 7-6 所示。使用活动的遮阳板或遮光百叶,如图 7-7 所示。

(2)顶部采光形式包括矩形天窗、锯齿形天窗、平天窗等,如图 7-8 所示。

普通矩形天窗是在屋架上架起一列天窗架构成的,窗户的方向与屋架相垂直,称为纵向、矩形天窗。如果将屋面板隔跨分别架设在屋架上弦和下弦位置,窗扇立在屋架外侧,紧贴屋架,这称为横向矩形天窗,其采光均匀度好,自然通风效果显著改善。

锯齿形天窗的特点是屋顶倾斜,可以充分利用顶棚的反射光,采光效率比矩形天窗高 $15\%\sim20\%$,适于在美术馆、超级市场、体育馆及一些特殊车间使用。

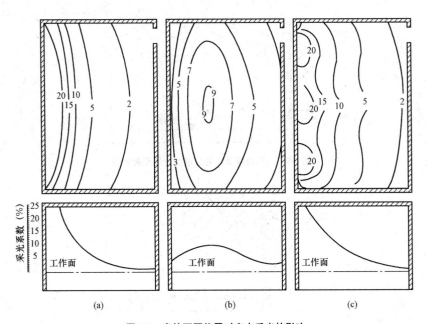

图 7-3　窗的不同位置对室内采光的影响

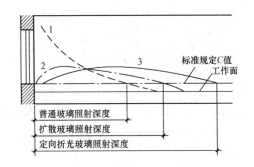

图 7-4　不同玻璃的采光效果

1—普通玻璃采光照度曲线；2—扩散玻璃采光照度曲线；3—定向折光玻璃照射曲线

　　平天窗的采光口位于水平面或接近水平面，因此，它比其他类型的窗户采光效率都高得多，为矩形天窗采光效率的 2～2.5 倍，平天窗的形式很多，小型的采光罩布置灵活、构造简单、防水可靠，近年来在民用建筑中的使用越来越多。

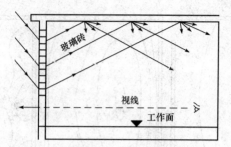

图 7-5　利用玻璃砖折射光增加光线照射进深

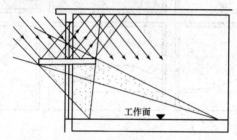

图 7-6　水平搁板式遮阳板可改善采光质量

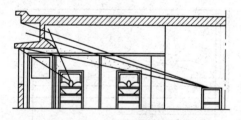

图 7-7　侧窗上部增加活动挡板以减少眩光

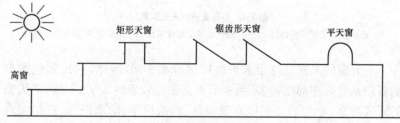

图 7-8　各种形式的天窗

2. 主动式采光设计

主动式采光设计方法主要用于地下建筑、无窗建筑、北向房间以及有特殊要求的空间。这种采光方法的意义在于:它增加了室内可用的天然光数量,充分改善室内光环境质量;使不可能接受到天然光的空间也能享受天然采光;减少人工照明用电,节约能源。在此不作详细阐述,读者可参考相关文献或资料进行了解。

3. 天然采光与人工照明结合

室内天然采光和人工照明的结合不仅可节约大量的人工照明用电,而且对提高采光和照明均匀度,改善室内光环境的质量都具有重要的技术经济意义。

天然与照明结合的照明方式如图 7-9 所示,其主要设计要点包括照度、光源及照明控制方式三项内容。

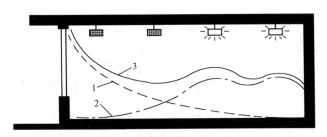

图 7-9　天然与照明结合的照明方式示意
1—天然采光照度值随房间进深变化曲线;2—人工照明照度值随房间进深变化曲线
3—天然采光与人工照明结合时照度值随房间进深变化曲线

(二)建筑采光节能设计步骤

1. 搜集资料

(1)了解设计对象对采光的要求。

(2)了解设计对象的采暖、通风和泄爆要求。

(3)房间及其周围环境情况。

2. 选择窗洞口形式

根据房间的朝向、尺度、生产状况、周围环境,结合各种窗洞口的

采光特性来选择适合的窗洞口形式。在一幢建筑物内可能采取几种
不同的窗洞口形式,以满足不同的要求。

3. 确定窗洞口位置及可能开设窗口的面积

(1)侧窗。常设在朝向南北的侧墙上,由于它建造方便,造价低廉,
维护使用方便,故应尽可能多开侧窗,采光不足部分再用天窗补充。

(2)天窗。侧窗采光不足之处可设天窗。根据房间的剖面形式,
它与相邻房间的关系,确定天窗的位置及大致尺寸(天窗宽度、玻璃面
积、天窗间距等)。

4. 估算窗洞口尺寸

根据房间视觉工作分级和拟采用的窗洞口形式及位置,即可从
表 7-5 查出所需的窗地面积比。值得注意的是,由窗地比和室内地面
面积相乘获得的开窗面积仅是估算值,它可能与实际值差别较大。

表 7-5　窗地面积比 A_c/A_d

采光等级	侧面采光		顶部采光					
	侧窗		矩形天窗		锯齿形天窗		平天窗	
	民用建筑	工业建筑	民用建筑	工业建筑	民用建筑	工业建筑	民用建筑	工业建筑
I	1/2.5	1/2.5	1/3	1/3	1/4	1/4	1/6	1/6
II	1/3.5	1/3	1/4	1/3.5	1/6	1/5	1/8.5	1/8
III	1/5	1/4	1/6	1/4.5	1/8	1/7	1/11	1/10
IV	1/7	1/6	1/10	1/8	1/12	1/10	1/18	1/13
V	1/12	1/10	1/14	1/11	1/19	1/15	1/27	1/23

注:计算条件:民用建筑: I ~ IV级为清洁房间,取 $\bar{\rho}=0.5$; V级为一般污染房间,取
$\bar{\rho}=0.3$。

工业建筑: I 级为清洁房间,取 $\bar{\rho}=0.5$; II级和III级为清洁房间,取 $\bar{\rho}=0.4$; IV级为
一般污染房间,取 $\bar{\rho}=0.4$; V级为一般污染房间,取 $\bar{\rho}=0.3$。

5. 布置窗洞口

估算出需要的窗洞口面积,确定了窗的高、宽尺寸后,就可进一步
确定窗的位置。这里不仅考虑采光需要,而且还应考虑通风、日照、美
观等要求,拟出几个方案进行比较,选出最佳方案。

第二节 绿色照明建筑节能设计

照明是生产、工作、学习和人们生活中最基本和最重要的需要之一。绿色照明是节约能源、保护环境,有益于提高人们生产、工作、学习效率和生活质量,保护身心健康的照明,也即在满足建筑照度要求的前提下又要节能环保。

一、建筑照明标准

照明标准就是根据识别物件的大小、物件与背景的亮度对比、国民经济的发展情况等因素来规定必需的物件亮度。

1. 照度值

在表 7-6、表 7-8 照明标准中照度值遵循了 0.5、1、3、5、10、15、20、30、50、75、100、150、200、300、500、750、1 000、1 500、2 000、3 000、5 000(lx)分级,且它们均为作业面或参考平面上的维持平均照度。

表 7-6 工业建筑一般照明标准值

房间或场所		参考平面及其高度	照度标准值(lx)	UGR	Ra	备注
1. 通用房间或场所						
试验室	一般	0.75 m 水平面	300	22	80	可另加局部照明
	精细	0.75 m 水平面	500	19	80	可另加局部照明
检验	一般	0.75 m 水平面	300	22	80	可另加局部照明
	精细、有颜色要求	0.75 m 水平面	750	19	80	可另加局部照明
计量室,测量室		0.75 m 水平面	500	19	80	可另加局部照明
变、配电站	配电装置室	0.75 m 水平面	200	—	60	
	变压器室	地面	100	—	20	
电源设备室,发电机室		地面	200	25	60	
控制室	一般控制室	0.75 m 水平面	300	22	80	
	主控制室	0.75 m 水平面	500	19	80	

续表

房间或场所		参考平面及其高度	照度标准值(lx)	UGR	Ra	备注
电话站、网络中心		0.75 m水平面	500	19	80	
计算机站		0.75 m水平面	500	19	80	防光幕反射
动力站	风机房、空调机房	地面	100	—	60	
	泵房	地面	100	—	60	
	冷冻站	地面	150	—	60	
	压缩空气站	地面	150	—	60	
	锅炉房、煤气站的操作层	地面	100	—	60	锅炉水位表照度不小于 50 lx
仓库	大件库(如钢坯、钢材、大成品、气瓶)	1.0 m水平面	50	—	20	
	一般件库	1.0 m水平面	100	—	60	
	精细件库(如工具、小零件)	1.0 m水平面	200	—	60	货架垂直照度不小于50lx
车辆加油站		地面	100	—	60	油表照度不小于50lx

2. 机、电工业

机械加工	粗加工	0.75 m水平面	200	22	80	可另加局部照明
	一般加工公差≥0.1 mm	0.75 m水平面	300	22	60	可另加局部照明
	精密加工公差<0.1 mm	0.75 m水平面	500	19	60	可另加局部照明
机电、仪表装配	大件	0.75 m水平面	200	25	80	可另加局部照明
	一般件	0.75 m水平面	300	25	80	可另加局部照明
	精密	0.75 m水平面	500	22	80	可另加局部照明
	特精密	0.75 m水平面	750	19	80	可另加局部照明
电线、电缆制造		0.75 m水平面	500	25	60	

续表

房间或场所		参考平面及其高度	照度标准值(lx)	UGR	Ra	备注
线圈绕制	大线圈	0.75m 水平面	300	25	80	
	中等线圈	0.75 m 水平面	500	22	80	可另加局部照明
	精细线圈	0.75 m 水平面	750	19	80	可另加局部照明
线圈浇注		0.75 m 水平面	300	25	80	
焊接	一般	0.75 m 水平面	200	—	60	
	精密	0.75 m 水平面	300	—	60	
钣金		0.75 m 水平面	300	—	60	
冲压、剪切		0.75 m 水平面	300	—	60	
热处理		地面至 0.5 m 水平面	200	—	20	
铸造	熔化、浇铸	地面至 0.5 m 水平面	200	—	60	
	造型	地面至 0.5 m 水平面	300	25	60	
精密铸造的制模、脱壳		地面至 0.5 m 水平面	500	25	60	
锻工		地面至 0.5 m 水平面	200	—	20	
电镀		0.75 m 水平面	300	—	80	
喷漆	一般	0.75 m 水平面	300	—	80	
	精细	0.75 m 水平面	500	22	80	
酸洗、腐蚀、清洗		0.75 m 水平面	300	—	80	
抛光	一般装饰性	0.75 m 水平面	300	22	80	防频闪
	精细	0.75 m 水平面	500	22	80	防频闪
复合材料加工、铺叠、装饰		0.75 m 水平面	500	22	80	
机电修理	一般	0.75 m 水平面	200	—	60	可另加局部照明
	精密	0.75 m 水平面	300	22	60	可另加局部照明

表 7-7 居住建筑照明标准值

房间或场所		参考平面及其高度	照度标准值(lx)	Ra
起居室	一般活动	0.75 m 水平面	100	80
	书写、阅读		300*	
卧室	一般活动	0.75 m 水平面	75	80
	床头、阅读		150*	
餐厅	0.75 m 水平面		150	80
厨房	一般活动	0.75 m 水平面	100	80
	操作台	台面	150*	
卫生间	0.75 m 水平面		100	80

注:* 宜用混合照明。

表 7-8 公共建筑照明标准值

建筑类型	房间或场所	参考平面及其高度	照度标准值(lx)	UGR	Ra
办公建筑	普通办公室	0.75m 水平面	300	19	80
	高档办公室	0.75m 水平面	500	19	80
	会议室	0.75m 水平面	300	19	80
	接待室、前台	0.75m 水平面	300	—	80
	营业厅	0.75m 水平面	300	22	80
	设计室	实际工作面	500	19	80
	文件整理、复印、发行室	0.75m 水平面	300	—	80
	资料、档案室	0.75m 水平面	200	—	80
商业建筑	一般商店营业厅	0.75m 水平面	300	22	80
	高档商店营业厅	0.75m 水平面	500	22	80
	一般超市营业厅	0.75m 水平面	300	22	80
	高档超市营业厅	0.75m 水平面	500	22	80
	收款台	台面	500	—	80

建筑类型	房间或场所	参考平面及其高度	照度标准值(lx)	UGR	Ra
学校建筑	教室	课桌面	300	19	80
	实验室	实验桌面	300	19	80
	美术教室	桌面	500	19	90
	多媒体教室	0.75 m水平面	300	19	80
	教室黑板	黑板面	500	—	80
展览馆展厅	一般展厅	地面	200	22	80*
	高档展厅	地面	300	22	80*

注：* 高于 6 m 的展厅 Ra 可降低到 60

博物馆建筑陈列室	类 别	参考平面及其高度	照度标准值(lx)
	对光特别敏感的展品:纺织品、织绣品、绘画、纸质物品、彩绘、陶(石)器、染色皮革、动物标本等	展品面	50
	对光敏感的展品:油画、蛋清画、不染色皮革、角制品、骨制品、象牙制品、竹木制品和漆器等	展品面	150
	对光不敏感的展品:金属制品、石质器物、陶瓷器、宝玉石器、岩矿标本、玻璃制品、搪瓷制品、珐琅器等	展品面	300

注:1. 陈列室一般照明应按展品照度值的 20%～30%选取;

2. 陈列室一般照明 UGR 不宜大于 19;

3. 辨色要求一般的场所 Ra 不应低于 80,辨色要求高的场所,Ra 不应低于 90

(1)符合下列条件之一及以上时,作业面或参考平面的照度,可按照度标准值分级提高一级。

1)视觉要求高的精细作业场所,眼睛至识别对象的距离大于 500 mm 时。

2)连续长时间紧张的视觉作业,对视觉器官有不良影响时。

3)识别移动对象,要求识别时间短促而辨认困难时。

4)视觉作业对操作安全有重要影响时。

5)识别对象亮度对比小于 0.3 时。

6)作业精度要求较高,且产生差错会造成很大损失时。

7)视觉能力低于正常能力时。

8)建筑等级和功能要求高时。

(2)符合下列条件之一及以上时,作业面或参考平面的照度,可按照度标准值分级降低一级。

1)进行很短时间的作业时。

2)作业精度或速度无关紧要时。

3)建筑等级和功能要求较低时。

(3)作业面邻近周围的照度可低于作业面照度,但不宜低于表 7-9 的数值。

表 7-9　作业面邻近周围照度　　　　　　(单位:lx)

作业面照度	作业面邻近周围照度值	作业面照度	作业面邻近周围照度值
≥750	500	300	200
500	300	≤200	与作业面照度相同

注:邻近周围指作业面外 0.5 m 范围之内。

(4)在一般情况下,设计照度值与照度标准值相比较,可有 $-10\%\sim +10\%$ 的偏差。

2. 照明质量

它是指光环境(从生理和心理效果来评价的照明环境)内的亮度分布等。它包括一切有利于视功能、舒适感、易于观看、安全与美观的亮度分布。如眩光、颜色、均匀度、亮度分布等都明显地影响可见度,影响容易、正确、迅速地观看的能力。

(1)眩光。

1)直接型灯具的遮光角不应小于表 7-10 的规定。

表 7-10　直接型灯具的遮光角

光源平均亮度(kcd/m²)	遮光角(°)	光源平均亮度(kcd/m²)	遮光角(°)
1~20	10	50~500	20
20~50	15	≥500	30

2)公共建筑和工业建筑常用房间或场所的不舒适眩光应采用统一眩光值(UGR)评价。

3)可用下列方法防止或减少光幕反射和反射眩光。

①避免将灯具安装在干扰区内;

②采用低光泽度的表面装饰材料;

③限制灯具亮度;

④照度顶棚和墙表面,但避免出现光斑。

4)有视觉显示终端的工作场所照明应限制灯具中垂线以上等于和大于 65°高度角的亮度。灯具在该角度上的平均亮度限值宜符合表 7-11 的规定。

表 7-11　灯具平均亮度限值

屏幕分类	I	II	III
屏幕质量	好	中等	差
灯具平均亮度限值	≤1 000 cd/m²		≤200 cd/m²

注:1. 本表适用于仰角小于等于 15°的显示屏。

　　2. 对于特定使用场所,如敏感的屏幕或仰角可变的屏幕,表中亮度限值应用在更低的灯具高度角(如 55°)上。

(2)光源颜色。室内照明光源色表可按其相关色温分为三组,光源色表分组宜按表 7-12 确定。

长期工作或停留的房间或场所,照明光源的显色指数(Ra)不宜小于 80。在灯具安装高度大于 6 m 的工业建筑场所,Ra 可低于 80,但必须能够辨别安全色。表 7-13 说明观察者在不同照度下,光源的相关色温与感觉的关系。

表 7-12　光源色表分组

色表分组	色表特征	相关色温(K)	适用场所举例
Ⅰ	暖	<3 300	客房、卧房、病房、酒吧、餐厅
Ⅱ	中间	3 300~5 300	办公室、教室、阅览室、诊室、检验室、机加工车间、仪表装配
Ⅲ	冷	>5 300	热加工车间、高照度场所

表 7-13　不同照度下光源的相关色温与感觉的关系

照度(lx)	光源色的感觉		
	低色温	中等色温	高色温
≤500	舒适	中等	冷
500~1 000	↓	↓	↓
1 000~2 000	刺激	舒适	中等
2 000~3 000	↓	↓	↓
≥3 000	不自然	刺激	舒适

(3)照明的均匀度。公共建筑的工作房间和工业建筑作业区域内的一般照明照度均匀度,即规定表面上的最小照度与平均照度之比不应小于 0.7,而作业面邻近周围的照度均匀度不应小于 0.5。房间或场所内的通道和其他非作业区域的一般照明的照度值不宜低于作业区域一般照明照度值的 1/3。

(4)反射比。当视场内各表面的亮度比较均匀,人眼视看才会达到最舒服和最有效率,故希望室内各表面亮度保持一定比例。

二、建筑照明设计原则

(1)安全。照明设计必须首先考虑设施安装、维修和检修方便,安全和运行可靠,防止火灾和电气事故的发生。

(2)适用。保证照明质量,满足规定的照度需要。灯具的类型、照度的高低、光色的强弱变化等,都应与使用要求相一致。

(3)经济性。在设计实施中,要符合我国当前电力供应、设备和材料方面的生产水平。尽量采用先进照明技术,实施绿色照明工程。

(4)美观。照明装置应具有装饰、美化环境的作用。正确选择照明方式、光源种类和功率、灯具的形式及数量、光色与灯光控制器,以达到美的意境,烘托环境气氛,体现灯光与建筑的艺术美。

三、建筑照明设计主要内容

(1)确定照明方式、种类、照度值。

(2)选择光源和灯具类型、布置合理。

(3)计算照度、确定光源的安装功率。

(4)选择或设计灯光控制器,确定声控、光控、电控或综合控制。

(5)确定供电电压、电源。

(6)选择配电网络形式。

(7)选择导线型号、截面和敷设方式。

(8)选择和布置配电箱、开关、熔断器和其他电气设备。

(9)绘制照明布置平面图,汇总安装容量,开列设备材料清单,编制预算和进行经济分析。

四、建筑照明设计节能措施

(一)照明光源的选择

光源在照明系统节能中是一个非常重要的环节,在照明设计时,应根据不同的使用场合,选用不同的节能高效的光源。表 7-14 中列出了常见典型光源的性能。

表7-14　常见典型光源的性能

光源类型 \ 无激性能	光效/(lm/W)	寿命/(h)	显色指数 Ra
白炽灯	9～34	1 000	99
高压汞灯	39～55	10 000	40～45
荧光灯	45～103	5 000～10 000	50～90
金属卤化物灯	65～106	5 000～10 000	60～95
高压钠灯	55～136	10 000	<30

　　照明设计时,应尽量减少白炽灯的使用量。一般情况下,室内外照明不应采用普通白炽灯。但这种方式不能完全取消,因为白炽灯没有电磁干扰,便于调节,适合频繁开关,对于要求瞬时启动和连续调光的场所、防止电磁干扰要求严格的场所及照明时间较短的场所是可以选用的光源。

　　荧光灯是应用最广泛、用量最大的气体放电光源。它具有结构简单、光效高、发光柔和、寿命长等优点,是首选的高效节能光源。

　　高压钠灯光效较高,价格较低,显色性较差,适用于对显色性要求不高的场所,如道路、广场、货场等;荧光灯和金属卤化物灯的光效低于高压钠灯,但其显色性很好;白炽灯光效最低,相对能耗也最大。

(二)照明灯具及其附属装置的选择

1. 灯具的选择

　　灯具的主要功能是将光源所发出的光通进行再分配。选择灯具时应优先选用直射光通比例高,控光性能合理的高效灯具,应注意灯具的配光曲线与房间室形相适应。

　　(1)灯具的类型。不同灯具的光通量空间分布不同,在工作面上形成的照度值也不同,而且形成不同的亮度分布,产生完全不同的主观感觉,图7-10给出三种不同类型灯具。

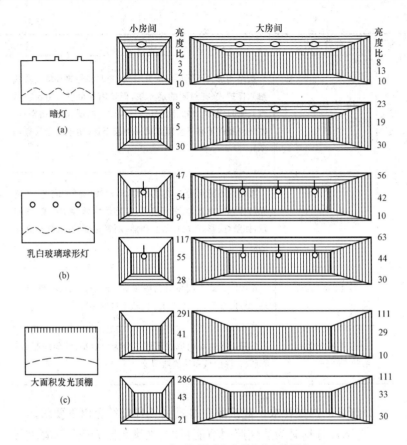

图 7-10 不同类型灯具对室内亮度分布的影响

光反射比：墙 0.50，顶棚 0.80，地面 0.30 和 0.10；室内地面照度均为 1 076 lx。

(2)灯具的分类。灯具的分类见表 7-15。

表 7-15 灯具的分类

序号	分类方法	说　明
1	按光通量在空间上下两半球的分配比例不同分	按光通量在空间上下两半球的分配比例不同可分为直射型、半直射型、漫射型、反射型和半反射型

续表

序号	分类方法	说　明
2	按结构形式不同分	按结构形式不同可分为开启式(光源和外界环境直接接触)、保护式(有封闭的透光罩,但罩内外可以自由流通空气)、密封式(透光罩将内外空气隔绝)、防爆式(严格密封,在任何条件下都不会因灯具而引起爆炸,用于易燃易爆场所)
3	按用途不同分	按用途不同可分为功能型灯具,解决"亮"的问题,如荧光灯、路灯、投光灯、聚光灯等;装饰性灯具,解决"美"的问题,如壁灯、彩灯、吊灯等。当然,两者相辅相成,既亮又美的灯具也很多
4	按固定方式不同分	按固定方式不同可分为吸顶灯、嵌入灯、吊(链、线、杆)灯、壁灯、地灯、台灯、落地灯、轨道灯等
5	按照配光曲线的形状不同分	按照配光曲线的形状不同可分为广照型、均匀配照型、配照型、深照型和特深照型等

(3)灯具的选择要求。建筑照明灯具的选择应符合以下要求。

1)在选择灯具时为达到照明节能目的,在满足眩光限制和配光要求条件下,应选用效率高的灯具。

2)在满足眩光限制条件下,宜选用开启式灯具。

3)在采用带格栅或保护罩的灯具及嵌入式灯具时,应采用灯具效率高的产品。灯具效率不宜小于表 7-16、表 7-17 中的规定。

表 7-16　荧光灯灯具的效率

灯具出光口形式	敞开	保护罩(玻璃或塑料)		铝片格栅
		透明、棱镜	磨砂	
灯具效率	75%	65%	55%	60%

表 7-17　高强度气体放电灯灯具的效率

灯具出光口形式	敞　　　开	格栅或透光罩
灯具效率	75%	55%

4）用作间接照明的灯具（荧光灯或高强度气体放电灯），其灯具效率不宜小于 75%。

5）投光灯的灯具效率不宜小于 55%。

6）应按室内空间比（RCR）选用配光合理的灯具，灯具配光宜符合表 7-18 中的要求。

表 7-18　灯具配光的选择

室内空间比（RCR）	灯具最大允许距高比（L/h）	配光种类
1～3	1.5～2.5	宽配光
3～6	0.8～1.5	中配光
6～10	0.5～1.0	窄配光

7）应选用具有光维持率高的灯具，灯具的反射材料和透射材料宜采用反射比和透射比高、耐久性好的材料。

2. 灯具附属装置的选择

在灯具附属装置的选择方面主要是针对镇流器的选择。镇流器种类主要分为普通电感型、节能型电感型、电子型三大类。不同类型的镇流器，其功耗有所不同，照明节能设计必须认真加以考虑，合理地选择。

建筑照明节能设计应按下列原则选择镇流器。

（1）自镇流荧光灯应配用电子镇流器。

（2）直管形荧光灯应配用电子镇流器或节能型电感镇流器；配用节能型电感镇流器宜选用带有无功补偿装置的灯具。

（3）高压钠灯、金属卤化物灯应配用节能型电感镇流器；在电压偏差较大的场所，宜配用恒功率镇流器；功率较小者可配用电子镇流器。

(三)照明方式的选择

建筑照明方式分为一般照明、分区一般照明、局部照明和混合照明,各自特点及适用范围见表 7-19。

表 7-19　建筑照明方式的选择

序号	照明方式	特点及范围
1	一般照明	一般照明是在工作场所内不考虑特殊的局部需要,为照亮整个场所而设置的均匀照明,如图 7-11(a)所示,灯具均匀分布在被照场所上空,在工作面上形成均匀的照度
2	分区一般照明	对某一特定区域,如进行工作的地点,设计成不同的照度来照亮该区域的一般照明,如图 7-11(b)所示
3	局部照明	局部照明是在工作点附近,专门为照亮工作点而设置的照明装置,如图 7-11(c)所示,即为特定视觉工作用的、为照亮整个局部(通常限定在很小范围,如工作台面)的特殊需要而设置的照明
4	混合照明	混合照明就是由一般照明与局部照明组成的照明。它是在同一工作场所,既设有一般照明,解决整个工作面的均匀照明;又有局部照明,以满足工作点的高照度和光方向的要求,如图 7-11(d)所示

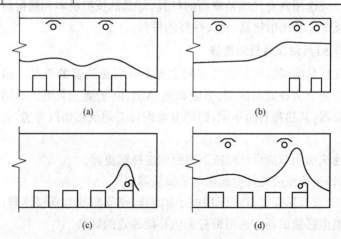

图 7-11　不同照明方式及照度分布

(a)一般照明;(b)分区一般照明;(c)局部照明;(d)混合照明

照明度要求较高的场所采用混合照明方式(即一般照明方式与局部照明方式的组合)较为节约电能;少采用一般照明方式,因为该方式较费电能;适当采用分区一般照明方式。在一些场所也可采用一般照明与重点照明相结合的方式,利用灯安装在家具上或半隔墙上的照明方式,也可采用高灯低挂方式。

(四)照明控制节能

在照明设计中,照明的控制方式对于照明节能起着十分重要的作用。照明控制应根据建筑物的建筑特点、建筑功能、使用要求等具体情况,对照明系统进行分散、集中、手动、自动等经济实用、合理有效的控制。

建筑照明控制节能应符合以下要求。

(1)合理选择照明控制方式,充分利用天然光的照度变化,决定照明的点亮范围。

(2)根据照明使用特点,可采取分区控制灯光的适当增加照明灯的开关点。

(3)采用各种类型的节电开关和管理措施,如定时开关、调光开关、光电自动控制器、节电控制器、限电器、电子控制锁电子器以及照明智能控制管理系统等。

(4)公共场所照明、室外照明可采用集中控制的遥控管理的方式或采用自动控光装置等。

(5)低压配电系统设计,应便于按经济核算单位装表计量。

(五)充分利用天然光

建筑物房间的采光系数或采光窗地面积比应符合《建筑采光设计标准》(GB/T 50033—2013)的规定。有条件时,宜随室外天然光的变化自动调节人工照明照度,利用各种导光和反光装置将天然光引入室内进行照明,还可利用太阳能作为照明能源。

充分利用天然光就是从建筑物的被动采光向积极利用天然光方向发展。具体措施见表7-20。

表 7-20　充分利用天然光节能措施

序号	项　目	内　容
1	利用各种集光装置进行采光	(1)反射镜方式:利用设在顶层的反射镜,自动跟踪太阳并将光反射到需要采光的场所。 (2)光导纤维方式:由菲涅尔透镜集光自动跟踪太阳,在透镜的焦点附近设置光导纤维,将所集的太阳光由光导纤维传输到需采光的场所。 (3)导光管方式:利用具有高反射率的导光管,将天然光导入室内
2	从建筑设计方面充分利用天然光	(1)在综合考虑保暖、隔热和空调的情况下,尽量使侧面和顶部采光的面积开大,特别是平天窗式采光窗的采光效率为最高。 (2)利用天井空间采光,可以使面向天井一面的房间得到一定的天然光。 (3)利用屋顶采光,如在全天候的足球场和运动场采用充气透光薄膜屋面采光等

五、建筑照明节能评价

建筑照明节能是以照明功率密度值作为照明节能的评价指标。这个指标是指用单位面积上的照明安装功率来计算的,单位是 W/m²。在进行照明设计时,所选照明方案除满足照度要求时,还需校核功率密度值的要求。

《建筑照明设计标准》(GB 50034—2004)中对各种类型的建筑物的照明功率密度作了规定,具体要求如下。

(1)居住建筑每户照明功率密度值。居住建筑每户照明功率密度值不宜大于表 7-21 中的规定。当房间或场所的照度值高于或低于表 7-21中规定的对应照度值时,其照明功率密度值应按比例提高或折减。

表 7-21　居住建筑每户照明功率密度值

| 房间或场所 | 照明功率密度(W/m²) | | 对应照度值 |
	现行值	目标值	(lx)
起居室			100
卧室			75
餐厅	7	6	150
厨房			100
卫生间			100

(2)办公建筑照明功率密度值。办公建筑照明功率密度值不应大于表 7-22 中的规定。当房间或场所的照度值高于或低于表 7-22 中规定的对应照度值时,其照明功率密度值应按比例提高或折减。

表 7-22　办公建筑照明功率密度值

| 房间或场所 | 照明功率密度(W/m²) | | 对应照度值 |
	现行值	目标值	(lx)
普通办公室	11	9	300
高档办公室、设计室	18	15	500
会议室	11	9	300
营业厅	13	11	300
文件整理、复印、发行室	11	9	300
档案室	8	7	200

(3)商业建筑照明功率密度值。商业建筑照明功率密度值不应大于表 7-23 中的规定。当房间或场所的照度值高于或低于表 7-23 中规定的对应照度值时,其照明功率密度值应按比例提高或折减。

(4)旅馆建筑照明功率密度值。旅馆建筑照明功率密度值不应大于表 7-24 的规定。当房间或场所的照度值高于或低于表 7-24 中规定的对应照度值时,其照明功率密度值应按比例提高或折减。

表 7-23　商业建筑照明功率密度值

房间或场所	照明功率密度（W/m²）		对应照度值（lx）
	现行值	目标值	
一般商店营业厅	12	10	300
高档商店营业厅	19	16	500
一般超市营业厅	13	11	300
高档超市营业厅	20	17	500

表 7-24　旅馆建筑照明功率密度值

房间或场所	照明功率密度（W/m²）		对应照度值（lx）
	现行值	目标值	
客房	15	13	—
中餐厅	13	11	200
多功能厅	18	15	300
客房层走廊	5	4	50
门厅	15	13	300

（5）医院建筑照明功率密度值。医院建筑照明功率密度值不应大于表 7-25 的规定。当房间或场所的照度值高于或低于表 7-25 中规定的对应照度值时，其照明功率密度值应按比例提高或折减。

表 7-25　医院建筑照明功率密度值

房间或场所	照明功率密度（W/m²）		对应照度值（lx）
	现行值	目标值	
治疗室、诊室	11	9	300
化验室	18	15	500
手术室	30	25	750
候诊室、挂号厅	8	7	200
病房	6	5	100
护士站	11	9	300
药房	20	17	500
重症监护室	11	9	300

(6)学校建筑照明功率密度值。学校建筑照明功率密度值不应大于表 7-26 的规定。当房间或场所的照度值高于或低于表 7-26 中规定的对应照度值时,其照明功率密度值应按比例提高或折减。

表 7-26 学校建筑照明功率密度值

房间或场所	照明功率密度(W/m^2)		对应照度值(lx)
	现行值	目标值	
教室、阅览室	11	9	300
实验室	11	9	300
美术教室	18	15	500
多媒体教室	11	9	300

(7)工业建筑照明功率密度值。工业建筑照明功率密度值不应大于表 7-27 的规定。当房间或场所的照度值高于或低于表 7-27 中规定的对应照度值时,其照明功率密度值应按比例提高或折减。

表 7-27 工业建筑照明功率密度值

房间或场所		照明功率密度(W/m^2)		对应照度值(lx)
		现行值	目标值	
1. 通用房间或场所				
试验室	一般	11	9	300
	精细	18	15	500
检验	一般	11	9	300
	精细,有颜色要求	27	23	750
计量室,测量室		18	15	500
变、配电站	配电装置室	8	7	200
	变压器室	5	4	100
电源设备室、发电机室		8	7	200
控制室	一般控制室	11	9	300
	主控制室	18	15	500
电话站、网络中心、计算机站		18	15	500

续表

房间或场所		照明功率密度(W/m²)		对应照度值(lx)
		现行值	目标值	
动力站	风机房、空调机房	5	4	100
	泵房	5	4	100
	冷冻站	8	7	150
	压缩空气站	8	7	150
	锅炉房、煤气站的操作层	6	5	100
仓库	大件库(如钢坯、钢材、大成品、气瓶)	3	3	50
	一般件库	5	4	100
	精细件库(如工具、小零件)	8	7	200
	车辆加油站	6	5	100
2. 机、电工业				
机械加工	粗加工	8	7	200
	一般加工,公差≥0.1 mm	12	11	300
	精密加工,公差<0.1 mm	19	17	500
机电、仪表装配	大件	8	7	200
	一般件	12	11	300
	精密	19	17	500
	特精密	27	24	750
	电线、电缆制造	12	11	300
绕圈绕制	大线圈	12	11	300
	中等线圈	19	17	500
	精细线圈	27	24	750
	线圈浇注	12	11	300
焊接	一般	8	7	200
	精密	12	11	300
	钣金	12	11	300

续表

房间或场所		照明功率密度（W/m²）		对应照度值（lx）
		现行值	目标值	
冲压、剪切		12	11	300
热处理		8	7	200
铸造	熔化、浇铸	9	8	200
	造型	13	12	300
精密铸造制模、脱壳		19	17	500
锻工		9	8	200
电镀		13	12	300
喷漆	一般	15	14	300
	精细	25	23	500
酸洗、腐蚀、清洗		15	14	300
抛光	一般装饰性	13	12	300
	精细	20	18	500
复合材料加工、铺叠、装饰		19	17	500
机电修理	一般	8	7	200
	精密	12	11	300
3. 电子工业				
电子元器件		20	18	500
电子零部件		20	18	500
电子材料		12	10	300
酸、碱、药液及粉配制		14	12	300

注：房间或场所的室形指数值等于或小于1时，本表的照明功率密度值可增加20％。

　　（8）其他场所照明功率密度值。设装饰性灯具场所，可将实际采用的装饰性灯具总功率的50％计入照明功率密度值的计算。设有重点照明的商店营业厅，该楼层营业厅的照明功率密度值每平方米可增加5W。

第八章　监测与控制节能设计

第一节　监测与控制节能概述

一、监测与控制系统设置要求

(1)集中采暖与空调系统应进行监测与控制。

(2)间歇运行的空调系统,宜设自动启停控制装置。

(3)对建筑面积 20 000m² 以上的全空调建筑,在条件许可的情况下,空调系统、通风系统以及冷热源系统宜采用直接数字控制系统。

(4)总装机容量较大、数量较多的大型工程冷、热源机房,宜采用机组群控方式。

(5)采用集中空调系统的公共建筑,宜设置分楼层、分室内区域、分用户或分室的冷、热量计量装置;建筑群的每栋公共建筑及其冷、热源站房,应设置冷、热量计量装置。

二、监测与控制节能工程监控项目

监测与控制节能工程监控具体项目汇总,见表 8-1。

表 8-1　监测与控制节能工程监控具体项目汇总表

类型	系统名称	监控与控制项目	备注
通风与空气调节控制系统	空气处理系统控制	空调箱手、自动状态显示 空调箱启停控制状态及故障显示 送回风温湿度检测 焓值控制 过渡季节新风温度控制	

续表

类型	系统名称	监控与控制项目	备注
通风与空气调节控制系统	空气处理系统控制	最小新风量控制 过滤器报警 送风压力检测 风机故障报警 冷（热）水流量调节 加湿器控制 风门控制 风机变频调速 二氧化碳浓度、室内温湿度检测 与消防自动报警系统联动	
	变风量空调系统控制	总风量调节 变静压控制 定静压控制 加热系统控制 智能化变风量末端装置控制 送风温湿度控制 新风量控制	
	通风系统控制	风机手、自动状态显示 风机启停控制状态显示 风机故障报警 风机排风排烟联动 地下车库一氧化碳浓度控制 根据室内外温差中空玻璃幕墙通风控制	
	风机盘管系统控制	室内温度检测 冷热水量开关控制 风机启停和状态显示 风机变频调速控制	
冷热源、空调的监测控制	压缩式制冷机组控制	运行状态、故障状态监视 启停程序控制与连锁 台数控制（机组群控） 机组疲劳度均衡控制	能耗计量
	变制冷剂流量空调系统控制		

类型	系统名称	监控与控制项目		备注
冷热源、空调的监测控制	吸收式制冷系统/冰蓄冷系统控制	运行状态、故障状态监视 启停控制 制冰/蓄冰控制 对设备(冷机、蓄冰箱、乙二醇泵、冰水泵、冷却水泵、冷却塔、软水装置、膨胀水箱等)		冰库蓄冰量检测、能耗累计
	锅炉系统控制	台数控制 燃烧负荷控制 换热器一次侧供回水温度监视 换热器一次侧供回水流量控制 换热器二次侧供回水温度监视 换热器二次侧供回水流量控制 换热器二次侧变频泵控制 换热器二次侧供回水压力监视 换热器二次侧供回水压差旁通控制 换热站其他控制		能耗计量
	再生能源系统	太阳能热水系统	供回水温度监视 辅助能源能耗计量	
		热泵系统	供回水温度监视 系统能效比 机组性能系数	
	冷冻水系统控制	供回水温差控制 供回水流量控制 水泵水流开关检测 冷冻机组蝶阀控制 冷冻水循环泵启停控制和状态显示 (二次冷冻水循环泵变频调速) 冷冻水循环泵过载报警 供回水压力监视 供回水压差旁通控制		冷源负荷监视,能耗计量

类型	系统名称	监控与控制项目	备注
冷热源、空调的监测控制	冷却水系统控制	冷却水进出口温度检测 冷却水泵启停控制和状态显示 冷却水泵变频调速 冷却水循环泵过载报警 冷却塔风机启停控制和状态显示 冷却塔风机变频调速 冷却塔风机故障报警	能耗计量
供配电系统监控		功率因数控制 电压、电流、功率、频率、谐波、功率因数检测 中/低压开关状态显示 中/低压开关故障报警 变压器温度检测与报警	用电量计量
建筑热电联供系统		初级能源检测与计量 发电系统运行状态显示 蒸汽(热水)系统检测与控制 备用电源控制系统	
照明系统控制		磁卡、传感器、照明的开关控制 根据照度进行调节的照明控制 办公区照度控制 时间表控制 自然采光控制 公共照明区(减半)开关控制 局部照明控制 照明的全系统优化控制 室内场景设定控制 室外景观照明场景设定控制 路灯时间表及亮度开关控制	照明系统用电量计量
综合控制系统	综合控制系统	建筑能源系统的协调控制 采暖、空调与通风系统的优化监控 能源回收利用检测	
建筑能源管理系统的能耗数据采集与分析	建筑能源管理系统的能耗数据采集与分析	管理软件功能检测	

第二节　采暖、通风与空气调节系统监测与控制

一、一般规定

（1）采暖、通风与空气调节系统应设置监测与控制系统，包括参数检测、参数与设备状态显示、自动调节与控制、工况自动转换、设备连锁与自动保护、能量计量以及中央监控与管理等。设计时，应根据建筑物的功能与标准、系统类型、设备运行时间以及工艺对管理的要求等因素，通过技术经济比较确定。

（2）符合下列条件之一，采暖、通风和空气调节系统宜采用集中监控系统。

1）系统规模大，制冷空气调节设备台数多，采用集中监控系统可减少运行维护工作量，提高管理水平。

2）系统各部分相距较远且有关联，采用集中监控系统便于工况转换和运行调节。

3）采用集中监控系统可合理利用能量实现节能运行。

4）采用集中监控系统方能防止事故，保证设备和系统运行安全可靠。

（3）不具备采用集中监控系统的采暖、通风和空气调节系统，当符合下列条件之一时，宜采用就地的自动控制系统。

1）工艺或使用条件有一定要求。

2）防止事故保证安全。

3）可合理利用能量实现节能运行。

（4）采暖通风与空气调节设备设置联动、连锁等保护措施时，应符合下列规定：

1）当采用集中监控系统时，联动、连锁等保护措施应由集中监控系统实现。

2）当采用就地自动控制系统时，联动、连锁等保护措施，应为自控

系统的一部分或独立设置。

3)当无集中监控或就地自动控制系统时,设置专门联动、联锁等保护措施。

(5)采暖、通风与空气调节系统有代表性的参数,应在便于观察的地点设置就地检测仪表。

(6)采用集中监控系统控制的动力设备,应设就地手动控制装置,并通过远距离/手动转换开关实现自动与就地手动控制的转换;自动/手动转换开关的状态应为集中监控系统的输入参数之一。

(7)控制器宜安装在被控系统或设备附近,当采用集中监控系统时,应设置控制室;当就地控制系统环节及仪表较多时,宜设置控制室。

(8)涉及防火与排烟系统的监测与控制,应执行国家现行有关防火规范的规定;与防排烟系统合用的通风空气调节系统应按消防设施的要求供电,并在火灾时转入火灾控制状态;通风空气调节风道上宜设置带位置反馈的防火阀。

二、传感器和执行器

(1)温度传感器的设置,应满足下列条件。

1)温度传感器测量范围应为测点温度范围的 1.2～1.5 倍,传感器测量范围和精度应与二次仪表匹配,并高于工艺要求的控制和测量精度。

2)壁挂式空气温度传感器应安装在空气流通、能反映被测房间空气状态的位置;风道内温度传感器应保证插入深度,不得在探测头与风道外侧形成热桥;插入式水管温度传感器应保证测头插入深度在水流的主流区范围内。

3)机器露点温度传感器应安装在挡水板后有代表性的位置,应避免辐射热、振动、水滴及二次回风的影响。

4)风道内空气含有易燃易爆物质时,应采用本安型温度传感器。

(2)湿度传感器的设置,应满足下列条件。

1)湿度传感器应安装在空气流通,能反映被测房间或风管内空气状态的位置,安装位置附近不应有热源及水滴。

2)易燃易爆环境应采用本安型湿度传感器。

(3)压力(压差)传感器的设置,应满足下列条件。

1)选择压力(压差)传感器的工作压力(压差)应大于该点可能出现的最大压力(压差)的 1.5 倍,量程应为该点压力(压差)正常变化范围的 1.2~1.3 倍。

2)在同一建筑层的同一水系统上安装的压力(压差)传感器应处于同一标高。

(4)流量传感器的设置,应满足下列条件。

1)流量传感器量程应为系统最大工作流量的 1.2~1.3 倍。

2)流量传感器安装位置前后应有保证产品所要求的直管段长度。

3)应选用具有瞬态值输出的流量传感器。

(5)当用于安全保护和设备状态监视时,宜选择温度开关、压力开关、风流开关、水流开关、压差开关、水位开关等以开关量形式输出的传感器,不宜使用连续量输出的传感器。

(6)自动调节阀的选择,宜按下列规定确定。

1)水两通阀,宜采用等百分比特性的。

2)水三通阀,宜采用抛物线特性或线性特性的。

3)蒸汽两通阀,当压力损失比大于或等于 0.6 时,宜采用线性特性的;当压力损失比小于 0.6 时,宜采用等百分比特性的。压力损失比应按下式确定。

$$S = \Delta p_{min} / \Delta p$$

式中　　S——压力损失比;

　　Δp_{min}——调节阀全开时的压力损失(Pa);

　　Δp——调节阀所在串联支路的总压力损失(Pa)。

4)调节阀的口径应根据使用对象要求的流通能力,通过计算选择确定。

(7)蒸汽两通阀应采用单座阀;三通分流阀不应用作三通混合阀;三通混合阀不宜用作三通分流阀使用。

(8)当仅以开关形式做设备或系统水路的切换运行时,应采用通断阀,不得采用调节阀。

(9)在易燃易爆环境中,应采用气动执行器与调节水阀、风阀配套使用。

三、采暖、通风系统的监测与控制

(1)采暖、通风系统,应对下列参数进行监测。

1)采暖系统的供水、供汽和回水干管中的热媒温度和压力。

2)热风采暖系统的室内温度和热媒参数。

3)兼作热风采暖的送风系统的室内外温度和热媒参数。

4)除尘系统的除尘器进出口静压。

5)风机、水泵等设备的启停状态。

(2)间歇供热的暖风机热风采暖系统,宜根据热媒的温度和压力变化控制暖风机的启停,当热媒的温度和压力高于设定值时暖风机自动开启;低于设定值时自动关闭。

(3)排除剧毒物质或爆炸危险物质的局部排风系统,以及甲、乙类工业建筑的全面排风系统,应在工作地点设置通风机启停状态显示信号。

四、空气调节系统的监测与控制

(1)空气调节系统中,应对下列参数进行监测。

1)室内外温度。

2)喷水室用的水泵出口压力及进出口水温。

3)空气冷却器出口的冷水温度。

4)加热器进出口的热媒温度和压力。

5)空气过滤器进出口静压差的超限报警。

6)风机、水泵、转轮热交换器、加湿器等设备启停状态。

(2)全年运行的空气调节系统,宜按变结构多工况运行方式设计。

(3)室温允许波动范围大于或等于±1℃和相对湿度允许波动范围大于或等于±5%的空气调节系统,当水冷式空气冷却器采用变水量控制时,宜由室内温、湿度调节器通过高值或低值选择器进行优先控制,并对加热器或加湿器进行分程控制。

(4)室内相对湿度的控制,可采用机器露点温度恒定、不恒定或不达到机器露点温度等方式。当室内散湿量较大时,宜采用机器露点温度不恒定或不达到机器露点温度的方式,直接控制室内相对湿度。

(5)当受调节对象纯滞后、时间常数及热湿扰量变化的影响,采用单回路调节不能满足调节参数要求时,空气调节系统宜采用串级调节或送风补偿调节。

(6)变风量系统的空气处理机组送风温度设定值,应按冷却和加热工况分别确定。当冷却和加热工况互换时,控制变风量末端装置的温控器,应相应地变换其作用方向。

(7)变风量系统的空气处理机组,当其末端装置由室内温控器控制时,宜采用控制系统静压方式,通过改变变频风机转数实现对机组送风量的调节。

(8)空气调节系统的电加热器应与送风机连锁,并应设无风断电、超温断电保护装置;电加热器的金属风管应接地。

(9)处于冬季有冻结可能性的地区的新风机组或空气处理机组,应对热水盘管加设防冻保护控制。

(10)冬季和夏季需要改变送风方向和风量的风口(包括散流器和远程投射喷口),应设置转换装置实现冬夏转换。转换装置的控制可独立设置或作为集中监控系统的一部分。

(11)风机盘管应设温控器。温控器可通过控制电动水阀或控制风机三速开关实现对室温的控制;当风机盘管在冬季、夏季分别供热水和冷水时,温控器应设冷热转换开关。

五、空气调节冷热源和空气调节水系统的监测与控制

(1)空气调节冷热源和空气调节水系统,应对下列参数进行监测。

1)冷水机组蒸发器进、出口水温、压力。

2)冷水机组冷凝器进、出口水温、压力。

3)热交换器一二次侧进、出口温度、压力。

4)分集水器温度、压力(或压差),集水群各支管温度。

5)水泵进出口压力。

6)水过滤器前后压差。

7)冷水机组、水阀、水泵、冷却塔风机等设备的启停状态。

(2)蓄冷、蓄热系统,应对下列参数进行监测。

1)蓄热水槽的进、出口水温。

2)电锅炉的进、出口水温。

3)冰槽进、出口溶液温度。

4)蓄冰槽液位。

5)调节阀的阀位。

6)流量计量。

7)故障报警。

8)冷量计量。

(3)当冷水机组采用自动方式运行时,冷水系统中各相关设备及附件与冷水机组应进行电气连锁,顺序启停。

(4)冰蓄冷系统的二次冷媒侧换热器应设防冻保护控制。

(5)当冷水机组在冬季或过渡季需经常运行时,宜在冷却塔供回水总管间设置旁通调节阀。

(6)闭式变流量空气调节水系统的控制,应满足下列规定。

1)一次泵系统末端装置宜采用两通调节阀,二次泵系统应采用两通调节阀。

2)根据系统负荷变化,控制冷水机组及其一次泵的运行台数。

3)根据系统压差变化,控制二次泵的运行台数或转数。

4)末端装置采用两通调节阀的变流量的一次泵系统,宜在系统总供回水管间设置压差控制的旁通阀;通过改变水泵运行台数调节系统流量的二次泵系统,在各二次泵供回水集管间设置压差控制的旁通阀。

(7)条件许可时,宜建立集中监控系统与冷水机组控制器之间的通信,实现集中监控系统中央主机对冷水机组运行参数的监测和控制。

六、中央级监控管理系统

(1)中央级监控管理系统应能以多种方式显示各系统运行参数和

设备状态的当前值与历史值。

(2)中央级监控管理系统应能以与现场测量仪表相同的时间间隔与测量精度连续记录各系统运行参数和设备状态。其存储介质和数据库应能保证记录连续一年以上的运行参数,并可以多种方式进行查询。

(3)中央级监控管理系统应能计算和定期统计系统的能量消耗、各台设备连续和累计运行时间,并能以多种形式显示。

(4)中央级监控管理系统应能改变各控制器的设定值、各受控设备的"自动/自动"状态,并能对设置为"自动"状态的设备直接进行启/停和调节。

(5)中央级监控管理系统应能根据预定的时间表,或依据节能控制程序自动进行系统或设备的启停。

(6)中央级监控管理系统应设立安全机制,设置操作者的不同权限,对操作者的各种操作进行记录、存储。

(7)中央级监控管理系统应有参数越线报警、事故报警及报警记录功能,宜设有系统或设备故障诊断功能。

(8)中央级监控管理系统应兼有信息管理(MIS)功能,为所管辖的采暖、通风与空气调节设备建立设备档案,供运行管理人员查询。

(9)中央级监控管理系统宜设有系统集成接口,以实现建筑内弱电系统数据信息共享。

第九章　可再生能源利用

可再生能源是指在自然界中可以不断再生、永续利用的能源,主要包括太阳能、风能、水能、生物质能、地热能和海洋能等,资源潜力大,环境污染低,是有利于人与自然和谐发展的重要能源。

目前,节约能源、优化能源结构、开发利用可再生能源是提高能源利用效率、确保我国中长期能源供需平衡、减少环境污染的先决条件;是达到中等发达国家的能源利用水平和实现经济持续增长的有效措施。可再生能源的利用和建筑节能密不可分。在建筑节能领域,可再生能源,尤其是太阳能、风能和地热能资源丰富、清洁卫生,在建筑节能设计中得到广泛的应用。

第一节　太阳能利用技术

一、太阳能利用概述

太阳能是太阳内部连续不断进行的核聚变反应过程产生的能量。太阳能是一种洁净能源,其开发和利用时几乎不产生任何污染,加之其储量的无限性,是人类理想的替代能源。太阳能的利用是开发新能源与可再生能源的重要内容。

1. 我国太阳能资源颁布情况

我国太阳年辐射总量在 3 300~8 300 MJ/(m^2·a),全国 2/3 以上面积地区年日照小时数大于 2 000 h,属太阳能资源丰富的国家之一。按太阳辐射年总量的不同,我国大致可以分为五个区:资源丰富带、资源较富带、资源一般带、资源较差带和资源最差带,具体见表 9-1。

表 9-1　全国太阳能资源地区类型划分

地区类型	年日照时数 (h/a)	年辐射总量 [MJ/(m² · a)]	包括的主要地区	主要地区特点
资源丰富带	3 200～3 300	6 680～8 400	宁夏北部,甘肃北部,新疆南部,青海西部,西藏西部	该地区地势高,空气稀薄,水汽尘埃含量少,太阳辐射特别强烈,辐射得热明显高于同纬度的平原地区
资源较富带	3 000～3 200	5 852～6 680	河北西北部,山西北部,内蒙古南部,宁夏南部,甘肃中部,青海东部,西藏东南部,新疆南部	该地区处于我国西北干旱地区,云量少,晴天多,日照时数全国最长
资源一般带	2 200～3 000	5 016～5 852	山东,河南,河北东南部,山西南部,新疆北部,吉林,辽宁,云南,陕西北部,甘肃东南部,广东南部	该地区晴天多,云量少,日照时间长,但是冬季严寒,气温低,辐射强度较弱
资源较差带	1 400～2 000	4 180～5 016	湖南,广西,浙江,湖北,福建北部,广东北部,陕西南部,安徽南部	该地区尽管纬度低,气温高,但由于受季风的影响,阴雨天气多,云量大,全年可利用的日照时数不多
资源最差带	1 000～1 400	3 344～4 180	四川大部分地区,贵州	该地区尽管纬度低,气温高,但由于受季风的影响,阴雨天气多,云量大,全年可利用的日照时数不多

综上所述,我国太阳能资源分布情况呈现西高东低的趋势,西部地势较高、干旱少雨、太阳辐射较强,东部地势平缓、冬季严寒、太阳辐射较弱。太阳能资源最丰富地区为青藏高原,最贫乏地区为四川盆地,两者均处于北纬22°～35°。除西藏和新疆两个自治区外,太阳能资源基本上南部低于北部,南方多数地区多云雾、常下雨,北纬30°～40°地区太阳能分布情况与纬度变化规律相反。

2. 太阳能利用基本方式

太阳能利用的基本方式见表 9-2。

表 9-2　太阳能利用基本方式

序号	类别	说　明
1	光热利用	光热利用的基本原理是将太阳辐射能收集起来,通过与物质的相互作用转换成热能加以利用。目前使用最多的太阳能收集装置,主要有平板型集热器、真空管集热器和聚焦集热器 3 种
2	太阳能发电	未来太阳能的大规模利用是用来发电。利用太阳能发电的方式有多种。目前已实用的主要有以下两种。 (1)光—热—电转换。即利用太阳辐射所产生的热能发电。一般是用太阳能集热器将所吸收的热能转换为工质的蒸汽,然后由蒸汽驱动汽轮机带动发电机发电。 (2)光—电转换。其基本原理是利用光生伏打效应将太阳辐射能直接转换为电能,它的基本装置是太阳能电池
3	光化利用	这是一种利用太阳辐射能直接分解水制氢的光—化学转换方式
4	光生物利用	光生物利用是通过植物的光合作用来实现将太阳能转换成为生物质的过程。目前主要有速生植物(如薪炭林)、油料作物和巨型海藻

3. 太阳能技术在建筑节能中的应用形式

太阳能技术在建筑节能中的主要应用形式分为有源(主动式)及无源(被动式)两种。有源的例子有太阳能光伏及光热转换,使用电力或机械设备作为太阳能的收集,而这些设备是依靠外部能源运作的,因此称为有源。无源的例子有在建筑物引入太阳光作照明等,当中是利用建筑物的设计、选择所使用物料等达至利用太阳能的目的,由于当中的运作无须由外部提供能源,因此称为无源。

太阳能技术在民用建筑节能中的应用可大致分为被动式太阳能建筑和主动式太阳能建筑两大类。

二、被动式太阳能建筑

被动式太阳能建筑是指利用建筑本身作为集热装置,依靠建筑方位的合理布置,以自然热交换的方式(传导、对流和辐射)使建筑达到采暖和降温目的的建筑。

(一)被动式太阳能建筑形式

按太阳能利用的方式进行分类,被动式太阳能建筑形式可分为直接受益式、集热蓄热墙式、附加阳光间式和屋顶池式等。

1. 直接受益式太阳能建筑

直接受益式太阳能建筑的集热原理如图 9-1 所示。冬天阳光通过较大面积的南向玻璃窗,直接照射至室内的地面墙壁和家具上,使其吸收大部分热量,因而温度升高。所吸收的太阳能,一部分以辐射、对流方式在室内空间传递,一部分导入蓄热体内,然后逐渐释放出热量,使房间在晚上和阴天也能保持一定温度。采用这种方式的太阳房,由于南窗面积较大,应配置保温窗帘,并要求窗扇的密封性能良好,以减少通过窗的热损失。窗应设置遮阳板,以遮挡夏季阳光进入室内。

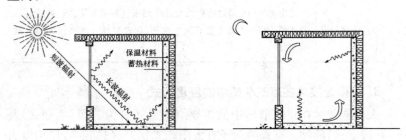

保温材料
蓄热材料

短波辐射
长波辐射

图 9-1　直接受益式太阳能建筑集热原理

2. 集热蓄热墙式太阳能建筑

集热蓄热墙是由法国科学家特朗伯于 1956 年设计出来的,因此也称为特朗伯墙。

特朗伯墙是由朝南的重质墙体与相隔一定距离的玻璃盖板组成。在冬季,太阳光透过玻璃盖板被表面涂成黑色的重质墙体吸收并储存起来,墙体带有上下两个风口使室内空气通过特朗伯墙被加热,形成热循环流动。玻璃盖板和空气层抑制了墙体所吸收的辐射热向外的散失。重质墙体将吸收的辐射热以导热的方式向室内传递,冬季采暖过程的工作原理如图 9-2(a)、(b)所示。另外,冬季的集热蓄热效果越好,夏季越容易出现过热问题。目前采取的办法是利用集热蓄热墙体进行被动式通风,即在玻璃盖板上侧设置风口,通过如图 9-2(c)、(d)所示的空气流动带走室内热量。此外,利用夜间天空冷辐射使集热蓄热墙体蓄冷或在空气间层内设置遮阳卷帘,在一定程度上也能起到降温的作用。

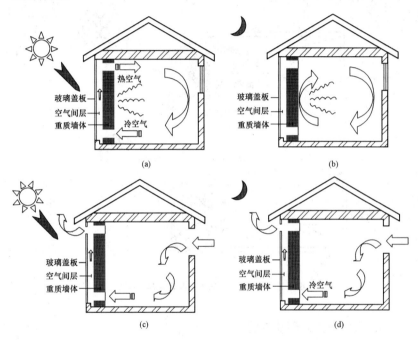

图 9-2　集热蓄热墙式太阳能建筑集热原理

3. 附加阳光间式太阳能建筑

附加阳光间实际上就是在房屋主体南面附加的一个玻璃温室,见图 9-3。从某种意义上说,附加阳光间被动式太阳房是直接受益式(南向的温室)和集热蓄热式(后面带集热蓄热墙的房间)的组合形式。该集热蓄热墙将附加阳光间与房屋主体隔开,墙上一般开设有门、窗或通风口,太阳光通过附加阳光间的玻璃后,投射在房屋主体的集热蓄热墙上。由于温室效应的作用,附加阳光间内的温度总是比室外温度高。因此,附加阳光间不仅可以给房屋主体提供更多的热量,而且可以作为一个缓冲区,减少房屋主体的热损失。冬季的白天,当附加阳光间内的温度高于相邻房屋主体的温度时,通过开门、开窗或打开通风口,将附加阳光间内的热量通过对流的方式传入相邻的房间,其余时间则关闭门、窗或通风口。

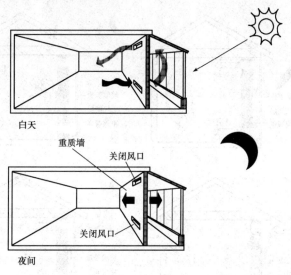

图 9-3　附加阳光间式太阳能建筑集热原理

4. 屋顶池式太阳能建筑

　　屋顶池式太阳能建筑兼有冬季采暖和夏季降温两种功能,适合冬季不属寒冷,而夏季较热的地区。用装满水的密封塑料袋作为储热体,置于屋顶顶棚之上,其上设置可水平推拉开闭的保温盖板。冬季白天晴天时,将保温板敞开,让水袋充分吸收太阳辐射热,水袋所储热量,通过辐射和对流传至下面房间。夜间则关闭保温板,阻止向外的热损失。夏季保温盖板启闭情况则与冬季相反。白天关闭保温盖板,隔绝阳光及室外热空气,同时用较凉的水袋吸收下面房间的热量,使室温下降;夜晚则打开保温盖板,让水袋冷却。保温盖板还可根据房间温度、水袋内水温和太阳辐照度,进行自动调节启闭。

(二)被动式太阳能建筑设计

被动式太阳能建筑设计要求在适应自然环境的同时尽可能地利用自然环境的潜能,因此在设计过程中需全面分析室外气象条件、建筑结构形式和相应的控制方法对利用效果的影响,同时综合考虑冬季采暖供热和夏季通风降温的可能,并协调两者的矛盾。例如,冬季采暖需要尽可能引入太阳辐射热,而夏季则必须遮挡太阳辐射,以降低室内冷负荷。

1. 被动式太阳能设计基本原则

(1)建筑外围护结构需要很好的保温。

(2)南向设有足够大的集热表面。

(3)室内尽可能布置较多的储热体。

(4)主要采暖房间紧靠集热表面和储热体布置,而将次要的、非采暖房间围在它们的北面和东西两侧。

2. 被动式太阳能采暖设计技术要求

(1)采用被动系统的太阳能建筑,室温会有波动。由于这种波动,可使构件能交替地储藏、释放能量。良好的建筑设计中,窗户面积与地板面积以及储热构件的面积应具有正确的比率,使室温变动的范围可保持在68℃之内。这种比率取决于建筑形式、隔热程度及其他因素。晚上则需用隔热窗帘或窗盖板覆盖窗户以减少热损失。

(2)对于居住建筑,南面装玻璃的总面积与地板总面积之比应在20%～30%,墙、地板以及其他热工构件的表面至少应5倍于南面玻璃。这些玻璃有一些用扩散型的则更好,可以使进入的阳光尽可能大地分布到墙、楼板或其他构件表面上去。

(3)被动式太阳能采暖设计各种可能的技术线路如图9-4所示。

(4)为避免夏季直射阳光引起室内过热,可利用阳台或挑檐等作为遮阳构件。

(5)采用了特朗伯墙的房屋,其他墙体并不是都要采用储热墙,但必须像直接得热系统那样严加隔热。

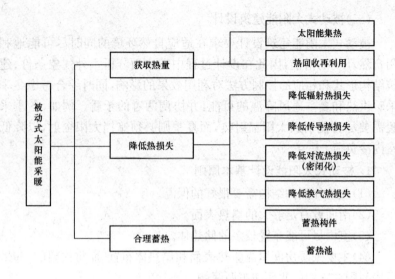

图 9-4　被动式太阳能采暖设计技术路线

3. 被动式太阳能通风降温设计技术要求

被动式太阳能通风降温设计主要包括通风构件热工性能优化和建筑整体设计优化两部分。

通风构件热工性能优化指的是在设计过程中通过分析各种热压通风设备的结构特性参数,包括绝热材料及蓄热墙厚度、倾角、长度等,对设备通风量的影响,来优化建筑设计。

被动式太阳能通风降温设计各种可能的技术路线如图 9-5 所示。

根据国内外的研究成果,人们发现太阳烟囱(SC)、太阳屋顶集热器(RSC)、特朗伯墙(TW)、改良特朗伯墙(MTW)、带金属板的特朗伯墙(MSW)等均会对太阳能利用、建筑通风及室内热环境有所影响,必须在设计中加以详细的研究优化。

需要注意的是,被动式太阳能通风降温技术对房间热环境的调节效果很大程度上取决于当地的气候条件(也与室内发热量有部分关系),属于建筑适应气候的一种调节技术,其技术动力与当地气候条件密不可分。因此,在设计过程中要充分考虑气象条件的影响。

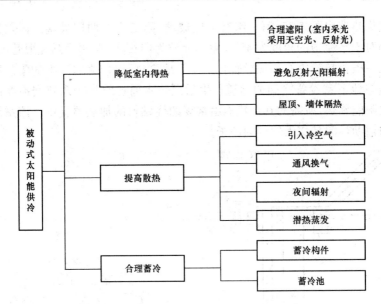

图 9-5　被动式太阳能通风降温设计技术路线

三、主动式太阳能建筑

主动式太阳能建筑是指采用高效太阳能集热器以及机械动力系统来完成采暖降温过程的系统进行设计的太阳能建筑。

主动式太阳能建筑根据集热热媒不同，可分为空气式和热水式两大类。集热器环路内循环的流体是空气则为空气式，是水则为热水式。与热水式相比，空气式系统的优点是无须采取防冻措施，腐蚀问题不严重，系统没有过热汽化的危险；其缺点是所需用管道投资大，风机电力消耗大，蓄热体积大以及不易和吸收式制冷机配合使用。

1. 空气式主动式太阳能建筑

在屋面上朝南布置太阳空气集热器，被加热的空气通过碎石储热层后由风机送入房间，辅助热源为燃气热风炉，并设置控制调节装置，根据送风温度确定辅助热源的投入比例。

空气式主动式太阳能建筑的热风供应系统，如图 9-6 所示。集热器环路内循环的流体是空气，用太阳能集热器来加热空气，有两组空气集热器串联连接,第一组有一层玻璃,第二组有两层玻璃。集热器相对于平屋顶的角度为45°。蓄热介质为卵石,装在两根圆柱形管内。在一根蓄热管中有一根导管自上而下地穿过,以作为屋顶上的集热器组与地下室设备之间的通道。生活用热水通过空气－水热交换器由太阳能预热,所需的其余热能由常规的烧燃料的加热器提供。该系统的辅助热源是烧天然气的炉子。

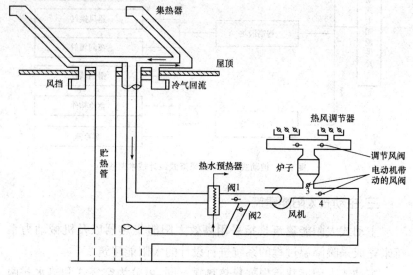

图 9-6　主动式太阳能建筑的热风供热系统

2. 热水式主动式太阳能建筑

　　热水式主动式太阳能建筑的热水供热系统,如图 9-7 所示。该系统的集热器为平板式太阳能集热器,集热管采用铜管。系统配有辅助热源和辅助水箱。不用集热器系统时,可将水卸至膨胀水箱内。供热房间采用热风供热,热量靠一个水－空气式换热器传给室内空气。室内装有温度传感器,当室内温度降低时,则由蓄热水箱供应热量,如果室内温度继续下降,即蓄热水箱的热量不能满足负荷的要求,电动调节阀就改变位置,使热水从辅助水箱供给散热器。该系统也可供应生活用热水,它使自来水以串联方式通过蓄热箱中的加热盘管及辅助水

箱中的另一加热盘管而变为热水。该热水和自来水混合以得到所需
的温度为 60 ℃的水。

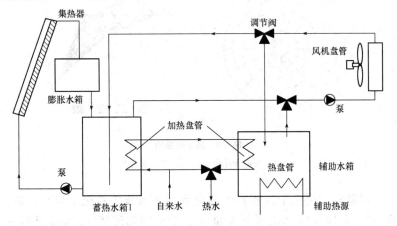

图 9-7 主动式太阳能建筑的热水供热系统

第二节 风能利用技术

由于地球表面各处受太阳辐照后气温变化不同和空气中水蒸汽
的含量不同,因而引起各地气压的差异,在水平方向高压空气向低压
地区流动,即形成风。风能是地面大量空气流动所产生的动能。

风能是一种清洁、安全、可再生的绿色能源,利用风能对环境无污
染,对生态无破坏,环保效益和生态效益良好,对于人类社会可持续发
展具有重要意义。

一、风能玫瑰图

风能玫瑰图是指用极坐标来表示不同方位风能相对大小的图解,
如图 9-8 所示。风能玫瑰图是将各方位风向频率与相应风向的平均
风速立方数的乘积,按一定比例尺作出线段,分别绘制在 16 个方位
上,再将线段端点连接起来,根据风能玫瑰图可以看出哪个方向的风
具有能量的优势。

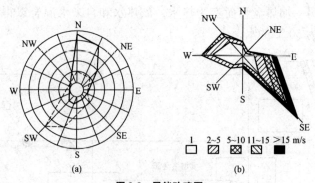

图 9-8　风能玫瑰图

(a)风向频率分布;(b)风速频率分布

风能资源决定于风能密度和可利用的风能年累积小时数。据宏观分析,我国风能理论可开发量仅次于美国和俄罗斯,居世界第三。这两个主要指标,把风能资源分成 4 个类型:丰富区、较丰富区、可利用区和贫乏区,见表 9-3。

表 9-3　中国风能分区及占全国面积的百分比

地区类型	主要地区	年有效风能密度(N/m²)	年≥3m/s 累计小时数(h)	年≥6m/s 累计小时数(h)	占全国面积的百分比(%)
丰富区	东南沿海、台湾、海南岛西部和南海群岛,内蒙古西端、北部和阴山以东,松花江下游地区	>200	>5 000	>2 200	8
较丰富区	东南部离海岸 20~50 km 的地带,海南岛东部、渤海沿岸,东北平原,内蒙古南部,河西走廊,青藏高原	200~150	5 000~4 000	2 200~1 500	18
可利用区	闽、粤离海岸 50~100 km 的地带,大小兴安岭,辽河流域、苏北、长江及黄河下游,西湖沿岸等地	<150~50	<4 000~2 000	<1 500~350	50
贫乏区	四川、甘南、陕西、贵州、湘西、岭南等地	<50	<2 000	<350	25

二、风能利用形式

1. 风力提水

利用风车提水可以治理山丘区坡耕地和解决人畜饮水问题,既经济、又环保。风力提水从古至今一直得到较普遍的应用。

我国适合风力提水的区域辽阔,提水设备的制造和应用技术也非常成熟。我国东南沿海、内蒙古、青海、甘肃和新疆北部等地区,风能资源丰富,地表水源也丰富,是我国可发展风力提水的较好区域。风力提水可用于农田灌溉、海水制盐、水产养殖、滩涂改造、人畜饮水及草场改良等,具有较好的经济、生态与社会效益,发展潜力巨大。

2. 风力发电

利用风力发电已越来越成为风能利用的主要形式,受到各国的高度重视,而且发展速度最快。目前,风力发电通常有以下三种运行方式。

(1)独立运行方式。通常是一台小型发电机向一户或几户提供电力,它用蓄电池蓄能,以保证无风时的用电。

(2)联合运行方式。风力发电与其他发电方式(如柴油机发电)相结合,向一个单位或一个村庄或一个海岛供电。

(3)风力发电并入常规电网运行,向大电网提供电力。常常是一处风场安装几十台甚至几百台风力发电机,这是风力发电的主要发展方向。

3. 风力制热

风力致热与风力发电、风力提水相比,具有能量转换效率高等特点。由机械能转变为电能时不可避免地要产生损失,而由机械能转变为热能时,理论上可以达到100%的效率。

随着人民生活水平的提高,家庭用能中热能的需要越来越大,特别是在高纬度的地区取暖,煮水是耗能大户。为了解决家庭及低品位工业热能的需要,风力制热有了较大的发展。

三、风电建筑一体化

随着小风电的快速发展,风电与城市越来越近。越来越多的小型风力发电机安装在建筑物顶,构成风电建筑一体化应用。

我国城乡建筑物数以亿计,大部分均可实施风力发电,其发展空间非常广阔。然而,不是任何风力发电装置都能实施于建筑物的顶部,必须同时具备外形能够与建筑物完美协调、对风资源要求低、无噪声污染、无安全隐患等多项条件。因此,如何使得风力发电和建筑进行一体化设计、在建筑周围设置小型风力发电机而又不影响人的生活质量? 垂直轴风力发电机,使风电建筑一体化成为可能。

将垂直轴风力发电机组安装在普通建筑物的屋顶上,可实现风力发电机组与建筑一体化设计。气流在建筑物影响下产生分离、涡脱落和振荡,导致有的区域风速下降,而有的风速增加的现象。大部分土木工程建筑物为非流线型,不具有良好的空气动力学性质,加剧了对风流场的局部扰动性。通过对建筑物周围的风流场分布图进行分析研究,获知屋顶以上部位的风速分布,为风力发电机在屋顶安装时避开风速低及风环境复杂的区域提供指导,进而利用产生的高风速区来实现风能利用的最大化。

在低层建筑中,风能发电组件可在建筑前规划选择在比较空旷的位置安装,既不影响美观又不影响风能的利用,而且还可以根据用户的多少确定风机组件的容量。考虑到风能资源随着高度的增加而增加,可以考虑将风力发电机安放在房顶。在建筑楼群之间,可以根据风场的分布情况,在风道的垂直方向设置多台风电机组。所以一体化设计的完成从一开始就要在建筑平面设计、剖面设计、结构选择以及建筑材料的使用方面融入新能源利用技术的理念,进一步确定建筑能量的获取方式和建筑能量流线的概念,再结合经济、造价以及其他生态因素的分析,最终得到一个综合多个生态因素的最优化的建筑设计。

因此,充分利用当地的风力资源和城乡建筑物的顶部空间,实施风电与建筑物一体化结合,不但可以节约大量土地,同时还能使发电成本降低至煤电成本以下,自然会受到消费者的青睐。

第三节 地源热泵利用技术

地源热泵是利用地球表面浅层水源(如地下水、河流和湖泊)和土壤源中吸收的太阳能和地热能,并采用热泵原理,既可供热又可制冷的高效节能系统。地源热泵利用是一种清洁的可再生能源节能技术。

地源热泵系统是以岩土体、地下水或地表水为低温热源,由水源热泵机组、地热能交换系统、建筑物内系统组成的供热空调系统。根据地热能交换系统形式的不同,地源热泵系统分为地埋管地源热泵系统、地下水地源热泵系统和地表水地源热泵系统。

一、地埋管地源热泵系统

1. 地埋管地源热泵系统工作原理

地埋管地源热泵系统是利用地下土壤作为热泵低位热源的热泵系统,主要包括室外管路系统、工质循环系统及室内空调管路系统三套管路系统。室外管路系统其实是一个土壤耦合地热交换器,通过中间介质(通常为水或者是加入防冻剂的水)作为热载体,使中间介质在土壤耦合地热交换器的封闭环路中循环流动,从而实现与大地土壤进行热交换的目的。冬季时,从土壤中吸收热,经过热泵提升后,将热量供给热用户,相当于常规空调系统的锅炉,同时在土壤中储存冷量,以备夏季空调用。夏季时,将室内的余热经过热泵转移后通过埋地盘管释放到土壤,相当于常规空调系统中的冷却塔,同时储存热量,以备冬季采暖用,如图9-9所示。

2. 地埋管换热系统设计要求

(1)地埋管换热系统设计前应明确待埋管区域内各种地下管线的种类、位置及深度,预留未来地下管线所需的埋管空间及埋管区域进出重型设备的车道位置。

(2)地埋管换热系统设计应进行全年动态负荷计算,最小计算周期宜为1年。计算周期内,地源热泵系统总释热量宜与其总吸热量相平衡。

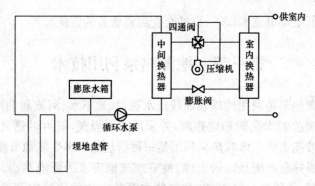

图 9-9　地埋管地源热泵系统工作原理

(3)地埋管换热器换热量应满足地源热泵系统最大吸热量或释热量的要求。在技术经济合理时,可采用辅助热源或冷却源与地埋管换热器并用的调峰形式。

(4)地埋管换热器应根据可使用地面面积、工程勘察结果及挖掘成本等因素确定埋管方式。

(5)地埋管换热器设计计算宜根据现场实测岩土体及回填料热物性参数,采用专用软件进行。竖直地埋管换热器的设计也可按《地源热泵系统工程技术规范》(GB 50366—2009)附录 B 的方法进行计算。

(6)地埋管换热器设计计算时,环路集管不应包括在地埋管换热器长度内。

(7)水平地埋管换热器可不设坡度。最上层埋管顶部应在冻土层以下 0.4 m,且距地面不宜小于 0.8 m。

(8)竖直地埋管换热器埋管深度宜大于 20 m,钻孔孔径不宜小于0.11 m,钻孔间距应满足换热需要,间距宜为 3~6 m。水平连接管的深度应在冻土层以下 0.6 m,且距地面不宜小于 1.5 m。

(9)地埋管换热器管内流体应保持紊流流态,水平环路集管坡度宜为 0.002。

(10)地埋管环路两端应分别与供、回水环路集管相连接,且宜同程布置。每对供、回水环路集管连接的地埋管环路数宜相等。供、回水环路集管的间距不应小于 0.6 m。

（11）地埋管换热器安装位置应远离水井及室外排水设施，并宜靠近机房或以机房为中心设置。

（12）地埋管换热系统应设自动充液及泄漏报警系统。需要防冻的地区，应设防冻保护装置。

（13）地埋管换热系统应根据地质特征确定回填料配方，回填料的导热系数不应低于钻孔外或沟槽外岩土体的导热系数。

（14）地埋管换热系统设计时应根据实际选用的传热介质的水力特性进行水力计算。

（15）地埋管换热系统宜采用变流量设计。

（16）地埋管换热系统设计时应考虑地埋管换热器的承压能力，若建筑物内系统压力超过地埋管换热器的承压能力时，应设中间换热器将地埋管换热器与建筑物内系统分开。

（17）地埋管换热系统宜设置反冲洗系统，冲洗流量宜为工作流量的 2 倍。

二、地下水地源热泵系统

1. 地下水地源热泵系统工作原理

地下水地源热泵是地源热泵的一个分支，热泵机组冬季从生产井提供的地下水中吸热，提高水温后，对建筑物供暖，把低位热源中的热量转移到需要供热和加湿的地方，取热后的地下水通过回灌井回到地下。夏季，将室内余热转移到低位热源中，达到降温或制冷的目的。

地下水地源热泵系统装置的工作原理，如图 9-10 所示。

2. 地下水换热系统设计要求

（1）热源井设计应符合现行国家标准《供水管井技术规范》（GB 50296—1999）的相关规定，并应包括下列内容。

1）热源井抽水量和回灌量、水温和水质。

2）热源井数量、井位分布及取水层位。

3）井管配置及管材选用，抽灌设备选择。

4）井身结构、填砾位置、滤料规格及止水材料。

5）抽水试验和回灌试验要求及措施。

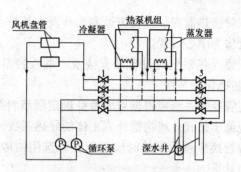

图 9-10　地下水地源热泵系统装置的工作原理

6)井口装置及附属设施。

(2)热源井设计时应采取减少空气侵入的措施。

(3)抽水井与回灌井宜能相互转换,其间应设排气装置。抽水管和回灌管上均应设置水样采集口及监测口。

(4)热源井数目应满足持续出水量和完全回灌的需求。

(5)热源井位的设置应避开有污染的地面或地层。热源井井口应严格封闭,井内装置应使用对地下水无污染的材料。

(6)热源井井口处应设检查井。井口之上若有构筑物,应留有检修用的足够高度或在构筑物上留有检修口。

(7)地下水换热系统应根据水源水质条件采用直接或间接系统;水系统宜采用变流量设计;地下水供水管道宜保温。

三、地表水地源热泵系统

江、河、湖、海的水以及深井水统称地表水。地源热泵可以从地表水中提取热量或冷量,达到制热或制冷的目的。利用地表水的热泵系统造价低,运行效率高,但受地理位置(如江河湖海)和国家政策(如取深井水)的限制。

1. 地表水地源热泵系统的分类

地表水地源热泵系统分为开式环路系统和闭式环路系统两种类型。

(1)开式环路系统。开式环路系统是直接利用水源进行热量传递的热泵系统。该系统需配备防砂堵、防结垢、水质净化等装置。

（2）闭式环路系统。闭式环路系统是在深埋于地下的封闭塑料管内，注入防冻液，通过换热器与水或土壤交换能量的封闭系统。闭式系统不受地下水位、水质等因素影响。

2. 地表水地源热泵系统的特点

与地埋管地源热泵系统相比，地表水地源热泵系统具有以下优缺点：

（1）优点：没有进行钻孔或挖掘费用，比地下埋管系统投资要小；在 10 m 或更深的湖中，可提供 10 ℃的直接制冷，水泵能耗较低，高可靠性；低维修要求、低运行费用。

（2）缺点：设在公共水体中的换热管容易被破坏，由于地表水的温度随着全年气温变化较大，会降低机组的效率。

3. 地表水换热系统设计要求

（1）开式地表水换热系统取水口应远离回水口，并宜位于回水口上游。取水口应设置污物过渡装置。

（2）闭式地表水换热系统宜为同程系统。每个环路集管内的换热环路数宜相同，且宜并联连接；环路集管布置应与水体形状相适应，供、回水管应分开布置。

（3）地表水换热盘管应牢固安装在水体底部，地表水的最低水位与换热盘管距离不应小于 1.5 m。换热盘管设置处水体的静压应在换热盘管的承压范围内。

（4）地表水换热系统可采用开式或闭式两种形式，水系统宜采用变流量设计。

（5）地表水换热盘管管材与传热介质应符合相关的规定。

（6）当地表水体为海水时，与海水接触的所有设备、部件及管道应具有防腐、防生物附着的能力；与海水连通的所有设备、部件及管道应具有过滤、清理的功能。

第十章 既有建筑节能改造设计

第一节 既有建筑节能改造概述

一、既有建筑节能改造的意义

既有建筑节能改造,是指对不符合民用建筑节能强制性标准的既有建筑的围护结构、供热系统、采暖制冷系统、照明设备和热水供应设施等实施节能改造的活动。

我国城镇既有居住建筑量大面广。据不完全统计,仅北方采暖地区城镇既有居住建筑就有大约 35 亿 m^2 需要和值得节能改造。这些建筑已经建成使用 20~30 年,能耗高,居住舒适度差,许多建筑在采暖季室内温度不足 10 ℃,同时存在结露霉变、建筑物破损等现象,与我国全面建设小康社会的目标很不相应。

建筑节能是国家节能减排工作的重要组成部分。既有建筑节能改造,特别是严寒和寒冷地区(也称北方采暖地区)既有居住建筑的节能改造,是当前和今后一段时期建筑节能工作的重要内容,对于节约能源、改善室内热环境、减少温室气体排放、促进住房城乡建设领域发展方式转变与经济社会可持续发展,具有十分重要的意义。

二、既有建筑节能改造的内容及实施步骤

1. 既有建筑节能改造的主要内容

(1)外墙、屋面、外门窗等围护结构的保温改造。

(2)采暖系统分户供热计量及分室温度调控的改造。

(3)热源(锅炉房或热力站)和供热管网的节能改造。

(4)涉及建筑物修缮、功能改善和采用可再生能源等的综合节能改造。

2. 既有建筑节能改造的实施步骤

既有建筑节能改造的实施步骤主要包括基本情况调查、居民工作、节能改造设计、节能改造项目费用编制、节能改造施工、工程质量验收和节能改造效果评估等。

三、既有建筑节能改造设计目标及要求

1. 既有建筑节能改造设计目标

设计单位应根据建筑物详细调查结果并结合当地气候条件,制定经济合理、有利于节能和气候保护的综合节能改造方案,并进行节能改造专项设计。设计目标是在保证室内热舒适性的前提下,建筑物采暖能耗应满足当地现行居住建筑节能设计标准要求并适度超前。

2. 既有建筑节能改造设计要求

(1)对围护结构进行节能改造时,应对原建筑结构进行复核、验算。当阳台等局部结构安全不能满足节能改造要求时,应采取结构加固措施。屋面荷载不能满足节能改造要求时,应采取安全卸载措施。

(2)供热计量改造应与建筑围护结构节能改造同步实施,实现分室温度调控,分户供热计量。

(3)节能改造后,围护结构各部位的传热系数应满足当地建筑节能设计标准限值。当围护结构某部位传热系数难以达到设计标准的限值时,应提高其他部位保温性能,确保围护结构平均传热系数满足当地标准的要求。

(4)除某些需要保护的历史文物建筑外,既有建筑节能改造应优先选择采用外墙外保温做法。

(5)外墙外保温系统设计应按照公安部、住房城乡建设部关于民用建筑外保温系统防火的有关规定,采取相应的防火构造措施,确保防火安全。

(6)楼宇单元入口应采用有保温、带亮窗的自闭式单元门,并宜加

设门斗。

（7）节能改造措施不应变动主体结构，不应破坏户内的防水，以免影响安全性。

（8）合理安排太阳能热水器和管线的安装位置。

第二节　既有建筑节能改造设计要点

一、外墙/封闭阳台节能改造的设计要点

（1）应根据原有墙体材料、构造、厚度、饰面做法及剥蚀程度等情况，按照现行建筑节能标准的要求，确定外墙保温构造做法和保温层厚度。

（2）外保温系统宜优先采用聚苯板（EPS）薄抹灰系统。保温层与原基层墙体应采用黏锚结合（黏结为主、锚固为辅）的连接方式，并根据墙体基面黏结力的实测结果计算确定黏结面积和锚栓数量，以确保安全可靠。

（3）为减少热桥影响，应优先采用断桥锚栓。

（4）首层外保温应采用双层网格布加强做法，防止外力撞击引起破坏。

（5）墙面保温层勒脚部位应采取可靠的防水及防潮措施。当首层地平与室外地平有一定高差时，可以从散水以上 5～10 cm 始做保温并宜采用金属托架。

（6）外墙外露（出挑）构件及附墙部件应有防止和减少热桥的保温措施，其内表面温度不应低于室内空气露点温度。

（7）外保温与外窗的结合部位应有可靠的保温及防水构造。宜采用外窗台板、滴水鹰嘴等专用配件。关键节点部位应采用膨胀密封条止水。

（8）应对原设计为开放式的阳台做结构安全评估，必要时进行加固。与室外空气接触的阳台栏板、顶板、底板部位传热系数要求应与外墙主体部位一致。

（9）外墙管线、空调外机、防盗窗等附着物及各种孔洞应有专项节

点设计,燃气热水器的排气孔还应有防火设计。

(10)墙面设置的雨落管出水口应加做弯头,将雨水引开墙基。

二、外窗节能改造的设计要点

(1)外窗应采用内平开窗,以提高气密性和保温性能,同时改善隔声和防尘效果。

(2)楼梯间等公共部位外窗如通行间距不能满足安全要求,在权衡判断满足节能要求后可采用悬开窗或推拉窗。

(3)外窗宜与结构墙体外基面平齐安装,以减少热桥影响。如难以实现也可采取居中安装方式,但窗口外侧四周墙面应进行完好的保温处理。

(4)外窗框与窗洞口的结构缝,应采用发泡聚氨酯等高效保温材料填堵,不得采用普通水泥砂浆补缝。

(5)外窗框与保温层之间,及其他洞口与保温层之间的缝隙应采用膨胀密封条止水后,再用耐候密封胶封闭,以防止雨水进入保温层。

三、屋面节能改造的设计要点

(1)原屋面保温层采用的焦渣等松散材料或水泥珍珠岩、加气混凝土等多孔材料,含水率对荷载和保温效果影响较大时,应清除原有保温层及防水层,重新铺设新做屋面。保温层宜采用挤塑聚苯板(XPS)等吸水率低、防水性能好的保温材料。

(2)当原屋面防水层完好,使用年限不长,承载能力满足安全要求时,可直接在原防水层上加铺保温层。

(3)当新做屋面时,可采用倒置式或传统的正置式屋面做法,也可采用保温防水一体化的聚氨酯屋面做法。当采用正置式屋面做法时,应在屋面板上加铺隔气层。

(4)屋面避雷设施、天线、烟道、天沟等附属设施应进行专项节点设计。上人孔应作保温和密封设计。

(5)屋面与女儿墙或挑檐板的保温应连成一体,屋面热桥部位应做保温处理,烟道口的保温应采用岩棉等不燃材料。

(6)女儿墙做完保温后,应用带滴水鹰嘴的金属压顶板保护。

四、采暖与非采暖空间的隔墙、地下室顶板节能改造的设计要点

(1)对既有建筑楼梯间隔墙进行保温处理,会挤占消防通道,施工难度大,在完整做好外墙外保温的情况下,不推荐对楼梯间隔墙进行保温处理。

(2)不采暖地下室顶板可采用粘贴聚苯板加抹无机砂浆(或粉刷石膏)做法,并沿外墙内侧向下延伸至当地冰冻线以下或地下室地面。

五、供热采暖系统计量与节能改造的设计要点

(1)应根据节能改造方案,核算采暖房间的热负荷。

(2)当原有室内采暖系统为单管顺流式时,宜改为垂直单管跨越或垂直双管两种形式,并加装平衡阀、自动恒温控制阀和热计量装置,实现分室控温、分户计量。

(3)楼栋或单元热计量表的二次表部分应安装在地面以上或楼宇门内的适当位置,并用防护罩保护,便于读表,防止损坏。

六、热源和室外管网的设计要点

(1)热源处宜设置供热量自动控制装置,实现供需平衡,按需供热。

(2)锅炉房、热力站应结合现有情况设置运行参数检测装置。应对锅炉房燃料消耗进行实时计量监测。应对供热量、补水量、耗电量进行计量。锅炉房、热力站各种设备的动力用电和照明用电应分项计量。

(3)室外管网改造时,应进行水力平衡计算。当热网的循环水泵集中设置在热源处或二级网系统的循环水泵集中设置在热力站时,各并联环路之间的压力损失差值不应大于15%。当室外管网水力平衡计算达不到上述要求时,应根据热网的特点设置水力平衡装置。热力入口水力平衡度应达到0.9~1.2。

七、通风换气系统的设计要点

(1)为改善和保证节能改造后居室的空气质量,宜安装新风系统。

（2）应根据建筑物排风道状况计算排风能力。当风道阻力太大，不能满足排风要求时，可在楼顶安装无动力排风设备。

（3）当条件允许时，建议采用带热回收功能的中央新风系统。

第三节　既有居住建筑节能改造

一、节能改造基本规定

（1）既有居住建筑节能改造应根据国家节能政策和国家现行有关居住建筑节能设计标准的要求，结合当地的地理气候条件、经济技术水平，因地制宜地开展全面的节能改造或部分的节能改造。

（2）实施全面节能改造后的建筑，其室内热环境和建筑能耗应符合国家现行有关居住建筑节能设计标准的规定。实施部分节能改造后的建筑，其改造部分的性能或效果应符合国家现行有关居住建筑节能设计标准的规定。

（3）既有居住建筑在实施全面节能改造前，应先进行抗震、结构、防火等性能的评估，其主体结构的后续使用年限不应少于 20 年。有条件时，宜结合提高建筑的抗震、结构、防火等性能实施综合性改造。

（4）实施部分节能改造的建筑，宜根据改造项目的具体情况，进行抗震、结构、防火等性能的评估以及改造后的使用年限进行判定。

（5）既有居住建筑实施节能改造前，应先进行节能诊断，并根据节能诊断的结果，制定伞面的或部分的节能改造方案。

（6）建筑节能改造的诊断、设计和施工，应由具有相应的建筑检测、设计、施工资质的单位和专业技术人员承担。

（7）严寒和寒冷地区的既有居住建筑节能改造，宜以一个集中供热小区为单位，同步实施对建筑围护结构的改造和供暖系统的全面改造。全面节能改造后，在保证同一住宅内热舒适水平的前提下，热源端的节能量不应低于 20%。当不具备对建筑围护结构和供暖系统实施全面改造的条件时，应优先选择对室内热环境影响大、节能效果显著的环节实施部分改造。

（8）严寒和寒冷地区既有居住建筑实施全面节能改造后，集中供暖系统应具有室温调节和热量计量的基本功能。

（9）夏热冬冷地区与夏热冬暖地区的既有居住建筑节能改造，应优先提高外窗的保温和遮阳性能、屋顶和西墙的保温隔热性能，并宜同时改善自然通风条件。

（10）既有居住建筑外墙节能改造工程的设计应兼顺建筑外立面的装饰效果，并应满足墙体保温、隔热、防火、防水等的要求。

（11）既有居住建筑外墙节能改造工程应优先选用安全、对居民干扰小、工期短、对环境污染小、施工工艺便捷的墙体保温技术，并宜减少湿作业施工。

（12）既有居住建筑节能改造应制定和实行严格的施工防火安全管理制度。外墙改造采用的保温材料和系统应符合国家现行有关防火标准的规定。

（13）既有居住建筑节能改造不得采用国家明令禁止和淘汰的设备、产品和材料。

二、节能诊断

1. 一般规定

（1）既有居住建筑节能改造前应进行节能诊断。并应包括下列内容。

1）供暖、空调能耗现状的调查。

2）室内热环境的现状诊断。

3）建筑围护结构的现状诊断。

4）集中供暖系统的现状诊断（仅对集中供暖居住建筑）。

（2）既有居住建筑节能诊断后，应出具节能诊断报告，并应包括供暖空调能耗、室内热环境、建筑围护结构、集中供暖系统现状调查和诊断的结果，初步的节能改造建议和节能改造潜力分析。

（3）承担节能诊断的单位应由建设单位委托。节能诊断涉及的检测方法应按现行行业标准《居住建筑节能检测标准》JGJ/T 132—2009 执行。

2. 能耗现状调查

（1）既有居住建筑节能改造前，应先进行供暖、空调能耗现状的调查统计。调查统计应符合现行行业标准《民用建筑能耗数据采集标准》(JGJ/T 154—2007)的有关规定。

(2)既有居住建筑应根据其供暖和空调能耗现状调查统计结果，为节能诊断报告提供下列内容。

1)既有居住建筑供暖能耗。

2)既有居住建筑空调能耗。

3. 室内热环境诊断

(1)既有居住建筑室内热环境诊断时，应按国家现行标准《民用建筑热工设计规范》(GB 50176—1993)、《严寒和寒冷地区居住建筑节能设计标准》(JGJ 26—2010)、《夏热冬冷地区居住建筑节能设计标准》(JGJ 134—2010)、《夏热冬暖地区居住建筑节能设计标准》(JGJ 75—2012)以及《居住建筑节能检测标准》(JGJ/T 132—2009)执行。

(2)既有居住建筑室内热环境诊断，应采用现场调查和检测室内热环境状况为主、住户问卷调查为辅的方法。

(3)既有居住建筑室内热环境诊断应主要针对供暖、空调季节进行，夏热冬冷和夏热冬暖地区的诊断还宜包括过渡季节。针对过渡季节的室内热环境诊断，应在自然通风状态下进行。

(4)既有居住建筑室内热环境诊断应调查、检测下列内容并将结果提供给节能诊断报告。

1)室内空气温度。

2)室内空气相对湿度。

3)外围护结构内表面温度，在严寒和寒冷地区还应包括热桥等易结露部位的内表面温度，在夏热冬冷和夏热冬暖地区还应包括屋面和西墙的内表面温度。

4)在夏热冬暖和夏热冬冷地区，建筑室内的通风状况。

5)住户对室内温度、湿度的主观感受等。

4. 围护结构节能诊断

(1)围护结构节能诊断前，应收集下列资料。

1)建筑的设计施工图、计算书及竣工图；

2)建筑装修和改造资料；

3）历年修缮资料；

4）所在地城市建设规划和市容要求。

（2）围护结构进行节能诊断时，应对下列内容进行现场检查。

1）墙体、屋顶、地面以及门窗的裂缝、渗漏、破损状况；

2）屋顶结构构造：结构形式、遮阳板、防水构造、保温隔热构造及厚度；

3）外墙结构构造：墙体结构形式、厚度、保温隔热构造及厚度；

4）外窗：窗户型材种类、开启方式、玻璃结构、密封形式；

5）遮阳：遮阳形式、构造和材料；

6）户门：构造、材料、密闭形式；

7）其他：分户墙、楼板、外挑楼板、底层楼板等的材料、厚度。

（3）围护结构节能诊断时，应按现行国家标准《民用建筑热工设计规范》（GB 50176—1993）的规定计算其热工性能，必要时应对部分构件进行抽样检测其热工性能。围护结构热工性能检测应符合现行行业标准《居住建筑节能检测标准》（JGJ/T 132—2009）的有关规定。围护结构热工计算和检测应包括下列内容。

1）屋顶的保温性能、隔热性能；

2）外墙的保温性能、隔热性能；

3）房间的气密性；

4）外窗的气密性；

5）围护结构热工缺陷。

（4）外窗的传热系数应按现行行业标准《建筑门窗玻璃幕墙热工计算规程》（JGJ/T 151—2008）的规定进行计算；外窗的综合遮阳系数应按现行行业标准《夏热冬暖地区居住建筑节能设计标准》（JGJ 75—2012）和《建筑门窗玻璃幕墙热工计算规程》（JGJ/T 151—2008）的有关规定进行计算。

（5）围护结构节能诊断应根据建筑物现状、围护结构现场检查和热工性能计算与检测的结果等对其热工性能进行判定，并为节能诊断报告提供下列内容。

1）建筑围护结构各组成部分的传热系数；

2)建筑围护结构可能存在的热工缺陷状况;

3)建筑物耗热量指标(严寒、寒冷地区集中供暖建筑)。

5. 严寒和寒冷地区集中供暖系统节能诊断

(1)供暖系统节能诊断前,应收集下列资料。

1)供暖系统设计施工图、计算书和竣工图纸;

2)历年维修改造资料;

3)供暖系统运行记录及3年以上能源消耗量。

(2)供暖系统诊断时,应对下列内容进行现场检查、检测、计算并将结果提供给节能诊断报告。

1)锅炉效率、单位锅炉容量的供暖面积;

2)单位建筑面积的供暖耗煤量(折合成标准煤)、耗电量和水量;

3)根据建筑耗热量、耗煤量指标和实际供暖天数推算系统的运行效率;

4)供暖系统补水率;

5)室外管网输送效率;

6)室外管网水力平衡度、调控能力;

7)室内供暖系统形式、水力失调状况和调控能力。

(3)对锅炉效率、系统补水率、室外管网水力平衡度、室外管网热损失率、耗电输热比等指标参数的检测应按现行行业标准《居住建筑节能检测标准》(JGJ/T 132—2009)执行。

三、节能改造方案

1. 一般规定

(1)对居住建筑实施节能改造前,应根据节能诊断结果和预定的节能目标制定节能改造方案,并应对节能改造方案的效果进行评估。

(2)严寒和寒冷地区应按现行行业标准《严寒和寒冷地区居住建筑节能设计标准》(JGJ 26—2010)中的静态计算方法,对建筑实施改造后的供暖耗热量指标进行计算。计划实施全面节能改造的建筑,其改造后的供暖耗热量指标应符合现行行业标准《严寒和寒冷地区居住建筑节能设计标准》(JGJ 26—2010)的规定,室内系统应满足计量要求。

(3)夏热冬冷地区应按现行行业标准《夏热冬冷地区居住建筑节能设计标准》(JGJ 134—2010)中的动态计算方法,对建筑实施改造后的供暖和空调能耗进行计算。

(4)夏热冬暖地区应按现行行业标准《夏热冬暖地区居住建筑节能设计标准》(JGJ 75—2012)中的动态计算方法,对建筑实施改造后的空调能耗进行计算。

(5)夏热冬冷地区和夏热冬暖地区宜对改造后建筑顶层房间的夏季室内热环境进行评估。

2. 严寒和寒冷地区节能改造方案

(1)严寒和寒冷地区既有居住建筑的全面节能改造方案应包括建筑围护结构节能改造方案和供暖系统节能改造方案。

(2)围护结构节能改造方案应确定外墙、屋面等保温层的厚度并计算外墙平均传热系数和屋面传热系数,确定外窗、单元门、户门传热系数。对外墙、屋面、窗洞口等可能形成冷桥的构造节点,应进行热工校核计算,避免室内表面结露。

(3)建筑围护结构节能改造方案应评估下列内容。

1)建筑物耗热量指标。

2)围护结构传热系数。

3)节能潜力。

4)建筑热工缺陷。

5)改造的技术方案和措施,以及相应的材料和产品。

6)改造的资金投入和资金回收期。

(4)严寒和寒冷地区供暖系统节能改造方案应符合下列规定。

1)改造后的燃煤锅炉年均运行效率不应低于 68%,燃气及燃油锅炉年均运行效率不应低于 80%。

2)对于改造后的室外供热管网,管网保温效率应大于 97%,补水率不应大于总循环流量的 0.59/6,系统总流量应为设计值的 100%～110%,水力平衡度应在 0.9～1.2 范围之内,耗电输热比应符合现行行业标准《严寒和寒冷地区居住建筑节能设计标准》(JGJ 26—2010)

的有关规定。

(5)供暖系统节能改造方案应评估下列内容。

1)供暖期间单位建筑面积耗标煤量(耗气量)指标。

2)锅炉运行效率。

3)室外管网输送效率。

4)热源(热力站)变流量运行条件。

5)室内系统热计量仪表状况及系统调节手段。

6)供热效果。

7)节能潜力。

8)改造的技术方案和措施,以及相应的材料和产品。

9)改造的资金投入和资金回收期。

3. 夏热冬冷地区节能改造方案

(1)夏热冬冷地区既有居住建筑节能改造方案应主要针对建筑围护结构。

(2)夏热冬冷地区既有居住建筑节能改造方案应确定外墙、屋面等保温层的厚度,计算外墙平均传热系数和屋面传热系数,确定外窗的传热系数和遮阳系数。必要时,应对外墙、屋面、窗洞口等可能形成热桥的构造节点进行结露验算。

(3)夏热冬冷地区既有建筑节能改造方案的效果评估应包括能效评估和室内热环境评估,并应符合下列规定:

1)当节能方案满足现行行业标准《夏热冬冷地区居住建筑节能设计标准》(JGJ 134—2010)全部规定性指标的要求时,可认定节能方案达到该标准的节能水平。

2)当节能方案不完全满足现行行业标准《夏热冬冷地区居住建筑节能设计标准》(JGJ 134—2010)全部规定性指标的要求时,应按该标准规定的方法,计算节能改造方案的节能综合评价指标。

(4)评估室内热环境时,应先按节能改造方案建立该建筑的计算模型,计算当地典型气象年条件下建筑室内的全年自然室温(t_n),再按表 10-1 的规定进行评估。

表 10-1   夏热冬冷地区节能改造方案的室内热环境评估

室内热环境评估等级	评估指标	
	冬　季	夏　季
良好	$12\ ℃ \leqslant t_{n \cdot min}$	$t_{n \cdot min} \leqslant 30\ ℃$
可接受	$8\ ℃ < t_{n \cdot min} < 12\ ℃$	$30\ ℃ < t_{n \cdot min} \leqslant 32\ ℃$
恶劣	$t_{n \cdot min} < 8\ ℃$	$t_{n \cdot min} > 32\ ℃$

4. 夏热冬暖地区节能改造方案

(1)夏热冬暖地区既有居住建筑节能改造方案应主要针对建筑围护结构。

(2)夏热冬暖地区既有居住建筑节能改造方案应确定外墙、屋面等保温层的厚度,计算外墙传热系数和屋面传热系数,确定外窗的传热系数和遮阳系数等。

(3)夏热冬暖地区既有建筑节能改造方案的效果评估应包括能效评估和室内热环境评估,并应符合下列规定。

1)当节能改造方案满足现行行业标准《夏热冬暖地区居住建筑节能设计标准》(JGJ 75—2012)全部规定性指标的要求时,可认定该改造方案达到该标准的节能水平。

2)当节能改造方案不完全满足现行行业标准《夏热冬暖地区居住建筑节能设计标准》(JGJ 75—2012)全部规定性指标的要求时,应按现行行业标准《夏热冬暖地区居住建筑节能设计标准》(JGJ 75—2012)规定的对比评定法,计算改造方案的节能综合评价指标。

(4)室内热环境评价应符合下列规定。

1)应按现行国家标准《民用建筑热工设计规范》(GB 50176—1993)计算改造方案中建筑屋顶、西外墙的保温隔热性能。

2)应按现行行业标准《建筑门窗玻璃幕墙热工计算规程》(JGJ/T 151—2008)计算改造方案中外窗隔热性能和保温性能。

3)应按现行行业标准《夏热冬暖地区居住建筑节能设计标准》(JGJ 75—2008)计算改造方案中外窗的可开启面积或采用流体力学计算软件模拟节能改造实施方案中建筑内部预期的自然通风效果。

4)室内热环境评价结论的判定应符合下列规定：

①当围护结构节能设计符合现行行业标准《夏热冬暖地区居住建筑节能设计标准》(JGJ 75—2008)的有关规定时,应判定节能方案的夏季室内热环境为良好。

②当围护结构节能设计不完全符合现行行业标准《夏热冬暖地区居住建筑节能设计标准》(JGJ 75—2008)的有关规定,但屋顶、外墙的隔热性能符合现行国家标准《民用建筑热工设计规范》(GB 50176—1993)的有关规定时,应判定节能方案的夏季室内热环境为可接受。

③当围护结构节能设计不完全符合现行行业标准《夏热冬暖地区居住建筑节能设计标准》(JGJ 75—2008)的有关规定,且屋顶、外墙的隔热性能也不符合现行国家标准《民用建筑热工设计规范》(GB 50176—1993)的有关规定时,应判定节能方案的夏季室内热环境为恶劣。

四、建筑围护结构节能改造

1. 一般规定

(1)围护结构节能改造应按制定的节能改造方案进行设计,设计内容应包括外墙、外窗、户门、不封闭阳台门和单元入口门、屋面、直接接触室外空气的楼地面、供暖房间与非供暖房间(包括不供暖楼梯间)的隔墙及楼板等。

(2)围护结构节能改造时,不得随意更改既有建筑结构构造。

(3)外墙和屋面节能改造前,应对相关的构造措施和节点做法等进行设计。

(4)对严寒和寒冷地区围护结构的节能改造,应同时考虑供暖系统的节能改造,为供暖系统改造预留条件。

(5)围护结构改造应遵循经济、适用、少扰民的原则。

(6)围护结构节能改造所使用的材料、技术应符合设计要求和国家现行有关标准的规定。

2. 严寒和寒冷地区围护结构

(1)严寒和寒冷地区既有居住建筑围护结构改造后,其传热系数应符合现行行业标准《严寒和寒冷地区居住建筑节能设计标准》(JGJ

26—2010)的有关规定。

(2)严寒和寒冷地区,在进行外墙节能改造时,应优先选用外保温技术,并应与建筑的立面改造相结合。

(3)外墙节能改造时,严寒和寒冷地区不宜采用内保温技术。当严寒和寒冷地区外保温无法施工或需保持既有建筑外貌时,可采用内保温技术。

(4)外墙节能改造采用内保温技术时,应进行内保温设计,并对混凝土梁、柱等热桥部位进行结露验算,施工前制定施工方案。

(5)严寒和寒冷地区外窗改造时,可根据既有建筑具体情况,采取更换原窗户或在保留原窗户基础上再增加一层新窗户的措施。

(6)严寒和寒冷地区居住建筑的楼梯间及外廊应封闭;楼梯间不供暖时,楼梯间隔墙和户门应采取保温措施。

(7)严寒、寒冷地区的单元门应加设门斗;与非供暖走道、门厅相邻的户门应采用保温门;单元门宜安装闭门器。

3. 夏热冬冷地区围护结构

(1)夏热冬冷地区既有居住建筑围护结构改造后,所改造部位的热工性能应符合现行行业标准《夏热冬冷地区居住建筑节能设计标准》(JGJ 134—2010)的规定性指标的有关规定。

(2)既有居住建筑外墙进行节能改造设计时,应根据建筑的历史和文化背景、建筑的类型和使用功能、建筑现有的立面形式和建筑外装饰材料等,确定采用外保温隔热或内保温隔热技术,并应符合下列规定。

1)混凝土剪力墙应进行外墙保温改造。

2)南北向板式(条式)建筑,应对东西山墙进行保温改造。

3)宜采取外保温技术。

(3)既有居住建筑的平屋面宜改造成坡屋面或种植屋面。当保持平屋面时,宜设置保温层和通风架空层。

(4)外窗改造应在满足传热系数要求的同时,满足外窗的气密性、可开启面积和遮阳系数等要求。外窗改造可选择下列方法。

1)用中空玻璃替代原单层玻璃。

2)用中空玻璃新窗扇替代原窗扇。

3)用符合节能标准的窗户替代原窗户。

4)加一层新窗户或贴遮阳膜。

5)东、西、南方向主要房间加设活动外遮阳装置。

(5)外窗和阳台透明部分的遮阳,应优先采用活动外遮阳设施,且活动外遮阳设施不应对窗口通风特性产生不利影响。

(6)更换外窗时,外窗的开启方式应有利于建筑的自然通风,可开启面积应符合现行行业标准《夏热冬冷地区居住建筑节能设计标准》(JGJ 134—2010)的有关规定。

(7)阳台门不透明部分应进行保温处理。

(8)户门改造时,可采取保温门替代旧钢制不保温门。

(9)保温性能较差的分户墙宜采用各类保温砂浆粉刷。

4. 夏热冬暖地区围护结构

(1)夏热冬暖地区既有居住建筑围护结构改造后,所改造部位的热工性能应符合现行行业标准《夏热冬暖地区居住建筑节能设计标准》(JGJ 75—2012)的规定性指标的有关规定。

(2)既有居住建筑外墙改造时,应优先采取反射隔热涂料、浅色饰面等,不宜采取单纯增加保温层的做法。

(3)既有居住建筑的平屋面宜改造成坡屋面或种植屋面;当保持平屋面时,宜采取涂刷反射隔热涂料、设置通风架空层或遮阳等措施。

(4)既有居住建筑的外窗改造时,可采取下列方法。

1)外窗玻璃贴遮阳膜。

2)东、西、南方向主要房间加设外遮阳装置。

3)外窗玻璃更换为节能玻璃。

4)增加开启窗扇。

5)用符合节能标准的窗户替代原窗户。

(5)节能改造更换外窗时,外窗的开启方式应有利于建筑的自然通风,可开启面积应符合现行行业标准《夏热冬暖地区居住建筑节能设计标准》(JGJ 75—2012)的有关规定。

5. 围护结构节能改造技术要求

(1)采用外保温技术对外墙进行改造时,材料的性能、构造措施、施工要求应符合现行行业标准《外墙外保温工程技术规程》(JGJ 144—2004)的有关规定。外墙外保温系统应包覆门窗框外侧洞口、女儿墙、封闭阳台栏板及外挑出部分等热桥部位,并应与防水、装饰相结合,做好保温层密封和防水。

(2)采用外保温技术对外墙进行改造时,外保温施工前应做好相关准备工作,并应符合下列规定。

1)外墙侧管道、线路应拆除,施工后需要恢复的设施应妥善保管。

2)施工脚手架宜采用与墙面分离的双排脚手架。

3)应修复原围护结构裂缝、渗漏,填补密实墙面的缺损、孔洞,更换损坏的砖或砌块,修复冻害、析盐、侵蚀所产生的损坏。

4)应清理原围护结构表面油迹、酥松的砂浆,修复不平的表面。

5)当采用预制外墙外保温系统时,应完成立面规格分块及安装设计构造详图设计。

(3)外墙内保温的施工和保温材料的燃烧性能等级应符合现行行业标准《外墙内保温工程技术规程》(JGJ/T 261—2011)的有关规定。

(4)采用内保温技术对外墙进行改造时,施工前应做好相关准备,并应符合下列规定。

1)对原围护结构表面涂层、积灰油污及杂物、粉刷空鼓,应刮掉并清理干净。

2)对原围护结构表面脱落、虫蛀、霉烂、受潮所产生的损坏,应进行修复。

3)对原围护结构裂缝、渗漏,应进行修复,墙面的缺损、孔洞应填补密实。

4)对原围护结构表面不平整处,应予以修复。

5)室内各类管线应安装完成并经试验检测合格。

(5)外门窗的节能改造应符合下列规定:

1)严寒与寒冷地区的外窗节能改造应符合下列规定。

①当在原有单玻窗基础上再加装一层窗时,两层窗户的间距不应小于 100 mm;

②更新外窗时,可采用塑料窗、隔热铝合金窗、玻璃钢窗以及钢塑

复合窗、木塑复合窗等,并应将单玻窗换成中空双玻或三玻窗。

③更换新窗时,窗框与墙之间应设置保温密封构造,并宜采用高效保温气密材料和弹性密封胶封堵。

④阳台门的门芯板应为保温型,也可对原有阳台进行封闭处理;阳台门的玻璃宜采用节能玻璃。

⑤严寒、寒冷地区的居住建筑外窗框宜与基层墙体外侧平齐,且外保温系统宜压住窗框 20~25 mm。

2)夏热冬冷地区的外窗节能改造应符合下列规定。

①当在原有单玻窗的基础上再加装一层窗时,两层窗户的间距不应小于 100 mm。

②更新外窗时,应优先采用塑料窗,并应将单玻窗换成中空双玻窗;有条件时,宜采用隔热铝合金窗框。

③外窗进行遮阳改造时,应优先采用活动外遮阳,并应保证遮阳装置的抗风性能和耐久性能。

3)夏热冬暖地区的外窗节能改造应符合下列规定:

①整窗更换为节能窗时,应符合国家现行标准《民用建筑设计通则》(GB 50352—2005)和《夏热冬暖地区居住建筑节能设计标准》(JGJ 75—2012)的有关规定。

②增加开启窗扇改造后,可开启面积应符合现行行业标准《夏热冬暖地区居住建筑节能设计标准》(JGJ 75—2012)的有关规定。

③更换外窗玻璃为节能玻璃改造时,宜采用遮阳型 Low—E 玻璃。

④外窗玻璃贴遮阳膜时,应综合考虑膜的寿命、伸缩性、可维护性。

⑤东、西、南方向主要房间加设外遮阳装置时,应综合考虑遮阳装置对建筑立面外观、通风及采光的影响,同时还应考虑遮阳装置的抗风性能和耐久性能。

(6)屋面节能改造施工准备工作应符合下列规定。

1)在对屋面状况进行诊断的基础上,应对原屋面上的损害的部品予以修复。

2)屋面的缺损应填补找平。

3)屋面上的设备、管道等应提前安装完毕,并应预留出外保温层的厚度。

4)防护设施应安装到位。

(7)屋面节能改造应根据既有建筑屋面形式,选择下列改造措施:

1)原屋面防水可靠的,可直接做倒置式保温屋面。

2)原屋面防水有渗漏的,应铲除原防水层,重新做保温层和防水层。

3)平屋面改坡屋面时,宜在原有平屋面上铺设耐久性、防火性能好的保温层。

4)坡屋面改造时,宜在原屋顶吊顶上铺放轻质保温材料,其厚度应根据热工计算确定;无吊顶时,可在坡屋面下增加或加厚保温层或增设吊顶,并在吊顶上铺设保温材料,吊顶层应采用耐久性、防火性能好,并能承受铺设保温层荷载的构造和材料。

5)屋面改造时,宜同时安装太阳能热水器,且增设太阳能热水系统应符合现行国家标准《民用建筑太阳能热水系统应用技术规范》(GB 50364—2005)的有关规定。

6)平屋面改造成坡屋面或种植屋面应核算屋面的允许荷载。

(8)屋面进行节能改造时,应保证防水的质量,必要时应重新做防水,防水工程应符合现行国家标准《屋面工程技术规范》(GB 50345—2012)的有关规定。

(9)严寒和寒冷地区楼地面节能改造时,可在楼板底部设置保温层。

(10)对外窗进行遮阳节能改造时,应优先采用外遮阳措施。增设外遮阳时,应确保增设结构的安全性。

(11)遮阳设施的安装位置应满足设计要求。遮阳设施的安装应牢固、安全,可调节性能应满足使用功能要求。遮阳膜的安装方向、位置应正确。

(12)节能改造施工过程中不得任意变更建筑节能改造施工图设计。当确实需要变更时,应与设计单位洽商,办理设计变更手续。

(13)对围护结构进行改造时,施工单位应先编制建筑节能改造工程施工技术方案并经监理单位或建设单位确认。施工现场应对从事建筑节能工程施工作业的专业人员进行技术交底和必要的实际操作培训。

五、严寒和寒冷地区集中供暖系统节能与计量改造

1. 一般规定

（1）供暖系统的热力站输出的热量不能满足热用户需求的，应改造、更换或增设热源设备。

（2）供暖系统的锅炉房辅助设备无气候补偿装置、烟气余热回收装置、锅炉集中控制系统和风机变频装置等时，应根据需要加装其中的一种或多种装置。

（3）燃煤锅炉不能采用连续供热辅以间歇调节的运行方式，不能实现根据室外温度变化的质调节或质、量并调方式时，应改造或增设调控装置。

（4）燃煤锅炉房无燃煤计量装置时，应加装计量装置。

（5）供暖系统的室外管网的输送效率低于 90%，正常补水率大于总循环流量的 0.5% 时，应针对降低漏损、加强保温等对管网进行改造。

（6）室外供热管网循环水泵出口总流量低于设计值时，应根据现场测试数据校核，并在原有基础上进行调节或改造。

（7）锅炉房循环水泵没有采用变频调速装置时，宜加装变频调速装置。

（8）供热管网的水力平衡度超出 0.9～1.2 的范围时，应予以改造，并应在供热管网上安装具有调节功能的水力平衡装置。

（9）当室外供暖系统热力入口没有加装平衡调节设备，导致建筑物室内供热系统水力不平衡，并造成室温达不到要求时，应改造或增设调控装置。

（10）室内供暖系统无排气装置时，应加装自动排气阀。

（11）室内供暖系统散热设备的散热量不能满足要求的，应增加或更换散热设备。

（12）供暖系统安装质量不满足现行国家标准《建筑给水排水及采暖工程施工质量验收规范》（GB 50242—2002）的有关规定时，应进行改造。

（13）供暖系统热力站的一次侧和二次侧无热计量装置时，应加装

热计量装置。

(14)居住建筑的室内系统不能实现室温调节和热量分摊计量时,应改造或增设调控和计量装置。

2. 热源及热力站节能改造

(1)热源及热力站的节能改造可与城市热源的改造同步进行,也可单独进行。热源及热力站的节能改造应技术上合理,经济上可行,并应满足《既有居住建筑节改造技术规程》(JGJ/T 129—2012)的相关规定。

(2)更换锅炉时,应按系统实际负荷需求和运行负荷规律,合理确定锅炉的台数和容量。在低于设计运行负荷条件下,单台锅炉运行负荷不应低于额定负荷的60%。

(3)热力站供热系统宜设置供热量自动控制装置,根据室外气温和室温设定等变化,调节热源侧的出力。

(4)采用2台以上燃油、燃气锅炉时,锅炉房宜设置群控装置。

(5)既有集中供暖系统进行节能改造时,应根据系统节能改造后的运行工况,对原循环水泵进行校核计算,满足建筑热力入口所需资用压头。需要更换水泵时,锅炉房及管网的循环水泵,应选用高效节能低噪声水泵。设计条件下输送单位热量的耗电量应满足现行行业标准《严寒和寒冷地区居住建筑节能设计标准》(JGJ 26—2010)的规定。

(6)当热源为热水锅炉房时,其热力系统应满足锅炉本体循环水量控制要求和回水温度限值的要求。当锅炉对供回水温度和流量的限定与外网在整个运行期对供回水温度和流量的要求不一致时,锅炉房直供系统宜按热源侧和外网配置两级泵系统,且二级水泵应设置调速装置,一、二级泵供回水管之间应设置连通管。

(7)供热系统的阀门设置应符合下列规定。

1)在一个热源站房负担多个热力站(热交换站)的系统中,除阻力最大的热力站以外,各热力站的一次水入口宜配置性能可靠的自力式压差调节阀。热源出口总管上不应串联设置自力式流量控制阀。

2)一个热力站有多个分环路时,各分环路总管上可根据水力平衡的要求设置手动平衡阀。热力站出口总管上不应串联设置自力式流量控制阀。

(8)热力站二次网调节方式应与其所服务的户内系统形式相适应。当户内系统形式全部或大多数为双管系统时,宜采用变流量调节方式;当户内系统形式仅少数为双管系统时,宜采用定流量调节方式。

(9)改造后的系统应进行冲洗和过滤,水质应达到现行行业标准《严寒和寒冷地区居住建筑节能设计标准》(JGJ 26—2010)的有关规定。系统停运时,锅炉、热网及室内系统宜充水保养。

(10)热电联产热源厂、集中供热热源厂和热力站应在热力出口安装热量计量装置。改建、扩建或改造的供暖系统中,应确定供热企业和终端用户之间的热费结算位置,并在该位置上安装计量有效的热量表。

(11)锅炉房、热力站应设置运行参数检测装置,并应对供热量、补水量、耗电量进行计量,宜对锅炉房消耗的燃料数量进行计量监测。锅炉房、热力站各种设备的动力用电和照明用电应分项计量。

3. 室外管网节能改造

(1)室外供热管网改造前,应对管道及其保温质量进行检查和检修,及时更换损坏的管道阀门及部件。室外管网应杜绝漏水点,供热系统正常补水率不应大于总循环流量的 0.5%。室外管网上的阀门、补偿器等部位,应进行保温;管道上保温损坏部位,应采用高效保温材料进行修补或更换。维修或改造后的管网保温效率应大于 97%。

(2)室外管网改造时,应进行水力平衡计算。当热网的循环水泵集中设置在热源或二级网系统的循环水泵集中设置在热力站时,各并联环路之间的压力损失差值不应大于 15%。当室外管网水力平衡计算达不到要求时,应根据热网的特点设置水力平衡阀。热力入口水力平衡度应达到 0.9~1.2。

(3)一级网采用多级循环泵系统时,管网零压差点之前的热用户应设置水力平衡阀。

(4)既有供热系统与新建管网系统连接时,宜采用热交换站的方式进行间接连接;当直接连接时,应对新、旧系统的水力工况进行平衡校核。当热力入口资用压头不能满足既有供暖系统要求时,应采取提高管网循环泵扬程或增设局部加压泵等补偿措施。

(5)每栋建筑物热力入口处应安装热量表。对于用途相同、建设年代相近、建筑物耗热量指标相近、户间热费分摊方式一致的若干栋建筑,可统一安装一块热量表。

(6)建筑物热量表的流量传感器应安装在建筑物热力入口处计量小室内的供水管上。热量表积算仪应设在易于读数的位置,不宜安装在地下管沟之中。热量表的安装应符合现行相关规范、标准的要求。

(7)建筑物热力入口的装置设置应符合下列规定。

1)同一供热系统的建筑物内均为定流量系统时,宜设置静态平衡阀。

2)同一供热系统的建筑物内均为变流量系统时,供暖入口宜设自力式压差控制阀。

3)当供热管网为变流量调节,个别建筑物内为定流量系统时,除应在该建筑供暖入口设自力式流量控制阀外,其余建筑供暖入口仍应采用自力式压差控制阀。

4)当供热管网为定流量运行,只有个别建筑物内为变流量系统时,若该建筑物的供暖热负荷在系统中只占很小比例时,该建筑供暖入口可不设调控阀;若该建筑物的供暖热负荷所占比例较大会影响全系统运行时,应在该供暖入口设自力式压差旁通阀。

5)建筑物热力入口可采用小型热交换站系统或混水站系统,且对这类独立水泵循环的系统,可根据室内供暖系统形式在热力入口处安装自力式流量控制阀或自力式压差控制阀。

6)当系统压差变化量大于额定值的15%时,室外管网应通过设置变频措施或自力式压差控制阀实现变流量方式运行,各建筑物热力入口可不再设自力式流量控制阀或自力式压差控制阀,改为设置静态平衡阀。

7)建筑物热力入口的供水干管上宜设两级过滤器,初级宜为滤径3 mm 的过滤器;二级宜为滤径 0.65～0.75 mm 的过滤器,二级过滤器应设在热能表的上游位置;供、回水管应设置必要的压力表或压力表管口。

4. 室内系统节能与计量改造

(1)当室内供暖系统需节能改造,且原供暖系统为垂直单管顺流式时,应改为垂直单管跨越式或垂直双管系统,不宜改造为分户水平循环系统。

(2)室内供暖系统改造时,应进行散热器片数复核计算和水力平衡验算,并应采取措施解决室内供暖系统垂直及水平方向的失调。

(3)室内供暖系统改造应设性能可靠的室温控置装置,每组散热器的供水支管宜设散热器恒温控制阀。采用单管跨越式系统时,散热器恒温控制阀应采用低阻力两通或三通阀,产品性能应满足现行行业标准《散热器恒温控制阀》(JG/T 195—2010)的规定。

(4)当建筑物热力入口处设热计量装置时,室内供暖系统应同时安装分户热计量装置,计量装置的选择应符合现行行业标准《供热计量技术规程》(JGJ 173—1993)的有关规定。

第四节　既有公共建筑节能改造

一、节能诊断

1. 一般规定

(1)公共建筑节能改造前应对建筑物外围护结构热工性能、采暖通风空调及生活热水供应系统、供配电与照明系统,监测与控制系统进行节能诊断。

(2)公共建筑节能诊断前,宜提供下列资料。

1)工程竣工图和技术文件;

2)历年房屋修缮及设备改造记录;

3)相关设备技术参数和近 1~2 年的运行记录;

4)室内温湿度状况;

5)近 1~2 年的燃气、油、电、水、蒸汽等能源消费账单。

(3)公共建筑节能改造前应制定详细的节能诊断方案,节能诊断后应编写节能诊断报告。节能诊断报告应包括系统概况、检测结果,节能诊断与节能分析、改造方案建议等内容。对于综合诊断项目,应在完成各子系统节能诊断报告的基础上再编写项目节能诊断报告。

(4)公共建筑节能诊断项目的检测方法应符合现行行业标准《公共建筑节能检验标准》(JGJ 177—2009)的有关规定。

(5)承担公共建筑节能检测的机构应具备相应资质。

2. 外围护结构热工性能

(1)对于建筑外围护结构热工性能,应根据气候区和外围护结构的类型,对下列内容进行选择性节能诊断:

1)传热系数。

2)热工缺陷及热桥部位内表面温度。

3)遮阳设施的综合遮阳系数。

4)外围护结构的隔热性能。

5)玻璃或其他透明材料的可见光透射比、遮阳系数。

6)外窗、透明幕墙的气密性。

7)房间气密性或建筑物整体气密性。

(2)外围护结构热工性能节能诊断应按下列步骤进行:

1)查阅竣工图,了解建筑外围护结构的构造做法和材料,建筑遮阳设施的种类和规格,以及设计变更等信息。

2)对外围护结构状况进行现场检查,调查了解外围护结构保温系统的完好程度,实际施工做法与竣工图纸的一致性,遮阳设施的实际使用情况和完好程度。

3)对确定的节能诊断项目进行外围护结构热工性能的计算和检测。

依据诊断结果和《公共建筑节能改造技术规范》(JGJ 176—2009)的规定,确定外围护结构的节能环节和节能潜力,缩写外围护结构热工性能节能诊断报告。

3. 采暖通风空调及生活热水供应系统

(1)对于采暖通风空调及生活热水供应系统,应根据系统设置情况,对下列内容进行选择性节能诊断。

1)建筑物室内的平均温度、湿度。

2)冷水机组、热泵机组的实际性能系数。

3)锅炉运行效率。

4)水系统回水温度一致性。

5)水系统供回水温差。

6)水泵效率。

7)水系统补水率。

8)冷却塔冷却性能。

9)冷源系统能效系数。

10)风机单位风量耗功率。

11)系统新风量。

12)风系统平衡度。

13)能量回收装置的性能。

14)空气过滤器的积尘情况。

15)管道保温性能。

(2)采暖通风空调及生活热水供应系统节能诊断应按下列步骤进行:

1)通过查阅竣工图和现场调查,了解采暖通风空调及生活热水供应系统的冷热源形式、系统划分形式、设备配置及系统调节控制方法等信息。

2)查阅运行记录,了解采暖通风空调及生活热水供应系统运行状况及运行控制策略等信息。

3)对确定的节能诊断项目进行现场检测。

4)依据诊断结果和《公共建筑节能改造技术规范》(JGJ 176—2009)的规定,确定采暖通风空调及生活热水供应系统的节能环节和节能潜力,编写节能诊断报告。

4. 供配电系统

(1)供配电系统节能诊断应包括下列内容。

1)系统中仪表、电动机、电器:变压器等设备状况。

2)供配电系统容量及结构。

3)用电分项计量。

4)无功补偿。

(2)对供配电系统中仪表、电动机、电器、变压器等设备状况进行节能诊断时,应核查是否使用淘汰产品,各电器元件是否运行正常以及变压器负载率状况。

（3）对供配电系统容量及结构进行节能诊断时，应核查现有的用电设备功率及配电电气参数。

（4）对供配电系统用电分项计量进行节能诊断时，应核查常用供电主回路是否设置电能表对电能数据进行采集与保存，并应对分项计量电能回路用电量进行校核检验。

（5）对无功补偿进行节能诊断时，应核查是否采用提高用电设备功率因数的措施以及无功补偿设备电系统的运行要求。

（6）供用电电能质量节能诊断应采用电能质量监测仪在公共建筑物内出现或可能出现电能质量问题的部位进行测试。供用电电能质量节能诊断宜包括下列内容。

1）三相电压不平衡度。

2）功率因数。

3）各次谐波电压和电流座谐波电压和电流总畸变率。

4）电压偏差。

5. 照明系统

（1）照明系统节能诊断应包括下列项目：

1）灯具类型。

2）照明灯具效率和照度值。

3）照明功率密度值。

4）照明控制方式。

5）有效利用自然光情况。

6）照明系统节电率。

（2）照明系统节能诊断应提供照明系统节电率。

6. 监测与控制系统

（1）监测与控制系统节能诊断应包括下列内容：

1）集中采暖与空气调节系统监测与控制的基本要求。

2）生活热水监测与控制的基本要求。

3）照明、动力设备监测与控制的基本要求。

4）现场控制设备及元件状况。

（2）现场控制设备及元件节能诊断应包括下列内容。

1)控制阀门及执行器选型与安装。

2)变额器型号和参数。

3)温度、流量、压力仪表的选型及安装。

4)与仪表配套的阀门安装。

5)传感器的准确性。

6)控制阀门、执行器及变频器的工作状态。

7. 综合诊断

(1)公共建筑应在外围护结构热工性能、采暖通风空调及生活热水供应系统、供配电与照明系统、监测与控制系统的分项诊断基础上进行综合诊断。

(2)公共建筑综合诊断应包括下列内容。

1)公共建筑的年能耗量及其变化规律。

2)能耗构成及各分项所占比例。

3)针对公共建筑的能源利用情况,分析存在的问题和关键因素,提出节能改造方案。

4)进行节能改造的技术经济分析。

5)编制节能诊断总报告。

二、节能改造判定原则与方法

1. 一般规定

(1)公共建筑进行节能改造前,应首先根据节能诊断结果并结合公共建筑节能改造判定原则与方法,确定是否需要进行节能改造及节能改造内容。

(2)公共建筑节能改造应根据需要采用下列一种或多种判定方法:

1)单项判定。

2)分项判定。

3)综合判定。

2. 外围护结构单项判定

(1)当公共建筑因结构或防火等方面存在安全隐患而需进行改造

时,宜同步进行外围护结构方面的节能改造。

(2)当公共建筑外墙、屋面的热工性能存在下列情况时,宜对外围护结构进行节能改造。

1)严寒、寒冷地区,公共建筑外墙、屋面保温性能不满足现行国家标准《民用建筑热工设计规范》(GB 50176—1993)的内表面温度不结露要求;

2)夏热冬冷、夏热冬暖地区,公共建筑外墙、屋面隔热性能不满足现行国家标准《民用建筑热工设计规范》(GB 50176—1993)的内表面温度要求。

(3)公共建筑外窗、透明幕墙的传热系数及综合遮阳系数存在下列情况时,宜对外窗、透明幕墙进行节能改造:

1)严寒地区,外窗或透明幕墙的传热系数大于 3.8 w/(m² · K)。

2)严寒、寒冷地区,外窗的气密性低于现行国家标准《建筑外窗气密、水密、抗风压性能分级及检测方法》(GB/T 7106—2008)中规定的2级,透明幕墙的气密性低于现行国家标准《建筑幕墙》(GB/T 21086—2007)中规定的1级。

3)非严寒地区,除北向外,外窗或透明幕墙的综合遮阳系数大于 0.60。

4)非严寒地区,除超高层及特别设计的透明幕墙外,外窗或透明幕墙的可开启面积低于外墙总面积的12%。

(4)公共建筑屋面透明部分的传热系数、综合遮阳系数存在下列情况时,宜对屋面透明部分进行节能改造。

1)严寒地区,屋面透明部分的传热系数大于 3.5 W/(m² · K)。

2)非严寒地区,屋面透明部分的综合遮阳系数大于 0.60。

3. 采暖通风空调及生活热水供应系统单项判定

(1)当公共建筑的冷源或热源设备满足下列条件之一时,宜进行相应的节能改造或更换。

1)运行时间接近或超过其正常使用年限。

2)所使用的燃料或工质不满足环保要求。

(2)当公共建筑采用燃煤、燃油、燃气的蒸汽或热水锅炉作为热源时,其运行效率低于表 10-2 的规定,且锅炉改造或更换的静态投资回收期小于或等于 8 年时,宜进行相应的改造或更换。

表 10-2 锅炉的运行效率

锅炉类型、燃料种类		在下列锅炉容量(MW)下的最低运行效率(%)						
		0.7	1.4	2.8	4.2	7.0	14.0	>28.0
燃煤	烟煤Ⅱ	—	—	60	61	64	65	67
	烟煤Ⅲ	—	—	61	63	64	67	68
燃油、燃气		76	76	76	78	78	80	80

(3)当电机驱动压缩机的蒸汽压缩循环冷水机组或热泵机组实际性能系数(COP)低于表 10-3 的规定,且机组改造或更换的静态投资回收期小于或等于 8 年时,宜进行相应的改造或更换。

表 10-3 冷水机组或热泵机组制冷性能系数

类 型		额定制冷量 $CC(kW)$	性能系数 $COP(W/W)$
水冷	活塞式/涡旋式	<528	3.40
		528~1 163	3.60
		>1 163	3.80
	螺杆式	<528	3.80
		528~1 163	4.00
		>1 163	4.20
	离心式	<528	3.80
		528~1 163	4.00
		>1 163	4.20
风冷或蒸发冷却	活塞式/涡旋式	≤50	2.20
		>50	2.40
	螺杆式	≤50	2.40
		>50	2.50

(4)对于名义制冷量大于 7 100 W、采用电机驱动压缩机的单元式空气调节机、风管送风式和屋顶式空调机组,在名义制冷况和规定条件下,当其能效比低于表 10-4 的规定,且机组改造或更换的静态投资

回收期小于或等于 5 年时,宜进行相应的改造或更换。

表 10-4　机组能效比

类　　型		能效比(W/W)
风冷式	不接风管	2.40
	接风管	2.10
水冷式	不接风管	2.80
	接风管	2.50

(5)当溴化锂吸收式冷水机组实际性能系数(COP)不符合表 10-5 的规定,且机组改造或更换的静态投资回收期小于或等于 8 年时,宜进行相应的改造或更换。

表 10-5　溴化锂吸收式机组性能参数

机　型	运行工况	性能参数		
	蒸汽压力(MPa)	单位制冷量蒸汽耗量[kg/(kW·h)]	性能系数(W/W)	
			制冷	供热
蒸汽双效	0.25	≤1.56	—	—
	0.4		—	—
	0.6	≤1.46	—	—
	0.8	≤1.42	—	—
宜燃	—	—	≥1.0	—
	—	—		≥0.80

　　直燃机的性能系数为:制冷量(供热量)/[加热源消耗量(以低位热值计)+电力消耗量(折算成一次能)]

(6)对于采用电热锅炉、电热水器作为直接采暖和空调系统的热源,当符合下列情况之一,且当静态投资回收期小于或等于 8 年时,应改造为其他热源方式。

1)以供冷为主,采暖负荷小且无法利用热泵提供热源的建筑。

2)无集中供热及燃气源、煤、油等燃料的使用受到环保或消防严格限制的建筑。

3)夜间可利用低谷电进行蓄热,且蓄热式电锅炉不在昼间用电高峰时段启用的建筑。

4)采用可再生能源发电地区的建筑。

5)采暖和空调系统中需要对局部外区进行加热的建筑。

(7)当公共建筑采暖空调系统的热源设备无随室外气温变化进行供热量调节的自动控制装置时,应进行相应的改造。

(8)当公共建筑冷源系统的能效系数低于表 10-6 的规定,且冷源系统节能改造的静态投资回收期小于或等于 5 年时,宜对冷源系统进行相应的改造。

表 10-6　冷源系统能效系数

类　　型	单台额定制冷量(kW)	冷源系统能效系数(W/W)
水冷冷水机组	<528	1.8
	528~1 163	2.1
	>1 163	2.5
风冷或蒸发冷却	≤50	1.4
	>50	1.6

(9)当采暖空调系统循环水泵的实际水量超过原设计值的 20%,或循环水泵的实际运行效率低于铭牌值的 80% 时,应对水泵进行相应的调节或改造。

(10)当空调水系统实际供回水温差小于设计值 40% 的时间超过总运行时间的 15% 时,宜对空调水系统进行相应的调节或改造。

(11)采用二次泵的空调冷水系统,当二次泵未采用变速变流量调节方式时,宜对二次泵进行变速变流量调节方式的改造。

(12)当空调风系统风机的单位风量耗功率大于表 6-8 的规定时,宜对风机进行相应的调节或改造。

(13)当公共建筑存在较大的冬季需要制冷的内区,且原有空调系统未利用天然冷源时,宜进行相应的改造。

(14)在过渡季,公共建筑的外窗开启面积和通风系统均不能直接利用新风实现降温需求时,宜进行相应的改造。

(15)当设有新风的空调系统的新风量不满足现行国家标准《公共建筑节能设计标准》(GB 50189—2005)规定时,宜对原有新风系统进行改造。

(16)当冷水系统各主支管路回水温度最大差值大于2℃,热水系统各主支管路回水温度最大差值大于4℃时,宜进行相应的水力平衡改造。

(17)当空调系统冷水管的保温存在结露情况时,应进行相应的改造。

(18)当冷却塔的实际运行效率低于铭牌值的80%时,宜对冷却塔进行相应的清洗或改造。

(19)当公共建筑中的采暖空调系统不具备室温调控手段时,应进行相应改造。

(20)对于采用区域性冷源或热源的公共建筑,当冷源或热源入口处没有设置冷量或热量计量装置对,宜进行相应的改造。

4. 供配电系统单项判定

(1)当供配电系统不能满足更换的用电设备功率、配电电气回路进行改造。

(2)当变压器平均负载率长期低于20%且今后不再增加用电负荷时宜对变压器进行改造。

(3)当供配电系统未根据配电回路合理设置用电分项计量或分项计量电能回路用电量校核不合格时,应进行改造。

(4)当无功补偿不能满足要求时,应论证改造方法合理性并进行投资效益分析,当投资静态回收期小于5年时,宜进行改造。

(5)当供用电电能质量不能满足要求时,应论证改造方法合理性并进行投资效益分析,当投资静态回收期小于5年时,宜进行改造。

5. 照明系统单项判定

(1)当公共建筑的照明功率密度值超过现行国家标准《建筑照明设计标准》(GB 50034—2004)规定的限值时,宜进行相应的改造。

(2)当公共建筑公共区域的照明未合理设置自动控制时,宜进行相应的改造。

(3)对于未合理利用自然光的照明系统,宜进行相应改造。

6. 监测与控制系统单项判定

(1)未设置监测与控制系统的公共建筑,应根据监控对象特性合理增设监测与控制系统。

(2)当集中采暖与空气调节等用能系统进行节能改造时,应对与之配套的监测与控制系统进行改造。

(3)当监测与控制系统不能正常运行或不能满足节能管理要求时,应进行改造。

(4)当监测与控制系统配置的传感器、阀门及配套执行器、变频器等的选型及安装不符合设计、产品说明书及现行国家标准《自动化仪表工程施工及验收规范》(GB 50093—2013)中有关规定时,或准确性及工作状态不能满足要求时,应进行改造。

(5)当监测与控制系统无用电分项计量或不能满足改造前后节能效果对比时,应进行改造。

7. 分项判定

(1)公共建筑经外围护结构节能改造,采暖通风空调能耗降低10%以上,且静态投资回收期小于或等于 8 年时,宜对外围护结构进行节能改造。

(2)公共建筑的采暖通风空调及生活热水供应系统经节能改造,系统的能耗降低 20%以上,且静态投资回收期小于或等于 5 年时,或者静态投资回收期小于或等于 3 年时,宜进行节能改造。

(3)公共建筑未采用节能灯具或采用的灯具效率及光源等不符合国家现行有关标准的规定,且改造静态投资回收期小于或等于 2 年或节能率达到 20%以上时,宜进行相应的改造。

8. 综合判定

(1)通过改善公共建筑外围护结构的热工性能,提高采暖通风空调及生活热水供应系统、照明系统的效率,在保证相同的室内热环境参数前提下,与未采取节能改造措施前相比,采暖通风空调及生活热水供应系统、照明系统的全年能耗降低 30%以上,且静态投资回收期小于或等于 6 年时,应进行节能改造。

三、外围护结构热工性能改造

1. 一般规定

(1)公共建筑外围护结构进行节能改造后,所改造部位的热工性能应符合现行国家标准《公共建筑节能设计标准》(GB 50189—2005)的规定性指标限值的要求。

(2)对外围护结构进行节能改造时,应对原结构的安全性进行复核、验算;当结构安全不能满足节能改造要求时,应采取结构加固措施。

(3)外围护结构进行节能改造所采用的保温材料和建筑构造的防火性能应符合现行国家标准《建筑内部装修设计防火规范》(GB 50222—1995)、《建筑设计防火规范》(GB 50016—2006)和《高层民用建筑设计防火规范》(GB 50045—1995)的规定。

(4)公共建筑的外围护结构节能改造应根据建筑自身特点,确定采用的构造形式以及相应的改造技术。保温、隔热、防水、装饰改造应同时进行。对原有外立面的建筑造型、凸窗应有相应的保温改造技术措施。

(5)外围护结构节能改造过程中,应通过传热计算分析,对热桥部位采取合理措施并提交相应的设计施工图纸。

(6)外围护结构节能改造施工前应编制施工组织设计文件,改造施工及验收应符合现行国家标准《建筑节能工程施工质量验收规范》(GB 50411—2007)的规定。

2. 外墙、屋面及非透明幕墙

(1)外墙采用可黏结工艺的外保温改造方案时,应检查基墙墙面的性能,并应满足表 10-7 的要求。

表 10-7　基墙墙面性能指标要求

基墙墙面性能指标	要　　求
外表面的风化程度	无风化、疏松、开裂、脱落等
外表面的平整度偏差	±4 mm 以内
外表面的污染度	无积灰、泥土、油污、霉斑等附着物,钢筋无锈蚀
外表面的裂缝	无结构性和非结构性裂缝

续表

基墙墙面性能指标	要　　求
饰面砖的空鼓率	≤10%
饰面砖的破损率	≤30%
饰面砖的黏结强度	≥0.1 MPa

（2）当基墙墙面性能指标不满足表 10-8 的要求时，应对基墙墙面进行处理，并可采用下列处理措施：

1）对裂缝、渗漏、冻害、析盐、侵蚀所产生的损坏进行修复。

2）对墙面缺损、孔洞应填补密实，损坏的砖或砌块应进行更换。

3）对表面油污、疏松的砂浆进行清理。

4）外墙饰面砖应根据实际情况全部或部分剥除，也可采用界面剂处理。

（3）外墙采用内保温改造方案时，应对外墙内表面进行下列处理：

1）对内表面涂层、积灰油污及杂物、粉刷空鼓应刮掉并清理干净。

2）对内表面脱落、虫蛀、霉烂、受潮所产生的损坏进行修复。

3）对裂缝、渗漏进行修复，墙面的缺损、孔洞应填补密实。

4）对原不平整的外围护结构表面加以修复。

5）室内各类主要管线安装完成并经试验检测合格后方可进行。

（4）外墙外保温系统与基层应有可靠的结合，保温系统与墙身的连接、黏结强度应符合现行行业标准《外墙外保温工程技术规程》（JGJ 144—2004）的要求。对于室内散湿量大的场所，还应进行围护结构内部冷凝受潮验算，并应按照现行国家标准《民用建筑热工设计规范》（GB 50176—1993）的规定采取防潮措施。

（5）非透明幕墙改造时，保温系统安装应牢固、不松脱。幕墙支承结构的抗震和抗风压性能等应符合现行行业标准《金属与石材幕墙工程技术规范》（JGJ 133—2001）的规定。

（6）非透明幕墙构造缝、沉降缝以及幕墙周边与墙体接缝处等热桥部位应进行保温处理。

（7）非透明围护结构节能改造采用石材、人造板材幕墙和金属板幕墙时，除应满足现行国家标准《建筑幕墙》（GB/T 21086—2007）和现行行业标准《金属与石材幕墙工程技术规范》(JGJ 133—2001)的规定外,还应满足下列规定。

1)面板材料应满足国家有关产品标准的规定,石材面板宜选用花岗石,可选用大理石、石灰石和砂岩等,当石材弯曲强度标准值小于80MPa时,应采取附加构造措施保证面板的可靠性。

2)在严寒和寒冷地区,石材面板的抗冻系数不应小于0.8。

3)当幕墙为开放式结构形式时,保温层与主体结构间不宜留有空气层,且宜在保温层和石材面板间进行防水隔汽处理。

4)后置埋件应满足最载力设计要求,并应符合现行行业标准《混凝土结构后锚固技术规程》(JGJ 145—2013)的规定。

(8)公共建筑屋面节能改造时,应根据工程的实际情况选择适当的改造措施,并应符合现行国家标准《屋面工程技术规范》(GB 50345—2012)和《屋面工程质量验收规范》(GB 50207—2012)的规定。

3. 门窗、透明幕墙及采光顶

(1)公共建筑的外窗改造可根据具体情况确定,并可选用下列措施:

1)采用只换窗扇、换整窗或加窗的方法,满足外窗的热工性能要求;加窗时,应避免层间结露。

2)采用更换低辐射中空玻璃,或在原有玻璃表面贴膜的措施,也可增设可调节百叶遮阳或遮阳卷帘。

3)外窗改造更换外框时,应优先选择隔热效果好的型材。

4)窗框与墙体之间应采取合理的保温密封构造,不应采用普通水泥砂浆补缝。

5)外窗改造时所选外窗的气密性等级应不低于现行国家标准《建筑外门窗气密、水密、抗风压性能分级及检测方法》(GB/T 7106—2008)中规定的6级。

6)更换外窗时,宜优先选择可开启面积大的外窗。除超高层外,外窗的可开启面积不得低于外墙总面积的12%。

(2)对外窗或透明幕墙的遮阳设施进行改造时,宜采用外遮阳措施。外遮阳的遮阳系数应按现行国家标准《公共建筑节能设计标准》(GB 50189—2005)的规定进行确定。加装外遮阳时,应对原结构的安全性进行复核、验算。当结构安全不能满足要求时,应对其进行结构加固或采取其他遮阳措施。

(3)外门、非采暖楼梯间门节能改造时,可选用下列措施:

1)严寒,寒冷地区建筑的外门口应设门斗或热空气幕。

2)非采暖楼梯间门宜为保温、隔热、防火,防盗一体的单元门。

3)外门、楼梯间门应在缝隙部位设置耐久性和弹性好的密封条。

4)外门应设置闭门装置,或设置旋转门、电子感应式自动门等。

(4)透明幕墙、采光顶节能改造应提高幕墙玻璃和外框型材的保温隔热性能,并应保证幕墙的安全性能。根据实际情况,可选用下列措施:

1)透明幕墙玻璃可增加中空玻璃的中空层数,或更换保温性能好的玻璃。

2)可采用低辐射中空玻璃,或采用在原有玻璃的表面贴膜或涂膜的工艺。

3)更换幕墙外框时,直接参与传热过程的型材应选择隔热效果好的型材。

4)在保证安全的前提下,可增加透明幕墙的可开启扇。除超高层及特别设计的透明幕墙外,透明幕墙的可开启面积不宜低于外墙总面积的 12%。

四、采暖通风空调及生活热水供应系统改造

1. 一般规定

(1)公共建筑采暖通风空调及生活热水供应系统的节能改造宜结合系统主要设备的更新换代和建筑物的功能升级进行。

(2)确定公共建筑采暖通风空调及生活热水供应系统的节能改造方案时,应充分考虑改造施工过程中对未改造区域使用功能的影响。

(3)对公共建筑的冷热源系统、输配系统、末端系统进行改造时,各系统的配置应互相匹配。

(4)公共建筑采暖通风空调系统综合节能改造后应能实现供冷、供热量的计量和主要用电设备的分项计量。

(5)公共建筑采暖通风空调及生活热水供应系统节能改造后应具

备接实际需冷、需热量进行调节的功能。

(6)公共建筑节能改造后,采暖空调系统应具备室温调控功能。

(7)公共建筑采暖通风空调及生活热水供应系统的节能改造施工和调试应符合现行国家标准《建筑节能工程施工质量验收规范》(GB 50411—2007)、《通风与空调工程施工质量验收规范》(GB 50243—2002)和《建筑给水排水及采暖工程施工质量验收规范》(GB 50242—2002)的规定。

2. 冷热源系统

(1)公共建筑的冷热源系统节能改造时,首先应充分挖掘现有设备的节能潜力。并应在现有设备不能满足需求时,再予以更换。

(2)冷热源系统改造应根据原有冷热源运行记录,进行整个供冷、供暖季负荷的分析和计算,确定改造方案。

(3)公共建筑的冷热源进行更新改造时,应在原有采暖通风空调及生活热水供应系统的基础上,根据改造后建筑的规模、使用特征,结合当地能源结构以及价格政策,环保规定等因素,经综合论证后确定。

(4)公共建筑的冷热源更新改造后,系统供回水温度应能保证原有输配系统和空调末端系统的设计要求。

(5)冷水机组或热泵机组的容量与系统负荷不匹配时,在确保系统安全性、匹配性及经济性的情况下,宜采用在原有冷水机组或热泵机组上,增设变频装置,以提高机组的实际运行效率。

(6)对于冷热需求时间不同的区域,宜分别设置冷热源系统。

(7)当更换冷热源设备时,更换后的设备性能应符合《公共建筑节能改造技术规范》(JGJ 176—2009)附录 A 的规定。

(8)采用蒸汽吸收式制冷机组时,应回收所产生的凝结水,凝结水回收系统宜采用闭式系统。

(9)对于冬季或过渡季存在供冷需求的建筑,在保证安全运行的条件下,宜采用冷却塔供冷的方式。

(10)在满足使用要求的前提下,对于夏季空调室外计算湿球温度较低、温度的日较差大的地区,空气的冷却可考虑采用蒸发冷却的方式。

(11)在符合下列条件的情况下,宜采用水环热泵空调系统。

1)有较大内区且有稳定的大量余热的建筑物。

2)原建筑物冷热源机房空间有限,且以出租为主的办公楼及商业建筑。

(12)当更换生活热水供应系统的锅炉及加热设备时,更换后的设备应根据设定的温度,对燃料的供给量进行自动调节,并应保证其出水温度稳定;当机组不能保证出水温度稳定时,应设置贮热水罐。

(13)集中生活热水供应系统的热源应优先采用工业余热、废热和冷凝热;有条件时,应利用地热和太阳能。

(14)生活热水供应系统宜采用直接加热热水机组。除有其他用汽要求外,不应采用燃气或燃油锅炉制备蒸汽再进行热交换后供应生活热水的热源方式。

(15)对水冷式冷水机组或热泵机组,宜采用具有实时在线清洗功能的除垢技术。

(16)燃气锅炉和燃油锅炉宜增设烟气热回收装置。

(17)集中供热系统应设置根据室外温度变化自动调节供热量的装置。

(18)确定空调冷热源系统改造方案时,应结合建筑物负荷的实际变化情况,制定冷热源系统在不同阶段的运行策略。

3. 输配系统

(1)公共建筑的空调冷热水系统改造后,系统的最大输送能效比(ER)应符合表 10-8 的规定。

表 10-8　空调冷热水系统的最大输送能效比

管道类型	两管制热水管道			四管制热水管道	空调冷水管道
	严寒地区	寒冷地区/夏热冬冷地区	夏热冬暖地区		
$ER \times 10^{-3}$	5.77	6.18	8.65	6.73	24.10

注:1. 表中的数据适用于独立建筑物内的空调冷热水系统,最远环路总长度一般在200~500 m 范围;区域供冷(热)或超大型建筑物设集中冷(热)站;管道总长过长的水系统可参照执行。

2. 表中两管制热水管道系统中的输送能效比值,不适用于采用直燃式冷(温)水机组、空气源热泵、地源热泵等作为热源、供回水温差小于 10℃的系统。

(2)公共建筑的集中热水采暖系统改造后,热水循环水泵的耗电输热比(EHR)应满足现行国家标准《公共建筑节能设计标准》(GB 50189—2005)的规定。

(3)公共建筑空调风系统节能改造后,风机的单位风量耗功率应满足现行国家标准《公共建筑节能设计标准》(GB 50189—2005)的规定。

(4)当对采暖通风空调系统的风机或水泵进行更新时,更换后的风机不应低于现行国家标准《通风机能效限定值及节能评价值》(GB 19761—2009)中的节能评价值;更换后的水泵不应低于现行国家标准《清水离心泵能效限定值及节能评价值》(GB 19762—2009)中的节能评价值。

(5)对于全空气空调系统,当各空调区域的冷、热负荷差异和变化大、低负荷运行时间长,且需要分别控制各空调区温度时,系统将定风量系统改造为变风量。

(6)当原有输配系统的水泵选型过大时,宜采取叶轮切削技术或水泵变速控制装置等技术措施。

(7)对于冷热负荷随季节或使用情况变化较大的系统,在确保系统运行安全可靠的前提下,可通过增设变速控制系统,将定水量系统改造为变水量系统。

(8)对于系统较大、阻力较高、各环路负荷特性或压力损失相差较大的一次泵系统,在确保具有较大的节能潜力和经济性的前提下。可将其改造为二次泵系统。

(9)空调冷却水系统应设置必要的控制手段,并应在确保系统运行安全可靠的前提下,保证冷却水系统能够随系统负荷以及外界温湿度的变化而进行自动调节。

(10)对于设有多台冷水机组和冷却塔的系统,应防止系统在运行过程中发生冷水或冷却水通过不运行冷水机组而产生的旁通现象。

(11)在采暖空调水系统的分、集水器和主管段处,应增设平衡装置。

(12)在技术可靠、经济合理的前提下,采暖空调水系统可采用大温差、小流量技术。

（13）对于设置集中热水水箱的生活热水供应系统,其供水泵宜采用变速控制装置。

4. 末端系统

（1）对于全空气空调系统,宜采取措施实现全新风和可调新风比的运行方式。新风量的控制和工况转换,宜采用新风和回风的焓值控制方法。

（2）过渡季节或供暖季节局部房间需要供冷时,宜优先采用直接利用室外空气进行降温的方式。

（3）当进行新、排风系统的改造时,应对可回收能量进行分析,并应合理设置排风热回收装置。

（4）对于风机盘管加新风系统,处理后的新风宜直接送入各空调区域。

（5）对于餐厅、食堂和会议室等高负荷区域空调通风系统的改造,应根据区域的使用特点,选择合适的系统形式和运行方式。

（6）对于由于设计不合理,或者使用功能改变而造成的原有系统分区不合理的情况,在进行改造设计时,应根据目前的实际使用情况,对空调系统重新进行分区设置。

五、供配电与照明系统改造

1. 一般规定

（1）供配电与照明系统的改造不宜影响公共建筑的工作、生活环境,改造期间应有保障临时用电的技术措施。

（2）供配电与照明系统的改造设计宜结合系统主要设备的更新换代和建筑物的功能升级进行。

（3）供配电与照明系统的改造应在满足用电安全、功能要求和节能需要的前提下进行,并应采用高效节能的产品和技术。

（4）供配电与照明系统的改造施工质量应符合现行国家标准《建筑节能工程施工质量验收规范》(GB 50411—2007)和《建筑电气工程施工质量验收规范》(GB 50303—2002)的要求。

2. 供配电系统

（1）当供配电系统改造需要增减用电负荷时,应重新对供配电容量、敷设电缆、供配电线路保护和保护电器的选择性配合等参数进行核算。

（2）供配电系统改造的线路敷设宜使用原有路由进行敷设。当现场条件不允许或原有路由不合理时,应按照合理、方便施工的原则重新敷设。

（3）对变压器的改造应根据用电设备实际耗电率总和,重新计算变压器容量。

（4）未设置用电分项计量的系统应根据变压器、配电回路原设置情况,合理设置分项计量监测系统。分项计量电能表宜具有远传功能。

（5）无功补偿宜采用自动补偿的方式运行,补偿后仍达不到要求时,宜更换补偿设备。

（6）供用电电能质量改造应根据测试结果确定需进行改造的位置和方法。对于三相负载不平衡的回焙宜采用重新分配回路上用电设备的方法;功率因数的改善宜采用无功自动补偿的方式;谐波治理应根据谐波源制定针对性方案,电压偏差高于标准值时宜采用合理方法降低电压。

3. 照明系统

（1）照明配电系统改造设计时各回路容量应按现行国家标准《建筑照明设计标准》(GB 50034—2004)的规定对原回路容量进行校核,并应选择符合节能评价值和节能效率的灯具。

（2）当公共区照明采用就地控制方式时,应设置声控或延时等感应功能;当公共区照明采用集中监控系统时,宜根据照度自动控制照明。

（3）照明配电系统改造设计宜满足节能控制的需要,且照明配电回路应配合节能控制的要求分区、分回路设置。

（4）公共建筑进行节能改造时,应充分利用自然光来减少照明负荷。

六、监测与控制系统改造

1. 一般规定

（1）对建筑物内的机电设备进行监视、控制、测量时,应做到运行安全、可靠、节省人力。

(2)监测与控制系统应实时采集数据,对设备的运行情况进行记录,且应具有历史数据保存功能,与节能相关的数据应能至少保存 12 个月。

(3)监测与控制系统改造应遵循下列原则。

1)应根据控制对象的特性,合理设置控制策略。

2)宜在原控制系统平台上增加或修改监控功能。

3)当需要与其他控制系统连接时,应采用标准、开放接口。

4)当采用数字控制系统时,宜将变配电、智能照明等机电设备的监测纳入该系统之中。

5)涉及修改冷水机组、水泵、风机等用电设备运行参数时,应做好保护措施。

6)改造应满足管理的需求。

(4)冷热源、采暖通风空调系统的监测与控制系统调试,应在完成各自的系统调试并达到设计参数后再进行,并应确认采用的控制方式能满足预期的控制要求。

2. 采暖通风空调及生活热水供应系统的监测与控制

(1)节能改造后,集中采暖及空气调节系统监测与控制应符合现行国家标准《公共建筑节能设计标准》(GB 50189—2005)的规定。

(2)冷热源监控系统宜对冷冻、冷却水进行变流量控制,并应具备连锁保护功能。

(3)公共场合的风机盘管温控器应联网控制。

(4)生活热水供应监控系统应具备下列功能:

1)热水出口压力、温度、流量显示。

2)运行状态显示。

3)顺序启停控制。

4)安全保护信号显示。

5)设备故障信号显示。

6)能耗量统计记录。

7)热交换器按设定出水温度自动控制进汽或进水量。

8)热交换器进汽或进水量与热水循环泵连锁控制。

3. 供配电与照明系统的监测与控制

（1）低压配电系统电压、电流、有功功率、功率因数等监测参数宜通过数据网关与监测与控制系统集成,满足用电分项计量的要求。

（2）照明系统的监测及控制宜具有下列功能。

1）分组照明控制。

2）经济技术合理时,宜采用办公区域的照明调节控制。

3）照明系统与遮阳系统的联动控制。

4）走道、门厅、楼梯的照明控制。

5）洗手间的照明控制与感应控制。

6）泛光照明的控制。

7）停车场照明控制。

七、可再生能源利用

1. 一般规定

（1）公共建筑进行节能改造时,有条件的场所应优先利用可再生能源。

（2）当公共建筑采用可再生能源时,其外围护结构的性能指标宜符合现行国家标准《公共建筑节能设计标准》（GB 50189—2005）的规定。

2. 地源热泵系统

（1）公共建筑的冷热源改造为地源热泵系统前,应对建筑物所在地的工程场地及浅层地热能资源状况进行勘察,并应从技术及可行性、可实施性和经济性三方面进行综合分析,确定是否采用地源热泵系统。

（2）公共建筑的冷热源改造为地源热泵系统时,地源热泵系统的工程勘察、设计、施工及验收应符合现行国家标准《地源热泵系统工程技术规范》（GB 50366—2005）的规定。

（3）公共建筑的冷热源改造为地源热泵系统时,宜保留原有系统中与地源热泵系统相适合的设备和装置,构成复合式系统设计时,地源热泵系统宜承担基础负荷,原有设备宜作为调峰或备用措施。

(4)地源热泵系统供回水温度,应能保证原有输配系统和空调末端系统的设计要求。

(5)建筑物有生活热水需求时,地源热泵系统宜采用热泵热回收技术提供或预热生活热水。

(6)当地源热泵系统地埋管换热器的出水温度、地下水或地表水的温度满足末端进水温度需求时,应设置直接利用的管路和装置。

3. 太阳能利用

(1)公共建筑进行节能改造时,应根据当地的年太阳辐照量和年日照时数确定太阳能的可利用情况。

(2)公共建筑进行节能改造时,采用的太阳能系统形式,应根据所在地的气候、太阳能资源、建筑物类型、使用功能、业主要求、投资规模及安装条件等因素综合确定。

(3)在公共建筑上增设或改造的太阳能热水系统,应符合现行国家标准《民用建筑太阳能热水系统应用技术规范》(GB 50364—2005)的规定。

(4)采用太阳能光伏发电系统时,应根据当地的太阳辐照参数和建筑的负载特性,确定太阳能光伏系统的总功率,并应依据所设计系统的电压电流要求,确定太阳能光伏电板的数量。

(5)太阳能光伏发电系统生产的电能宜为建筑自用,也可并入电网。并入电网的电能质量应符合现行国家标准《光伏系统并网技术要求》(GB/T 19930—2005)的要求,并应符合相关的安全与保护要求。

(6)太阳能光伏发电系统应设置电能计量装置。

(7)连接太阳能光伏发电系统和电网的专用低压开关柜应有醒目标识。标识的形状、颜色、尺寸和高度应符合现行国家标准《安全标志及其使用导则》(GB 2894—2008)的规定。

第十一章　建筑节能设计综合评价

第一节　建筑节能设计综合评价指标

一、夏热冬冷地区的建筑节能设计综合评价指标

（1）采用建筑物耗热量、耗冷量指标和采暖、空调全年用电量为建筑物的节能综合评价指标。

（2）建筑物的节能综合指标应采用动态方法计算。

（3）建筑节能综合指标应按下列计算条件计算。

1）居室室内计算温度，冬季全天为 18 ℃；夏季全天为 26 ℃。

2）室外气象计算参数采用典型气象年。

3）采暖和空调时，换气次数为 1.0 次/h。

4）采暖、空调设备为家用气源热泵空调器，空调额定能效比取 2.3，采暖额定能效比取 1.9。

5）室内照明得热为每平方米每天 0.014 1 kW·h。室内其他得热平均强度为 4.3 W/m²。

6）建筑面积和体积应按《夏热冬冷地区居住建筑节能设计标准》（JGJ 134—2010）附录 B 计算。

（4）计算出的每栋建筑的采暖年耗电量和空调年耗电量之和不应超过表 11-1 按采暖度日数列出的采暖年耗电量和按空调度日数列出的空调年耗电量限值之和。

表 11-1　建筑物节能综合评价指标的限值

$HDD18$ (℃·d)	耗热量指标 q_h(W/m²)	采暖年耗电量 E_h(kW·h/m²)	$CDD26$ (℃·d)	耗冷量指标 q_h(W/m²)	空调年耗电量 E_h(kW·h/m²)
800	10.1	11.1	25	18.4	13.7

续表

$HDD18$ (℃·d)	耗热量指标 q_h(W/m²)	采暖年耗电量 E_h(kW·h/m²)	$CDD26$ (℃·d)	耗冷量指标 q_h(W/m²)	空调年耗电量 E_h(kW·h/m²)
900	10.9	13.4	50	19.9	15.6
1 000	11.7	15.6	75	21.3	17.4
1 100	12.5	17.8	100	22.8	19.3
1 200	13.4	20.1	125	24.3	21.2
1 300	14.2	22.3	150	25.8	23.0
1 400	15.0	24.5	175	27.3	24.9
1 500	15.8	26.7	200	28.8	26.8
1 600	16.6	29.0	225	30.3	28.6
1 700	17.5	31.2	250	31.8	30.5
1 800	18.3	33.4	275	33.3	32.4
1 900	19.1	35.7	300	34.8	34.2
2 000	19.9	37.9	—	—	—
2 100	20.7	40.1	—	—	—
2 200	21.6	42.4	—	—	—
2 300	22.4	44.6	—	—	—
2 400	23.2	46.8	—	—	—
2 500	24.0	49.0	—	—	—

表 11-1 中所列的建筑物耗热量(耗冷量)指标和采暖(空调)年耗电量,是对应若干个采暖度日数 $HDD18$ 和空调度日数 $CDD26$ 的数据。当计算的建筑所在地的采暖度日数 $HDD18$ 和空调度日数 $CDD26$ 不与表 11-1 中所列数据相同时,应用线性内插法确定建筑物耗热量(耗冷量)指标和采暖(空调)年耗电量的限值。

计算得到的建筑物的采暖年耗电量或空调年耗电量单独超过限值是可以的,但两者之和不应超过两个限值之和。

表 11-2 列出了夏热冬冷地区主要城市的采暖度日数 $HDD18$ 和空调度日数 $CDD26$。

表 11-2　夏热冬冷地区主要城市的采暖度日数和空调度日数

城市名称	东经(度)	北纬(度)	$HDD18(℃·d)$	$CDD26(℃·d)$
合肥	117.23	31.87	1 825	116
蚌埠	117.38	32.95	2 064	158
安庆	117.05	30.53	1 730	204
南京	118.80	32.00	1 967	175
上海	121.43	31.17	1 671	164
杭州	120.17	30.23	1 647	196
温州	120.67	28.00	1 226	143
定海	122.10	30.03	1 563	78
武汉	114.13	30.62	1 792	195
恩施	109.47	30.28	1 606	105
长沙	113.08	28.20	1 557	275
常德	111.68	29.05	1 601	181
零陵	111.62	26.23	1 448	222
南昌	115.92	28.60	1 468	254
景德镇	117.20	29.30	1 549	193
赣州	114.95	25.85	1 131	299
成都	104.02	30.67	1 454	27
宜宾	104.60	28.80	1 150	77
南充	106.10	30.78	1 359	152
重庆	106.48	29.52	1 073	241
遵义	106.88	27.70	1 749	20
桂林	110.30	25.32	1 139	182
韶关	113.58	24.80	835	290

　　表 11-1 所列的空调年耗电量,不包括气温低而潮湿季节的除湿的耗电量。这是因为除湿与否主要取决于气象条件,与建筑物的设计基本无关,与围护结构热工性能也关系较少。而作为性能性指标之一的空调年耗电量指标主要是针对建筑和热工节能设计的综合评价提

出的。

二、夏热冬暖地区建筑节能设计综合评价指标

（1）综合评价的指标可采用空调采暖年耗电指数，也可直接采用空调采暖年耗电量，并应符合下列规定。

1）当采用空调采暖年耗电指数作为综合评价指标时，所设计建筑的空调采暖年耗电指数不得超过参照建筑的空调采暖年耗电指数，即应符合下式的规定。

$$ECF \leqslant ECF_{ref}$$

式中　ECF——所设计建筑的空调采暖年耗电指数；

　　　ECF_{ref}——参照建筑的空调采暖年耗电指数。

2）当采用空调采暖年耗电量作为综合评价指标时，在相同的计算条件下，用相同的计算方法，所设计建筑的空调采暖年耗电量不得超过参照建筑的空调采暖年耗电量，即应符合下式的规定。

$$EC \leqslant EC_{ref}$$

式中　EC——所设计建筑的空调采暖年耗电量（kW·h/m²）；

　　　EC_{ref}——参照建筑的空调采暖年耗电量（kW·h/m²）。

3）对节能设计进行综合评价的建筑，其天窗的遮阳系数和传热系数、屋顶的传热系数，以及热惰性指标小于 2.5 的墙体的传热系数仍应满足建筑热工节能设计的要求。

（2）参照建筑应按下列原则确定。

1）参照建筑的建筑形状、大小和朝向均应与所设计建筑完全相同。

2）参照建筑各朝向和屋顶的开窗面积应与所设计建筑相同，但当所设计建筑某个朝向窗（包括屋顶的天窗）面积超过相关规定时，参照建筑该朝向（屋顶）的窗面积应减小到符合规定的要求。

3）参照建筑外墙和屋顶的各项性能指标应为《夏热冬暖地区居住建筑节能设计标准》（JGJ75—2012）规定的限值。其中墙体、屋顶外表面的太阳辐射吸收率应取 0.7；当所设计建筑的墙体热惰性指标大于 2.5 时，墙体传热系数应取 1.5 W/(m²·K)，屋顶的传热系数应取

1.0 W/(m² · K),北区窗的综合遮阳系数应取 0.6;当所设计建筑的墙体热惰性指标小于 2.5 时,墙体传热系数应取 0.7 W/(m² · K),屋顶的传热系数应取 0.5 W/(m² · K),北区窗的综合遮阳系数应取 0.6。

(3)建筑节能设计综合评价指标的计算条件应符合下列规定。

1)室内计算温度:冬季 16 ℃,夏季 26 ℃。

2)室外计算气象参数采用当地典型气象年。

3)换气次数取 1.0 次/h。

4)空调额定能效比取 3.0,采暖额定能效比取 1.7。

5)室内不考虑照明得热和其他内部得热。

6)建筑面积按墙体中轴线计算;计算体积时,墙仍按中轴线计算,楼层高度按楼板面计算;外表面积的计算按墙体中轴线和楼板面计算。

7)当建筑屋顶和外墙采用反射隔热外饰面(ρ<0.6)时,其计算用的太阳辐射吸收原数应按下式计算。

公式一:$\rho' = \rho \cdot a$

公式二:$a = 11.384(\rho \times 100)^{-0.6241}$

式中　　ρ——修正前的太阳辐射吸收系数;

　　　　ρ'——修正后的太阳辐射吸收系数,用于节能、隔热设计计算;

　　　　a——污染修正系数,当 ρ<0.5 时修正系数按公式二计算;

当 $\rho \geqslant 0.5$ 时,取 $a = 1.0$。

(4)建筑的空调采暖年耗电量应采用动态逐时模拟的方法计算。空调采暖年耗电量应为计算所得到的单位建筑面积空调年耗电量与采暖年耗电量之和。南区内的建筑物可忽略采暖年耗电量。

(5)建筑的空调采暖年耗电指数应采用以下方法计算。

1)建筑物的空调采暖年耗电指数应按下式计算。

$$ECF = ECF_C + ECF_H$$

式中　　ECF_C——空调年耗电指数;

　　　　ECF_H——采暖年耗电指数。

2)建筑物空调年耗电指数应按下列公式计算。

$$ECF_C = \left[\frac{(ECF_{C.R} + ECF_{C.WL} + ECF_{C.WD})}{A} + C_{C.N} \cdot h \cdot N + C_{C.0} \right] \cdot C_C$$

$$C_C = C_{qC} \cdot C_{FA}^{-0.147}$$

$$ECF_{C.R} = C_{C.R} \sum_i K_i F_i \rho_i$$

$$ECF_{C.WL} = C_{C.WL.E} \sum_{i=1} K_i F_i \rho_i + C_{C.WL.S} \sum_i K_i F_i \rho_i +$$

$$C_{C.WL.W} \sum_i K_i F_i \rho_i + C_{C.WL.N} \sum_i K_i F_i \rho i$$

$$ECF_{C.WD} = C_{C.WB.E} \sum_{i=1} F_i SC_i SD_{C.i} + C_{C.WD.S} \sum_i F_i SC_i SD_{C.i} +$$

$$C_{C.WD.W} \sum_i F_i SC_i SD_{C.i} + C_{C.WD.N} \sum_i F_i SC_i SD_{C.i} + C_{C.SK} \sum_i F_i SC_i$$

式中　A——总建筑面积（m^2）；

　　N——换气次数（次/h）；

　　h——按建筑面积进行加权平均的楼层高度（m）；

　$C_{C.N}$——空调年耗电指数与换气次数有关的系数，$C_{C.N}$取 4.16；

$C_{C.0}, C_C$——空调年耗电指数的有关系数，$C_{C.0}$取 -4.47；

$ECF_{C.R}$——空调年耗电指数与屋面有关的参数；

$ECF_{C.WL}$——空调年耗电指数与墙体有关的参数；

$ECF_{C.WD}$——空调年耗电指数与外门窗有关的参数；

　　F_i——各个围护结构的面积（m^2）；

　　K_i——各个围护结构的传热系数 [$W/(m^2 \cdot K)$]；

　　ρ_i——各个墙面的太阳辐射吸收系数；

　SC_i——各个外门窗的遮阳系数；

　$SD_{C.i}$——各个窗的夏季建筑外遮阳系数，外遮阳系数；

　C_{FA}——外围护结构的总面积（不包括室内地面）与总建筑面积之比；

　C_{qC}——空调年耗电指数与地区有关的系数，南区取 1.13，北区取 0.64。

其他有关系数见表 11-3。

表 11-3　空调耗电指数计算的有关系数

系　数	所在墙面的朝向			
	东	南	西	北
$C_{C.WL}$（重质）	18.6	16.6	20.4	12.0
$C_{C.WL}$（轻质）	29.2	33.2	40.8	24.0
$C_{C.WD}$	137	173	215	131
$C_{C.R}$（重质）	35.2			
$C_{C.R}$（轻质）	70.4			
$C_{C.SK}$	363			

注：重质是指热惰性指标大于等于 2.5 的墙体和屋顶；轻质是指热惰性指标小于 2.5 的
墙体和屋顶。

3）建筑物采暖的年耗电指数应按下列公式计算：

$$ECF_H = \left[\frac{(ECF_{H.R} + ECF_{H.WL})}{A} + C_{H.N} \cdot h \cdot N + C_{H.0} \right] \cdot C_H$$

$$C_H = C_{qH} \cdot C_{FA}^{0.370}$$

$$ECF_{H.R} = C_{H.R.K} \sum_i K_i F_i \rho_i + C_{H.R} \sum_i K_i F_i \rho_i$$

$$ECF_{H.WL} = C_{H.WL.E} \sum_i K_i F_i \rho_i + C_{H.WL.S} \sum_i K_i F_i \rho_i +$$

$$C_{H.WL.W} \sum_i K_i F_i \rho_i + C_{H.WL.N} \sum_i K_i F_i \rho_i +$$

$$C_{H.WL.K.E} \sum_i K_i F_i + C_{H.WL.K.S} \sum_i K_i F_i +$$

$$C_{H.WL.K.W} \sum_i K_i F_i + C_{H.WL.K.N} \sum_i K_i F_i$$

$$ECF_{H.WD} = C_{H.WB.E} \sum_i F_i SC_i SD_{H.i} + C_{H.WD.S} \sum_i F_i SC_i SD_{H.i} +$$

$$C_{H.WD.W} \sum_i F_i SC_i SD_{H.i} + C_{H.WD.N} \sum_i F_i SC_i SD_{H.i} +$$

$$C_{H.WD.K.E} \sum_i F_i K_i + C_{H.WD.K.S} \sum_i F_i K_i +$$

$$C_{H.WD.K.W} \sum_i F_i K_i + C_{H.WD.K.N} \sum_i F_i K_i +$$

$$C_{H.SK} \sum_i F_i SC_i SD_{H.i} + C_{H.SK.E} \sum_i F_i K_i$$

式中 A——总建筑面积(m^2);

h——按建筑面积进行加权平均的楼层高度(m);

N——换气次数(次/h);

$C_{\text{H.N}}$——采暖年耗电指数与换气次数有关的系数,$C_{\text{H.N}}$取 4.61;

$C_{\text{H.0}},C_{\text{H}}$——采暖的年耗电指数的有关系数,$C_{\text{H.0}}$取 2.60;

$ECF_{\text{H.R}}$——采暖年耗电指数与屋面有关的参数;

$ECF_{\text{H.WL}}$——采暖年耗电指数与墙体有关的参数;

$ECF_{\text{H.WD}}$——采暖年耗电指数与外门窗有关的参数;

F_i——各个围护结构的面积(m^2);

K_i——各个围护结构的传热系数$[\text{W}/(\text{m}^2\cdot\text{K})]$;

ρ_i——各个墙面的太阳辐射吸收系数;

SC_i——各个窗的遮阳系数;

$SD_{\text{H}.i}$——各个窗的冬季建筑外遮阳系数;

C_{FA}——外围护结构的总面积(不包括室内地面)与总建筑面积之比;

$C_{q\text{H}}$——采暖年耗电指数与地区有关的系数,南区取 0,北区取 0.7。

其他有关系数见表 11-4。

表 11-4　采暖能耗指数计算的有关系数

系数	东	南	西	北
$C_{\text{H.WL}}$(重质)	-3.6	-9.0	-10.8	-3.6
$C_{\text{H.WL}}$(轻质)	-7.2	-18.0	-21.6	-7.2
$C_{\text{H.WL.X}}$(重质)	14.4	15.1	23.4	14.6
$C_{\text{H.WL.K}}$(轻质)	28.8	30.2	46.8	29.2
$C_{\text{H.WD}}$	-32.5	-103.2	-141.1	-32.7
$C_{\text{H.WD.K}}$	8.3	8.5	14.5	8.5
$C_{\text{H.R}}$(重质)		-7.4		
$C_{\text{H.R}}$(轻质)		-14.8		
$C_{\text{H.R.K}}$(重质)		21.4		
$C_{\text{H.R.K}}$(轻质)		42.8		
$C_{\text{H.SK}}$		-97.3		
$C_{\text{H.SK.K}}$		13.3		

注:重质是指热惰性指标大于等于 2.5 的墙体和屋顶;轻质是指热惰性指标小于 2.5 的
墙体和屋顶。

第二节　建筑围护结构热工性能的权衡判断

一、居住建筑围护结构热工性能的权衡判断

1. 严寒和寒冷地区居住建筑围护结构热工性能的权衡判断

(1)建筑围护结构热工性能的权衡判断应以建筑物耗热量指标为判据。

(2)计算得到的所设计居住建筑的建筑物耗热量指标应小于或等于表 11-5 的限值。

表 11-5　严寒和寒冷地区主要城市的建筑物耗热量指标

城　市	气候区属	建筑物耗热量指标(W/m²)				城　市	气候区属	建筑物耗热量指标(W/m²)			
		≤3 层	(4~5)层	(9~13)层	≥14层			≤3 层	(4~5)层	(9~13)层	≥14层
直辖市											
北京	Ⅱ(B)	16.1	15.0	13.4	12.1	天津	Ⅱ(B)	17.1	16.0	14.3	12.7
河北省											
石家庄	Ⅱ(B)	15.7	14.6	13.1	11.6	蔚县	Ⅰ(C)	18.1	15.6	14.4	12.6
围场	Ⅰ(C)	19.3	16.7	15.4	13.5	唐山	Ⅱ(A)	17.6	15.3	14.0	12.4
丰宁	Ⅰ(C)	17.8	15.4	14.2	12.4	乐亭	Ⅱ(A)	18.4	16.1	14.7	13.1
承德	Ⅱ(A)	21.6	18.9	17.4	15.4	保定	Ⅱ(B)	16.5	15.4	13.8	12.2
张家口	Ⅱ(A)	20.2	17.7	16.2	14.5	沧州	Ⅱ(B)	16.2	15.1	13.5	12.0
怀来	Ⅱ(A)	18.9	16.5	15.1	13.5	泊头	Ⅱ(B)	16.1	15.0	13.4	11.9
青龙	Ⅱ(A)	20.1	17.6	16.2	14.4	邢台	Ⅱ(B)	14.9	13.9	12.3	11.0
山西省											
太原	Ⅱ(A)	17.7	15.4	14.1	12.5	榆社	Ⅱ(A)	18.6	16.2	14.8	13.2
大同	Ⅰ(C)	17.6	15.2	14.0	12.2	介休	Ⅱ(A)	16.7	14.5	13.3	11.7
河曲	Ⅰ(C)	17.6	15.2	14.0	12.3	阳城	Ⅱ(A)	15.5	13.5	12.2	10.9
原平	Ⅱ(A)	18.6	16.2	14.9	13.3	运城	Ⅱ(B)	15.5	14.4	12.9	11.4
离石	Ⅱ(A)	19.4	17.0	15.6	13.7	—	—	—	—	—	—

续表

城　市	气候区属	建筑物耗热量指标(W/m²)				城　市	气候区属	建筑物耗热量指标(W/m²)			
		≤3层	(4~5)层	(9~13)层	≥14层			≤3层	(4~5)层	(9~13)层	≥14层
内蒙古自治区											
呼和浩特	Ⅰ(C)	18.4	15.9	14.7	12.9	满都拉	Ⅰ(C)	19.2	16.6	15.3	13.4
图里河	Ⅰ(A)	24.3	22.5	20.3	20.1	朱日和	Ⅰ(C)	20.5	17.6	16.3	14.3
海拉尔	Ⅰ(A)	22.9	20.9	18.9	18.8	赤峰	Ⅰ(C)	18.5	15.9	14.7	12.9
博克图	Ⅰ(A)	21.1	19.4	17.4	17.3	多伦	Ⅰ(B)	19.2	17.1	15.5	14.3
新巴尔虎右旗	Ⅰ(A)	20.9	19.3	17.3	17.2	额济纳旗	Ⅰ(C)	17.2	14.9	13.7	12.0
阿尔山	Ⅰ(A)	21.5	20.1	18.0	17.7	化德	Ⅰ(B)	18.4	16.3	14.8	13.6
东乌珠穆沁旗	Ⅰ(B)	23.6	20.8	19.0	17.6	达尔罕联合旗	Ⅰ(C)	20.0	17.3	16.0	14.0
那仁宝拉格	Ⅰ(A)	19.7	17.8	15.8	15.7	乌拉特后旗	Ⅰ(C)	18.5	16.1	14.8	13.0
西乌珠穆沁旗	Ⅰ(B)	21.4	18.9	17.2	16.0	海力素	Ⅰ(C)	19.1	16.6	15.3	13.4
扎鲁特旗	Ⅰ(C)	20.6	17.7	16.4	14.4	集宁	Ⅰ(C)	19.3	16.6	15.4	13.4
阿巴嘎旗	Ⅰ(B)	23.1	20.4	18.6	17.2	临河	Ⅱ(A)	20.0	17.5	16.0	14.3
巴林左旗	Ⅰ(B)	21.4	18.4	17.1	15.0	巴音毛道	Ⅰ(C)	17.1	14.9	13.7	12.0
锡林浩特	Ⅰ(B)	21.6	19.1	14.4	16.1	东胜	Ⅰ(C)	16.8	14.5	13.4	11.7
二连浩特	Ⅰ(B)	17.1	15.9	14.0	13.8	吉兰太	Ⅱ(A)	19.8	17.3	15.8	14.2
林西	Ⅰ(C)	20.8	17.9	16.6	14.6	鄂托克旗	Ⅰ(C)	16.4	14.2	13.1	11.4
通辽	Ⅰ(C)	20.8	17.8	16.5	14.5	—					
辽宁省											
沈阳	Ⅰ(C)	20.1	17.2	15.9	13.9	锦州	Ⅱ(A)	21.0	18.3	16.9	15.0
彰武	Ⅰ(C)	19.9	17.1	15.8	13.9	宽甸	Ⅰ(C)	19.7	16.8	15.6	13.7
清原	Ⅰ(C)	23.1	19.7	18.4	16.1	营口	Ⅱ(A)	21.8	19.1	17.6	15.6
朝阳	Ⅱ(A)	21.7	18.9	17.4	15.5	丹东	Ⅱ(A)	20.6	18.0	16.6	14.7
本溪	Ⅰ(C)	20.2	17.3	16.0	14.0	大连	Ⅱ(A)	16.5	14.3	13.0	11.5
吉林省											
长春	Ⅰ(C)	23.3	19.9	18.6	16.3	桦甸	Ⅰ(B)	22.1	19.3	17.7	16.3
前郭尔罗斯	Ⅰ(C)	24.2	20.7	19.4	17.0	延吉	Ⅰ(C)	22.5	19.2	17.9	15.7
长岭	Ⅰ(C)	23.5	20.1	18.8	16.5	临江	Ⅰ(B)	23.8	20.3	19.0	16.7
敦化	Ⅰ(B)	20.6	18.0	16.5	15.2	长白	Ⅰ(B)	21.5	18.9	17.2	15.9
四平	Ⅰ(C)	21.3	18.2	17.0	14.9	集安	Ⅰ(C)	20.8	17.7	16.5	14.4
黑龙江省											
哈尔滨	Ⅰ(B)	22.9	20.0	18.3	16.9	富锦	Ⅰ(B)	24.1	21.1	19.3	17.8
漠河	Ⅰ(A)	25.2	23.1	20.9	20.6	泰来	Ⅰ(B)	22.1	19.4	17.7	16.4
呼玛	Ⅰ(A)	23.3	21.4	19.3	19.2	安达	Ⅰ(B)	23.2	20.4	18.6	17.2
黑河	Ⅰ(A)	22.4	20.5	18.5	18.4	宝清	Ⅰ(B)	22.2	19.5	17.8	16.5
孙吴	Ⅰ(A)	22.8	20.8	18.8	18.7	通河	Ⅰ(B)	24.4	21.3	19.5	18.0
嫩江	Ⅰ(A)	22.5	20.7	18.6	18.5	虎林	Ⅰ(B)	23.0	20.1	18.5	17.0

续表

城 市	气候区属	建筑物耗热量指标(W/m²)				城 市	气候区属	建筑物耗热量指标(W/m²)			
		≤3层	(4~5)层	(9~13)层	≥14层			≤3层	(4~5)层	(9~13)层	≥14层
克山	I(B)	25.6	22.4	20.6	19.0	鸡西	I(B)	21.4	18.8	17.1	15.8
伊春	I(A)	21.7	19.9	17.9	17.7	尚志	I(B)	23.0	20.1	18.4	17.0
海伦	I(B)	25.2	22.0	20.2	18.7	牡丹江	I(B)	21.9	19.2	17.5	16.2
齐齐哈尔	I(B)	22.6	19.8	18.1	16.7	绥芬河	I(B)	21.2	18.6	17.0	15.6
江苏省											
赣榆	II(A)	14.0	12.1	11.0	9.7	射阳	II(B)	12.6	11.6	10.3	9.2
徐州	II(B)	13.8	12.8	11.4	10.1	—	—	—	—	—	—
安徽省											
亳州	II(B)	14.2	13.2	11.8	10.4	—					
山东省											
济南	II(B)	14.2	13.2	11.7	10.5	莘县	II(A)	15.6	13.6	12.3	11.0
长岛	II(A)	14.4	12.4	11.2	9.9	沂源	II(A)	15.7	13.6	12.4	11.0
龙口	II(A)	15.0	12.9	11.7	10.4	青岛	II(A)	13.0	11.1	10.0	8.8
惠民县	II(B)	16.1	15.0	13.4	12.0	兖州	II(B)	14.6	13.6	12.0	10.8
德州	II(B)	14.4	13.4	11.9	10.7	日照	II(A)	12.7	10.8	9.7	8.5
成山头	II(A)	13.1	11.3	10.1	9.0	费县	II(A)	14.0	12.1	10.9	9.7
陵县	II(B)	15.9	14.8	13.2	11.8	菏泽	II(B)	13.7	11.8	10.7	9.5
海阳	II(A)	14.7	12.7	11.5	10.2	定陶	II(B)	14.7	13.6	12.1	10.8
潍坊	II(A)	16.1	13.9	12.7	11.3	临沂	II(A)	14.2	12.3	11.1	9.8
河南省											
郑州	II(B)	13.0	12.1	10.7	9.6	卢氏	II(A)	14.7	12.7	11.5	10.2
安阳	II(B)	15.0	13.9	12.4	11.0	西华	II(B)	13.7	12.7	11.3	10.0
孟津	II(A)	13.7	11.8	10.7	9.4	—					
四川省											
若尔盖	I(B)	12.4	11.2	9.9	9.1	甘孜	I(C)	10.1	8.9	7.9	6.6
松潘	I(C)	11.9	10.3	9.3	8.0	康定	I(C)	11.9	10.3	9.3	8.0
色达	I(A)	12.1	10.3	8.5	8.1	巴塘	II(A)	7.8	6.6	5.5	5.1
马尔康	II(A)	12.7	10.9	9.7	8.8	理塘	I(B)	9.6	8.9	7.7	7.0
德格	I(C)	11.6	10.0	9.0	7.8	稻城	I(C)	9.9	8.7	7.7	6.3

城 市	气候区属	建筑物耗热量指标（W/m²）				城 市	气候区属	建筑物耗热量指标（W/m²）			
		≤3层	(4～5)层	(9～13)层	≥14层			≤3层	(4～5)层	(9～13)层	≥14层
贵州省											
毕节	Ⅱ(A)	11.5	9.8	8.8	7.7	威宁	Ⅱ(A)	12.0	10.3	9.2	8.2
云南省											
德钦	Ⅰ(C)	10.9	9.4	8.5	7.2	昭通	Ⅱ(A)	10.2	8.7	7.6	6.8
西藏自治区											
拉萨	Ⅱ(A)	11.7	10.0	8.9	7.9	昌都	Ⅱ(A)	15.2	13.1	11.9	10.5
师泉河	Ⅰ(A)	11.8	10.1	8.2	7.8	申扎	Ⅰ(A)	12.0	10.4	8.6	8.2
改则	Ⅰ(A)	13.3	11.4	9.6	8.5	林芝	Ⅱ(A)	9.4	8.0	6.9	6.2
索县	Ⅰ(B)	12.4	11.2	9.9	8.9	日喀则	Ⅰ(C)	9.9	8.7	7.7	6.4
那曲	Ⅰ(A)	13.7	12.3	10.5	10.3	隆子	Ⅰ(C)	11.5	10.0	9.0	7.6
丁青	Ⅰ(B)	11.7	10.5	9.2	8.4	帕里	Ⅰ(A)	11.6	10.1	8.4	8.0
班戈	Ⅰ(A)	12.5	10.7	8.9	8.6	—	—	—	—	—	—
陕西省											
西安	Ⅱ(B)	14.7	13.6	12.2	10.7	延安	Ⅱ(A)	17.9	15.6	14.3	12.7
榆林	Ⅱ(A)	20.5	17.9	16.5	14.8	宝鸡	Ⅱ(A)	14.1	12.2	11.1	9.8
甘肃省											
兰州	Ⅱ(A)	16.5	14.4	13.1	11.7	西峰镇	Ⅱ(A)	16.9	14.7	13.4	11.9
敦煌	Ⅱ(A)	19.1	16.7	15.3	13.8	平凉	Ⅱ(A)	16.9	14.7	13.4	11.9
酒泉	Ⅰ(C)	15.7	13.6	12.5	10.9	合作	Ⅰ(B)	13.3	12.0	10.7	9.9
张掖	Ⅰ(C)	15.8	13.8	12.6	11.0	岷县	Ⅰ(C)	13.8	12.0	10.9	9.4
民勤	Ⅱ(A)	18.4	16.1	14.7	13.2	天水	Ⅱ(A)	15.7	13.5	12.3	10.9
乌鞘岭	Ⅰ(A)	12.6	11.1	9.3	9.1	成县	Ⅱ(A)	8.3	7.1	6.0	5.5
青海省											
西宁	Ⅰ(C)	15.3	13.3	12.1	10.5	玛多	Ⅰ(A)	13.9	12.5	10.6	10.3
冷湖	Ⅰ(B)	15.2	13.8	12.3	11.4	河南	Ⅰ(A)	13.1	11.0	9.2	9.0
大柴旦	Ⅰ(B)	15.3	13.9	12.4	11.5	托托河	Ⅰ(A)	15.4	13.4	11.4	11.1
德令哈	Ⅰ(C)	16.2	14.0	12.9	11.2	曲麻莱	Ⅰ(A)	13.8	12.1	10.2	9.9
刚察	Ⅰ(A)	14.1	11.9	10.1	9.9	达日	Ⅰ(A)	13.2	11.2	9.4	9.1
格尔木	Ⅰ(C)	14.0	12.3	11.2	9.7	玉树	Ⅰ(B)	11.2	10.2	8.9	8.2

续表

城　市	气候区属	建筑物耗热量指标(W/m²)				城　市	气候区属	建筑物耗热量指标(W/m²)			
		≤3层	(4~5)层	(9~13)层	≥14层			≤3层	(4~5)层	(9~13)层	≥14层
都兰	Ⅰ(B)	12.8	11.6	10.3	9.5	杂多	Ⅰ(A)	12.7	11.1	9.4	9.1
同德	Ⅰ(B)	14.6	13.3	11.8	11.0						
宁夏回族自治区											
银川	Ⅱ(A)	18.8	16.4	15.0	13.4	中宁	Ⅱ(A)	17.8	15.5	14.2	12.6
盐池	Ⅱ(A)	18.6	16.2	14.8	13.2	—	—	—	—	—	—
新疆维吾尔自治区											
乌鲁木齐	Ⅰ(C)	21.8	18.7	17.4	15.4	巴伦台	Ⅰ(C)	18.1	15.5	14.3	12.6
哈巴河	Ⅰ(C)	22.2	19.1	17.8	15.6	库尔勒	Ⅱ(B)	18.6	17.5	15.6	14.1
阿勒泰	Ⅰ(B)	19.9	17.7	16.1	14.9	库车	Ⅱ(B)	18.8	16.5	15.0	13.5
富蕴	Ⅰ(B)	21.9	19.5	17.8	16.6	阿合奇	Ⅰ(C)	16.0	13.9	12.8	11.2
和布克赛尔	Ⅰ(B)	16.6	14.9	13.4	12.4	铁干里克	Ⅱ(B)	19.8	18.6	16.7	15.2
塔城	Ⅰ(C)	20.2	17.4	16.1	14.3	阿拉尔	Ⅱ(B)	18.9	16.6	15.1	13.7
克拉玛依	Ⅰ(C)	23.6	20.3	18.9	16.8	巴楚	Ⅱ(B)	17.0	14.9	13.5	12.3
北塔山	Ⅰ(B)	17.8	15.8	14.3	13.3	喀什	Ⅱ(B)	16.2	14.1	12.8	11.60
精河	Ⅰ(C)	22.7	19.4	18.1	15.9	若羌	Ⅱ(B)	18.6	17.4	15.5	14.1
奇台	Ⅰ(C)	24.1	20.9	19.4	17.2	莎车	Ⅱ(B)	16.3	14.1	12.9	11.7
伊宁	Ⅱ(A)	20.5	18.0	16.5	14.8	安千河	Ⅱ(B)	18.5	16.2	14.8	13.4
吐鲁番	Ⅱ(B)	19.9	18.6	16.8	15.0	皮山	Ⅱ(B)	16.1	14.1	12.7	11.5
哈密	Ⅱ(B)	21.3	20.0	18.0	16.2	禾田	Ⅱ(B)	15.5	13.5	12.2	11.0

注：表格中气候区属Ⅰ(A)为严寒(A)区、Ⅰ(B)为严寒(B)区、Ⅰ(C)为严寒(C)区；Ⅱ(A)为寒冷(A)区、Ⅱ(B)为寒冷(B)区。

　　(3)所设计建筑的建筑物耗热量指标应按下式计算。

$$q_H = q_{HT} + q_{INF} - q_{IH}$$

式中　q_H——建筑物耗热量指标(W/m²)；

　　　q_{HT}——折合到单位建筑面积上单位时间内通过建筑围护结构的传热量(W/m²)；

　　　q_{INF}——折合到单位建筑面积上单位时间内建筑物空气渗透耗热量(W/m²)；

q_{IH}——折合到单位建筑面积上单位时间内建筑物内部得热量，取 $3.8W/m^2$。

(4)折合到单位建筑面积上单位时间内通过建筑围护结构的传热量应按下式计算。

$$q_{HT} = q_{Hq} + q_{Hw} + q_{Hd} + q_{Hmc} + q_{Hy}$$

式中　q_{Hq}——折合到单位建筑面积上单位时间内通过墙的传热量（W/m^2）；

　　　q_{Hw}——折合到单位建筑面积上单位时间内通过屋面的传热量（W/m^2）；

　　　q_{Hd}——折合到单位建筑面积上单位时间内通过地面的传热量（W/m^2）；

　　　q_{Hmc}——折合到单位建筑面积上单位时间内通过门、窗的传热量（W/m^2）；

　　　q_{Hy}——折合到单位建筑面积上单位时间内非采暖封闭阳台的传热量（W/m^2）。

(5)折合到单位建筑面积上单位时间内通过外墙的传热量应按下式计算。

$$q_{Hq} = \frac{\sum q_{Hqi}}{A_0} = \frac{\sum \varepsilon_{qi} K_{mqi} F_{qi}(t_n - t_e)}{A_0}$$

式中　q_{Hq}——折合到单位建筑面积上单位时间内通过外墙的传热量（W/m^2）；

　　　t_n——室内计算温度，取 18℃；当外墙内侧是楼梯间时，则取 12℃；

　　　t_e——采暖期室外平均温度（℃），应根据表 11-6 确定；

　　　ε_{qi}——外墙传热系数的修正系数，应根据表 11-7 确定；

　　K_{mqi}——外墙平均传热系数［$W/(m^2 \cdot K)$］，应根据《严寒和寒冷地区居住建筑节能标准》（GB 50189—2010）附录 B 计算确定；

　　　F_{qi}——外墙的面积（m^2），可根据《严寒和寒冷地区居住建筑节能标准》（GB 50189—2010）附录 F 的规定计算确定；

A_0——建筑面积(m^2),可根据《严寒和寒冷地区居住建筑节能标准》(GB 50189—2010)附录 F 的规定计算确定。

(6)折合到单位建筑面积上单位时间内通过屋面的传热量应按下式计算:

$$q_{Hw} = \frac{\sum q_{Hwi}}{A_0} = \frac{\sum \varepsilon_{wi} K_{wi} F_{wi}(t_n - t_e)}{A_0}$$

式中　q_{Hw}——折合到单位建筑面积上单位时间内通过屋面的传热量(W/m^2);

ε_{wi}——屋面传热系数的修正系数,应根据表 11-7 确定;

K_{wi}——屋面传热系数[$W/(m^2 \cdot K)$];

F_{wi}——屋面的面积(m^2),可根据《严寒和寒冷地区居住建筑节能标准》(GB 50189—2010)附录 F 的规定计算确定。

表 11-6　严寒和寒冷地区主要城市的建筑节能计算用气象参数

城　市	气候区属	气象站			HDD18度日	CDD26度日	计算采暖期		太阳总辐射平均强度(W/m^2)				
		北纬度	东经度	海拔(m)			天	室外平均温度(℃)	水平	南向	北向	东向	西向
直辖市													
北京	Ⅱ(B)	39.93	116.28	55	2 699	94	114	0.1	102	120	33	59	59
天津	Ⅱ(B)	39.10	117.17	5	2 743	92	118	−0.2	99	106	34	56	57
河北省													
石家庄	Ⅱ(B)	38.03	114.42	81	2 388	147	97	0.9	95	102	33	54	54
围场	Ⅰ(C)	41.93	117.75	844	4 602	3	172	−5.1	118	121	38	66	66
丰宁	Ⅰ(C)	41.22	116.63	661	4 167	5	161	−4.2	120	126	39	67	67
承德	Ⅱ(A)	40.98	117.95	386	3 783	20	150	−3.4	107	112	35	60	60
张家口	Ⅱ(A)	40.78	114.88	726	3 637	24	145	−2.1	106	118	36	62	60
怀来	Ⅱ(A)	40.40	115.50	538	3 388	32	143	−1.8	105	117	36	61	59
青龙	Ⅱ(A)	40.40	118.95	228	3 532	23	146	−2.5	107	112	36	61	59
蔚县	Ⅰ(C)	39.83	114.57	910	3 955	9	151	−3.9	112	119	36	62	61
唐山	Ⅱ(A)	39.67	118.15	29	2 853	72	120	−0.6	100	108	34	58	56
乐亭	Ⅱ(A)	39.43	118.90	12	3 080	37	124	−1.3	104	111	35	60	57

续表

城　市	气候区属	气象站			HDD18度日	CDD26度日	计算采暖期					
		北纬度	东经度	海拔(m)			天	室外平均温度(℃)	太阳总辐射平均强度(W/m²)				
									水平	南向	北向	东向	西向
保定	Ⅱ(B)	38.85	115.57	19	2 564	129	108	0.4	94	102	32	55	52
沧州	Ⅱ(B)	38.33	116.83	11	2 653	92	115	0.3	102	107	35	58	58
泊头	Ⅱ(B)	38.08	116.55	13	2 593	126	119	0.4	101	106	34	58	56
邢台	Ⅱ(B)	37.07	114.50	78	2 268	155	93	1.4	96	102	33	56	53
山西省													
太原	Ⅱ(A)	37.78	112.55	779	3 160	11	127	−1.1	108	118	36	62	60
大同	Ⅰ(C)	40.10	113.33	1 069	4 120	8	158	−4.0	119	124	39	67	66
河曲	Ⅰ(C)	39.38	111.15	861	3 913	18	150	−4.0	120	126	38	64	67
原平	Ⅱ(A)	38.75	112.70	838	3 399	14	141	−1.7	108	118	36	61	61
离石	Ⅱ(A)	37.50	111.10	951	3 424	16	140	−1.8	102	108	34	56	57
榆社	Ⅱ(A)	37.07	112.98	1 042	3 529	1	143	−1.7	111	118	37	62	62
介休	Ⅱ(A)	37.03	111.92	745	2 978	24	121	−0.3	109	114	36	60	61
阳城	Ⅱ(A)	35.48	112.40	659	2 698	21	112	0.7	104	109	34	57	57
运城	Ⅱ(B)	35.05	111.05	365	2 267	185	84	1.3	91	97	30	50	49
内蒙古自治区													
呼和浩特	Ⅰ(C)	40.82	111.68	1 065	1 486	11	158	−4.4	116	122	37	65	64
图里河	Ⅰ(A)	50.45	121.70	733	8 023	0	225	−14.38	105	101	33	58	57
海拉尔	Ⅰ(A)	49.22	119.75	611	6 713	3	206	−12.0	77	82	27	47	46
博克图	Ⅰ(A)	48.77	121.92	739	6 622	0	208	−10.3	75	81	26	46	44
新巴尔虎右旗	Ⅰ(A)	48.67	116.82	556	6 157	13	195	−10.6	83	90	29	51	49
阿尔山	Ⅰ(A)	47.17	119.93	997	7 364	0	218	−12.1	119	103	37	68	67
东乌珠穆沁旗	Ⅰ(B)	45.52	116.97	840	5 940	11	189	−10.1	104	106	34	59	58
那仁宝拉格	Ⅰ(A)	44.62	114.15	1 183	6 153	4	200	−9.9	108	112	35	62	60
西乌珠穆沁旗	Ⅰ(B)	44.58	117.60	997	5 812	4	198	−8.4	102	107	34	59	57
扎鲁特旗	Ⅰ(C)	44.57	120.90	266	4 398	32	164	−5.6	105	112	36	63	60
阿巴嘎旗	Ⅰ(B)	44.02	114.95	1 128	5 892	7	188	−9.9	109	111	36	62	61
巴林左旗	Ⅰ(C)	43.98	119.40	485	4 704	10	147	−6.4	110	116	37	65	63
锡林浩特	Ⅰ(B)	43.95	116.12	1 004	5 545	12	186	−8.6	107	109	35	61	60

续表

城　市	气候区属	气象站			HDD18度日	CDD26度日	计算采暖期						
		北纬度	东经度	海拔(m)			天	室外平均温度(℃)	太阳总辐射平均强度(W/m²)				
									水平	南向	北向	东向	西向
二连浩特	I(B)	43.65	112.00	966	5 131	36	176	−8.0	113	112	39	64	63
林西	I(C)	43.60	118.07	800	4 858	7	174	−6.3	118	124	39	69	65
通辽	I(C)	43.60	122.27	180	4 376	22	164	−5.7	105	111	35	62	60
满都拉	I(C)	42.53	110.13	1 223	4 746	20	175	−5.8	133	139	43	73	76
朱日和	I(C)	42.40	112.90	1 152	4 810	16	174	−6.1	122	125	39	71	68
赤峰	I(C)	42.27	118.97	572	4 196	20	161	−4.5	116	123	38	66	64
多伦	I(B)	42.18	116.47	1 247	5 466	0	186	−7.4	121	123	39	69	67
额济纳旗	I(C)	41.95	101.07	941	3 884	130	150	−4.3	128	140	42	75	71
化德	I(B)	41.90	114.00	1 484	5 366	0	187	−6.8	124	125	40	71	68
达尔罕联合旗	I(C)	41.70	110.43	1 377	4 969	5	176	−6.4	134	139	43	73	76
乌拉特后旗	I(C)	41.57	108.52	1 290	4 675	10	173	−5.6	139	146	44	77	78
海力素	I(C)	41.45	106.38	1 510	4 780	14	176	−5.8	136	140	43	76	75
集宁	I(C)	41.03	113.07	1 416	4 873	0	177	−5.4	128	129	41	73	70
临河	II(A)	40.77	107.40	1 041	3 777	30	151	−3.1	122	130	40	69	68
巴音毛道	I(C)	40.75	104.50	1 329	4 208	30	158	−4.7	137	149	44	75	78
东胜	I(C)	39.83	109.98	1 459	4 226	3	160	−3.8	128	133	40	70	73
吉兰太	II(A)	39.78	105.75	1 032	3 746	68	150	−3.4	132	140	43	71	76
鄂托克旗	I(C)	39.10	107.98	1 381	4 045	9	156	−3.6	130	136	42	70	73
辽宁省													
沈阳	I(C)	41.77	123.43	43	3 929	25	150	−4.5	94	97	32	54	53
彰武	I(C)	42.42	122.53	84	4 134	13	158	−4.9	104	109	35	60	59
清原	I(C)	42.10	124.95	235	4 598	8	165	−6.3	86	86	29	49	48
朝阳	II(A)	41.55	120.45	176	3 559	53	143	−3.1	96	103	35	56	55
本溪	I(C)	41.32	123.78	185	4 046	16	157	−4.4	90	91	30	52	50
锦州	II(A)	41.13	121.12	70	3 458	26	141	−2.5	91	100	32	55	52
宽甸	I(C)	40.72	124.78	261	4 095	4	158	−4.1	92	93	31	52	52
营口	II(A)	40.67	122.20	4	3 526	29	142	−2.9	89	95	31	51	51
丹东	II(A)	40.05	124.33	14	3 566	6	145	−2.2	91	100	32	51	55
大连	II(A)	38.90	121.63	97	2 924	16	125	0.1	104	108	35	57	60

续表

城　市	气候区属	气象站			HDD18度日	CDD26度日	计算采暖期					
		北纬度	东经度	海拔(m)			天	室外平均温度(℃)	太阳总辐射平均强度(W/m²)				
									水平	南向	北向	东向	西向
吉林省													
长春	Ⅰ(C)	43.90	125.22	238	4 642	12	165	−6.7	90	93	30	53	51
前郭尔罗斯	Ⅰ(C)	45.08	124.87	136	4 800	17	165	−7.6	93	98	32	55	54
长岭	Ⅰ(C)	44.25	123.97	190	4 718	15	165	−7.2	96	100	32	56	55
敦化	Ⅰ(B)	43.37	128.20	525	5 221	1	183	−7.0	94	93	31	55	53
四平	Ⅰ(C)	43.18	124.33	167	4 308	15	162	−5.5	94	97	32	55	53
桦甸	Ⅰ(B)	42.98	126.75	264	5 007	4	168	−7.9	86	87	29	49	48
延吉	Ⅰ(C)	42.88	129.47	257	4 687	5	166	−6.1	91	92	31	53	51
临江	Ⅰ(C)	41.72	126.92	333	4 736	4	165	−6.7	84	84	28	47	47
长白	Ⅰ(B)	41.35	128.17	775	5 542	0	186	−7.8	96	92	31	54	53
集安	Ⅰ(C)	41.10	126.15	179	4 142	9	159	−4.5	85	85	28	48	47
黑龙江省													
哈尔滨	Ⅰ(B)	45.75	126.77	143	5 032	14	167	−8.5	83	86	28	49	48
漠河	Ⅰ(A)	52.13	122.52	433	7 994	0	225	−14.7	100	91	33	57	58
呼玛	Ⅰ(A)	51.72	126.65	179	6 805	4	202	−12.9	84	90	31	49	49
黑河	Ⅰ(A)	50.25	127.45	166	6 310	4	193	−11.6	80	83	27	47	47
孙吴	Ⅰ(A)	49.43	127.35	235	6 517	2	201	−11.5	69	74	24	40	41
嫩江	Ⅰ(A)	49.17	125.23	243	6 352	5	193	−11.9	83	84	28	49	48
克山	Ⅰ(B)	48.05	125.88	237	5 888	7	186	−10.6	83	84	28	49	48
伊春	Ⅰ(A)	47.72	128.90	232	6 100	1	188	−10.8	77	78	27	49	45
海伦	Ⅰ(B)	47.43	126.97	240	5 798	5	185	−10.3	82	84	28	49	48
齐齐哈尔	Ⅰ(B)	47.38	123.92	148	5 259	23	177	−8.7	90	94	31	54	53
富锦	Ⅰ(B)	47.23	131.98	65	5 594	6	184	−9.5	84	85	29	49	50
泰来	Ⅰ(B)	46.40	123.42	150	5 005	26	168	−8.3	89	94	31	54	54
安达	Ⅰ(B)	46.38	125.32	150	5 291	15	174	−9.1	90	93	30	53	52
宝清	Ⅰ(B)	46.32	132.18	83	5 190	8	174	−8.2	86	90	29	49	50
通河	Ⅰ(B)	45.97	128.73	110	5 675	3	185	−9.7	84	85	29	50	48
虎林	Ⅰ(B)	45.77	132.97	103	5 351	2	177	−8.8	88	88	30	51	51

续表

城 市	气候区属	气象站			HDD18度日	CDD26度日	计算采暖期						
		北纬度	东经度	海拔(m)			天	室外平均温度(℃)	太阳总辐射平均强度(W/m²)				
									水平	南向	北向	东向	西向
鸡西	Ⅰ(B)	45.28	130.95	281	5 105	7	175	−7.7	91	92	31	53	53
尚志	Ⅰ(B)	45.22	127.97	191	5 467	3	184	−8.8	90	90	30	53	52
牡丹江	Ⅰ(B)	45.57	129.60	242	5 066	7	168	−8.2	93	97	32	56	54
绥芬河	Ⅰ(B)	44.38	131.15	568	5 422	1	184	−7.6	94	94	32	56	54
江苏省													
赣榆	Ⅱ(A)	34.83	119.13	10	2 226	83	87	2.1	93	100	32	52	51
徐州	Ⅱ(B)	34.28	117.15	42	2 090	137	84	2.5	88	94	30	50	49
射阳	Ⅱ(B)	33.77	120.25	7	2 083	92	83	3.0	95	102	32	52	52
安徽省													
亳州	Ⅱ(B)	33.88	115.77	42	2 030	154	74	2.5	83	88	28	47	45
山东省													
济南	Ⅱ(B)	36.60	117.05	169	2 211	160	92	1.8	97	104	33	56	53
长岛	Ⅱ(A)	37.93	120.72	40	2 570	20	106	1.4	105	110	35	59	60
龙口	Ⅱ(A)	37.62	120.32	5	2 551	60	108	1.1	104	108	35	57	59
惠民县	Ⅱ(B)	37.50	117.53	12	2 622	96	111	0.4	101	108	34	56	55
德州	Ⅱ(B)	37.43	116.32	22	2 527	97	115	1.0	113	119	37	65	62
成山头	Ⅱ(A)	37.40	122.68	47	2 672	2	115	2.0	109	116	37	62	63
陵县	Ⅱ(B)	37.33	116.57	19	2 613	103	111	0.5	102	110	34	58	57
潍坊	Ⅱ(A)	36.77	119.18	22	2 735	63	117	0.3	106	111	35	58	57
海阳	Ⅱ(A)	36.77	121.17	41	2 631	20	109	1.1	109	113	36	61	59
莘县	Ⅱ(A)	36.23	115.67	38	2 521	90	104	0.8	98	105	33	54	54
沂源	Ⅱ(A)	36.18	118.15	302	2 660	45	116	0.7	102	106	34	56	56
青岛	Ⅱ(A)	36.07	120.33	77	2 401	22	99	2.1	118	114	37	65	63
兖州	Ⅱ(B)	35.57	116.85	53	2 390	97	103	1.5	101	107	33	56	55
日照	Ⅱ(A)	35.43	119.53	37	2 361	39	98	2.1	125	119	41	70	60
菏泽	Ⅱ(A)	35.25	115.43	51	2 396	89	111	2.0	104	107	34	58	57
费县	Ⅱ(A)	35.25	117.95	120	2 296	83	94	1.7	103	108	34	57	58
定陶	Ⅱ(B)	35.07	115.57	49	2 319	107	93	1.5	100	106	33	56	55
临沂	Ⅱ(A)	35.05	118.35	86	2 375	70	100	1.7	102	104	33	56	56

续表

城 市	气候区属	气象站			HDD18度日	CDD26度日	计算采暖期						
		北纬度	东经度	海拔(m)			天	室外平均温度(℃)	太阳总辐射平均强度(W/m²)				
									水平	南向	北向	东向	西向
河南省													
安阳	Ⅱ(B)	36.05	114.40	64	2 309	131	93	1.3	99	105	33	57	54
孟津	Ⅱ(A)	34.82	112.43	333	2 221	89	92	2.3	97	102	32	54	52
郑州	Ⅱ(B)	34.72	113.65	111	2 106	125	88	2.5	99	106	33	56	56
卢氏	Ⅱ(A)	34.05	111.03	570	2 516	30	103	1.5	99	104	32	53	53
华西	Ⅱ(B)	33.78	114.52	53	2 096	110	77	2.4	93	97	31	53	50
四川省													
若尔盖	Ⅰ(B)	33.58	102.97	3 441	5 972	0	227	−2.9	161	142	47	83	82
松潘	Ⅰ(C)	32.65	103.57	2 852	4 218	0	156	−0.1	136	132	41	71	70
色达	Ⅰ(A)	32.28	100.33	3 896	9 274	0	228	−3.8	166	154	53	97	94
马尔康	Ⅱ(A)	31.90	102.23	2 666	3 390	0	115	1.3	137	139	43	72	73
德格	Ⅰ(C)	31.80	98.57	3 185	4 088	0	156	0.8	125	119	37	64	63
甘孜	Ⅰ(C)	31.62	100.00	3 394	4 414	0	173	−0.2	162	163	52	93	93
康定	Ⅰ(C)	30.05	101.97	2 617	3 873	0	141	0.6	119	117	37	61	62
理塘	Ⅱ(A)	30.00	100.27	3 950	5 173	0	188	−1.2	167	154	50	86	90
巴塘	Ⅱ(A)	30.00	99.10	2 589	2 100	0	50	3.8	149	156	49	79	81
贵州省													
毕节	Ⅱ(A)	27.30	105.23	1 511	2 125	0	70	3.7	102	101	33	54	54
威宁	Ⅱ(A)	26.87	104.28	2 236	2 636	0	75	3.0	109	108	34	57	57
云南省													
德钦	Ⅰ(C)	28.45	98.88	3 320	4 266	0	171	0.9	143	126	41	73	72
昭通	Ⅱ(A)	27.433	103.75	1 950	2 394	0	73	3.1	135	136	42	69	74
西藏自治区													
拉萨	Ⅱ(A)	29.67	91.13	3 650	3 425	0	126	1.6	148	147	46	80	79
狮泉河	Ⅰ(A)	32.50	80.08	4 280	6 048	0	224	−5.0	209	191	62	118	114
改则	Ⅰ(A)	32.30	84.05	4 420	6 577	0	232	−5.7	255	148	74	136	130
索县	Ⅰ(B)	31.88	93.78	4 024	5 775	0	215	−3.1	182	141	52	96	93
那曲	Ⅰ(A)	31.48	92.07	4 508	6 722	0	242	−4.8	147	127	43	80	75

续表

城市	气候区属	气象站			HDD18 度日	CDD26 度日	计算采暖期						
		北纬度	东经度	海拔 (m)			天	室外平均温度 (℃)	太阳总辐射平均强度(W/m²)				
									水平	南向	北向	东向	西向
丁青	Ⅰ(B)	31.42	95.60	3 874	5 197	0	194	−1.8	152	132	45	81	78
班戈	Ⅰ(A)	31.37	90.02	4 701	6 699	0	245	−4.2	183	152	53	97	94
昌都	Ⅱ(A)	31.15	97.17	3 307	3 764	0	140	0.6	120	115	37	64	64
申扎	Ⅰ(A)	30.95	88.63	4 670	6 402	0	231	−4.1	189	158	55	101	98
林芝	Ⅱ(A)	29.57	94.47	3 001	3 191	0	100	2.2	170	169	51	94	90
日喀则	Ⅰ(C)	29.25	88.88	3 837	4 047	0	157	0.3	168	153	51	91	87
隆子	Ⅰ(C)	28.42	92.47	3 861	4 473	0	173	−0.3	161	139	47	86	81
帕里	Ⅰ(A)	27.73	89.08	4 300	6 435	0	242	−3.1	178	141	50	94	89
陕西省													
西安	Ⅱ(B)	34.30	108.93	398	2 178	153	82	2.1	87	91	29	48	47
榆林	Ⅱ(A)	38.23	109.70	1 157	3 672	19	143	−2.9	108	118	36	61	59
延安	Ⅱ(A)	36.60	109.50	959	3 127	15	127	−0.9	103	111	34	55	57
宝鸡	Ⅱ(A)	34.35	107.13	610	2 301	86	91	2.1	93	97	31	51	50
甘肃省													
兰州	Ⅱ(A)	36.05	103.88	1 518	3 094	10	126	−0.6	116	125	38	64	64
敦煌	Ⅱ(A)	40.15	94.68	1 140	3 518	25	139	−2.8	121	140	40	67	70
酒泉	Ⅰ(C)	39.77	98.48	1 478	3 971	3	152	−3.4	135	146	43	77	74
张掖	Ⅰ(C)	38.93	100.43	1 483	4 001	6	155	−3.6	136	146	43	75	75
民勤	Ⅱ(A)	38.63	103.08	1 367	3 715	12	150	−2.6	135	143	43	73	75
乌鞘岭	Ⅰ(A)	37.20	102.87	3 044	6 329	0	245	−4.0	157	139	47	84	81
西峰镇	Ⅱ(A)	35.73	107.63	1 423	3 364	1	141	−0.3	106	111	35	59	57
平凉	Ⅱ(A)	35.55	106.67	1 348	3 334	1	139	−0.3	107	112	35	57	58
合作	Ⅰ(B)	35.00	102.90	2 910	5 432	0	192	−3.4	144	139	44	75	77
岷县	Ⅰ(C)	34.72	104.88	2 315	4 409	0	170	−1.5	134	134	44	73	70
天水	Ⅰ(C)	34.58	105.75	1 143	2 729	10	110	1.0	98	99	33	54	53
成县	Ⅱ(A)	33.75	105.75	1 128	2 215	13	94	3.6	145	154	45	81	79
青海省													
西宁	Ⅰ(C)	36.62	101.77	2 296	4 478	0	161	−3.0	138	140	43	77	75

续表

城　市	气候区属	气象站			HDD18度日	CDD26度日	计算采暖期						
		北纬度	东经度	海拔（m）			天	室外平均温度（℃）	太阳总辐射平均强度(W/m²)				
									水平	南向	北向	东向	西向
冷湖	Ⅰ(B)	38.83	93.38	2 771	5 395	0	193	−5.6	145	154	45	80	81
大柴旦	Ⅰ(B)	37.85	95.37	3 174	5 616	0	196	−5.8	148	155	46	82	83
德令哈	Ⅰ(C)	37.37	97.37	2 982	4 874	0	186	−3.7	144	142	44	78	79
刚察	Ⅰ(A)	37.33	100.13	3 302	6 471	0	226	−5.2	161	149	48	87	84
格尔木	Ⅰ(C)	36.42	94.90	2 809	4 436	0	170	−3.1	157	162	49	88	87
都兰	Ⅰ(B)	36.30	98.10	3 192	5 161	0	191	−3.6	154	152	47	84	82
同德	Ⅰ(B)	35.27	100.65	3 290	5 066	0	218	−5.5	161	160	49	88	85
玛多	Ⅰ(A)	34.92	98.22	4 273	7 683	0	277	−6.4	180	162	53	96	94
河南	Ⅰ(A)	34.73	101.60	3 501	6 591	0	246	−4.5	168	155	50	89	88
托托河	Ⅰ(A)	34.22	92.43	4 535	7 878	0	276	−7.2	178	156	52	98	93
曲麻菜	Ⅰ(A)	34.13	93.78	4 176	7 148	0	256	−5.8	175	156	52	94	92
达日	Ⅰ(A)	33.75	99.65	3 968	6 721	0	251	−4.5	170	148	51	88	89
玉树	Ⅰ(B)	33.02	97.02	3 682	5 154	0	191	−2.2	162	149	48	84	86
杂多	Ⅰ(A)	32.90	95.30	4 068	6 153	0	229	−3.8	155	132	45	83	80
宁夏回族自治区													
银川	Ⅱ(A)	38.47	106.20	1 112	3 472	11	140	−2.1	117	124	40	64	67
盐池	Ⅱ(A)	37.80	107.38	1 356	3 700	10	149	−2.3	130	134	42	70	73
中宁	Ⅱ(A)	37.48	105.68	1 193	3 349	22	137	−1.6	119	127	41	67	66
新疆维吾尔自治区													
乌鲁木齐	Ⅰ(C)	43.80	87.65	935	4 329	36	149	−6.5	101	113	34	59	58
哈巴河	Ⅰ(C)	48.05	86.35	534	4 867	10	172	−6.9	105	116	35	60	61
阿勒泰	Ⅰ(B)	47.73	88.08	737	5 081	11	174	−7.9	109	123	36	63	64
富蕴	Ⅰ(B)	46.98	89.52	827	5 458	22	174	−10.1	118	135	39	67	70
和布克赛尔	Ⅰ(B)	46.78	85.72	1 294	5 066	1	186	−5.6	119	131	39	69	68
塔城	Ⅰ(C)	46.73	83.00	535	4 143	20	148	−5.1	90	111	32	52	54
克拉玛依	Ⅰ(C)	45.60	84.85	450	4 234	196	144	−7.9	95	116	33	56	57
北塔山	Ⅰ(B)	45.37	90.53	1 651	5 434	2	192	−6.2	113	123	37	65	64
精河	Ⅰ(C)	44.62	82.90	321	4 236	70	148	−6.9	98	108	34	58	57

续表

城　市	气候区属	气象站						计算采暖期						
		北纬度	东经度	海拔(m)	HDD18度日	CDD26度日	天	室外平均温度(℃)	太阳总辐射平均强度(W/m²)				
									水平	南向	北向	东向	西向
奇台	Ⅰ(C)	44.02	89.57	794	4 989	10	161	−9.2	120	136	19	68	68
伊宁	Ⅱ(A)	43.95	81.33	664	3 501	9	137	−2.8	97	117	34	55	57
吐鲁番	Ⅱ(B)	42.93	89.20	37	2 758	579	234	−2.5	102	121	35	58	60
哈密	Ⅱ(B)	42.82	93.52	739	3 682	104	143	−4.1	120	136	40	68	69
巴伦台	Ⅰ(C)	42.67	86.33	1 739	3 992	0	146	−3.2	90	101	32	52	52
库尔勒	Ⅱ(B)	41.75	86.13	933	3 115	123	121	−2.5	127	138	41	71	73
库车	Ⅱ(A)	41.72	82.95	1 100	3 162	42	109	−2.7	127	138	41	71	72
阿合奇	Ⅰ(C)	40.93	78.45	1 986	4 118	0	109	−3.6	131	144	41	72	73
铁干里克	Ⅱ(B)	40.63	87.70	847	3 353	133	128	−3.0	125	148	41	69	72
阿拉尔	Ⅱ(A)	40.50	81.05	1 013	3 296	22	129	−3.0	125	148	41	69	71
巴楚	Ⅱ(A)	39.80	78.57	1 117	2 892	77	115	−2.1	133	155	43	72	75
喀什	Ⅱ(A)	39.47	75.98	1 291	2 767	46	121	−1.3	130	150	42	72	72
若羌	Ⅱ(B)	39.03	88.17	889	3 149	152	122	−2.9	141	164	45	77	80
莎车	Ⅱ(A)	38.43	77.27	1 232	2 858	27	113	−1.5	134	152	43	73	76
安德何	Ⅱ(A)	37.93	83.65	1 264	2 673	60	129	−3.3	141	160	45	76	79
皮山	Ⅱ(A)	37.62	78.28	1 376	2 761	70	110	−1.3	134	150	43	73	74
和田	Ⅱ(A)	37.13	79.93	1 375	2 595	71	107	−0.6	128	142	42	70	72

注:表格中气候区属Ⅰ(A)为严寒(A)区、Ⅰ(B)为严寒(B)区、Ⅰ(C)为严寒(C)区;Ⅱ(A)为寒冷(A)区、Ⅱ(B)为严寒(B)区。

表 11-7　外墙、屋面传热系数修正系数 ε

城　市	气候区属	外墙、屋面传热系数修正值					城　市	气候区属	外墙、屋面传热系数修正值				
		屋面	南墙	北墙	东墙	西墙			屋面	南墙	北墙	东墙	西墙
直辖市													
北京	Ⅱ(B)	0.98	0.83	0.95	0.91	0.91	天津	Ⅱ(B)	0.98	0.85	0.95	0.92	0.92
河北省													
石家庄	Ⅱ(B)	0.99	0.84	0.95	0.92	0.92	蔚县	Ⅰ(C)	0.97	0.86	096	0.93	0.93
围场	Ⅰ(C)	0.96	0.86	0.96	0.93	0.93	唐山	Ⅱ(A)	0.98	0.85	0.95	0.92	0.92

续表

城 市	气候区属	外墙、屋面传热系数修正值					城 市	气候区属	外墙、屋面传热系数修正值				
		屋面	南墙	北墙	东墙	西墙			屋面	南墙	北墙	东墙	西墙
丰宁	Ⅰ(C)	0.96	0.85	0.95	0.92	0.92	乐亭	Ⅱ(A)	0.98	0.85	0.95	0.92	0.92
承德	Ⅱ(A)	0.98	0.86	0.96	0.93	0.93	保定	Ⅱ(B)	0.99	0.85	0.95	0.92	0.92
张家口	Ⅱ(A)	0.98	0.85	0.95	0.92	0.92	沧州	Ⅱ(B)	0.98	0.84	0.95	0.91	0.91
怀来	Ⅱ(A)	0.98	0.85	0.95	0.92	0.92	泊头	Ⅱ(B)	0.98	0.84	0.95	0.91	0.92
青龙	Ⅱ(A)	0.97	0.86	0.95	0.92	0.92	邢台	Ⅱ(B)	0.99	0.84	0.95	0.91	0.92
山西省													
太原	Ⅱ(A)	0.97	0.84	0.95	0.91	0.92	榆社	Ⅱ(A)	0.97	0.84	0.95	0.92	0.92
大同	Ⅰ(C)	0.96	0.85	0.95	0.92	0.92	介休	Ⅱ(A)	0.97	0.84	0.95	0.91	0.91
河曲	Ⅰ(C)	0.96	0.85	0.95	0.92	0.92	阳城	Ⅱ(A)	0.97	0.84	0.95	0.91	0.91
原平	Ⅱ(A)	0.97	0.84	0.95	0.92	0.92	运城	Ⅱ(B)	1.00	0.85	0.95	0.92	0.92
离石	Ⅱ(A)	0.98	0.86	0.96	0.93	0.93	—	—	—	—	—	—	—
内蒙古自治区													
呼和浩特	Ⅰ(C)	0.97	0.86	0.96	0.92	0.93	满都拉	Ⅰ(C)	0.95	0.85	0.95	0.92	0.92
图里河	Ⅰ(A)	0.99	0.92	0.97	0.95	0.95	朱日和	Ⅰ(C)	0.96	0.86	0.96	0.92	0.93
海拉尔	Ⅰ(A)	1.00	0.93	0.98	0.96	0.96	赤峰	Ⅰ(C)	0.97	0.86	0.96	0.92	0.93
博克图	Ⅰ(A)	1.00	0.93	0.98	0.96	0.96	多伦	Ⅰ(B)	0.96	0.87	0.96	0.93	0.93
新巴尔虚右旗	Ⅰ(A)	1.00	0.92	0.97	0.95	0.96	额济纳旗	Ⅰ(C)	0.95	0.84	0.95	0.91	0.92
阿尔山	Ⅰ(A)	0.97	0.91	0.97	0.94	0.94	化德	Ⅰ(B)	0.96	0.87	0.96	0.93	0.93
东乌珠穆沁旗	Ⅰ(B)	0.98	0.90	0.97	0.95	0.95	达尔罕联合旗	Ⅰ(C)	0.95	0.84	0.95	0.92	0.92
那仁宝拉格	Ⅰ(A)	0.98	0.89	0.97	0.94	0.94	乌拉特后旗	Ⅰ(C)	0.94	0.84	0.95	0.92	0.91
西乌珠穆沁旗	Ⅰ(B)	0.99	0.90	0.97	0.94	0.94	海力素	Ⅰ(C)	0.94	0.84	0.95	0.92	0.91
扎鲁特旗	Ⅰ(C)	0.98	0.88	0.96	0.93	0.93	集宁	Ⅰ(C)	0.95	0.86	0.95	0.92	0.92
阿巴嘎旗	Ⅰ(B)	0.98	0.90	0.97	0.94	0.94	临河	Ⅱ(A)	0.95	0.84	0.95	0.92	0.92
巴林左旗	Ⅰ(C)	0.97	0.88	0.96	0.93	0.93	巴音毛道	Ⅰ(C)	0.94	0.83	0.95	0.91	0.91
锡林浩特	Ⅰ(B)	0.98	0.89	0.97	0.94	0.94	东胜	Ⅰ(C)	0.95	0.84	0.95	0.92	0.92
二连浩特	Ⅰ(B)	0.97	0.89	0.96	0.94	0.94	吉兰太	Ⅱ(A)	0.94	0.83	0.95	0.91	0.91
林西	Ⅰ(C)	0.97	0.87	0.96	0.93	0.93	鄂托克旗	Ⅰ(C)	0.95	0.84	0.95	0.91	0.91
通辽	Ⅰ(C)	0.98	0.88	0.96	0.93	0.93	—	—	—	—	—	—	—

续表

城　市	气候区属	屋面	南墙	北墙	东墙	西墙	城　市	气候区属	屋面	南墙	北墙	东墙	西墙
		\multicolumn{5}{c}{外墙、屋面传热系数修正值}			\multicolumn{5}{c}{外墙、屋面传热系数修正值}

城　市	气候区属	屋面	南墙	北墙	东墙	西墙	城　市	气候区属	屋面	南墙	北墙	东墙	西墙
\multicolumn{14}{c}{辽宁省}
沈阳	I (C)	0.99	0.89	0.96	0.94	0.94	锦州	II (A)	1.00	0.87	0.96	0.93	0.93
彰武	I (C)	0.98	0.88	0.96	0.93	0.93	宽甸	I (C)	1.00	0.89	0.96	0.94	0.94
清原	I (C)	1.00	0.91	0.97	0.95	0.95	营口	II (A)	1.00	0.88	0.96	0.94	0.94
朝阳	II (A)	0.99	0.87	0.96	0.93	0.93	丹东	II (A)	1.00	0.87	0.96	0.93	0.93
本溪	I (C)	1.00	0.89	0.96	0.94	0.94	大连	II (A)	0.98	0.84	0.95	0.92	0.91
\multicolumn{14}{c}{吉林省}
长春	I (C)	1.00	0.90	0.97	0.94	0.95	桦甸	I (B)	1.00	0.91	0.97	0.95	0.95
前郭尔罗斯	I (C)	1.00	0.90	0.97	0.94	0.95	延吉	I (C)	1.00	0.90	0.97	0.94	0.94
长岭	I (C)	0.99	0.90	0.97	0.94	0.94	临江	I (C)	1.00	0.91	0.97	0.95	0.95
敦化	I (B)	0.99	0.90	0.97	0.94	0.94	长白	I (C)	0.99	0.91	0.97	0.95	0.95
四平	I (C)	0.99	0.89	0.96	0.94	0.94	集安	I (C)	1.00	0.90	0.97	0.94	0.95
\multicolumn{14}{c}{黑龙江省}
哈尔滨	I (B)	1.00	0.92	0.97	0.95	0.95	富锦	I (B)	1.00	0.92	0.97	0.95	0.95
漠河	I (A)	0.99	0.93	0.97	0.95	0.95	泰来	I (B)	1.00	0.91	0.97	0.95	0.95
呼玛	I (A)	1.00	0.92	0.97	0.96	0.96	安达	I (B)	1.00	0.91	0.97	0.95	0.95
黑河	I (A)	1.00	0.92	0.98	0.96	0.96	宝清	I (B)	1.00	0.91	0.97	0.95	0.95
孙吴	I (A)	1.00	0.93	0.98	0.96	0.96	通河	I (B)	1.00	0.92	0.97	0.95	0.95
嫩江	I (A)	1.00	0.93	0.98	0.96	0.96	虎林	I (B)	1.00	0.91	0.97	0.95	0.95
克山	I (B)	1.00	0.92	0.97	0.95	0.95	鸡西	I (B)	1.00	0.91	0.97	0.95	0.95
伊春	I (A)	1.00	0.93	0.98	0.96	0.96	尚志	I (B)	1.00	0.91	0.97	0.95	0.95
海伦	I (B)	1.00	0.92	0.97	0.96	0.96	牡丹江	I (B)	0.99	0.90	0.97	0.94	0.95
齐齐哈尔	I (B)	1.00	0.91	0.97	0.95	0.95	绥芬河	I (B)	0.99	0.90	0.97	0.94	0.95
\multicolumn{14}{c}{江苏省}
赣榆	II (A)	0.99	0.84	0.95	0.91	0.92	射阳	II (B)	0.99	0.82	0.94	0.91	0.91
徐州	II (B)	1.00	0.84	0.95	0.92	0.92							
\multicolumn{14}{c}{安徽省}
亳州	II (B)	1.01	0.85	0.95	0.92	—	—		—	—	—	—	—
\multicolumn{14}{c}{山东省}
济南	II (B)	0.99	0.83	0.95	0.91	0.91	莘县	II (A)	0.98	0.84	0.95	0.92	0.92

续表

城 市	气候区属	外墙、屋面传热系数修正值					城 市	气候区属	外墙、屋面传热系数修正值				
		屋面	南墙	北墙	东墙	西墙			屋面	南墙	北墙	东墙	西墙
长岛	Ⅱ(A)	0.97	0.83	0.94	0.91	0.91	沂源	Ⅱ(A)	0.98	0.84	0.95	0.92	0.92
龙口	Ⅱ(A)	0.97	0.83	0.95	0.91	0.91	青岛	Ⅱ(A)	0.95	0.81	0.94	0.89	0.90
惠民县	Ⅱ(B)	0.98	0.84	0.95	0.92	0.92	兖州	Ⅱ(B)	0.98	0.83	0.95	0.91	0.91
德州	Ⅱ(B)	0.96	0.82	0.94	0.90	0.90	日照	Ⅱ(A)	0.94	0.81	0.93	0.88	0.89
成山头	Ⅱ(A)	0.96	0.81	0.94	0.90	0.90	费县	Ⅱ(A)	0.98	0.83	0.95	0.91	0.91
陵县	Ⅱ(B)	0.98	0.84	0.95	0.91	0.92	菏泽	Ⅱ(A)	0.97	0.83	0.94	0.91	0.91
海阳	Ⅱ(A)	0.97	0.83	0.95	0.91	0.91	定陶	Ⅱ(B)	0.98	0.84	0.95	0.91	0.91
潍坊	Ⅱ(A)	0.97	0.84	0.95	0.91	0.92	临沂	Ⅱ(A)	0.98	0.83	0.95	0.91	0.91
河南省													
郑州	Ⅱ(B)	0.98	0.82	0.94	0.90	0.91	卢氏	Ⅱ(A)	0.98	0.84	0.95	0.92	0.92
安阳	Ⅱ(B)	0.98	0.84	0.95	0.91	0.92	西华	Ⅱ(B)	0.99	0.84	0.95	0.91	0.92
孟津	Ⅱ(A)	0.99	0.83	0.95	0.91	0.91	—	—	—	—	—	—	—
四川省													
若尔盖	Ⅰ(A)	0.90	0.82	0.94	0.90	0.90	甘孜	Ⅰ(C)	0.89	0.77	0.93	0.87	0.87
松潘	Ⅰ(C)	0.93	0.81	0.94	0.90	0.90	康定	Ⅰ(C)	0.95	0.82	0.95	0.91	0.91
色达	Ⅰ(A)	0.90	0.82	0.94	0.88	0.89	巴塘	Ⅱ(A)	0.88	0.71	0.91	0.85	0.85
马尔康	Ⅱ(A)	0.92	0.78	0.93	0.89	0.89	理塘	Ⅰ(B)	0.88	0.79	0.93	0.88	0.88
德格	Ⅰ(C)	0.94	0.82	0.94	0.90	0.90	稻城	Ⅰ(C)	0.87	0.76	0.92	0.85	0.85
贵州省													
毕节	Ⅱ(A)	0.97	0.82	0.94	0.90	0.90	威宁	Ⅱ(A)	0.96	0.81	0.94	0.90	0.90
云南省													
德钦	Ⅰ(C)	0.91	0.81	0.94	0.89	0.89	昭通	Ⅱ(A)	0.91	0.76	0.93	0.88	0.87
西藏自治区													
拉萨	Ⅱ(A)	0.90	0.77	0.93	0.87	0.88	昌都	Ⅱ(A)	0.95	0.83	0.94	0.90	0.90
狮泉河	Ⅰ(A)	0.85	0.78	0.93	0.87	0.87	申扎	Ⅰ(A)	0.87	0.81	0.94	0.88	0.88
改则	Ⅰ(A)	0.80	0.84	0.92	0.85	0.86	林芝	Ⅱ(A)	0.85	0.72	0.92	0.85	0.85
索县	Ⅰ(B)	0.88	0.83	0.94	0.88	0.88	日喀则	Ⅰ(C)	0.87	0.77	0.92	0.86	0.87
那曲	Ⅰ(A)	0.93	0.86	0.95	0.91	0.91	隆子	Ⅰ(C)	0.89	0.80	0.93	0.88	0.88
丁青	Ⅰ(A)	0.91	0.83	0.94	0.89	0.90	帕里	Ⅰ(A)	0.88	0.83	0.94	0.88	0.89
班戈	Ⅰ(A)	0.88	0.82	0.94	0.89	0.89	—	—	—	—	—	—	—

续表

城市	气候区属	外墙、屋面传热系数修正值					城市	气候区属	外墙、屋面传热系数修正值				
		屋面	南墙	北墙	东墙	西墙			屋面	南墙	北墙	东墙	西墙
陕西省													
西安	Ⅱ(B)	1.00	0.85	0.95	0.92	0.92	延安	Ⅱ(A)	0.98	0.85	0.95	0.92	0.92
榆林	Ⅱ(A)	0.97	0.85	0.96	0.92	0.93	宝鸡	Ⅱ(A)	0.99	0.84	0.95	0.92	0.92
甘肃省													
兰州	Ⅱ(A)	0.96	0.83	0.95	0.91	0.91	西峰镇	Ⅱ(A)	0.97	0.84	0.95	0.92	0.92
敦煌	Ⅱ(A)	0.96	0.82	0.95	0.92	0.91	平凉	Ⅱ(A)	0.97	0.84	0.95	0.92	0.92
酒泉	Ⅰ(C)	0.94	0.82	0.95	0.91	0.91	合作	Ⅰ(B)	0.93	0.83	0.95	0.91	0.91
张掖	Ⅰ(C)	0.94	0.82	0.95	0.91	0.91	岷县	Ⅰ(C)	0.93	0.82	0.94	0.90	0.91
民勤	Ⅱ(A)	0.94	0.82	0.95	0.91	0.90	天水	Ⅱ(A)	0.98	0.85	0.95	0.92	0.92
乌鞘岭	Ⅰ(A)	0.91	0.84	0.94	0.90	0.90	成县	Ⅱ(A)	0.89	0.72	0.92	0.85	0.86
青海省													
西宁	Ⅰ(C)	0.93	0.83	0.95	0.90	0.91	玛多	Ⅰ(A)	0.89	0.83	0.94	0.90	0.90
冷湖	Ⅰ(B)	0.93	0.83	0.95	0.91	0.91	河南	Ⅰ(A)	0.90	0.82	0.94	0.90	0.90
大柴旦	Ⅰ(B)	0.93	0.83	0.95	0.91	0.91	托托河	Ⅰ(A)	0.90	0.84	0.94	0.90	0.90
德令哈	Ⅰ(C)	0.93	0.83	0.95	0.91	0.90	曲麻菜	Ⅰ(A)	0.90	0.83	0.94	0.90	0.90
刚察	Ⅰ(A)	0.91	0.82	0.95	0.90	0.90	达日	Ⅰ(A)	0.90	0.83	0.94	0.90	0.90
格尔木	Ⅰ(C)	0.91	0.80	0.94	0.89	0.89	玉树	Ⅰ(B)	0.90	0.81	0.94	0.89	0.89
都兰	Ⅰ(B)	0.91	0.82	0.95	0.90	0.90	杂多	Ⅰ(A)	0.91	0.84	0.94	0.90	0.90
同德	Ⅰ(B)	0.91	0.82	0.95	0.90	0.91	—						
宁夏回族自治区													
银川	Ⅱ(A)	0.96	0.84	0.95	0.92	0.91	中宁	Ⅱ(A)	0.96	0.83	0.95	0.91	0.91
盐池	Ⅱ(A)	0.94	0.83	0.95	0.91	0.91	—						
新疆维吾尔自治区													
乌鲁木齐	Ⅰ(C)	0.98	0.88	0.96	0.94	0.94	巴伦台	Ⅰ(C)	1.00	0.88	0.96	0.94	0.94
哈巴河	Ⅰ(C)	0.98	0.88	0.96	0.94	0.93	库尔勒	Ⅱ(B)	0.95	0.82	0.95	0.91	0.91
阿勒泰	Ⅰ(B)	0.98	0.88	0.96	0.94	0.94	库车	Ⅱ(A)	0.95	0.83	0.95	0.91	0.91

续表

城　市	气候区属	外墙、屋面传热系数修正值					城　市	气候区属	外墙、屋面传热系数修正值				
		屋面	南墙	北墙	东墙	西墙			屋面	南墙	北墙	东墙	西墙
富蕴	Ⅰ(B)	0.97	0.87	0.96	0.94	0.94	阿合奇	Ⅰ(C)	0.94	0.83	0.95	0.91	0.91
和布克赛尔	Ⅰ(B)	0.96	0.86	0.96	0.92	0.93	铁干里克	Ⅱ(B)	0.95	0.82	0.95	0.92	0.91
塔城	Ⅰ(C)	1.00	0.88	0.96	0.94	0.94	阿拉尔	Ⅱ(A)	0.95	0.82	0.95	0.91	0.91
克拉玛依	Ⅰ(C)	0.99	0.88	0.97	0.94	0.94	巴楚	Ⅱ(A)	0.95	0.80	0.94	0.91	0.90
北塔山	Ⅰ(B)	0.97	0.87	0.86	0.93	0.93	喀什	Ⅱ(A)	0.94	0.80	0.94	0.90	0.90
精河	Ⅰ(C)	0.99	0.89	0.96	0.94	0.94	若羌	Ⅱ(B)	0.93	0.81	0.94	0.90	0.90
奇台	Ⅰ(C)	0.97	0.87	0.96	0.93	0.93	莎车	Ⅱ(A)	0.93	0.80	0.94	0.90	0.90
伊宁	Ⅱ(A)	0.99	0.85	0.96	0.93	0.93	安千河	Ⅱ(A)	0.93	0.80	0.95	0.91	0.90
吐鲁番	Ⅱ(B)	0.98	0.85	0.96	0.93	0.92	皮山	Ⅱ(A)	0.93	0.80	0.94	0.90	0.90
哈密	Ⅱ(B)	0.96	0.84	0.95	0.92	0.92	禾田	Ⅱ(A)	0.94	0.80	0.94	0.90	0.90

注：表格中气候区属Ⅰ(A)为严寒(A)区、Ⅰ(B)为严寒(B)区、Ⅰ(C)为严寒(C)区；Ⅱ(A)为寒冷(A)区、Ⅱ(B)为寒冷(B)区。

(7)折合到单位建筑面积上单位时间内通过地面的传热量应按下式计算：

$$q_{Hd} = \frac{\sum q_{Hdi}}{A_0} = \frac{\sum K_{di} F_{di} (t_n - t_e)}{A_0}$$

式中　q_{Hd}——折合到单位建筑面积上单位时间内通过地面的传热量（W/m^2）；

　　　K_{di}——地面的传热系数[$W/(m^2 \cdot K)$]，应根据《严寒和寒冷地区居住建筑节能标准》（GB 50189—2010）附录 C 的规定计算确定；

　　　F_{di}——地面的面积（m^2），应根据《严寒和寒冷地区居住建筑节能标准》（GB 50189—2010）附录 F 的规定计算确定。

(8)折合到单位建筑面积上单位时间内通过外窗（门）的传热量应按下式计算：

$$q_{Hmc} = \frac{\sum q_{Hmci}}{A_0} = \frac{\sum \left[K_{mct} F_{mci} (t_n - t_e) - I_{ryi} C_{mci} F_{mci} \right]}{A_0}$$

$$C_{mci} = 0.87 \times 0.70 \times SC$$

式中　q_{Hmc}——折合到单位建筑面积上单位时间内通过外窗(门)的传热量(W/m²);

K_{mci}——窗(门)的传热系数[W/(m²·K)];

F_{mci}——窗(门)的面积(m²)。

I_{tyi}——窗(门)外表面采暖期平均太阳辐射热(W/m²),应根据表11-6确定。

C_{mci}——窗(门)的太阳辐射修正系数;

SC——窗的综合遮阳系数;

0.87——3mm普通玻璃的太阳辐射透过率;

0.70——折减系数。

(9)折合到单位建筑面积上单位时间内通过非采暖封闭阳台的传热量应按下式计算:

$$q_{Hy} = \frac{\sum q_{Hyi}}{A_0} = \frac{\sum (K_{qmci} F_{qmc} \zeta_i)(t_n - t_e) - I_{tyi} C'_{mci} F_{mci}}{A_0}$$

$$C'_{mci} = (0.87 \times SC_w) \times (0.87 \times 0.70 \times SC_N)$$

式中　q_{Hy}——折合到单位建筑面积上单位时间内通过非采暖封闭阳台的传热量(W/m²);

K_{qmci}——分隔封闭阳台和室内的墙、窗(门)的平均传热系数[W/(m²·K)];

F_{qmci}——分隔封闭阳台和室内的墙、窗(门)的面积(m²);

ζ_i——阳台的温差修正系数,应根据表11-8确定;

I_{tyi}——封闭阳台外表面采暖期平均太阳辐射热(W/m²),表11-6确定;

F_{mci}——分隔封闭阳台和室内的窗(门)的面积(m2);

C'_{mci}——分隔封闭阳台和室内的窗(门)的太阳辐射修正系数;

SC_W——外侧窗的综合遮阳系数;

SC_N——内侧窗的综合遮阳系数。

表 11-8　不同朝向的阳台温差修正系数 ξ

城　市	气候区属	阳台类型	阳台温差修正系数				城　市	气候区属	阳台类型	阳台温差修正系数			
			南向	北向	东向	西向				南向	北向	东向	西向
直辖市													
北京	Ⅱ(B)	凸阳台	0.44	0.62	0.56	0.56	天津	Ⅱ(B)	凸阳台	0.47	0.61	0.57	0.57
		凹阳台	0.32	0.47	0.43	0.43			凹阳台	0.35	0.47	0.43	0.43
河北省													
石家庄	Ⅱ(B)	凸阳台	0.46	0.61	0.57	0.57	蔚县	Ⅰ(C)	凸阳台	0.49	0.62	0.58	0.58
		凹阳台	0.34	0.47	0.43	0.43			凹阳台	0.37	0.48	0.44	0.44
围场	Ⅰ(C)	凸阳台	0.49	0.62	0.58	0.58	唐山	Ⅱ(A)	凸阳台	0.47	0.62	0.57	0.57
		凹阳台	0.37	0.48	0.44	0.44			凹阳台	0.35	0.47	0.43	0.44
丰宁	Ⅰ(C)	凸阳台	0.47	0.62	0.57	0.57	乐亭	Ⅱ(A)	凸阳台	0.47	0.62	0.57	0.57
		凹阳台	0.35	0.47	0.43	0.44			凹阳台	0.35	0.47	0.43	0.44
承德	Ⅱ(A)	凸阳台	0.49	0.62	0.58	0.58	保定	Ⅱ(B)	凸阳台	0.47	0.62	0.57	0.57
		凹阳台	0.37	0.48	0.44	0.44			凹阳台	0.35	0.47	0.43	0.44
张家口	Ⅱ(A)	凸阳台	0.47	0.62	0.57	0.58	沧州	Ⅱ(B)	凸阳台	0.46	0.61	0.56	0.56
		凹阳台	0.35	0.47	0.44	0.44			凹阳台	0.34	0.47	0.43	0.43
怀来	Ⅱ(A)	凸阳台	0.46	0.62	0.57	0.57	泊头	Ⅱ(B)	凸阳台	0.46	0.61	0.56	0.57
		凹阳台	0.35	0.47	0.43	0.44			凹阳台	0.34	0.47	0.43	0.43
青龙	Ⅱ(A)	凸阳台	0.48	0.62	0.57	0.58	邢台	Ⅱ(B)	凸阳台	0.45	0.61	0.56	0.56
		凹阳台	0.36	0.47	0.44	0.44			凹阳台	0.34	0.47	0.42	0.43
山西省													
太原	Ⅱ(A)	凸阳台	0.45	0.61	0.56	0.57	榆社	Ⅱ(A)	凸阳台	0.46	0.61	0.57	0.57
		凹阳台	0.34	0.47	0.43	0.43			凹阳台	0.34	0.47	0.43	0.43
大同	Ⅰ(C)	凸阳台	0.47	0.62	0.57	0.57	介休	Ⅱ(A)	凸阳台	0.45	0.61	0.56	0.56
		凹阳台	0.35	0.47	0.43	0.44			凹阳台	0.34	0.47	0.43	0.43
河曲	Ⅰ(C)	凸阳台	0.47	0.62	0.58	0.57	阳城	Ⅱ(A)	凸阳台	0.45	0.61	0.56	0.56
		凹阳台	0.35	0.47	0.44	0.43			凹阳台	0.33	0.47	0.43	0.43
原平	Ⅱ(A)	凸阳台	0.46	0.62	0.57	0.57	运城	Ⅱ(B)	凸阳台	0.47	0.62	0.57	0.57
		凹阳台	0.34	0.47	0.43	0.43			凹阳台	0.35	0.47	0.44	0.44
离石	Ⅱ(A)	凸阳台	0.48	0.62	0.58	0.58	—	—	—	—	—	—	—
		凹阳台	0.36	0.47	0.44	0.44							

城 市	气候区属	阳台类型	阳台温差修正系数				城 市	气候区属	阳台类型	阳台温差修正系数			
			南向	北向	东向	西向				南向	北向	东向	西向
内蒙古自治区													
呼和浩特	I(C)	凸阳台	0.48	0.62	0.58	0.58	满都拉	I(C)	凸阳台	0.47	0.62	0.57	0.56
		凹阳台	0.36	0.48	0.44	0.44			凹阳台	0.35	0.47	0.43	0.43
图里河	I(A)	凸阳台	0.57	0.65	0.62	0.62	朱日和	I(C)	凸阳台	0.49	0.62	0.57	0.58
		凹阳台	0.43	0.50	0.47	0.47			凹阳台	0.37	0.48	0.44	0.44
海拉尔	I(A)	凸阳台	0.58	0.65	0.63	0.63	赤峰	I(C)	凸阳台	0.48	0.62	0.58	0.58
		凹阳台	0.44	0.50	0.48	0.48			凹阳台	0.36	0.48	0.44	0.44
博克图	I(A)	凸阳台	0.58	0.65	0.62	0.63	多伦	I(B)	凸阳台	0.50	0.63	0.58	0.59
		凹阳台	0.44	0.50	0.48	0.48			凹阳台	0.38	0.48	0.44	0.45
新巴河虎右旗	I(A)	凸阳台	0.57	0.65	0.62	0.62	额济纳旗	I(C)	凸阳台	0.45	0.61	0.56	0.57
		凹阳台	0.43	0.50	0.47	0.47			凹阳台	0.34	0.47	0.42	0.43
阿尔山	I(A)	凸阳台	0.56	0.64	0.60	0.60	化德	I(B)	凸阳台	0.50	0.62	0.58	0.58
		凹阳台	0.42	0.49	0.46	0.46			凹阳台	0.37	0.48	0.44	0.44
东乌珠穆旗	I(B)	凸阳台	0.54	0.64	0.61	0.61	达尔罕联合旗	I(B)	凸阳台	0.47	0.62	0.57	0.57
		凹阳台	0.41	0.49	0.46	0.46			凹阳台	0.35	0.47	0.44	0.43
那仁宝拉格	I(A)	凸阳台	0.53	0.64	0.60	0.60	乌拉特后旗	I(C)	凸阳台	0.45	0.61	0.56	0.56
		凹阳台	0.40	0.49	0.46	0.46			凹阳台	0.34	0.47	0.43	0.43
西乌珠穆沁旗	I(B)	凸阳台	0.53	0.64	0.60	0.60	海力素	I(C)	凸阳台	0.47	0.62	0.57	0.57
		凹阳台	0.40	0.49	0.46	0.46			凹阳台	0.35	0.47	0.43	0.43
扎鲁特旗	I(C)	凸阳台	0.51	0.63	0.58	0.59	集宁	I(C)	凸阳台	0.48	0.62	0.57	0.57
		凹阳台	0.38	0.48	0.45	0.45			凹阳台	0.36	0.47	0.43	0.44
阿巴嘎旗	I(B)	凸阳台	0.54	0.64	0.60	0.60	临河	II(A)	凸阳台	0.45	0.61	0.56	0.56
		凹阳台	0.41	0.49	0.46	0.46			凹阳台	0.34	0.47	0.43	0.43
巴林左旗	I(C)	凸阳台	0.51	0.63	0.58	0.59	巴音毛道	I(C)	凸阳台	0.44	0.61	0.56	0.56
		凹阳台	0.38	0.48	0.45	0.45			凹阳台	0.33	0.47	0.43	0.42
锡林浩特	I(B)	凸阳台	0.53	0.64	0.60	0.60	东胜	I(C)	凸阳台	0.46	0.61	0.56	0.56
		凹阳台	0.40	0.49	0.46	0.46			凹阳台	0.34	0.47	0.43	0.42
二连浩特	I(A)	凸阳台	0.52	0.63	0.59	0.59	吉兰太	II(A)	凸阳台	0.44	0.61	0.56	0.55
		凹阳台	0.40	0.48	0.45	0.45			凹阳台	0.33	0.47	0.43	0.42

续表

城 市	气候区属	阳台类型	阳台温差修正系数				城 市	气候区属	阳台类型	阳台温差修正系数			
			南向	北向	东向	西向				南向	北向	东向	西向
林西	I (C)	凸阳台	0.49	0.62	0.58	0.58	鄂托克旗	II (A)	凸阳台	0.45	0.61	0.56	0.56
		凹阳台	0.37	0.48	0.44	0.44			凹阳台	0.33	0.47	0.43	0.42
哲里木盟	I (C)	凸阳台	0.51	0.63	0.59	0.59	—	—	—	—	—	—	—
		凹阳台	0.38	0.48	0.45	0.45							

辽宁省

城 市	气候区属	阳台类型	南向	北向	东向	西向	城 市	气候区属	阳台类型	南向	北向	东向	西向
沈阳	I (C)	凸阳台	0.52	0.63	0.59	0.60	锦州	II (A)	凸阳台	0.50	0.63	0.58	0.59
		凹阳台	0.39	0.48	0.45	0.46			凹阳台	0.38	0.48	0.45	0.45
彰明武	I (C)	凸阳台	0.51	0.63	0.59	0.59	宽甸	I (C)	凸阳台	0.53	0.63	0.60	0.60
		凹阳台	0.38	0.48	0.45	0.45			凹阳台	0.40	0.48	0.46	0.46
清原	I (C)	凸阳台	0.55	0.64	0.61	0.61	宽甸	II (A)	凸阳台	0.51	0.63	0.59	0.59
		凹阳台	0.42	0.49	0.47	0.47			凹阳台	0.39	0.48	0.45	0.45
朝阳	II (A)	凸阳台	0.50	0.62	0.59	0.59	丹东	II (A)	凸阳台	0.50	0.63	0.59	0.58
		凹阳台	0.38	0.48	0.45	0.45			凹阳台	0.38	0.48	0.45	0.44
本溪	I (C)	凸阳台	0.53	0.63	0.60	0.60	大连	II (A)	凸阳台	0.46	0.61	0.56	0.56
		凹阳台	0.40	0.49	0.46	0.46			凹阳台	0.34	0.47	0.43	0.42

吉林省

城 市	气候区属	阳台类型	南向	北向	东向	西向	城 市	气候区属	阳台类型	南向	北向	东向	西向
长春	I (C)	凸阳台	0.54	0.64	0.60	0.61	桦甸	I (B)	凸阳台	0.56	0.64	0.61	0.61
		凹阳台	0.41	0.49	0.46	0.46			凹阳台	0.42	0.49	0.47	0.47
前郭尔罗斯	I (C)	凸阳台	0.54	0.64	0.60	0.61	延吉	I (C)	凸阳台	0.54	0.64	0.60	0.60
		凹阳台	0.41	0.49	0.46	0.46			凹阳台	0.41	0.49	0.46	0.46
长岭	I (C)	凸阳台	0.54	0.64	0.60	0.60	临江	I (C)	凸阳台	0.56	0.64	0.61	0.61
		凹阳台	0.41	0.49	0.46	0.46			凹阳台	0.42	0.49	0.47	0.47
敦化	I (B)	凸阳台	0.55	0.64	0.60	0.61	长白	I (B)	凸阳台	0.55	0.64	0.61	0.61
		凹阳台	0.41	0.49	0.46	0.46			凹阳台	0.42	0.49	0.46	0.46
四平	I (C)	凸阳台	0.53	0.63	0.60	0.60	集安	I (C)	凸阳台	0.54	0.64	0.60	0.61
		凹阳台	0.40	0.49	0.46	0.46			凹阳台	0.41	0.49	0.46	0.46

黑龙江省

城 市	气候区属	阳台类型	南向	北向	东向	西向	城 市	气候区属	阳台类型	南向	北向	东向	西向
哈尔滨	I (B)	凸阳台	0.56	0.64	0.62	0.62	富锦	I (B)	凸阳台	0.57	0.64	0.62	0.62
		凹阳台	0.43	0.49	0.47	0.47			凹阳台	0.43	0.49	0.47	0.47

城　市	气候区属	阳台类型	阳台温差修正系数				城　市	气候区属	阳台类型	阳台温差修正系数			
			南向	北向	东向	西向				南向	北向	东向	西向
漠河	Ⅰ(A)	凸阳台	0.58	0.65	0.62	0.62	泰来	Ⅰ(B)	凸阳台	0.55	0.64	0.61	0.61
		凹阳台	0.44	0.50	0.47	0.47			凹阳台	0.42	0.49	0.46	0.47
呼玛	Ⅰ(A)	凸阳台	0.58	0.65	0.62	0.62	安达	Ⅰ(B)	凸阳台	0.56	0.64	0.61	0.61
		凹阳台	0.44	0.50	0.48	0.48			凹阳台	0.42	0.49	0.47	0.47
黑河	Ⅰ(A)	凸阳台	0.58	0.65	0.62	0.63	宝清	Ⅰ(B)	凸阳台	0.56	0.64	0.61	0.61
		凹阳台	0.44	0.50	0.48	0.48			凹阳台	0.42	0.49	0.47	0.47
孙吴	Ⅰ(A)	凸阳台	0.59	0.65	0.63	0.63	通河	Ⅰ(B)	凸阳台	0.57	0.65	0.62	0.62
		凹阳台	0.45	0.50	0.49	0.48			凹阳台	0.43	0.50	0.47	0.47
嫩江	Ⅰ(A)	凸阳台	0.58	0.65	0.62	0.62	虎林	Ⅰ(B)	凸阳台	0.56	0.64	0.61	0.61
		凹阳台	0.44	0.50	0.48	0.48			凹阳台	0.43	0.49	0.47	0.47
克山	Ⅰ(B)	凸阳台	0.57	0.65	0.62	0.62	鸡西	Ⅰ(B)	凸阳台	0.55	0.64	0.61	0.61
		凹阳台	0.44	0.50	0.47	0.48			凹阳台	0.42	0.49	0.46	0.46
伊春	Ⅰ(A)	凸阳台	0.58	0.65	0.62	0.63	尚志	Ⅰ(B)	凸阳台	0.56	0.64	0.61	0.61
		凹阳台	0.44	0.50	0.48	0.48			凹阳台	0.42	0.49	0.47	0.47
海伦	Ⅰ(B)	凸阳台	0.57	0.65	0.62	0.62	牡丹江	Ⅰ(B)	凸阳台	0.55	0.64	0.61	0.61
		凹阳台	0.44	0.50	0.47	0.48			凹阳台	0.41	0.49	0.46	0.46
齐齐哈尔	Ⅰ(B)	凸阳台	0.55	0.64	0.61	0.61	绥芬河	Ⅰ(B)	凸阳台	0.55	0.64	0.60	0.61
		凹阳台	0.42	0.49	0.46	0.47			凹阳台	0.41	0.49	0.46	0.46

江苏省

赣榆	Ⅱ(A)	凸阳台	0.45	0.61	0.56	0.56	射阳	Ⅱ(B)	凸阳台	0.43	0.60	0.55	0.55
		凹阳台	0.33	0.47	0.43	0.43			凹阳台	0.32	0.46	0.42	0.42
徐州	Ⅱ(A)	凸阳台	0.46	0.61	0.57	0.57	—	—		—	—	—	—
		凹阳台	0.34	0.47	0.43	0.43							

安徽省

亳州	Ⅱ(B)	凸阳台	0.47	0.62	0.57	0.58							
		凹阳台	0.35	0.47	0.44	0.44							

山东省

济南	Ⅱ(B)	凸阳台	0.45	0.61	0.56	0.56	莘县	Ⅱ(A)	凸阳台	0.46	0.61	0.57	0.57
		凹阳台	0.33	0.46	0.42	0.43			凹阳台	0.34	0.47	0.43	0.43

续表

城 市	气候区属	阳台类型	阳台温差修正系数				城 市	气候区属	阳台类型	阳台温差修正系数			
			南向	北向	东向	西向				南向	北向	东向	西向
长岛	Ⅱ(A)	凸阳台	0.44	0.60	0.55	0.55	沂源	Ⅱ(A)	凸阳台	0.46	0.61	0.56	0.56
		凹阳台	0.32	0.46	0.42	0.42			凹阳台	0.34	0.47	0.43	0.43
龙口	Ⅱ(A)	凸阳台	0.45	0.61	0.56	0.55	青岛	Ⅱ(A)	凸阳台	0.42	0.60	0.53	0.54
		凹阳台	0.33	0.46	0.42	0.42			凹阳台	0.31	0.46	0.40	0.41
惠民县	Ⅱ(B)	凸阳台	0.46	0.61	0.56	0.57	兖州	Ⅱ(B)	凸阳台	0.44	0.61	0.56	0.56
		凹阳台	0.34	0.47	0.43	0.43			凹阳台	0.33	0.47	0.42	0.43
德州	Ⅱ(B)	凸阳台	0.42	0.60	0.54	0.55	日照	Ⅱ(A)	凸阳台	0.41	0.59	0.52	0.53
		凹阳台	0.31	0.46	0.41	0.41			凹阳台	0.30	0.45	0.39	0.40
成山头	Ⅱ(A)	凸阳台	0.41	0.60	0.54	0.54	费县	Ⅱ(A)	凸阳台	0.44	0.61	0.55	0.55
		凹阳台	0.30	0.46	0.41	0.41			凹阳台	0.32	0.46	0.42	0.42
陵县	Ⅱ(B)	凸阳台	0.45	0.61	0.56	0.56	菏泽	Ⅱ(A)	凸阳台	0.44	0.61	0.55	0.55
		凹阳台	0.33	0.47	0.43	0.43			凹阳台	0.32	0.46	0.42	0.42
海阳	Ⅱ(A)	凸阳台	0.44	0.61	0.55	0.55	定陶	Ⅱ(B)	凸阳台	0.45	0.61	0.56	0.56
		凹阳台	0.32	0.46	0.42	0.42			凹阳台	0.33	0.47	0.42	0.43
潍坊	Ⅱ(A)	凸阳台	0.45	0.61	0.56	0.56	临沂	Ⅱ(A)	凸阳台	0.44	0.61	0.55	0.56
		凹阳台	0.34	0.47	0.43	0.43			凹阳台	0.33	0.46	0.42	0.42

河南省

城 市	气候区属	阳台类型	阳台温差修正系数				城 市	气候区属	阳台类型	阳台温差修正系数			
			南向	北向	东向	西向				南向	北向	东向	西向
郑州	Ⅱ(B)	凸阳台	0.43	0.60	0.55	0.55	卢氏	Ⅱ(A)	凸阳台	0.45	0.61	0.57	0.56
		凹阳台	0.32	0.46	0.42	0.42			凹阳台	0.33	0.47	0.43	0.43
安阳	Ⅱ(B)	凸阳台	0.45	0.61	0.56	0.56	西华	Ⅱ(B)	凸阳台	0.45	0.61	0.56	0.56
		凹阳台	0.33	0.47	0.42	0.42			凹阳台	0.34	0.47	0.42	0.43
孟津	Ⅱ(A)	凸阳台	0.44	0.61	0.56	0.56	—	—	—	—	—	—	—
		凹阳台	0.33	0.46	0.42	0.43							

四川省

城 市	气候区属	阳台类型	阳台温差修正系数				城 市	气候区属	阳台类型	阳台温差修正系数			
			南向	北向	东向	西向				南向	北向	东向	西向
若尔盖	Ⅰ(B)	凸阳台	0.43	0.60	0.54	0.54	甘孜	Ⅰ(C)	凸阳台	0.35	0.58	0.49	0.49
		凹阳台	0.32	0.46	0.41	0.41			凹阳台	0.25	0.44	0.37	0.37
松潘	Ⅰ(C)	凸阳台	0.41	0.60	0.54	0.54	康定	Ⅰ(C)	凸阳台	0.43	0.61	0.55	0.55
		凹阳台	0.30	0.46	0.41	0.41			凹阳台	0.32	0.46	0.42	0.42
色达	Ⅰ(A)	凸阳台	0.42	0.59	0.52	0.52	巴塘	Ⅱ(A)	凸阳台	0.28	0.56	0.48	0.47
		凹阳台	0.31	0.45	0.39	0.39			凹阳台	0.19	0.42	0.36	0.35

续表

城　市	气候区属	阳台类型	阳台温差修正系数				城　市	气候区属	阳台类型	阳台温差修正系数			
			南向	北向	东向	西向				南向	北向	东向	西向
马尔康	Ⅱ(A)	凸阳台	0.37	0.59	0.52	0.52	理塘	Ⅰ(B)	凸阳台	0.39	0.59	0.52	0.51
		凹阳台	0.27	0.45	0.39	0.39			凹阳台	0.28	0.45	0.39	0.38
德格	Ⅰ(C)	凸阳台	0.43	0.60	0.55	0.55	稻城	Ⅰ(C)	凸阳台	0.34	0.56	0.48	0.47
		凹阳台	0.32	0.46	0.41	0.42			凹阳台	0.24	0.43	0.36	0.35
贵州省													
毕节	Ⅱ(A)	凸阳台	0.42	0.60	0.54	0.54	威宁	Ⅱ(A)	凸阳台	0.42	0.60	0.54	0.54
		凹阳台	0.31	0.46	0.41	0.41			凹阳台	0.31	0.46	0.41	0.41
云南省													
德钦	Ⅰ(C)	凸阳台	0.41	0.49	0.53	0.53	昭通	Ⅱ(A)	凸阳台	0.34	0.58	0.51	0.50
		凹阳台	0.30	0.45	0.40	0.40			凹阳台	0.25	0.44	0.39	0.37
西藏自治区													
拉萨	Ⅱ(A)	凸阳台	0.35	0.58	0.50	0.51	昌都	Ⅱ(A)	凸阳台	0.44	0.60	0.55	0.55
		凹阳台	0.25	0.44	0.38	0.38			凹阳台	0.32	0.46	0.41	0.41
狮泉河	Ⅰ(A)	凸阳台	0.38	0.58	0.49	0.50	申扎	Ⅰ(A)	凸阳台	0.42	0.59	0.51	0.52
		凹阳台	0.27	0.44	0.37	0.38			凹阳台	0.31	0.45	0.39	0.39
改则	Ⅰ(A)	凸阳台	0.45	0.57	0.47	0.48	林芝	Ⅱ(A)	凸阳台	0.29	0.56	0.46	0.47
		凹阳台	0.34	0.43	0.35	0.36			凹阳台	0.20	0.43	0.35	0.35
索县	Ⅰ(B)	凸阳台	0.44	0.50	0.51	0.52	日喀则	Ⅰ(C)	凸阳台	0.36	0.58	0.49	0.50
		凹阳台	0.32	0.45	0.39	0.39			凹阳台	0.26	0.44	0.37	0.38
那曲	Ⅰ(A)	凸阳台	0.48	0.61	0.55	0.56	隆子	Ⅰ(C)	凸阳台	0.40	0.59	0.51	0.52
		凹阳台	0.36	0.47	0.42	0.43			凹阳台	0.29	0.45	0.38	0.39
丁青	Ⅰ(B)	凸阳台	0.44	0.60	0.53	0.54	帕里	Ⅰ(A)	凸阳台	0.44	0.60	0.52	0.53
		凹阳台	0.32	0.46	0.40	0.41			凹阳台	0.32	0.45	0.39	0.40
班戈	Ⅰ(A)	凸阳台	0.43	0.60	0.52	0.53	—	—	—	—	—	—	—
		凹阳台	0.32	0.45	0.39	0.40							
陕西省													
西安	Ⅱ(B)	凸阳台	0.47	0.62	0.57	0.57	延安	Ⅱ(A)	凸阳台	0.47	0.62	0.57	0.57
		凹阳台	0.35	0.47	0.43	0.44			凹阳台	0.35	0.47	0.44	0.43
榆林	Ⅱ(A)	凸阳台	0.47	0.62	0.58	0.58	宝鸡	Ⅱ(A)	凸阳台	0.46	0.61	0.56	0.57
		凹阳台	0.35	0.47	0.44	0.44			凹阳台	0.34	0.47	0.43	0.43

续表

城　市	气候区属	阳台类型	阳台温差修正系数				城　市	气候区属	阳台类型	阳台温差修正系数			
			南向	北向	东向	西向				南向	北向	东向	西向
甘肃省													
兰州	Ⅱ(A)	凸阳台	0.43	0.61	0.56	0.56	西峰镇	Ⅱ(A)	凸阳台	0.46	0.61	0.56	0.57
		凹阳台	0.32	0.46	0.42	0.42			凹阳台	0.34	0.47	0.43	0.43
敦煌	Ⅱ(A)	凸阳台	0.43	0.61	0.56	0.56	平凉	Ⅱ(A)	凸阳台	0.46	0.61	0.57	0.57
		凹阳台	0.32	0.47	0.43	0.42			凹阳台	0.34	0.47	0.43	0.43
酒泉	Ⅰ(C)	凸阳台	0.43	0.61	0.55	0.56	合作	Ⅰ(B)	凸阳台	0.44	0.61	0.55	0.55
		凹阳台	0.32	0.47	0.42	0.42			凹阳台	0.33	0.46	0.42	0.42
张掖	Ⅰ(C)	凸阳台	0.43	0.61	0.55	0.56	岷县	Ⅰ(C)	凸阳台	0.43	0.61	0.54	0.55
		凹阳台	0.32	0.47	0.42	0.42			凹阳台	0.32	0.46	0.41	0.42
民勤	Ⅱ(A)	凸阳台	0.43	0.61	0.55	0.55	天水	Ⅱ(A)	凸阳台	0.47	0.61	0.57	0.57
		凹阳台	0.31	0.46	0.42	0.42			凹阳台	0.35	0.47	0.43	0.43
乌鞘岭	Ⅰ(A)	凸阳台	0.45	0.60	0.54	0.55	成县	Ⅱ(A)	凸阳台	0.29	0.57	0.47	0.48
		凹阳台	0.33	0.46	0.41	0.41			凹阳台	0.20	0.43	0.35	0.36
青海省													
西宁	Ⅰ(C)	凸阳台	0.44	0.61	0.55	0.55	玛多	Ⅰ(A)	凸阳台	0.44	0.60	0.54	0.54
		凹阳台	0.32	0.46	0.41	0.42			凹阳台	0.32	0.46	0.41	0.41
冷湖	Ⅰ(B)		0.44	0.61	0.56	0.56	河南	Ⅰ(A)		0.43	0.60	0.54	0.54
			0.33	0.47	0.42	0.42				0.32	0.46	0.41	0.41
大柴旦	Ⅰ(B)	凸阳台	0.44	0.61	0.56	0.55	托托河	Ⅰ(A)	凸阳台	0.45	0.61	0.54	0.55
		凹阳台	0.33	0.47	0.42	0.42			凹阳台	0.34	0.46	0.41	0.41
德令哈	Ⅰ(C)	凸阳台	0.44	0.61	0.55	0.55	曲麻莱	Ⅰ(A)	凸阳台	0.44	0.60	0.54	0.54
		凹阳台	0.33	0.46	0.42	0.42			凹阳台	0.33	0.46	0.41	0.41
刚察	Ⅰ(A)	凸阳台	0.44	0.61	0.54	0.55	达日	Ⅰ(A)	凸阳台	0.44	0.60	0.54	0.54
		凹阳台	0.33	0.46	0.41	0.42			凹阳台	0.33	0.46	0.41	0.41
格尔木	Ⅰ(C)	凸阳台	0.40	0.60	0.53	0.53	玉树	Ⅰ(B)	凸阳台	0.41	0.60	0.53	0.53
		凹阳台	0.29	0.46	0.40	0.40			凹阳台	0.30	0.45	0.40	0.40
都兰	Ⅰ(B)	凸阳台	0.42	0.60	0.54	0.54	杂多	Ⅰ(A)	凸阳台	0.46	0.61	0.54	0.55
		凹阳台	0.31	0.46	0.41	0.41			凹阳台	0.34	0.46	0.41	0.41
同德	Ⅰ(B)	凸阳台	0.43	0.61	0.54	0.55	—	—	—	—	—	—	—
		凹阳台	0.32	0.46	0.41	0.42							

续表

城 市	气候区属	阳台类型	阳台温差修正系数				城 市	气候区属	阳台类型	阳台温差修正系数			
			南向	北向	东向	西向				南向	北向	东向	西向
宁夏回族自治区													
银川	Ⅱ(A)	凸阳台	0.45	0.61	0.57	0.56	中宁	Ⅱ(A)	凸阳台	0.44	0.61	0.56	0.56
		凹阳台	0.34	0.47	0.43	0.42			凹阳台	0.33	0.46	0.42	0.42
盐池	Ⅱ(A)	凸阳台	0.44	0.61	0.56	0.55	—		凹阳台	—			
		凹阳台	0.33	0.46	0.42	0.42							
新疆维吾尔自治区													
乌鲁木齐	Ⅰ(C)	凸阳台	0.51	0.63	0.59	0.60	巴伦台	Ⅰ(C)	凸阳台	0.51	0.63	0.59	0.59
		凹阳台	0.39	0.48	0.45	0.45			凹阳台	0.38	0.48	0.45	0.45
哈巴河	Ⅰ(C)	凸阳台	0.51	0.63	0.59	0.59	库尔勒	Ⅱ(B)	凸阳台	0.43	0.61	0.56	0.55
		凹阳台	0.38	0.48	0.45	0.45			凹阳台	0.32	0.47	0.42	0.42
阿勒泰	Ⅰ(B)	凸阳台	0.51	0.63	0.59	0.59	库车	Ⅱ(A)	凸阳台	0.44	0.61	0.56	0.55
		凹阳台	0.38	0.48	0.45	0.45			凹阳台	0.32	0.47	0.42	0.42
富蕴	Ⅰ(B)	凸阳台	0.50	0.63	0.60	0.59	阿合奇	Ⅰ(C)	凸阳台	0.44	0.61	0.56	0.56
		凹阳台	0.38	0.48	0.45	0.45			凹阳台	0.32	0.47	0.43	0.42
和布克赛尔	Ⅰ(B)	凸阳台	0.48	0.62	0.58	0.58	铁干里克	Ⅱ(B)	凸阳台	0.43	0.61	0.56	0.56
		凹阳台	0.36	0.48	0.44	0.44			凹阳台	0.32	0.47	0.43	0.42
塔城	Ⅰ(C)	凸阳台	0.51	0.63	0.60	0.60	阿拉尔	Ⅱ(A)	凸阳台	0.42	0.61	0.56	0.56
		凹阳台	0.38	0.49	0.46	0.46			凹阳台	0.31	0.47	0.43	0.42
克拉玛依	Ⅰ(C)	凸阳台	0.52	0.64	0.60	0.60	巴楚	Ⅱ(A)	凸阳台	0.40	0.60	0.55	0.55
		凹阳台	0.39	0.49	0.46	0.46			凹阳台	0.29	0.46	0.42	0.41
北塔山	Ⅰ(B)	凸阳台	0.49	0.63	0.58	0.58	喀什	Ⅱ(A)	凸阳台	0.40	0.60	0.55	0.54
		凹阳台	0.37	0.48	0.44	0.45			凹阳台	0.29	0.46	0.41	0.41
精河	Ⅰ(C)	凸阳台	0.52	0.63	0.60	0.60	若羌	Ⅱ(B)	凸阳台	0.42	0.60	0.55	0.54
		凹阳台	0.39	0.49	0.46	0.46			凹阳台	0.31	0.46	0.42	0.41
奇台	Ⅰ(C)	凸阳台	0.50	0.63	0.59	0.59	莎车	Ⅱ(A)	凸阳台	0.39	0.60	0.55	0.54
		凹阳台	0.37	0.48	0.45	0.45			凹阳台	0.29	0.46	0.41	0.41
伊宁	Ⅱ(A)	凸阳台	0.47	0.62	0.59	0.58	安德河	Ⅱ(A)	凸阳台	0.40	0.61	0.55	0.55
		凹阳台	0.35	0.48	0.45	0.44			凹阳台	0.30	0.46	0.42	0.41
吐鲁番	Ⅱ(B)	凸阳台	0.46	0.62	0.58	0.58	皮山	Ⅱ(A)	凸阳台	0.40	0.60	0.54	0.54
		凹阳台	0.35	0.47	0.44	0.44			凹阳台	0.29	0.46	0.41	0.41

城 市	气候区属	阳台类型	阳台温差修正系数				城 市	气候区属	阳台类型	阳台温差修正系数			
			南向	北向	东向	西向				南向	北向	东向	西向
哈密	Ⅱ(B)	凸阳台	0.45	0.62	0.57	0.57	和田	Ⅱ(A)	凸阳台	0.40	0.60	0.54	0.54
		凹阳台	0.34	0.47	0.43	0.43			凹阳台	0.29	0.46	0.41	0.41

注:1. 表中凸阳台包含正面和左右则面三个接触室外空气的外立面,面凹阳台则只有正面一个接触室外空气的外立面。

2. 表格中气候区属Ⅰ(A)为严寒(A)区、Ⅰ(B)为严寒(B)区、Ⅰ(C)为严寒(C)区;Ⅱ(A)为寒冷(A)区、Ⅱ(B)为寒冷(B)区。

(10)折合到单位建筑面积上单位时间内建筑物空气换气耗热量应按下式计算:

$$q_{INF} = \frac{(t_n - t_e)(C_p \rho N V)}{A_0}$$

式中 q_{INF}——折合到单位建筑面积上单位时间内建筑物空气换气耗热量(W/m^2);

C_p——空气的比热容,取 0.28 Wh/(kg·K);

ρ——空气的密度(kg/m^3),取采暖期室外平均温度 t_e 下的值;

N——换气次数,取 $0.5h^{-1}$;

V——换气体积(m^3),可根据《严寒和寒冷地区居住建筑节能标准》(GB 50189—2010)附录 F 的规定计算确定。

2. 夏热冬冷地区居住建筑围护结构热工性能的综合判断

(1)建筑围护结构热工性能的结合判断应以建筑物在《夏热冬冷地区居住建筑节能标准》(JGJ 134—2010)第 5.0.6 条规定的条件下计算得出的采暖和空调耗电量之和为判据。

(2)设计建筑在规定条件下计算得出的采暖耗电量和空调耗电量之和,不应超过参照建筑在同样条件下计算得出的采暖耗电量和空调耗电量之和。

(3)参照建筑的构建应符合下列规定:

1)参照建筑的建筑形状、大小、朝向以及平面划分均应与设计建筑完全相同。

2)当设计建筑的体形系数超过《夏热冬冷地区居住建筑节能标准》(JGJ 134—2010)的规定时,应按同一比例将参照建筑每个开间外墙和屋面的面积分为传热面积和绝热面积两部分,并应使得参照建筑外围护的所有传热面积之和除以参照建筑的体积等于《夏热冬冷地区居住建筑节能标准》(JGJ 134—2010)中对应的体积系数限值。

3)参照建筑外墙的开窗位置应与设计建筑相同,当某个开间的窗面积与该开间的传热面积之比大于《夏热冬冷地区居住建筑节能标准》(JGJ 134—2010)中的相关规定时,应缩小该开间的窗面积,并应使得窗面积与该开间的传热面积之比符合规定;当某个开间的窗面积与该开间的传热面积之比小于相关的规定时,该开间的窗面积不应作调整。

4)参照建筑屋面、外墙、架空或外挑楼板的传热系数应取《夏热冬冷地区居住建筑节能标准》(JGJ 134—2010)中对应的限值,外窗的传热系数应取相对应的限值。

(5)设计建筑和参照建筑在规定条件下的采暖和空调年耗电量应采用动态方法计算,并应采用同一版本计算软件。

(6)设计建筑和参照建筑的采暖在空调年耗电量的计算应符合下列规定:

1)整栋建筑每套住宅室内计算温度,冬季应全天为 18 ℃,夏季应全天为 26 ℃。

2)采暖计算期或为当年 12 月 1 日至次年 2 月 28 日,空调计算期应为当年 6 月 15 日至 8 月 31 日。

3)室外气象计算参数应采用典型气象年。

4)采暖和空调时,换气次数应为 1.0 次/h。

5)采暖、空调设备为家用空气源热泵空调器,制冷时额定能效比应取 2.3,采暖时额定能效比应取 1.9。

6)室内得热平均强度应取 4.3 W/m²。

二、公共建筑围护结构热工性能的权衡判断

(1)首先计算参照建筑在规定条件下的全年采暖和空气调节能

耗,然后计算所设计建筑在相同条件下的全年采暖和空气调节能耗,当所设计建筑的采暖和空气调节能耗不大于参照建筑的采暖和空气调节能耗时,判定围护结构的总体热工性能符合节能要求。当所设计建筑的采暖和空气调节能耗大于参照建筑的采暖和空气调节能耗时,应调整设计参数重新计算,直至所设计建筑的采暖和空气调节能耗不大于参照建筑的采暖和空气调节能耗。

(2)参照建筑的形状、大小、朝向、内部的空间划分和使用功能应与所设计建筑完全一致。在严寒和寒冷地区,当所设计建筑的体形系数大于《公共建筑节能设计标准》(GB 50189—2010)第 4.1.2 条的规定时,参照建筑的每面外墙均应按比例缩小,使参照建筑的体形系数符合相关的规定。当所设计建筑的窗墙面积比大于《公共建筑节能设计标准》(GB 50189—2010)第 4.2.4 条的规定时,参照建筑的每个窗户(透明幕墙)均应按比例缩小,使参照建筑的窗墙面积比符合相关的规定。当所设计建筑的屋顶透明部分的面积大于《公共建筑节能设计标准》(GB 50189—2010)第 4.2.6 条的规定时,参照建筑的屋顶透明部分的面积应按比例缩小,使参照建筑的屋顶透明部分的面积符合其相关的规定。

(3)参照建筑外围护结构的热工性能参数取值应完全符合《公共建筑节能设计标准》(GB 50189—2010)第 2.8.4.4 条的规定。

(4)围护结构热工性能的权衡计算。对所设计建筑和参照建筑全年采暖和空气调节能耗的计算必须按照以下的规定进行。

1)假设所设计建筑和参照建筑空气调节和采暖都采用两管制风机盘管系统,水环路的划分与所设计建筑的空气调节和采暖系统的划分一致。

2)参照建筑空气调节和采暖系统的年运行时间表应与所设计建筑一致。当设计文件没有确定所设计建筑空气调节和采暖系统的年运行时间表时,可按风机盘管系统全年运行计算。

3)参照建筑空气调节和采暖系统的日运行时间表应与所设计建筑一致。当设计文件没有确定所设计建筑空气调节和采暖系统的日运行时间表时,可按表 11-9 确定风机盘管系统的日运行时间表。

表 11-9　风机盘管系统的日运行时间表

类别	系统工作时间	
办公建筑	工作日	7:00~18:00
	节假日	—
宾馆建筑	全年	1:00~24:00
商场建筑	全年	8:00~21:00

4)参照建筑空气调节和采暖区的温度应与所设计建筑一致。当设计文件没有确定所设计建筑空气调节和采暖区的温度时,可按表 11-10确定空气调节和采暖区的温度。

表 11-10　空气调节和采暖区的温度　　　　　　　(单位:℃)

建筑类别			时　　间(h)											
			1	2	3	4	5	6	7	8	9	10	11	12
办公建筑	工作日	空调	37	37	37	37	37	37	28	26	26	26	26	26
		采暖	12	12	12	12	12	18	20	20	20	20	20	20
	节假日	空调	37	37	37	37	37	37	37	37	37	37	37	37
		采暖	12	12	12	12	12	12	12	12	12	12	12	12
宾馆建筑	全年	空调	25	25	25	25	25	25	25	25	25	25	25	25
		采暖	22	22	22	22	22	22	22	22	22	22	22	22
商场建筑	全年	空调	37	37	37	37	37	37	37	28	25	25	25	25
		采暖	12	12	12	12	12	12	12	16	18	18	18	18

建筑类别			时　　间(h)											
			13	14	15	16	17	18	19	20	21	22	23	24
办公建筑	工作日	空调	26	26	26	26	26	26	37	37	37	37	37	37
		采暖	20	20	20	20	20	20	12	12	12	12	12	12
	节假日	空调	37	37	37	37	37	37	37	37	37	37	37	37
		采暖	12	12	12	12	12	12	12	12	12	12	12	12
宾馆建筑	全年	空调	25	25	25	25	25	25	25	25	25	25	25	25
		采暖	22	22	22	22	22	22	22	22	22	22	22	22
商场	全年	空调	25	25	25	25	25	25	25	37	37	37	37	37
		采暖	18	18	18	18	18	18	18	18	12	12	12	12

5)参照建筑各个房间的照明功率应与所设计建筑一致。当设计文件没有确定所设计建筑各个房间的照明功率时,可按表11-11确定照明功率。参照建筑和所设计建筑的照明开关时间按表11-12确定。

表 11-11　照明功率密度值　　　　(单位:W/m²)

建筑类别	房间类别	照明功率密度
办公建筑	普通办公室	11
	高档办公室、设计室	18
	会议室	11
	走廊	5
	其他	11
宾馆建筑	客房	15
	餐厅	13
	会议室、多功能厅	18
	走廊	5
	门厅	15
商场建筑	一般商店	12
	高档商店	19

表 11-12　照明开关时间表　　　　(单位:%)

建筑类别		时间(h)											
		1	2	3	4	5	6	7	8	9	10	11	12
办公建筑	工作日	0	0	0	0	0	0	10	50	95	95	95	80
	节假日	0	0	0	0	0	0	0	0	0	0	0	0
宾馆建筑	全年	10	10	10	10	10	10	30	30	30	30	30	30
商场建筑	全年	10	10	10	10	10	10	10	50	60	60	60	60

建筑类别		时间(h)											
		13	14	15	16	17	18	19	20	21	22	23	24
办公建筑	工作日	80	95	95	95	95	30	30	0	0	0	0	0
	节假日	0	0	0	0	0	0	0	0	0	0	0	0
宾馆建筑	全年	30	30	50	50	60	90	90	90	90	80	10	10
商场建筑	全年	60	60	60	60	80	90	100	100	100	10	10	10

6)参照建筑各个房间的人员密度应与所设计建筑一致。当不能按照设计文件确定设计建筑各个房间的人员密度时,可按表 11-13 确定人员密度。参照建筑和所设计建筑的人员逐时在室率按表 11-14 确定。

表 11-13　不同类型房间人均占有的使用面积　　（单位:m:/人）

建筑类别	房间类别	人均占有的使用面积
办公建筑	普通办公室	4
	高档办公室	8
	会议室	2.5
	走廊	50
	其他	20
宾馆建筑	普通客房	15
	高档客房	30
	会议室、多功能厅	2.5
	走廊	50
	其他	20
商场建筑	一般商店	3
	高档商店	4

表 11-14　房间人员逐时在室率　　（单位:%）

建筑类别		时　　间(h)											
		1	2	3	4	5	6	7	8	9	10	11	12
办公建筑	工作日	0	0	0	0	0	0	10	50	95	95	95	80
	节假日	0	0	0	0	0	0	0	0	0	0	0	0
宾馆建筑	全年	70	70	70	70	70	70	70	70	50	50	50	50
商场建筑	全年	0	0	0	0	0	0	0	0	0	80	80	80

建筑类别		时　　间(h)											
		13	14	15	16	17	18	19	20	21	22	23	24
办公建筑	工作日	80	95	95	95	95	30	30	0	0	0	0	0
	节假日	0	0	0	0	0	0	0	0	0	0	0	0
宾馆建筑	全年	50	50	50	50	50	50	70	70	70	70	70	70
商场建筑	全年	80	80	80	80	80	80	80	70	50	0	0	0

7)参照建筑各个房间的电器设备功率应与所设计建筑一致。当不能按设计文件确定设计建筑各个房间的电器设备功率时,可按

表 11-15 确定电器设备功率。参照建筑和所设计建筑电器设备的逐时使用率按表 11-16 确定。

表 11-15 不同类型房间电器设备功率 （单位：W/m²）

建筑类别	房间类别	电器设备功率
	普通办公室	20
	高档办公室	13
办公建筑	会议室	5
	走廊	0
	其他	5

表 11-16 电器设备逐时使用率 （单位：%）

建筑类别		时间(h)											
		1	2	3	4	5	6	7	8	9	10	11	12
办公建筑	工作日	0	0	0	0	0	0	10	50	95	95	95	50
	节假日	0	0	0	0	0	0	0	0	0	0	0	0
宾馆建筑	全年	0	0	0	0	0	0	0	0	0	0	0	0
商场建筑	全年	0	0	0	0	0	0	0	30	50	80	80	80

建筑类别		时间(h)											
		13	14	15	16	17	18	19	20	21	22	23	24
办公建筑	工作日	50	95	95	95	95	30	30	0	0	0	0	0
	节假日	0	0	0	0	0	0	0	0	0	0	0	0
宾馆建筑	全年	0	0	0	0	0	80	80	80	80	80	0	0
商场建筑	全年	80	80	80	80	80	80	80	70	50	0	0	0

8) 参照建筑与所设计建筑的空气调节和采暖能耗应采用同一个动态计算软件计算。

9) 应采用典型气象年数据计算参照建筑与所设计建筑的空气调节和采暖能耗。

第三节 建筑围护结构保温的经济评价

一、围护结构保温的经济性

建筑围护结构保温的经济性可用其经济传热阻进行评价。

二、围护结构的经济传热阻

建筑围护结构(系指外墙和屋顶)的经济传热阻,应按下式计算。

$$R_{\text{o·E}} = \sqrt{\frac{24D_{di}}{PE_{\text{I}}}\lambda_{\text{I}m}(PB+CM+rmM)}$$

式中　$R_{\text{o·E}}$——围护结构的经济传热阻($\text{m}^2 \cdot \text{K/W}$);

　　　　D_{di}——采暖期度日数(℃ · d/an);

　　　　B——供暖系统造价(元/w);

　　　　C——供暖系统运行费[元/(an · W)];

　　　　m——采暖期小时数(h/an);

　　　　M——回收年限(an);

　　　　r——有效热价格[元/(W · h)];

　　　　P——利息系数;

　　　　E_{I}——保温层造价(元/m^2);

　　　　λ_{I}——保温材料导热系数[W/(m · K)]。

三、围护结构保温层的经济热阻和经济厚度

围护结构保温层的经济热阻和经济厚度应分别按下列两式计算。

$$R_{\text{I·E}} = R_{\text{o·E}} - (R_{\text{i}} + \sum R + R_{\text{e}})$$

$$\delta_{\text{I·E}} = R_{\text{I·E}} \cdot \lambda_{\text{I}}$$

式中　$R_{\text{I·E}}$——保温层的经济热阻($\text{m}^2 \cdot \text{K/W}$);

　　　　$\delta_{\text{I·E}}$——保温层的经济厚度(m);

　　　　λ_{I}——保温材料导热系数[W/(m · K)];

　　　　$R_{\text{o·E}}$——围护结构经济传热阻($\text{m}^2 \cdot \text{K/W}$);

　　　　$\sum R$——除保温层外各层材料的热阻之和($\text{m}^2 \cdot \text{K/W}$);

　　　　R_{i}、R_{e}——分别为内、外表面换热阻($\text{m}^2 \cdot \text{K/W}$)。

四、不同材料、不同构造围护结构的经济性

不同材料、不同构造围护结构的经济性,可用其单位热阻造价进

行比较,造价较低者较经济。单位热阻造价应按下式计算:

$$Y = \sum_{i=1}^{n} E_i \delta_i / R_{o \cdot E}$$

式中　Y——围护结构单位热阻造价$[元/(m^2 \cdot K/W)]$;

E_i——第 i 层材料造价$(元/m^3)$;

δ_i——第 i 层材料厚度(m);

$R_{o \cdot E}$——围护结构经济传热阻$(m^2 \cdot K/w)$;

n——围护结构层数。

附录 建筑热工设计计算公式及参数

附录一 建筑节能设计中常用热工计算方法

一、热阻的计算

(1)单一材料层的热阻应按下式计算：

$$R = \frac{\delta}{\lambda}$$

式中 R——材料层的热阻($m^2 \cdot K/W$)；

      δ——材料层的厚度(m)；

      λ——材料的导热系数[$W/(m \cdot K)$]。

(2)多层围护结构的热阻应按下式计算：

$$R = R_1 + R_2 + \cdots + R_n$$

式中 R_1、R_2、$\cdots$、R_n——各层材料的热阻($m^2 \cdot K/W$)。

(3)由两种以上材料组成的、两向非均质围护结构(包括各种形式的空心砌块，填充保温材料的墙体等，但不包括多孔黏土空心砖)，其平均热阻应按下式计算：

$$\overline{R} = \left[\frac{F_0}{\dfrac{F_1}{R_{0 \cdot 1}} + \dfrac{F_2}{R_{0 \cdot 2}} + \cdots + \dfrac{F_n}{R_{0 \cdot n}}} - (R_i + R_e) \right] \varphi$$

式中 $\overline{R}$——平均热阻($m^2 \cdot K/W$)；

           F_0——与热流方向垂直的总传热面积(m^2)，(见附图1)；

     F_1、F_2、$\cdots$、F_n——按平行于热流方向划分的各个传热面积(m^2)；

$R_{0 \cdot 1}$、$R_{0 \cdot 2}$、$\cdots$、$R_{0 \cdot n}$——各个传热面部位的传热阻($m^2 \cdot K/W$)；

R_i——内表面换热阻,取 0.11 m² · K/W;

R_e——外表面换热阻,取 0.04 m² · K/W;

φ——修正系数,应按附表 1 采用。

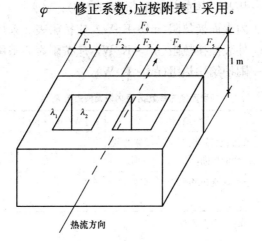

附图 1 计算用图

附表 1 修正系数 φ 值

λ_2/λ_1 或 $\dfrac{\lambda_2+\lambda_3}{2}/\lambda_1$	φ
0.09~0.10	0.86
0.20~0.39	0.93
0.40~0.69	0.96
0.70~0.99	0.98

注:1. 表中 λ 为材料的导热系数。当围护结构由两种材料组成时,λ_2 应取较小值,λ_1 应取较大值,然后求得两者的比值。

2. 当围护结构由三种材料组成,或有两种厚度不同的空气间层时,φ 值可按比值 $\dfrac{\lambda_2+\lambda_3}{2}/\lambda_1$ 确定。空气间层的 λ 值,应按附表 4 空气间层的厚度及热阻求得。

3. 当围护结构中存在圆孔时,应先将圆孔折算成同面积的方孔,然后再按上述规定计算。

(4)围护结构的传热阻应按下式计算：

$$R_0 = R_i + R + R_e$$

式中　R_0——围护结构的传热阻($m^2 \cdot K/W$)；

　　　R_i——内表面换热阻($m^2 \cdot K/W$)，应按附表 2 采用；

　　　R_e——外表面换热阻($m^2 \cdot K/W$)，应按附表 3 采用；

　　　R——围护结构热阻($m^2 \cdot K/W$)。

附表 2　　　　内表面换热系数 α_i 及内表面换热阻 R_i 值

适用季节	表面特性	$\alpha_i/[W/(m^2 \cdot K)]$	$R_i/(m^2 \cdot K/W)$
冬季和夏季	墙面、地面、表面平整或有肋状突出物的顶棚，当 $h/s \leqslant 0.3$ 时	8.7	0.11
	有肋状突出物的顶棚，当 $h/s > 0.3$ 时	7.6	0.13

注：表中 h 为肋高，s 为肋间净距。

附表 3　外表面换热系数 α_e 及外表面换热阻 R_e 值

适用季节	表面特性	$\alpha_e[W/(m^2 \cdot K)]$	$R_e(m^2 \cdot K/W)$
冬季	外墙、屋顶、与室外空气直接接触的表面	23.0	0.04
	与室外空气相通的不采暖地下室上面的楼板	17.0	0.06
	闷顶、外墙上有窗的不采暖地下室上面的楼板	12.0	0.08
	外墙上无窗的不采暖地下室上面的楼板	6.0	0.17
夏季	外墙和屋顶	19.0	0.05

(5)空气间层热阻的确定。

1)不带铝箔、单面铝箔、双面铝箔封闭空气间层的热阻，应按附表 4 采用。

2)通风良好的空气间层，其热阻可不予考虑。这种空气间层的间层温度可取进气温度，表面换热系数可取 12.0 $W/(m^2 \cdot K)$。

附表 4　　空气间层热阻值

（单位：m² · K/W）

位置、热流状况及材料特性	冬季状况 间层厚度（mm）							夏季状况 间层厚度（mm）						
	5	10	20	30	40	50	60以上	5	10	20	30	40	50	60以上
一般空气间层														
热流向下（水平、倾斜）	0.10	0.14	0.17	0.18	0.19	0.20	0.20	0.09	0.12	0.15	0.15	0.16	0.16	0.15
热流向上（水平、倾斜）	0.10	0.14	0.15	0.16	0.17	0.17	0.17	0.09	0.11	0.13	0.13	0.13	0.13	0.13
垂直空气层	0.10	0.14	0.16	0.17	0.18	0.18	0.18	0.09	0.12	0.14	0.14	0.15	0.15	0.15
单面铝箔空气间层														
热流向下（水平、倾斜）	0.16	0.28	0.43	0.51	0.57	0.60	0.64	0.15	0.25	0.37	0.44	0.48	0.52	0.54
热流向上（水平、倾斜）	0.16	0.28	0.35	0.40	0.42	0.42	0.43	0.14	0.20	0.28	0.29	0.30	0.30	0.28
垂直空气层	0.16	0.26	0.39	0.44	0.47	0.49	0.50	0.15	0.22	0.31	0.34	0.36	0.37	0.37
双面铝箔空气间层														
热流向下（水平、倾斜）	0.18	0.34	0.56	0.71	0.84	0.94	1.01	0.16	0.30	0.49	0.63	0.73	0.81	0.86
热流向上（水平、倾斜）	0.17	0.29	0.45	0.52	0.55	0.56	0.57	0.15	0.25	0.34	0.37	0.38	0.38	0.35
垂直空气层	0.18	0.31	0.49	0.59	0.65	0.69	0.71	0.16	0.27	0.39	0.46	0.49	0.50	0.50

二、围护结构热惰性指标 D 值的计算

(1)单一材料围护结构或单一材料层的 D 值应按下式计算:

$$D = R \cdot S$$

式中 R——材料层的热阻($m^2 \cdot K/W$);

  S——材料的蓄热系数[$W/(m^2 \cdot K)$]。

(2)多层围护结构的 D 值应按下式计算:

$$D = D_1 + D_2 + \cdots + D_n$$
$$= R_1 S_1 + R_2 S_2 + \cdots + R_n S_n$$

式中 $R_1 、 R_2 、 \cdots 、 R_n$——各层材料的热阻($m^2 \cdot K/W$);

  $S_1 、 S_2 、 \cdots 、 S_n$——各层材料的蓄热系数[$W/(m^2 \cdot K)$],空气间层的蓄热系数取 $S=0$。

(3)如某层有两种以上材料构成,则应先按下式计算该层的平均导热系数:

$$\bar{\lambda} = \frac{\lambda_1 F_1 + \lambda_2 F_2 + \cdots + \lambda_n F_n}{F_1 + F_2 + \cdots + F_n}$$

然后按下式计算该层的平均热阻。即

$$\bar{R} = \frac{\delta}{\lambda}$$

该层的平均蓄热系数按下式计算:

$$\bar{S} = \frac{S_1 F_1 + S_2 F_2 + \cdots + S_n F_n}{F_1 + F_2 + \cdots + F_n}$$

式中 $F_1 、 F_2 、 \cdots 、 F_n$——在该层中按平行于热流划分的各个传热面积(m^2);

  $\lambda_1 、 \lambda_2 、 \cdots 、 \lambda_n$——各个传热面积上材料的导热系数[$W/(m \cdot K)$];

  $S_1 、 S_2 、 \cdots 、 S_n$——各个传热面积上材料的蓄热系数[$W/(m^2 \cdot K)$]。

该层的热惰性指标 D 值应按下式计算:

$$D = \bar{R}\bar{S}$$

三、地面吸热指数 B 值的计算

地面吸热指数 B 值,应根据地面中影响吸热的界面位置,按下列几种情况计算。

(1)影响吸热的界面在最上一层内,即当

$$\frac{\delta_1^2}{\alpha_1 \tau} \geqslant 3.0$$

式中 δ_1——最上一层材料的厚度(m);

α_1——最上一层材料的导温系数(m^2/h);

τ——人脚与地面接触的时间,取 0.2h。

这时,B 值应按下式计算:

$$B = b_1 \sqrt{\lambda_1 c_1 \rho_1}$$

式中 b_1——最上一层材料的热渗透系数[$W/(m^2 \cdot h^{-1/2} \cdot K)$];

λ_1——最上一层材料的比热容[$W \cdot h/(kg \cdot K)$];

c_1——最上一层材料的导热系数[$W/(m \cdot K)$];

ρ_1——最上一层材料的密度(kg/m^3)。

(2)影响吸热的界面在第二层内,即当

$$\frac{\delta_1^2}{\alpha_1 \tau} + \frac{\delta_2^2}{\alpha_2 \tau} \geqslant 3.0$$

式中 δ_2——第一层材料的厚度(m);

α_2——第二层材料的导温系数(m^2/h)。

这时,B 值可按下式计算:

$$B = b_2 (1 + K_{1.2})$$

式中 $K_{1,2}$——第一、二两层地面吸热计算系数,根据 b_2/b_1 和 $\delta_1^2/\alpha_1 \tau$ 两值按附表5查得;

b_2——第二层材料的热渗透系数[$W/(m^2 \cdot h^{-1/2} \cdot K)$]。

(3)影响吸热的界面在第二层以下,即求得的结果小于 3.0,则影响吸热的界面位于第三层或更深处。

附表 5

地面吸热计算系数 K

$\dfrac{b_2}{b_1}$ \ $\dfrac{\delta_1^2}{a_1\tau}$	0.005	0.01	0.05	0.10	0.15	0.20	0.25	0.30	0.40	0.50	0.60	0.80	1.00	1.50	2.00	3.00
0.2	−0.82	−0.80	−0.80	−0.79	−0.78	−0.78	−0.77	−0.76	−0.73	−0.70	−0.65	−0.56	−0.47	−0.30	−0.18	−0.07
0.3	−0.70	−0.70	−0.69	−0.69	−0.68	−0.67	−0.66	−0.64	−0.61	−0.58	−0.54	−0.46	−0.39	−0.24	−0.15	−0.05
0.4	−0.60	−0.60	−0.59	−0.58	−0.57	−0.56	−0.55	−0.54	−0.51	−0.47	−0.44	−0.37	−0.31	−0.19	−0.12	−0.04
0.5	−0.50	−0.50	−0.49	−0.48	−0.47	−0.46	−0.45	−0.43	−0.41	−0.38	−0.35	−0.29	−0.24	−0.15	−0.09	0.03
0.6	−0.40	−0.40	−0.39	−0.38	−0.37	−0.36	−0.35	−0.34	−0.31	−0.29	−0.26	−0.22	−0.18	−0.11	−0.07	−0.03
0.7	−0.30	−0.30	−0.29	−0.28	−0.27	−0.26	−0.25	−0.24	−0.22	−0.21	−0.19	−0.16	−0.13	−0.08	−0.05	−0.02
0.8	−0.20	−0.20	−0.19	−0.19	−0.18	−0.17	−0.16	−0.16	−0.14	−0.13	−0.12	−0.10	−0.08	−0.05	−0.03	0.00
0.9	−0.10	−0.10	−0.10	−0.09	−0.09	−0.08	−0.08	−0.08	−0.07	−0.06	−0.06	−0.05	−0.04	−0.02	−0.01	0.00
1.1	0.10	0.10	0.09	0.09	0.09	0.08	0.08	0.07	0.07	0.06	0.05	0.04	0.04	0.02	0.01	0.00
1.2	0.20	0.20	0.19	0.18	0.17	0.16	0.15	0.14	0.13	0.11	0.10	0.08	0.07	0.04	0.03	0.00
1.3	0.30	0.30	0.28	0.26	0.24	0.23	0.22	0.20	0.18	0.16	0.15	0.13	0.10	0.06	0.04	0.01
1.4	0.40	0.40	0.38	0.34	0.32	0.30	0.28	0.26	0.24	0.21	0.19	0.15	0.12	0.08	0.05	0.02
1.5	0.50	0.49	0.46	0.42	0.39	0.37	0.34	0.32	0.29	0.25	0.23	0.18	0.15	0.09	0.05	0.02
1.6	0.60	0.59	0.55	0.50	0.46	0.43	0.40	0.38	0.33	0.30	0.26	0.21	0.17	0.10	0.06	0.02

续表

$\dfrac{\delta_1^2}{\alpha_1\tau}$　$\dfrac{b_2}{b_1}$	0.005	0.01	0.05	0.10	0.15	0.20	0.25	0.30	0.40	0.50	0.60	0.80	1.00	1.50	2.00	3.00
1.7	0.70	0.68	0.63	0.58	0.53	0.49	0.46	−0.43	0.38	0.33	0.30	0.24	0.19	0.12	0.07	0.03
1.8	0.79	0.78	0.71	0.65	0.60	0.55	0.51	0.48	0.42	0.37	0.33	0.26	0.21	0.13	0.08	0.03
1.9	0.89	0.88	0.80	0.72	0.66	0.61	0.56	0.52	0.46	0.40	0.36	0.29	0.23	0.14	0.08	0.03
2.0	0.99	0.97	0.88	0.79	0.72	0.66	0.61	0.57	0.49	0.44	0.39	0.31	0.25	0.15	0.09	0.03
2.2	1.18	1.16	1.03	0.92	0.83	0.76	0.70	0.65	0.56	0.49	0.44	0.35	0.28	0.17	0.10	0.04
2.4	1.37	1.35	1.19	1.04	0.94	0.85	0.78	0.72	0.62	0.55	0.48	0.38	0.31	0.19	0.11	0.04
2.6	1.57	1.53	1.33	1.16	1.04	0.94	0.86	0.79	0.68	0.60	0.52	0.42	0.34	0.20	0.12	0.04
2.8	1.77	1.72	1.47	1.27	1.13	1.02	0.93	0.85	0.73	0.66	0.56	0.45	0.36	0.21	0.13	0.05
3.0	1.95	1.89	1.60	1.37	1.21	1.09	0.99	0.91	0.78	0.68	0.60	0.47	0.38	0.23	0.14	0.05

四、室外综合温度的计算

(1)室外综合温度各小时值应按下式计算：

$$t_{sa} = t_e + \frac{\rho I}{\alpha_e}$$

式中　t_{sa}——室外综合温度(℃)；

　　　t_e——室外空气温度(℃)；

　　　I——水平或垂直面上的太阳辐射强度(W/m²)；

　　　ρ——太阳辐射吸收系数，应按附表 6 采用；

　　　α_e——外表面换热系数，取 19.0 W/(m²·K)。

(2)室外综合温度平均值按下式计算：

$$\bar{t}_m = \bar{t}_e + \frac{\overline{\rho I}}{\alpha_e}$$

式中　$\bar{t}_m$——室外综合温度平均值(℃)；

　　　$\bar{t}_e$——室外空气温度平均值(℃)；

　　　$\bar{I}$——水平或垂直面上太阳辐射强度平均值(W/m²)；

　　　ρ——太阳辐射吸收系数，应按附表 6 采用；

　　　α_e——外表面换热系数，取 19.0 W/(m²·K)。

(3)室外综合温度波幅应按下式计算：

$$A_{tsa} = (A_{te} + A_{ts})\beta$$

式中　A_{tsa}——室外综合温度波幅(℃)；

　　　A_{te}——室外空气温度波幅(℃)；

　　　A_{ts}——太阳辐射当量温度波幅(℃)，应按下式计算：

$$A_{ts} = \frac{\rho(I_{max} - \bar{I})}{\alpha_e}$$

　　　I_{max}——水平或垂直面上太阳辐射照度最大值(W/m²)；

　　　$\bar{I}$——水平或垂直面上太阳辐射照度平均值(W/m²)；

　　　α_e——外表面换热系数，取 19.0 W/(m²·K)；

　　　β——相位差修正系数，根据 A_{te} 与 A_{ts} 的比值(两者中数值较大者为分子)及 φ_{te} 与 φ_I 之间的差值按附表 7 采用；

ρ——太阳辐射吸收系数，应按附表 6 采用。

附表 6　　　　　　　　　太阳辐射吸收系数 ρ 值

外表面材料	表面状况	色泽	ρ 值
红瓦屋面	旧	红褐色	0.70
灰瓦屋面	旧	浅灰色	0.52
石棉水泥瓦屋面		浅灰色	0.75
油毡屋面	旧,不光滑	黑色	0.85
水泥屋面及墙面		青灰色	0.70
红砖墙面		红褐色	0.75
硅酸盐砖墙面	不光滑	灰白色	0.50
石灰粉刷墙面	新,光滑	白色	0.48
水刷石墙面	旧,粗糙	灰白色	0.70
浅色饰面砖及浅色涂料		浅黄、浅绿色	0.50
草坪		绿色	0.80

附表 7　相位差修正系数 β 值

$\dfrac{A_{tsa}}{v_0}$ 与 $\dfrac{A_{ti}}{v_i}$ 的比值或 A_{te} 与 A_{ts} 的比值	$\Delta\varphi=(\varphi_{tsa}+\xi_0)-(\varphi_{ti}+\xi_i)$ 或 $\Delta\varphi=\varphi_{te}-\varphi_I$　　(h)									
	1	2	3	4	5	6	7	8	9	10
1.0	0.99	0.97	0.92	0.87	0.79	0.71	0.60	0.50	0.38	0.26
1.5	0.99	0.97	0.93	0.87	0.80	0.72	0.63	0.53	0.42	0.32
2.0	0.99	0.97	0.93	0.88	0.81	0.74	0.66	0.58	0.49	0.41
2.5	0.99	0.97	0.94	0.89	0.83	0.76	0.69	0.62	0.55	0.49
3.0	0.99	0.97	0.94	0.90	0.85	0.79	0.72	0.65	0.60	0.55
3.5	0.99	0.97	0.94	0.91	0.86	0.81	0.76	0.69	0.64	0.59
4.0	0.99	0.97	0.95	0.91	0.87	0.82	0.77	0.72	0.67	0.63
4.5	0.99	0.97	0.95	0.92	0.88	0.83	0.79	0.74	0.70	0.66
5.0	0.99	0.98	0.95	0.92	0.89	0.85	0.81	0.76	0.72	0.69

注：表中 φ_{tsa} 为室外综合温度最大值的出现时间(h)，通常可取：水平及南向，13；东向，9；
西向，16。

五、围护结构衰减倍数和延迟时间的计算

(1)多层围护结构的衰减倍数按下式计算:

$$v_0 = 0.9e^{\frac{D}{\sqrt{2}}} \frac{S_1+\alpha_i}{S_1+Y_1} \cdot \frac{S_2+Y_1}{S_2+Y_2} \cdots \frac{S_{K-1}+Y_{n-1}}{Y_K} \cdots \frac{S_n+Y_{n-1}}{S_n+Y_n} \cdot \frac{Y_n+\alpha_e}{\alpha_e}$$

式中　　v_0——围护结构的衰减倍数;

　　　　D——围护结构的热惰性指标;

　　α_i、α_e——分别为内、外表面换热系数,取 $\alpha_i=8.7$ W/(m² ·
　　　　　K),$\alpha_e=19.0$ W/(m² · K);

S_1、S_2、…、S_n——由内到外各层材料的蓄热系数[W/(m² · K)],空气
　　　　　间层取 $S=0$;

Y_1、Y_2、…、Y_3——由内到外各层(附图 2)材料外表面蓄热系数[W/
　　　　　(m² · K)];

Y_K、Y_{K-1}——分别为空气间层外表面和空气间屋前一层材料外
　　　　　表面的蓄热系数[W/(m² · K)]。

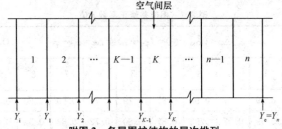

附图 2　多层围护结构的层次排列

(2)多层围护结构延迟时间应按下式计算:

$$\xi_0 = \frac{1}{15}\left(40.5D - \arctan\frac{\alpha_1}{\alpha_i+Y_i\sqrt{2}} + \right.$$
$$\left. \arctan\frac{R_K \cdot Y_{Ki}}{R_K+Y_{Ki}+\sqrt{2}} + \arctan\frac{Y_e}{Y_a+\alpha_e\sqrt{2}}\right)$$

式中　ξ_0——围护结构延迟时间(h);

　　　Y_e——围护结构外表面(亦即最后一层外表面)蓄热系数[W/
　　　　　(m² · K)];

R_K——空气间层热阻($m^2 \cdot K/W$)；

Y_{Ki}——空气间层内表面蓄热系数[$W/(m^2 \cdot K)$]。

六、室内空气到内表面的衰减倍数及延迟时间的计算

（1）室内空气到内表面的衰减倍数应按下式计算：

$$v_i = 0.95 \frac{\alpha_i + Y_i}{\alpha_i}$$

（2）室内空气到内表面的延迟时间按下式计算：

$$\xi_i = \frac{1}{15} \arctan \frac{Y_i}{Y_i + \alpha_1 \sqrt{2}}$$

式中 v_i——内表面衰减倍数；

ξ_i——内表面延迟时间（h）；

α_i——内表面换热系数[$W/(m^2 \cdot K)$]；

Y_i——内表面蓄热系数[$W/(m^2 \cdot K)$]。

七、表面蓄热系数的计算

（1）多层围护结构各层外表面蓄热系数应按下列规定由内到外逐层（附图 2）进行计算：

如果任何一层的 $D>1$，则 $Y=S$，即取该层材料的蓄热系数。

如果第一层的 $D<1$，则：

$$Y_1 = \frac{R_1 S_1^2 + \alpha_i}{1 + R_1 \alpha_i}$$

如果第二层的 $D<1$，则：

$$Y_2 = \frac{R_2 S_2^2 + Y_1}{1 + R_2 Y_1}$$

其余类推，直到最后一层（第 n 层）：

$$Y_n = \frac{R_n S_n^2 + Y_{n-1}}{1 + R_n Y_{n-i}}$$

式中　$S_1 \smallsetminus S_2 \smallsetminus \cdots \smallsetminus S_n$——各层材料的蓄热系数[$W/(m^2 \cdot K)$]；

$R_1 \smallsetminus R_2 \smallsetminus \cdots \smallsetminus R_n$——各层材料的热阻($m^2 \cdot K/W$)；

$Y_1 \smallsetminus Y_2 \smallsetminus \cdots \smallsetminus Y_n$——各层材料的外表面蓄热系数[$W/(m^2 \cdot K)$]；

α_i——内表面换热系数[W/(m^2·K)]。

(2)多层围护结构外表面蓄热系数应取最后一层材料的外表面蓄热系数,即 $Y_e = Y_n$。

(3)多层围护结构内表面蓄热系数按下列规定计算:

如果多层围护结构中的第一层(即紧接内表面的一层)$D_1 \geqslant 1$,则多层围护结构内表面蓄热系数应取第一层材料的蓄热系数,即$Y_i = S_i$。

如果多层围护结构中最接近内表面的第 m 层,其 $D_m \geqslant 1$,则取 $Y_m = S_m$,然后从第 $m-1$ 层开始,由外向内逐层(层次排列见附图 2)计算,直至第一层的 Y_i,即为所求的多层围护结构内表面蓄热系数。

如果多层围护结构中的每一层 D 值均小于 1,则计算应从最后一层(第 n 层)开始,然后由外向内逐层计算,直至第一层的 Y_i,即为所求的多围护结构内表面蓄热系数。

八、围护结构内表面最高温度的计算

(1)非通风围护结构内表面最高温度可按下式计算:

$$\theta_{i \cdot max} = \bar{\theta}_i + \left(\frac{A_{tsa}}{v_0} + \frac{A_{ti}}{v_i} \right) \beta$$

内表面平均温度可按下式计算:

$$\bar{\theta} = \bar{t}_i + \frac{\bar{t}_{sa} - \bar{t}}{R_0 \alpha_i}$$

式中　$\theta_{i \cdot max}$——内表面最高温度(℃);

θ_i——内表面平均温度(℃);

$\bar{t}_i$——室内计算温度平均值(℃),取 $\bar{t}'_i = \bar{t}'_e + 1.5$ ℃;

$\bar{t}'_e$——室外计算温度平均值(℃);

A_{ti}——室内计算温度波幅值(℃),取 $A_{ti} = A_{te} - 1.5$ ℃,A_{te} 为室外计算温度波幅值(℃);

$\bar{t}'_{sa}$——室外综合温度平均值(℃);

A_{tsa}——室外综合温度波幅值(℃);

v_0——围护结构衰减倍数;

v_i——室内空气到内表面的衰减倍数；

β——相位差修正系数，根据$\left(\dfrac{A_{tsa}}{v_0}与\dfrac{A_{ti}}{v_i}\right)$的比值（两者中数

值较大者为分子）及$(\varphi_{tsa}+\xi_0)$与$(\varphi_{ti}+\xi_i)$或$\varphi=\varphi_{te}-$

φ_I差值，按附表7采用；

ξ_0——围护结构延迟时间(h)；

ξ_i——室内空气到内表面的延迟时间(h)；

φ_{ti}——室内空气温度最大值出现时间(h)，通常取16；

φ_{te}——室外空气温度最大值出现时间(h)，通常取15。

φ_I——太阳辐射照度最大值出现时间(h)，通常：水平及南

向，取12；东向，取8；西向，取16。

(2)通风屋顶内表面最高温度的计算：

对于薄型面层(如混凝土薄板、大阶砖等)、厚型基层(如混凝土实心板、空心板等)、间层高度为20 cm左右的通风屋顶，其内表面最高温度应按下列规定计算：

1)面层下表面温度最高值、平均值和波幅值应分别按下列三式计算：

$$\theta_{i\cdot max}=0.8t_{sa\cdot max}$$

$$\overline{\theta}_i=0.54t_{sa\cdot max}$$

$$A_{\theta i}=0.26t_{sa\cdot max}$$

式中 $\theta_{i\cdot max}$——面层下表面温度最高值(℃)；

$\overline{\theta}_i$——面层下表面温度平均值(℃)；

$A_{\theta i}$——面层下表面温度波幅值(℃)；

$T_{sa\cdot max}$——室外综合温度最高值(℃)。

2)间层综合温度(作为基层上表面的热作用)的平均值和波幅值应分别按下列两式计算：

$$\overline{t}_{vc\cdot sy}=0.5(\overline{t}_{vc}+\overline{\theta}_i)$$

$$A_{tvc\cdot sy}=0.5(A_{tvc}+A_{\theta i})$$

式中 $\overline{t}_{vc\cdot sy}$——间层综合温度平均值(℃)；

$A_{tvc\cdot sy}$——间层综合温度波幅值(℃)；

$\bar{t}_{vc}$——间层空气温度平均值($℃$),取 $\bar{t}_{vc}=1.06\bar{t}_e$;$\bar{t}_e$ 为室外计算温度平均值;

A_{tvr}——间层空气温度波幅值($℃$),取 $A_{tvc}=1.3\bar{A}_{te}$;$\bar{A}_{te}$ 为室外计算温度波幅值;

θ_i——面层下表面温度平均值($℃$);

$A_{\theta i}$——面层下表面温度波幅值($℃$)。

3)在求得间层综合温度后,即可按上述"(1)"同样的方法计算基层内表面(即下表面)最高温度。计算中,间层综合温度最高值出现时间取 $\varphi_{tvc\cdot sy}=13.5h$。

九、平均传热系数和热桥线传热系数计算(严寒和寒冷地区)

(1)一个单元墙体的平均传热系数可按下式计算:

$$K_m = K + \frac{\sum \psi_j l_j}{A}$$

式中　K_m——单元墙体的平均传热系数[$W/(m^2 \cdot K)$];

K——单元墙体的主断面传热系数[$W/(m^2 \cdot K)$];

ψ_j——单元墙体上的第 j 个结构性热桥的线传热系数[$W/(m \cdot K)$];

l_j——单元墙体第 j 个结构性热桥的计算长度(m);

A——单元墙体的面积(m^2)。

(2)在建筑外围护结构中,墙角、窗间墙、凸窗、阳台、屋顶、楼板、地板等处形成的热桥称为结构性热桥(附图 3)。结构性热桥对墙体、屋面传热的影响可利用线传热系数 ψ 描述。

(3)墙面典型的热桥(附图 4)的平均传热系数(K_m)应按下式计算:

$$K_m = K +$$
$$\frac{\psi_{W-P}H + \psi_{W-F}B + \psi_{W-C}H + \psi_{W-R}B + \psi_{W-W_L}b + \psi_{W-W_B}h + \psi_{W-W_U}b}{A}$$

式中　ψ_{W-P}——外墙和内墙交接形成的热桥的线传热系数[$W/(m \cdot K)$];

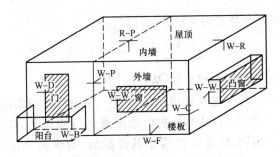

附图3 建筑外围护结构的结构性热桥示意

ψ_{W-F}——外墙和楼板交接形成的热桥的线传热系数[W/(m·K)]；

ψ_{W-C}——外墙墙角形成的热桥的线传热系数[W/(m·K)]；

ψ_{W-R}——外墙和屋顶交接形成的热桥的线传热系数[W/(m·K)]；

ψ_{W-W_L}——外墙和左侧窗框交接形成的热桥的线传热系数[W/(m·K)]；

ψ_{W-W_B}——外墙和下边窗框交接形成的热桥的线传热系数[W/(m·K)]；

ψ_{W-W_R}——外墙和右侧窗框交接形成的热桥的线传热系数[W/(m·K)]；

ψ_{W-W_U}——外墙和上边窗框交接形成的热桥的线传热系数[W/(m·K)]。

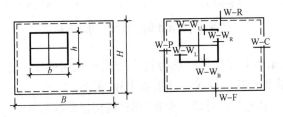

附图4 墙面典型结构性热桥示意

(4)热桥线传热系数应按下式计算：

$$\psi = \frac{Q^{2D} - KA(t_n - t_e)}{l(t_n - t_e)} = \frac{Q^{2D}}{l(t_n - t_e)} - KC$$

式中　Ψ——热桥线传热系数[W/(m·K)]。

Q^{2D}——二维传热计算得出的流过一块包含热桥的墙体的热流（W）。该块墙体的构造沿着热桥的长度方向必须是均匀的，热流可以根据其横截面（对纵向热桥）或纵截面（对横向热桥）通过二维传热计算得到。

K——墙体主断面的传热系数[W/(m²·K)]。

A——计算 Q^{2D} 的那块矩形墙体的面积(m²)。

t_n——墙体室内侧的空气温度(℃)。

t_e——墙体室外侧的空气温度(℃)。

l——计算 Q^{2D} 的那块矩形的一条边的长度，热桥沿这个长度均匀分布。计算 ψ 时，l 宜取 1 m。

C——计算 Q^{2D} 的那块矩形的另一条边的长度，即 $A = l \cdot C$，可取 $C \geqslant 1$ m。

(5)当计算通过包含热桥部位的墙体传热量(Q^{2D})时，墙面典型结构性热桥的截面示意可见附图5。

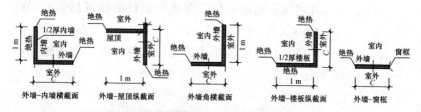

附图5　墙面典型结构性热桥截面示意

(6)当墙面上存在平行热桥且平行热桥之间的距离很小时，应一次同时计算平行热桥的线传热系数之和（附图6）。

"外墙—楼板"和"外墙—窗框"热桥线传热系数之和应按下式计算：

$$\Psi_{W-F} + \Psi_{W-W_U} = \frac{Q^{2D} - KA(t_n - t_e)}{l(t_n - t_e)} = \frac{Q^{2D}}{l(t_n - t_e)} - KC$$

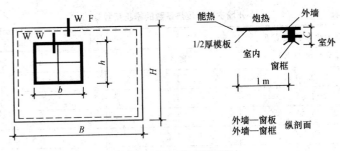

附图 6　墙面平行热桥示意

　　(7)线传热系数 Ψ 可利用本标准提供的二维稳态传热计算软件计算。

　　(8)外保温墙体外墙和内墙交接形成的热桥的线传热系数 Ψ_{W-P}、外墙和楼板交接形成的热桥的线传热系数 Ψ_{W-F}、外墙墙角形成的热桥的线传热系数 Ψ_{W-C} 可近似取 0。

　　(9)建筑的某一面外墙(或全部外墙)的平均传热系数,可先计算各个不同单元墙的平均传热系数,然后再依据面积加权的原则,计算某一面外墙(或全部外墙)的平均传热系数。

　　当某一面外墙(或全部外墙)的主断面传热系数 K 均一致时,也可直接计算某一面外墙(或全部外墙)的平均传热系数。

　　(10)单元屋顶的平均传热系数等于其主断面的传热系数。当屋顶出现明显的结构性冷桥时,屋顶平均传热系数的计算方法与墙体平均传热系数的计算方法相同。

　　(11)对于一般建筑,外墙外保温墙体的平均传热系数可按下式计算:

$$K_{m} = \varphi \cdot K$$

式中　　K_{m}——外墙平均传热系数$[W/(m^{2} \cdot K)]$。

　　　　K——外墙主断面传热系数$[W/(m^{2} \cdot K)]$。

　　　　φ——外墙主断面传热系数的修正系数。应按墙体保温构造和传热系数综合考虑取值,其数值可按表附表 8 选取。

附表8　　　　　　　　　　　外墙主断面传热系数的修正系数 φ

外墙传热系数限值 K_m [W/(m²·K)]	外保温	
	普通窗	凸窗
0.70	1.1	1.2
0.65	1.1	1.2
0.60	1.1	1.3
0.55	1.2	1.3
0.50	1.2	1.3
0.45	1.2	1.3
0.40	1.2	1.3
0.35	1.3	1.4
0.30	1.3	1.4
0.25	1.4	1.5

附录二　关于面积和体积的计算

(1)建筑面积(A_0),应按各层外墙外包线围成的平面面积的总和计算,包括半地下室的面积,不包括地下室的面积。

(2)建筑体积(V_0),应按与计算建筑面积所对应的建筑物外表面和底层地面所围成的体积计算。

(3)换气体积(V),当楼梯间及外廊不采暖时,应按 $V=0.60\,V_0$ 计算;当楼梯间及外廊采暖时,应按 $V=0.65\,V_0$ 计算。

(4)屋面或顶棚面积,应按支承屋顶的外墙外包线围成的面积计算。

(5)外墙面积,应按不同朝向分别计算。某一朝向的外墙面积,应由该朝向的外表面积减去外窗面积构成。

(6)外窗(包括阳台门上部透明部分)面积,应按不同朝向和有无阳台分别计算,取洞口面积。

(7)外门面积,应按不同朝向分别计算,取洞口面积。

(8)阳台门下部不透明部分面积,应按不同朝向分别计算,取洞口面积。

(9)地面面积,应按外墙内侧围成的面积计算。

（10）地板面积,应按外墙内侧围成的面积计算,并应区分为接触室外空气的地板和不采暖地下室上部的地板。

（11）凹凸墙面的朝向归属应符合下列规定。

1）当某朝向有外凸部分时,应符合下列规定。

①当凸出部分的长度（垂直于该朝向的尺寸）小于或等于 1.5 m 时,该凸出部分的全部外墙面积应计入该朝向的外墙总面积;

②当凸出部分的长度大于 1.5 m 时,该凸出部分应按各自实际朝向计入各自朝向的外墙总面积。

2）当某朝向有内凹部分时,应符合下列规定。

①当凹入部分的宽度（平行于该朝向的尺寸）小于 5 m,且凹入部分的长度小于或等于凹入部分的宽度时,该凹入部分的全部外墙面积应计入该朝向的外墙总面积;

②当凹入部分的宽度（平行于该朝向的尺寸）小于 5 m,且凹入部分的长度大于凹入部分的宽度时,该凹入部分的两个侧面外墙面积应计入北向的外墙总面积,该凹入部分的正面外墙面积应计入该朝向的外墙总面积;

③当凹入部分的宽度大于或等于 5m 时,该凹入部分应按各实际朝向计入各自朝向的外墙总面积。

（12）内天井墙面的朝向归属应符合下列规定。

1）当内天井的高度大于等于内天井最宽边长的 2 倍时,内天井的全部外墙面积应计入北向的外墙总面积。

2）当内天井的高度小于内天井最宽边长的 2 倍时,内天井的外墙应按各实际朝向计入各自朝向的外墙总面积。

附录三 建筑材料热工计算参数

一、常用建筑材料热工计算参数

1. 建筑门窗、玻璃幕墙用材料热工计算参数

建筑门窗、玻璃幕墙用材料热工计算参数见附表 9。

附表 9   **建筑门窗、玻璃幕墙用材料热工计算参数**

用途	材料	密度 (kg/m³)	导热系数 λ [W/(m·K)]	表面发射率	
框	铝	2 700	237.0	涂漆	0.90
				阳极氧化	0.20~0.80
	铝合金	2 800	160.0	涂漆	0.90
				阳极氧化	0.20~0.80
	铁	7 800	50.0	镀锌	0.20
				氧化	0.80
	不锈钢	7 900	17.0	浅黄	0.20
				氧化	0.80
	建筑钢材	7 850	58.2	镀锌	0.20
				氧化	0.80
				涂漆	0.90
	PVC	1 390	0.17	0.9	
	硬木	700	0.18		
	软木(用于建筑构件中)	500	0.18		
	玻璃钢(UP 树脂)	1 900	0.40		
透明材料	建筑玻璃	2 500	1.00	玻璃面	0.84
				镀膜面	0.03~0.80
	丙烯酸树脂玻璃	1 050	0.20	0.9	
	PMMA(有机玻璃)	1 180	0.18		
	聚碳酸酯	1 200	0.20		
隔热材料	聚酰胺(尼龙)	1 150	0.25	0.90	
	尼龙 66+25%玻璃纤维	1 450	0.30		
	高密度聚乙烯 HD	980	0.52		
	低密度聚乙烯 LD	920	0.33		
	固体聚丙烯	910	0.22		
	聚丙烯+25%玻璃纤维	1 200	0.25		
	PU(聚氨酯树脂)	1 200	0.25		
	刚性 PVC	1 390	0.17		

用途	材料	密度 (kg/m³)	导热系数 λ [W/(m·K)]	表面发射率
防水密封条	氯丁橡胶(PCP)	1 240	0.23	0.90
	EPDM(三元乙丙)	1 150	0.25	
	纯硅胶	1 200	0.35	
	柔性 PVC	1 200	0.14	
	聚酯马海毛	—	0.14	
	柔性人造橡胶泡沫	60~80	0.05	
	PU(硬质聚氨酯)	1200	0.25	0.90
	固体/热溶异丁烯	1 200	0.24	
	聚硫胶	1 700	0.40	
	纯硅胶	1 200	0.35	
	聚异丁烯	930	0.20	
	聚酯树脂	1 400	0.19	
	硅胶(干燥剂)	720	0.13	
	分子筛	650~750	0.10	
	低密度硅胶泡沫	750	0.12	
	中密度硅胶泡沫	820	0.17	

注:摘自《建筑门窗玻璃幕墙热工计算规程》(JGJ/T 151—2008)。

2. 常用建筑材料的导热系数

(1)金属的导热系数见附表10。

附表10　　　　　　　金属的导热系数

材料	钻石	银	铜	金	锡	铅
λ[W/(m·K)]	2 300	429	401	317	67	34.8
密度(g/cm³)	3.52	—	8.93	19.32	—	—
折射率	2.417	—	—	—	—	—

(2)窗体材料的导热系数。

1)窗框材料的导热系数(附表11)。

附表 11　　　　　　　　　　　窗框材料的导热系数

窗框材料	不锈钢	铝合金	PVC	软木	松木	UP 玻璃钢	铁
密度(kg/m³)	7 900	2 800	1 390	500	700	1 900	7 800
λ[W/(m·K)]	17	160	0.17	0.13	0.18	0.4	50

2)玻璃材料的导热系数(附表 12)。

附表 12　　　　　　　　　　　玻璃材料的导热系数

材料	普通玻璃	石英玻璃	燧石玻璃	重燧石玻璃	精制玻璃	有机玻璃	聚碳酸酯
温度(℃)	20	4	32	12.5	12	—	—
λ[W/(m·K)]	1.0	1.46	0.795	0.78	0.9	0.18	0.2

3)阻断热桥用材料的导热系数(附表 13)。

附表 13　　　　　　　　　　阻断热桥用材料的导热系数

阻断材料	聚酰胺树脂	高密度聚乙烯	低密度聚乙烯	聚丙烯	25%玻纤聚丙烯	聚氨酯	刚性 PVC
密度(kg/m³)	1 150	980	920	910	1 200	1 200	1 390
λ[W/(m·K)]	0.25	0.5	0.33	0.22	0.25	0.25	0.17

4)密封材料的导热系数(附表 14)。

附表 14　　　　　　　　　　　密封材料的导热系数

密封材料	氯丁橡胶	三元乙丙	硅胶	柔性PVC	柔性橡胶泡沫	固体热熔异丁烯	聚硫	橡异丁烯	聚酯	硅胶泡沫
密度[kg/m³]	1 240	1 150	1 200	1 200	60~80	1 200	1 700	930	1 400	750
λ[W/(m·K)]	0.23	0.25	0.35	0.14	0.05	0.24	0.4	0.2	0.19	0.12

3. 围护结构传热系数举例

(1)几种窗的线传热系数(附表 15)。

附表 15　　　　　　　　　几种窗的线传热系数 ψ

窗框材料	双层或三层未镀膜中空玻璃 /ψ[W/(m²·K)]	双层 Low-E 镀膜或三层（其中两片 Low-E 镀膜）中空玻璃/ψ[W/m²·K]
木窗框和塑料窗框	0.04	0.06
带热断桥的金属窗框	0.06	0.08
没有热断的金属窗框	0	0.02

（2）几种保温外墙的传热系数（附表 16）。

附表 16　　　　　　　　　几种保温外墙的传热系数

序号	外墙名称	保温层厚度(mm)	热惰性指标 D	传热阻 R_0 [(m²·K)/W]	传热系数 K_p [W/(m²·K)]
1	180 mm 现浇混凝土＋模塑聚苯板	70	2.38	1.65	0.60
		100	2.64	2.25	0.44
2	240 mmKP1 多孔砖＋模塑聚苯板	60	3.80	1.76	0.57
		100	4.14	2.56	0.39
3	190 mm 混凝土空砌块＋模塑聚苯板	70	1.98	1.71	0.58
		110	2.33	2.51	0.40
4	180 mm 现浇混凝土＋单层钢丝岗架聚苯板	90	2.55	1.68	0.59
		110	2.72	2.00	0.50
5	180 mm 现浇混凝土＋（无网）聚苯板	75	2.43	1.67	0.60
		95	2.59	2.05	0.49
6	180 mm 现浇混凝土＋面砖聚氨酯复合板	40	2.35	1.68	0.59
		70	2.77	2.75	0.36
7	240 mmKP1 多孔砖＋面砖聚氨酯复合板	35	3.77	1.81	0.55
		70	4.27	3.06	0.33
8	190 mm 混凝土空心砌块＋装饰面砖聚氨酯复合板	40	1.94	1.74	0.58
		70	2.37	2.81	0.36
9	加气混凝土砌块 $\lambda_c = 0.2$ (W/m·K)计	300	5.62	1.68	0.59
		450	8.24	2.43	0.41
10	240 mm 砖墙＋胶粉聚苯颗粒外保温	50	4.32	1.23	0.81
		60	4.50	1.39	0.72
11	240 mm 黏土多孔砖墙，胶粉聚苯颗粒保温	50	4.41	1.35	0.74
		60	4.59	1.49	0.67

续表

序号	外墙名称	保温层厚度(mm)	热惰性指标 D	传热阻 R_0 $[(m^2 \cdot K)/W]$	传热系数 K_p $[W/(m^2 \cdot K)]$
12	200 mm 混凝土墙，胶粉聚苯颗粒外保温	50	2.82	1.03	0.97
		60	3.00	1.18	0.85
13	190 mm 混凝土空心砌块墙，胶粉聚苯颗粒外保温	50	2.27	1.14	0.88
		60	2.45	1.30	0.77

4. 内表面换热系数和换热阻(附表 17)

附表 17　　　　　　　内表面换热系数 α_i 和换热阻 R_i

选用季节	表面特性	$\alpha_i[W/(m^2 \cdot K)]$	$R_i[(m^2 \cdot K)/W]$
冬季和夏季	墙面、地面、表面平整或有肋状突出物的顶棚，当 $h/s \leqslant 0.3$ 时	8.7	0.11
	有肋状突出物的顶棚，当 $h/s >$ 0.3 时	7.6	0.13

注:摘自《民用建筑热工设计规范》(GB 50176)

5. 内表面换热系数和换热阻(附表 18)

附表 18　　　　　　　内表面换热系数 α_e 和换热阻 R_e

选用季节	表面特性	$\alpha_i[W/(m^2 \cdot K)]$	$R_i[(m^2 \cdot K)/W]$
冬季	外墙、屋顶、与室外空气直接接触的表面	23.0	0.04
	与室外空气相通的不采暖地下室上面楼板	17.0	0.06
	闷顶、外墙上有窗的不采暖地下室上面楼板	12.0	0.08
	外墙上无窗的不采暖地下室上面楼板	6.0	0.17
夏季	外墙、屋顶	19.0	0.05

注:摘自《民用建筑热工设计规范》(GB 50176—1993)。

二、建筑材料光学、热工参数

1. 典型玻璃系统的光学热工参数

在没有精确计算的情况下，附表 19 中数值作为玻璃系统光学热工参数的近似值。

附表19 典型玻璃系统的光学热工参数

玻璃品种		可见光透射比 r_v	太阳光总透射比 g_g	遮阳系数 SC	传热系数 K_g [W/(m²·K)]
透明玻璃	3 mm 透明玻璃	0.83	0.87	1.00	5.8
	6 mm 透明玻璃	0.77	0.82	0.93	5.7
	12 mm 透明玻璃	0.65	0.74	0.84	5.5
吸热玻璃	5mm 绿色吸热玻璃	0.77	0.64	0.76	5.7
	6 mm 蓝色吸热玻璃	0.54	0.62	0.72	5.7
	5 mm 茶色吸热玻璃	0.50	0.62	0.72	5.7
	5 mm 灰色吸热玻璃	0.42	0.60	0.69	5.7
透光热反射玻璃	6 mm 高透光热反射玻璃	0.56	0.56	0.64	5.7
	6 mm 中等透光热反射玻璃	0.40	0.43	0.49	5.4
	6 mm 低透光热反射玻璃	0.15	0.26	0.30	4.6
	6 mm 特征透光热反射玻璃	0.11	0.25	0.29	4.6
单片 Low—E	6 mm 高透光 Low—E 玻璃	0.61	0.51	0.58	3.6
	6 mm 中等透光 Low—E 玻璃	0.55	0.44	0.51	3.5
中空玻璃	6 透明+12 空气+6 透明	0.71	0.75	0.86	2.8
	6 绿色吸热+12 空气+6 透明	0.66	0.47	0.54	2.8
	6 灰色吸热+12 空气+6 透明	0.38	0.45	0.51	2.8
	6 中等透光热反射+12 空气+6 透明	0.28	0.29	0.34	2.4
	6 低透光热反射+12 空气+6 透明	0.16	0.16	0.18	2.3
	6 高透光 Low—E+12 空气+6 透明	0.72	0.47	0.62	1.9
	6 中透光 Low—E+12 空气+6 透明	0.62	0.37	0.50	1.8
	6 较低透光 Low—E+12 空气+6 透明	0.48	0.28	0.38	1.8
	6 低透光 Low—E+12 空气+6 透明	0.35	0.20	0.30	1.8
	6 高透光 Low—E+12 空气+6 透明	0.72	0.47	0.62	1.5
	6 中透光 Low—E+12 氩气+6 透明	0.62	0.37	0.50	1.4

注:摘自《建筑门窗玻璃幕墙热加工计算规则》(JGJ/T 151)

2. 常用遮阳设施的太阳辐射热透过率(附表 20)

附表 20　常用遮阳设施的太阳辐射热透过率

外窗类型	窗帘内遮阳		活动外遮阳	
	浅色较紧密织物	浅色紧密织物	铝制百叶卷窗 (浅色)	金属或禁制百叶 卷帘(浅色)
单层普通玻璃窗 2~6 mm 厚玻璃	45	35	9	12
单框双层普通玻璃窗 (3+3)mm 厚玻璃 (6+6)mm 厚玻璃	42 42	35 35	9 13	13 13

3. 遮阳板的透射比(η^e)(附表 21)

附表 21　遮阳板的透射比

遮阳用材料	规　格	η^e
织物面料	浅色	0.40
玻璃钢类板	浅色	0.43
玻璃、有机玻璃类板	深色:$0<SC_g\leqslant0.6$	0.60
	浅色:$0.6<SC_g\leqslant0.8$	0.80
金属穿孔板	开孔率:$0<\phi\leqslant0.2$	0.10
	开孔率:$0.2<\phi\leqslant0.4$	0.30
	开孔率:$0.4<\phi\leqslant0.6$	0.50
	开孔率:$0.6<\phi\leqslant0.8$	0.70
铝合金百叶板	—	0.20
木质百叶板	—	0.25
混凝土花格	—	0.50
木质花格	—	0.45

附录四　全国部分城镇采暖期有关参数及
建筑物耗热量、采暖耗煤量指标

全国部分城镇采暖期有关参数及建筑物耗热量、采暖耗煤量指标见附表 22。

附表 22　全国部分城镇采暖期有关参数及建筑物耗热量、采暖耗煤量指标

地　名	计算用采暖期			耗热量指标 $q_H(\text{W/m}^2)$	耗煤量指标 $q_c(\text{kg/m}^2)$
	天数 $Z/(\text{d})$	室外平均温度 $t_e/(℃)$	度日数 $D_{di}/(℃ \cdot \text{d})$		
北京市	125	−1.6	2 450	20.6	12.4
天津市	119	−1.2	2 285	20.5	11.8
河北省					
石家庄	112	−0.6	2 083	20.3	11.0
张家口	153	−4.8	3 488	21.1	15.3
秦皇岛	135	−2.4	2 754	20.8	13.5
保定	119	−1.2	2 285	20.5	11.8
邯郸	108	0.1	1 933	20.3	10.6
唐山	127	−2.9	2 654	20.8	12.8
承德	144	−4.5	3 240	21.0	14.6
丰宁	163	−5.6	3 847	21.2	16.6
山西省					
太原	135	−2.7	2 795	20.8	13.5
大同	162	−5.2	3 758	21.1	16.5
长治	135	−2.7	2 795	20.8	13.5
阳泉	124	−1.3	2 393	20.5	12.2
临汾	113	−1.1	2 158	20.4	11.1
晋城	121	−0.9	2 287	20.4	11.9
运城	102	0.0	1 836	20.3	10.0
内蒙古自治区					
呼和浩特	166	−6.2	4 017	21.3	17.0
锡林浩特	190	−10.5	5 415	22.0	20.1
海拉尔	209	−14.3	6 751	22.6	22.8
通辽	165	−7.4	4 191	21.6	17.2
赤峰	160	−6.0	3 840	21.3	16.4
满洲里	211	−12.8	6 499	22.4	22.8
博克图	210	−11.3	6 153	22.2	22.5
二连浩特	180	−9.9	5 022	21.9	19.0
多伦	192	−9.2	5 222	21.8	20.2
白云鄂博	191	−8.2	5 004	21.6	19.9
辽宁省					
沈阳	152	−5.7	3 602	21.2	15.5
丹东	144	−3.5	3 096	20.9	14.5

续表

地　名	计算用采暖期			耗热量指标 $q_H/(W/m^2)$	耗煤量指标 $q_c/(kg/m^2)$
	天数 Z/d	室外平均温度 $/(t_e/℃)$	度口数 $/(D_{di}/℃ \cdot d)$		
大连	131	-1.6	2 568	20.6	13.0
阜新	156	-6.0	3 744	21.3	16.0
抚顺	162	-6.6	3 985	21.4	16.7
朝阳	148	-5.2	3 434	21.1	15.0
本溪	151	-5.7	3 579	21.2	15.4
锦州	144	-4.1	3 182	21.0	14.6
鞍山	144	-4.8	3 283	21.1	14.6
锦西	143	-4.2	3 175	21.0	14.5
吉林省					
长春	170	-8.3	4 471	21.7	17.8
吉林	171	-9.0	4 617	21.8	18.0
延吉	170	-7.1	4 267	21.5	17.6
通化	168	-7.7	4 318	21.6	17.5
双辽	167	-7.8	4 309	21.6	17.4
四平	163	-7.4	4 140	21.5	16.9
白城	175	-9.0	4 725	21.8	18.4
黑龙江省					
哈尔滨	176	-10.0	4 928	21.9	18.6
嫩江	197	-13.5	6 206	22.5	21.4
齐齐哈尔	182	-10.2	5 132	21.9	19.2
富锦	184	-10.6	5 262	22.0	19.5
牡丹江	178	-9.4	4 877	21.8	18.7
呼玛	210	-14.5	6 825	22.7	23.0
佳木斯	180	-10.3	5 094	21.9	19.0
安达	180	-10.4	5 112	22.0	19.1
伊春	193	-12.4	5 867	22.4	20.8
克山	191	-12.1	5 749	22.3	20.5
江苏省					
徐州	94	1.4	1 560	20.0	9.1
连云港	96	1.4	1 594	20.0	9.2
宿迁	94	1.4	1 560	20.0	9.1
淮阴	95	1.7	1 549	20.0	9.2
盐城	90	2.1	1 431	20.0	8.7

续表

地 名	计算用采暖期			耗热量指标 $q_H(W/m^2)$	耗煤量指标 $q_c(kg/m^2)$
	天数 $Z/(d)$	室外平均温度 $t_e(℃)$	度日数 $D_{di}(℃·d)$		
山东省					
济南	101	0.6	1 757	20.2	9.8
青岛	110	0.9	1 881	20.2	10.7
烟台	111	0.5	1 943	20.2	10.8
德州	113	−0.8	2 124	20.5	11.2
淄博	111	−0.5	2 054	20.4	10.9
兖州	106	−0.4	1 950	20.4	10.4
潍坊	114	−0.7	2 132	20.4	11.2
河南省					
郑州	98	1.4	1 627	20.0	9.4
安阳	105	0.3	1 859	20.3	10.3
濮阳	107	0.2	1 905	20.3	10.5
新乡	100	1.2	1 680	20.1	9.7
洛阳	91	1.8	1 474	20.0	8.8
商丘	101	1.1	1 707	20.1	9.8
开封	102	1.3	1 703	20.1	9.9
四川省					
阿坝	189	−2.8	3 931	20.8	18.9
甘孜	165	−0.9	3 119	20.5	16.3
康定	139	0.2	2 474	20.3	18.5
西藏自治区					
拉萨	142	0.5	2 485	20.2	13.8
噶尔	240	−5.5	5 640	21.2	24.5
日喀则	158	−0.5	2 923	20.4	15.5
陕西省					
西安	100	0.9	1 710	20.2	9.7
榆林	148	−4.4	3 315	21.0	14.8
延安	130	−2.6	2 678	20.7	13.0
宝鸡	101	1.1	1 707	20.1	9.8
甘肃省					
兰州	132	−2.8	2 746	20.8	13.2

地　名	计算用采暖期			耗热量指标 q_H/(W/m²)	耗煤量指标 q_c/(kg/m²)
	天数 Z/d	室外平均温度 /(t_e/℃)	度日数 /(D_{di}/℃·d)		
酒泉	155	—4.4	3 472	21.0	15.7
敦煌	138	—4.1	3 053	21.0	14.0
张掖	156	—4.5	3 510	21.0	15.8
山丹	165	—5.1	3 812	21.1	16.8
平凉	137	—1.7	2 699	20.6	13.6
天水	116	—0.3	2 123	20.3	11.3
青海省					
西宁	162	—3.3	3 451	20.9	16.3
玛多	284	—7.2	7 159	21.5	29.4
大柴旦	205	—6.8	5 084	21.4	21.1
共和	182	—4.9	4 168	21.1	18.5
格尔木	179	—5.0	4 117	21.1	18.2
玉树	194	—3.1	4 093	20.8	19.4
宁夏回族自治区					
银川	145	—3.8	3 161	21.0	14.7
中宁	137	—3.1	2 891	208	13.7
固原	162	—3.3	3 451	20.9	16.3
石嘴山	149	—4.1	3 293	21.0	15.1
新疆维吾尔自治区					
乌鲁木齐	162	—8.5	4 293	21.8	17.0
塔城	163	—6.5	3 994	21.4	16.8
哈密	137	—5.9	3 274	21.3	14.1
伊宁	139	—4.8	3 169	21.1	14.1
喀什	118	—2.7	2 443	20.7	11.8
富蕴	178	—12.6	5 447	22.4	19.2
克拉玛依	146	—9.2	3 971	21.8	15.3
吐鲁番	117	—5.0	2 691	21.1	11.9
库车	123	—3.6	2 657	20.9	12.4
和田	112	—2.1	2 251	20.7	11.2

参 考 文 献

[1] 中国建筑科学研究院. JGJ 26—2010. 严寒和寒冷地区居住建筑节能设计标准[S]. 北京:中国建筑工业出版社,2010.

[2] 中国建筑科学研究院. JGJ 134—2010. 夏热冬冷地区居住建筑节能设计标准[S]. 北京:中国建筑工业出版社,2010.

[3] 中国建筑科学研究院. JGJ 75—2012. 夏热冬暖地区居住建筑节能设计标准[S]. 北京:中国建筑工业出版社,2012.

[4] 中华人民共和国建设部. GB 50189—2005. 公共建筑节能设计标准[S]. 北京:中国建筑工业出版社,2005.

[5] 中华人民共和国建设部. GB 50176—1993. 民用建筑热工设计规范[S]. 北京:中国计划出版社,1993.

[6] 王瑞. 建筑节能设计[M]. 武汉:华中科技大学出版社,2012.

[7] 《民用建筑节能设计技术》编委会. 民用建筑节能设计技术[M]. 北京:中国建材工业出版社,2006.

[8] 李继业. 建筑节能工程设计[M]. 北京:化学工业出版社,2012.

[9] 赵键. 建筑节能工程设计手册[M]. 北京:经济科学出版社,2005.

[10] 骆中钊,胡燕,宋效巍. 小城镇住宅建筑设计[M]. 北京:化学工业出版社,2012.

[11] 黄继红,贺鸿珠,周岱. 建筑节能设计策略与应用[M]. 北京:中国建筑工业出版社,2008.

[12] 王长贵,郑瑞澄. 新能源在建筑中的利用[M]. 北京:中国电力出版社,2003.

[13] 国家经济贸易委员会. 绿色照明工程实施手册[M]. 北京:中国建筑工业出版社,2003.

[14] 单德启. 小城镇公共建筑与住区设计[M]. 北京:中国建筑工业出版社,2004.